国家出版基金项目
NATIONAL PUBLICATION FOUNDATION

“十四五”时期
国家重点出版物出版专项规划项目

航天先进技术
研究与应用系列

王子才　总主编



# 神经网络故障诊断技术及其在航天器中的应用

# Neural Network Fault Diagnosis Technology and Its Application in Spacecraft

闻　新　龙弟之　周　露　著

哈爾濱工業大學出版社
HITP
HARBIN INSTITUTE OF TECHNOLOGY PRESS

# 内容简介

本书以航天器姿态控制系统为背景，介绍基于数学模型的故障诊断方法，并延伸到基于神经网络的故障诊断方法及其应用。全书共11章，内容主要包括故障诊断成果的综述及其未来的发展展望，航天器控制分系统，航天器在轨故障分析，故障的统计检测原理，基于数学模型的故障诊断原理，基于模糊神经网络的故障检测阈值设计和故障诊断方法，基于径向基函数、凸函数和小波变换的神经网络故障诊断方法，以及基于循环神经网络、混合神经网络和长短记忆循环神经网络的故障诊断方法等。本书各个章节内容自成体系，有助于读者掌握智能故障诊断技术的本质。

本书可作为高等院校控制工程、信息工程及相关专业的本科生和研究生学习的基础读物，也可作为从事故障诊断理论及工程应用研究的相关技术人员和高校师生学习的参考用书。

**图书在版编目(CIP)数据**

神经网络故障诊断技术及其在航天器中的应用/闻新，龙弟之，周露著. —哈尔滨：哈尔滨工业大学出版社，2024.6

(航天先进技术研究与应用系列)

ISBN 978-7-5767-0721-2

Ⅰ.①神… Ⅱ.①闻… ②龙… ③周… Ⅲ.①神经网络—应用—航天器—故障诊断 Ⅳ.①V47

中国国家版本馆CIP数据核字(2023)第048632号

**神经网络故障诊断技术及其在航天器中的应用**

SHENJING WANGLUO GUZHANG ZHENDUAN JISHU JIQI ZAI HANGTIANQI ZHONG DE YINGYONG

策划编辑 王桂芝 张 荣

责任编辑 林均豫 王 爽 王会丽

出　　版 哈尔滨工业大学出版社

社　　址 哈尔滨市南岗区复华四道街10号 邮编150006

传　　真 0451-86414749

网　　址 http://hitpress.hit.edu.cn

印　　刷 哈尔滨博奇印刷有限公司

开　　本 720 mm×1 000 mm 1/16 印张21.75 字数426千字

版　　次 2024年6月第1版 2024年6月第1次印刷

书　　号 ISBN 978-7-5767-0721-2

定　　价 126.00元

# 前 言

航天技术的快速发展改变了人们的生活方式，但空间中复杂恶劣的环境使得航天器非常容易出现故障，姿态控制子系统是保证航天器稳定运行的重要子系统，也是最容易发生故障的子系统，其执行器和传感器发生故障的概率较高。故障诊断技术在姿态控制子系统中的应用，可以有效地对系统出现的故障做出反应，避免更严重的故障发生，使航天器能够在空间中安全稳定地运行。

本书结合我国航天领域发展的需要，系统地总结归纳且循序渐进地论述了航天器神经网络故障诊断的基础和应用技术，为即将工作的学生掌握先进的故障诊断技术提供学习材料，进而使他们成为安全意识和故障防范意识很强的工程技术人才。

近 30 年里，国内外关于故障诊断的著作已经出版了十几部，相较而言本书具有如下特色。

(1)与现有的著作大部分是理论方面的书籍相比，本书的最大特点就是结合工程实际讲述理论，实用性强。

(2)本书在南京航空航天大学“航天器智能故障诊断技术”课程讲义的基础上撰写而成。为了兼顾本科生阅读和参考，所涉及的理论基础简明扼要，通俗易懂。

(3)为方便自学和理解，本书自成体系，具有层次分明、内容翔实、理论推导和 MATLAB 仿真分析相结合的优点。

(4)本书论述内容范围广泛，包括解析冗余方法、统计方法和神经网络方法三部分。

(5)本书在论述应用方面侧重两类:一类是嵌入式故障诊断应用,另一类是分离式故障诊断应用。嵌入式故障诊断应用是指故障诊断技术直接包含在系统设计中,例如对控制系统的设计,在设计时就考虑故障检测、隔离和补偿问题,从而保证故障一旦发生,就把故障消灭在萌芽状态。分离式故障诊断应用是指故障诊断系统与被诊断对象处于分离状态,也即故障诊断推理系统和被诊断对象各自独立存在,没有任何耦合关系。

本书由闻新、龙弟之、周露共同撰写,闻新教授负责统稿,并指导研究生完成部分实验和章节的撰写工作,具体分工如下:朱亚萍工程师完成了本书的第 6 章 6.8 节,张兴旺博士完成了本书的第 7 章 7.2 节和 7.3 节,王嘉轶工程师完成了本书的第 8 章,纪龙高级工程师完成了本书的第 9 章,龙弟之完成本书的第 10 章和第 11 章,周露教授完成本书的第 3 章和第 7 章 7.1 节,其他章节由闻新完成。本书的撰写得到了南京航空航天大学和中国石油大学(北京)克拉玛依校区相关专家和教授的帮助,在此表示感谢。

目前结合航天系统的故障诊断方面尚无教材出版,各航天高校教师不得不花费时间从散见的刊物和相关专著中整理教案,而本书将为广大学生和教师提供一部有参考价值的教材,本书书稿曾作为中国石油大学(北京)克拉玛依校区的研究生学位课程讲义。

由于作者水平有限,书中难免存在疏漏之处,敬请读者批评指正。

作　者

**2024 年 3 月**

# 目　录

# 第1章

# 绪　论

故障诊断技术作为提高系统安全性、可靠性的重要方法，日益引起人们的重视，并已经成为航天器系统工程研制过程中各个分系统设计师必备的知识，也是航天器总体设计部门要求设计师在系统设计/综合过程中必须考虑的问题。

## 1.1　故障诊断技术的产生与历史

### 1. 故障诊断技术概念的产生

自1961年开始，美国执行阿波罗计划后，出现很多因设备问题而引起的事故。1967年，在美国航空航天局(NASA)的倡导下，由美国海军研究室主持成立了美国故障预防小组，并积极从事故障诊断的开发。

20世纪60～70年代，英国机器保健和状态监测协会开始研究故障诊断技术，并在汽车和飞机发电机监测及诊断方面处于领先地位。

1971年，日本的新日铁开始研发诊断系统，1976年到达实用化。日本的故障诊断技术在化工、铁路和钢铁行业领先。

1979年初，我国开始研究故障诊断技术，当时由几所高校的专家带领研究生展开研发。

### 2. 故障诊断技术的发展历程

(1)早期的故障诊断概念。故障诊断始于设备故障诊断，它包含以下两方面内容。

①对设备的运行状态进行监测。

②在发现异常情况后对设备的故障进行分析。

(2)现代故障诊断技术的产生。

①以解析冗余为主导的故障诊断技术是20世纪70年代初首先在美国发展起来的，麻省理工学院Beard的博士论文首先提出了用解析冗余代替硬件冗余，标志着这门技术的诞生。

②建立在计算机、人工智能基础上的故障诊断技术（智能故障诊断技术）是20世纪80年代初兴起的。

**3. 故障诊断技术发展的推动力**

20世纪末和21世纪初，几个大的事件推动了对这一技术的重视和发展。

(1)20世纪80年代，苏联的“切尔诺贝利”核电站事故、印度化工厂毒气泄漏；2011年3月，日本大地震引起的“核电站泄漏”事件。

(2)1986年，美国的“挑战者”号航天飞机失事、美国的“德尔塔”火箭的星箭俱毁、欧洲的“阿里亚娜”火箭的飞行失败。

(3)2000年左右，我国卫星发射的多次失利。

(4)在武器系统中，每一次的误炸、临危失效都将造成巨大的社会效应和人身危害。

## 1.2 航天器故障诊断技术发展及其应用现状

随着人类航天活动的不断增加，在轨航天器数量日益增多，航天器的健康状态也越来越受到关注和重视。航天器发生故障后，如果不能及时准确地对故障进行检测和修复，将会造成严重损失。与此同时，在过去的几十年里，故障诊断技术作为新兴的综合性交叉学科，已经初步形成了比较完善的体系。故障诊断的理论成果也受到了从事航天器设计的工程技术人员和专家的广泛重视，并在航天器应用方面取得了很多成果。

### 1.2.1 故障诊断系统及其在航天器系统中的应用模式

故障诊断系统是指具有故障检测、故障识别与隔离、故障处理与补偿能力的系统，其诊断过程如图1.1所示。通常研究故障诊断系统就是研究如何设计一种推理算法，利用测量值和理论值产生残差，然后分析残差，进而识别故障。所以建立故障诊断系统的中心任务就是设计故障推理机制。

在航天器系统工程领域，故障诊断理论应用模式主要体现在两方面，一方面是嵌入式故障诊断应用模式，另一方面是分离式故障诊断应用模式。嵌入式故障诊断应用模式也称在线应用或自主故障诊断，就是将某种故障诊断思想直接

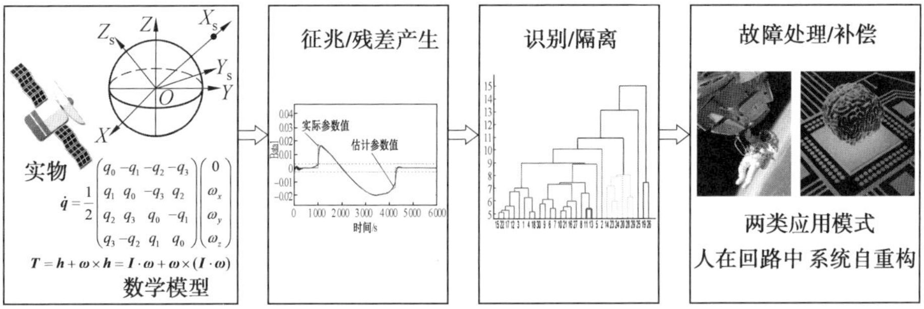


图 1.1 故障诊断系统的诊断过程

渗透到系统设计中去。例如要求航天器姿态控制系统(简称姿控系统)具有故障自修复和系统自重构能力,则需要在系统设计阶段就给予合理的考虑,设计容错控制算法,保证故障一旦发生,就把它消灭在萌芽状态。

分离式故障诊断应用模式也称离线应用,是指故障诊断技术与被诊断对象处于分离状态,即故障诊断推理系统和被诊断对象各自独立存在,没有任何耦合关系。一般这种应用表现为人在回路中的监测与监控系统中,即设计人员在天地往返遥测遥控回路中,参与或辅助进行故障决策,如我国"神舟飞船"地面故障诊断系统、航天器在轨地面综合监控系统等。

从近几年航天器故障诊断应用方面看,对姿态控制分系统、推进分系统和主动式的热控分系统,采用嵌入式故障诊断应用模式的比较多。而对整星故障诊断,通常采用分离式故障诊断应用模式。从应用角度看,分离式故障诊断应用模式发展较快,嵌入式故障诊断应用模式大部分还处于试验阶段;但是,从未来发展看,航天器要实现自主在轨运行,所以实时嵌入式故障诊断应用模式将具有重要的前景。另外,由于进入星际空间飞行的航天器,对地通信时延,短则几天,长则几年,甚至更长,因此必须具备自主故障维护能力。

目前,按诊断系统的投资、开发及应用上的不同层次或模式进行综合梳理,对故障诊断系统进行了分类,见表 1.1。

**表 1.1 故障诊断系统的分类**

| 综合 | 系 统 | 说 明 |
|---|---|---|
| 诊断范围 | 系统级 | 指复杂大系统的诊断,由多机构成的系统。诊断结论定位在分系统上,技术复杂,需多学科的群体专业人员设计、建立、维护与运行 |
| | 分系统级 | 指关键分系统的诊断,由单机或多机构成的系统。诊断结论定位在设备上,一般需专业人员设计、维护与运行 |
| | 设备级 | 指系统中关键设备的诊断,仅由单机构成的独立系统。一般也需专业人员设计、维护与运行 |

续表 1.1

| 综合 | 系统 | 说明 |
|---|---|---|
| 智能水平 | 简易诊断系统 | 直接用被监测参数或其简单分析值对设备是否正常、有无故障，做出判断，设备技术状态简单，诊断系统成本低，操作容易，应用极广 |
| | 精密诊断系统 | 需要较复杂的信号处理技术和专业人员对非正常设备进行诊断，诊断系统可对故障类别、性质、位置、程度和趋势等进行判断。诊断系统成本适中，技术水平要求较高，应用较广 |
| | 专家诊断系统 | 依靠智能软件，多为非实时系统，适用于已有较成熟诊断经验的专门系统，需要专业人员与领域专家共同建立，成本低，使用操作简单，目前已广泛应用 |
| | 模糊推理诊断系统 | 模糊推理诊断是根据模糊集合论征兆空间与故障状态空间的某种映射关系，由征兆来诊断故障。由于模糊集合论尚未成熟，诸如模糊集合论中元素隶属度的确定和两模糊集合之间的映射关系规律的确定都还没有统一的方法可循，因此通常只能凭经验和大量试验来确定。另外因系统本身不确定的和模糊的信息（如相关性大且复杂），以及要对每一个征兆和特征参数确定其上下限和合适的隶属度函数，而使其应用有局限性。但随着模糊集合论的完善，相信该方法有较光明的前景。需要专业人员与领域专家共同建立，成本低，使用操作简单，目前已广泛应用 |
| | 神经网络诊断系统 | 由于神经网络具有原则上容错、结构拓扑鲁棒、联想、推测、记忆、自适应、自学习、并行和处理复杂模式的功能，因此其在工程实际存在着大量的多故障、多过程、突发性故障、庞大复杂机器和系统的监测及诊断中发挥较大作用。应用神经网络理论进行故障诊断，主要表现在下面几个方面：残差产生的神经网络方法、残差评估的神经网络方法、用神经网络进行模式分类的故障诊断推理、用神经元网络做自适应误差补偿。适用于已有较完整诊断案例库的诊断问题，需要专业人员建立，开发成本较低，目前国内处于应用研究阶段 |

续表 1.1

| 综合 | 系统 | 说明 |
| --- | --- | --- |
| 智能水平 | 基于系统仿真模型的故障诊断系统 | 基于系统仿真模型的故障诊断方法是以现代控制理论和现代优化方法为指导，以系统的数学模型为基础，利用观测器(组)、等价空间方程、卡尔曼(Kalman)滤波器、参数模型估计和辨识等方法产生残差，然后基于某种准则或阈值对该残差进行评价和决策。基于系统仿真模型的故障诊断方法能与控制系统紧密结合(基于数学模型的方法在控制领域中发展较迅速)，是监控、容错控制、系统修复和重构的前提。目前该领域研究的重点是(线性和非线性)系统的故障诊断的鲁棒性，故障可检测和可分离性，利用非线性理论(突变、分叉、混沌分析方法)进行非线性系统的故障诊断。适用于已有较精确的数学模型的诊断系统，需要专业人员建立，目前国内外处于应用研究阶段 |
| | 组合型智能诊断系统 | 专家系统的知识处理模拟的是人的逻辑思维，人工神经网络的知识处理模拟的则是人的经验思维(即模式类比，也称形象思维)机制；在人类自身的思维过程中，逻辑思维、经验思维、创造性思维是缺一不可并且是非常巧妙地互相结合而形成的有机整体。<br>在人类日常的智能活动中，最常发生的思维形式是经验思维。这是一种潜层次的思维形式：人们根据以往成功的实践经验，把已经成功处理过的问题划分为几种典型的模式，一旦遇到与这些模式相同或相近的实际问题，就按照以往的经验来处理，故障诊断也不例外，因此这类思维的实质就是模式识别。<br>当遇到经验思维解决不了的实际问题时，通常就要转向更深一层次的逻辑思维；如果遇到逻辑思维也解决不了的新的复杂问题，又需要转向创造性思维，可通过提出新的假设然后经过检验来发现新的理论和新的解决实际问题的方法。组合型智能诊断系统就是将上述三种思维推理集成在一个诊断系统中，这类系统需要专业人员建立，目前国内外处于应用研究阶段 |

续表 1.1

| 综合 | 系　统 | 说　　明 |
|---|---|---|
| 工作方式 | 在线系统 | 适用于重要系统的实时或自动巡检诊断，依靠内装传感器。成本较离线式高，系统可以是单机或多机的，应用较广 |
| | 离线系统 | 依靠数据采集器、手持式传感器人工巡检方式工作，非实时工作，诊断系统的硬件成本低，推理速度不必很快，便于扩充范围与测点，可以不直接与设备相联系，应用范围广且灵活性大，适用于各种场合 |
| | 离线—在线系统 | 兼顾上述两种优点，应用范围广 |
| 系统构成 | 单机系统 | 由一台计算机构成的诊断推理系统，系统规模较小，数据通道较少，适用于重要设备或子系统的故障诊断，硬件成本不高，操作水平要求适中，应用较广 |
| | 多机系统 | 由多台计算机构成的诊断推理系统，适用于复杂的大系统，用网络或工业总线通信，硬件成本高，可用于重要的大系统，如飞船、航天飞机等，系统的设计、建立、维护、运行需专业技术人员。其特点是在地域上与处理上是分布或分散、分级的，抗单点故障能力强，易扩展，便于集中管理，软件、硬件及信息资源共享 |

### 1.2.2　航天器故障诊断技术综述

航天器故障现象是非常复杂的，形式多种多样。但目前航天器故障诊断应用基本上是按照故障位置和故障行为进行分类的。

**1. 故障位置**

(1)执行器故障。执行器故障可以在具有执行器装备或器件的任何系统中被观察到，通常对航天器的影响是致命的。如 EchoStar V 号卫星的动量轮出现“卡死”故障，导致燃料消耗增加，但由于诊断及时，因此没有影响整个卫星的正常运行，只是缩短了两年的寿命。

(2)元部件故障。元部件故障是指因元部件性能下降而导致的系统动力学模型不能有效地表述系统各个物理量之间的动态关系，通常会影响航天器有效地执行任务。如 GOES－9 号卫星因动量轮缺乏润滑，严重干扰了姿态系统的动态关系，导致卫星姿态控制器不能很好地让相机拍摄到指定目标。

(3)传感器故障。传感器故障是指发生在测量装备或器件中的故障，表现为测量值和实际值之间存在的差异，通常会影响航天器控制系统的正常工作。

**2. 故障行为**

(1)突发故障。突发故障是指系统的某个变量出现突然跳变的现象。通常系统变量是一直稳定在一个规定的恒值，当故障发生时，会出现突变，进而影响整个系统正常运行。如航天器电源分系统故障有时会发生母线电压或电流的突变现象。

(2)间歇故障。间歇故障表现为系统的故障时有时无，这种类型的故障有时也会表现为周期性的，如航天器的磁力矩器、化学推进装置有时会出现这种故障现象。

(3)潜在故障(隐患)。潜在故障是指故障渐渐地、缓慢地由小变大。通常，一个在轨运行的航天器，由于元件的逐渐老化，最后会表现出这种故障现象。

### 1.2.3　故障识别/隔离技术

故障识别/隔离的任务是确定系统发生故障的类型和故障的位置。由于系统故障类型不同，因此所产生的残差信息也不同。通常，故障隔离的决策是依靠残差信息对故障进行决策和分类的。根据系统故障类型的不同，设计故障残差产生函数 $\boldsymbol{R}(t)$，识别故障类型。设计故障残差产生函数，一般有两种方法(图 1.2)。

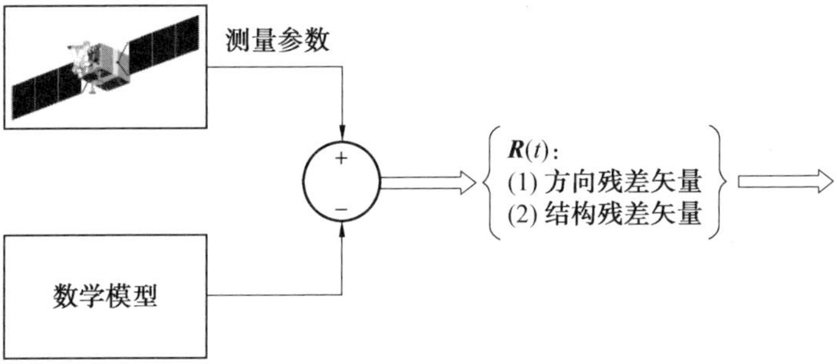


图 1.2　故障隔离方法

**1. 方向残差矢量设计方法**

假设残差矢量的方向与故障类型存在一一对应的关系，那么构造故障残差产生函数，然后按照残差矢量方向识别故障类型，进而确定故障位置。

**2. 结构残差矢量设计方法**

构造故障残差产生函数，使得它仅仅对一类故障敏感，而对其他故障不敏感。不过，有时还需要通过适当加权或排列组合方法来区分两个类似的故障行为。

## 1.2.4 故障诊断(检测/隔离)技术在航天器系统中应用现状分析

### 1. 故障诊断技术发展的总体现状概述

随着航天活动的复杂性日益增加,对航天器的可靠性要求越来越高,国内以航天高校、航天研究院所为代表的专家和学者不断探索,并将最新故障诊断理论方法应用于航天器的故障诊断中。在最近几年里,故障诊断理论自身的发展可以概括为三种体系方法,如图 1.3 所示。在这三种体系方法中,航天器系统工程领域应用较多的是基于信号处理的方法,其次是基于知识的方法,但往往是以混合故障诊断方法的形式出现在应用系统中。混合故障诊断方法就是将两种以上的故障诊断方法进行有机地组合,以并联或串联的工作方式进行应用。基于解析模型的方法深受学者的重视,研究成果层出不穷,并且具有非常好的创新性,但目前不怎么受航天工程师的倾慕。

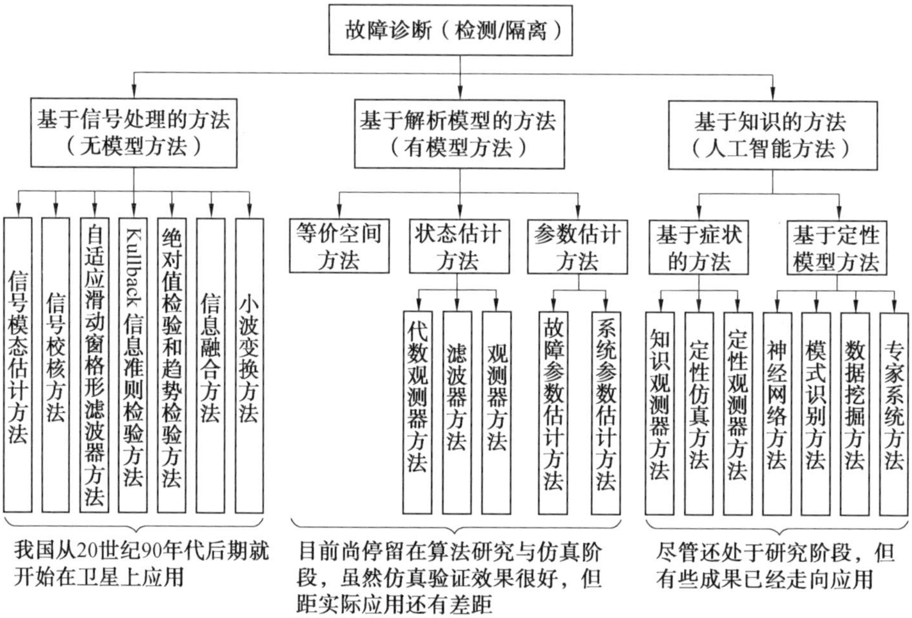


图 1.3 故障诊断理论方法

### 2. 故障诊断技术在航天器中的应用情况分析

(1)等价空间方法。等价空间方法的基本思想是利用系统输入/输出的实际测量值来验证系统数学模型的等价性,进而来检测故障。有学者经常以航天器姿态控制系统为背景,建立定性/定量混合故障诊断模型,然后利用案例推理和等价空间方程设计一种混合故障诊断方法。

等价空间方法对于低阶动态系统而言,计算量不大,应用起来比较简单,所以等价空间方法适用于低阶的、线性的动态系统的故障检测，也可以应用于故障隔离。对于高阶动态系统，则需要简化处理，进而克服计算量大的问题，如一些文献在建立等价空间方程产生残差之前，先利用信号处理方法进行传感器最优配置。

(2)状态估计方法。状态估计方法包括观测器方法、卡尔曼滤波器方法和自适应滤波器方法等，是目前论文成果呈现最多的一种故障检测方法。只要能获得系统模型，就可以在相同的输入信号下，得到原系统的某一可测特征状态与观测系统对于该特征状态的估计值，进而得到状态残差。如果残差值为"0"，则系统工作正常，否则系统发生故障。进一步，通过对残差进行相应运算还可以对故障进行识别。但对于航天器，由于系统模型比较复杂，以及外部干扰的影响，很难进行故障诊断，因此需要进行适当的处理。一些文献中利用未知输入观测器理论，研究了非线性未知输入观测器对航天器姿态控制执行机构和敏感器的故障检测。另外一些文献中对航天器在轨运行时存在的执行机构失效故障和外部干扰问题，运用迭代学习技术，通过平滑处理来估计故障信息。也有学者设计了一种鲁棒自适应滑模观测器，这种观测器通过对执行机构的故障进行重构从而达到故障诊断的目的。还有一些学者采用一组未知输入扩展卡尔曼滤波获得残差，对航天器飞轮的早期渐变型故障进行检测。

对于非线性系统，上述方法计算量比较大，往往面临着航天器星载计算机存储空间和计算能力有限的问题，有些学者提出了以状态观测器为基础，利用互质分解技术和参数优化方法，在故障检测的过程中，避免了观测器的并行运行，减少了计算量。

(3)物理冗余和半物理冗余诊断方法(硬件角度划分)。在我国"神舟飞船"研制的早期，哈尔滨工业大学、北京航空航天大学和北京空间飞行器总体设计部等单位就开始探索飞船地面故障模拟仿真系统，当时曾借鉴俄罗斯联盟号在轨运行故障分析的思路，利用两艘飞船，一艘在太空运行，另一艘在地面实验室同步运行，通过遥测数据对比进行故障识别与模拟分析。

在今天的互联网时代，研究人员从平行系统理论的角度，面向卫星设计了一套采用物理冗余的卫星故障诊断方法(图1.4)。这种方法需要构造一个类似的实物，也称数字卫星。数字卫星与真实卫星同步运行，它们的原理、模型、输入和输出保持一致，真实卫星在太空运行，数字卫星在实验室运行。正常情况下两颗卫星在轨运行产生的遥测数据比对残差很小，基本保持一致。

这种方法的优点是不需要大量的计算，不受系统建模误差和一些不确定因素带来的干扰等问题的影响，而且还能够大幅度降低对工程经验和历史数据的依赖程度。十几年前，这种方法的成本比较高，但在当下，因为计算机虚拟现实仿真技术的发展，这种方法的成本问题大大降低了。

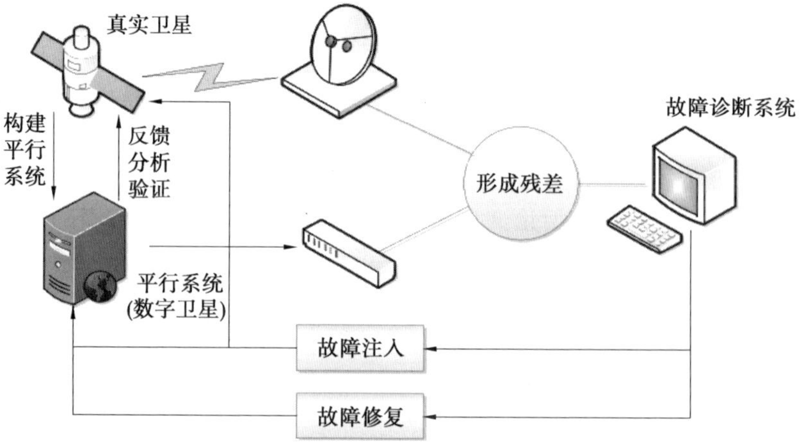


图 1.4 采用物理冗余的卫星故障诊断方法

(4)数据挖掘方法。数据挖掘方法的核心思想是通过对历史数据的分析来获取系统运行的状态和故障知识,从而解决故障知识获取困难的问题。1999 年,中国空间技术研究院(航天五院)飞船总体设计室对“神舟飞船”地面测试系统输出的大量数据,采用了计算机专家系统挖掘故障征兆。2003 年,在飞船应用经验基础上,中国航天科工集团研发中心与北京航天测控技术有限公司,研制出了智能导弹武器综合测试与诊断系统。

随着计算机与人工智能技术的发展,数据挖掘理论成果不断涌现。目前,基于数据挖掘的航天器故障诊断技术的本质就是最大化地利用历史积累的遥测数据来获取或确定系统的行为模型,同时结合设计人员的工程经验及时地发现与处理航天器出现的或潜在的故障。一些文献中将最新数据挖掘成果应用于航天器遥测数据分析,获取各种故障知识。还有一些文献中利用传统残差故障检测思想,建立了卫星各分系统耦合的整星模拟器,通过卫星遥测与模拟器预测值形成残差,挖掘故障信息和诊断知识。

(5)代数观测器方法。目前,故障诊断方法已经被应用于非线性系统。代数观测器方法是将故障视为不确定输入变量,构造一种特定的观测器(可视为代数观测器),而后进行代数求解。有学者将故障或干扰看作一个未知状态,结合动力学模型理论,定义一个函数,然后利用微分代数构造观测器,实现非线性系统的故障诊断。

类似的,有些文献中针对一类满足利普希茨(Lipschitz)条件的非线性系统,以三轴稳定卫星的姿态控制系统为对象,研究了未知扰动(执行器故障带来的未知扰动)对非线性系统的影响,设计了一组非线性未知输入观测器,产生结构化的残差集,实现非线性系统执行器的故障隔离。

(6)界限检测与经验推理结合方法。这种方法是比较传统的方法,但应用非常广泛,其基本原理是对正常范围有上下限的遥测信息进行监测,当信息超出设定阈值时,就认为该信息对应的设备发生故障(图1.5)。但有时需要结合自回归多项式模型进行故障预报,以免对故障误报和漏报。

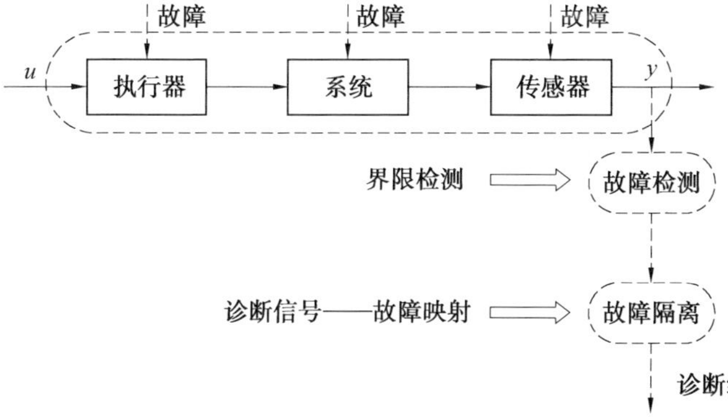


图1.5 界限检测与经验推理结合方法基本原理

目前,这种方法经常与故障树推理或专家系统相结合,实现故障隔离。如一些文献中以某卫星寿命末期蓄电池故障时的遥测温度数据为基础,采用故障树分析方法,确定个别设备在轨遥测温度异常变化的原因。还有一些文献中以某型号卫星电源系统对星上负载的供电故障为例,采用在轨遥测数据触发故障树,实现故障定位。文献面向深空探测任务,主动监测事实并触发知识推理故障诊断方法。

(7)在专业软件平台下的二次开发与应用。根据报道,目前有两个优秀的故障诊断系统平台。

一个是美国Gensym公司开发的实时智能系统软件G2,其一直被认为是实时智能领域最优秀的软件开发平台之一。20世纪90年代末,航天五院飞船总体最早将G2平台应用于飞船各个分系统的地面测试与诊断推理系统中。研究人员已经开发出了一种以典型卫星控制系统为对象的故障诊断专家系统,将G2外部接口进行了扩展设计,在半物理仿真平台上注入典型故障进行了演示验证。

另一个是由NASA开发的Livingstone开源软件系统,该系统是一个基于定性模型的故障诊断和恢复引擎,其使用一组多层次的定性逻辑模型来描述系统的行为,能够在最小人工干预的情况下实现对航天器或者其他复杂系统的故障检测和诊断,具有诊断并发出现的多项故障的功能,该系统也被成功地应用到EO－1以及其他自主系统中。一些文献中以航天器推进系统的简化模型为背景,通过Livingstone引擎自动分析异常的传感器数据,得出良好的故障诊断结果。

(8)辅助信号的故障检测方法。最近,对“激活”这个词汇又出现了一种新的定义,而且不同于以往的“激活”概念。这里的“激活”是指利用一个“测试信号”与被检测系统进行交互式动作,去寻找和发现被检测系统的故障。这个“测试信号”也称为辅助信号,它被反复或周期性地注入系统中。事实上,这个“激活”的概念早已被国内研究人员应用于故障诊断算法仿真研究过程中,只是没有相关论文给出叙述而已。

(9)主元分析方法(principal component analysis,PCA)。利用统计分析方法研究多变量系统的故障诊断问题时,变量个数太多将会增加解决问题的复杂性。而在很多情形下,变量之间往往会有一定的相关关系,于是可以认为这些变量反映问题的信息是有重叠的。PCA 就是删除重叠变量,建立尽可能少的新变量,这些新变量在反映问题的信息方面应该尽可能保持原有的信息。

基于 PCA 进行故障检测与诊断的基本思想是:根据正常工况下的历史数据,按照一定的标准,建立能够表达正常情况时各变量关系的主元模型,一旦实时测量数据与主元模型不符,即可判断系统中有故障发生,再通过测量数据中各变量变化对主元模型的破坏贡献率的分析,进行故障诊断。采用 PCA 理论进行故障诊断时,不需要复杂的机理模型,尤其适合复杂系统的故障诊断。

研究人员根据卫星姿态控制系统的数据特征,从统计学的角度对航天器的故障诊断进行研究,采用 PCA 对敏感器进行故障检测,其流程如图 1.6 所示。因为故障模式事先已知,所以通过 PCA 的故障检测曲线的变化规律,可以直接判断出敏感器的故障类型。

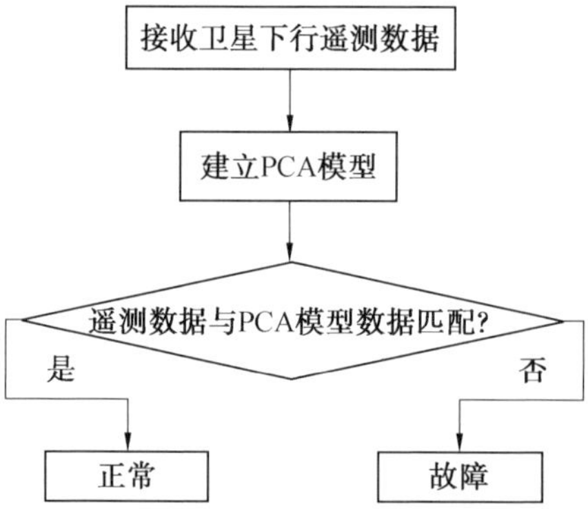


图 1.6　PCA 故障检测流程

(10)软计算方法。纵观故障诊断方法,在工程应用需求的推动下,基于数学模型的方法与人工智能技术结合的故障诊断方法迅速发展起来,如基于神经网络和模糊神经网络的智能观测器,也称为神经网络观测器,产生故障检测残差信息。已有研究人员设计了一种基于自组织模糊神经网络方法的卫星执行器故障诊断方法，该方法采用两个自组织神经网络，一个用于执行器故障检测，另一个用于执行器故障隔离。目前，该方法在航天器应用方面的成果很多，这里不一一叙述。

(11)蒙特卡洛(Monte Carlo)方法。在第二次世界大战期间，研制原子弹的“曼哈顿计划”的成员 S. Ulam 和 Nicholas Metropolis 提出了蒙特卡洛方法，并用世界著名赌城蒙特卡洛来命名，该方法也称为粒子滤波方法。在大量问题的解决方案中，该方法依赖于使用随机数和概率分布，能够给予准确的概率误差和有限长度的识别数据的描述。在故障诊断应用中，蒙特卡洛方法的原理是通过在母体中随机抽样，模拟故障发生的概率，可以判断哪种故障比较容易发生以及影响故障的因素，从而重点监测主要因素。

### 1.2.5 故障诊断技术在航天器应用中所面临的问题

目前，故障诊断理论在航天器系统工程应用过程中，还面临着一些瓶颈问题。

**1. 必备的先验知识**

故障诊断理论的应用往往需要建立一种定量数学关系式。在某些具体情况下，物理模型和动力学模型是十分重要的，而故障发生的先验知识对证明所定义的系统模型结构的正确性是非常有用的。在航天器系统中，有些分系统，存在先验知识，但另一些分系统，则没有先验知识或先验知识不完备。

**2. 知识的表述**

每一种故障诊断方法都对应一类故障知识表述，目前主要有两种方法获取知识。

(1)分析性的知识描述。通过物理定律、测量模型或者观察得到故障知识，由此来建立故障征兆关系或规则推理方法。但理论模型与实际系统不总是完全对应的。

(2)启发性的知识描述。这些知识是潜在性的，不能作为一种分析性的知识直接表述出来，必须通过反复试验，或通过几年之后的运行实践才能获取。航天器的行为需要在特定的环境下才能显现出来，不是一天就能够看到，所以这样的故障推理知识很难被包容在故障诊断设计过程中。

**3. 故障征兆的统计分布特征**

在某些情况下，对于一个航天器分系统的故障诊断，需要利用试验数据，而且需要精心地考虑这些数据，并按照统计模式定义这些数据。系统的故障征兆特征来自于以下两点。

(1)模型参数估计。

(2)测量参数与正常参数的偏差。

为了获取这类故障特征,需要施加特定的输入给航天器,这就要求航天器必须有能力承受短时间的故障行为,由此增加了航天器的成本和复杂性。

### 1.2.6 未来航天器故障诊断技术的发展前景

计算机技术、信号处理、人工智能、模式识别技术的发展促进了故障诊断技术的不断发展,使得基于信号处理的故障诊断方法和人工智能的故障诊断方法在航天器领域取得了一定的应用成果。基于解析模型的故障诊断方法尽管没有实际应用成果报道,但因为该方法具有概念清晰、理论完善和思想创新等特征,对于推动故障诊断技术在航天系统中的应用,起到了较大的促进作用。未来故障诊断在航天中的应用研究主要集中在以下几个方面。

(1)尝试将一些新的故障诊断理论引入航天器的应用之中,如信息融合故障诊断、基于进化算法的故障诊断、基于 Agent 的故障诊断、基于图论的模型推理方法等。

(2)基于混合方法的故障预测能够结合各种单一方法的优点,并且很好地实现对系统的故障预测,所以这方面问题将成为未来航天器故障诊断领域的一个研究热点问题。

(3)由于航天器任务日益增长的复杂性和长寿命航天器日益增长的需求,航天器自主故障诊断系统的可靠性及与航天器分系统的集成问题,将是未来航天器设计的关键技术之一。

## 1.3 航天器在轨故障情况的统计与分析

### 1.3.1 航天器各个分系统故障的统计

航天器发射成功入轨后,其能否顺利完成任务主要取决于两方面因素:①航天器是否正常工作;②航天器是否运行在预期的轨道上。而这两方面又取决于各分系统的在轨运行情况,同时在轨航天器一旦发生故障,其损失是不可低估的。所以,对航天器各分系统在轨故障的分析与研究也越来越被航天器总体设计人员所重视。

通过统计分析航天器的在轨故障,可进一步了解故障发生的原因及规律,从而对其采取一定措施,以减少或避免航天器出现重大损失。本节主要对航天器在轨运行时的结构机构分系统、姿态控制分系统、电源分系统以及推进分系统的故障进行统计和归纳,并具体分析各个分系统中相应部件所发生的故障及其原因，为航天器总体设计提供一定的参考，以减少航天器在轨运行故障，增强航天器的在轨运行可靠性。

通过对国外公开的在轨航天器故障进行调研，并对其各个分系统所出现的故障进行具体统计与分析，归纳出了各个分系统发生故障的百分数，结果如图1.7所示。从图1.7可以看出，结构机构分系统故障、姿态控制分系统故障、电源分系统故障以及推进分系统故障占航天器在轨故障的绝大部分。所以，本节主要针对这4个分系统进行故障分析。

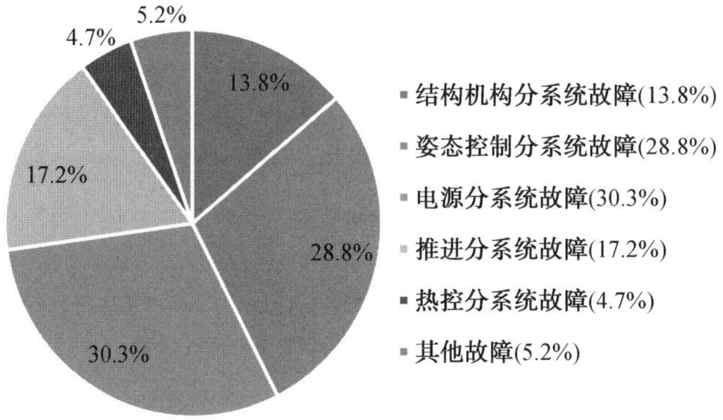


图1.7 航天器各分系统故障及其所占百分数

### 1.3.2 结构机构分系统故障统计分析

在航天器系统工程中，结构机构分系统与任何其他分系统都有关。因此，针对航天器总体设计而言，结构机构分系统设计应该放在第一步。同时结构机构分系统正常与否直接关系到航天器能否安全在轨运行以及能否完成任务。例如，太阳翼的在轨展开、航天器舱段的在轨分离、航天器间的空间对接与分离等任务都需要航天器机构来支撑。

结构机构分系统故障一般是由加工缺陷、机械磨损以及空间环境变化，如温度、受力、摩擦变化以及材料的放气导致的。其中，与地球环境截然不同的空间环境给航天器的机械设计和在轨安全带来了很大的挑战。

为便于分析，在统计计算中，将其他分系统中涉及的机械故障也纳入在结构机构分系统中。航天器上的机械故障主要发生在可伸展机构、高速运动或旋转的构件、天线结构以及锁定装置和装配接头连接装置上，如太阳能电池阵、悬臂、动量轮、陀螺装置及启动锁等。这里发生故障的主要原因有4种。

(1)活动部件较多。

(2)使用时间相对较长。

(3)高速旋转过程中产生热和磨损。

(4)受瞬时高温和高压影响,发生故障的可能性相对较大。

通过统计分析航天器的机构故障发现,可伸展机构和驱动机构的在轨故障最为常见,其统计结果如图 1.8 所示。

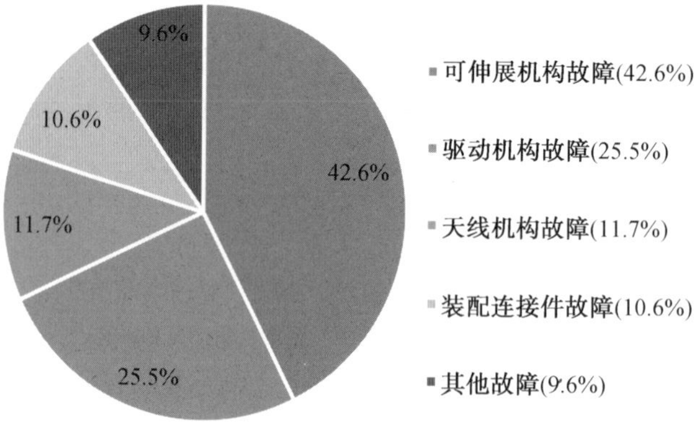


图 1.8　航天器各分机构故障及其所占百分数

**1. 可伸展机构故障**

可伸展机构也称为展开机构,主要包括太阳能电池阵列板的展开机构和各种机械臂的伸缩机构等。从图 1.8 可以看出,该类故障发生概率较高,而其中太阳能电池阵列板的展开机构故障又占此类故障的 90%以上。据统计发现,太阳能电池阵列板由展开机构引起的故障模式有两种。

(1)太阳能电池阵列板未展开或部分展开故障。如 Sinosat－2(完全失效)以及 Telstar－14 卫星等。

(2)太阳能电池阵列板驱动机构故障。这类故障使太阳能电池阵列板无法旋转,不能指向太阳,如 EchoStar－II 卫星。

**2. 驱动机构故障**

航天器上的驱动机构主要用于实现航天器的各种动作及调整,如太阳能电池驱动机构、用于探测及试验的舱外机械臂、卫星天线摆动机构以及为其提供动力的电机等,这些机构都需要长期在轨进行连续或间歇性运动。据报道,2000 年的 AO－40 (Phase 3D)卫星因电机内部结构故障导致其未能进入预定的高椭圆轨道(“Molniya”轨道),并且对星上的部分通信有效载荷造成了一定程度的破坏;另外,电机内部机能故障使 Eutelsat－W5 卫星的一个太阳能电池阵列丢失;Landsat－5 卫星 3 次因(辅助)电池阵列驱动故障进入安全模式使任务暂停。

**3. 天线机构故障**

天线是航天器数据传输必须的机构,是与地面联系的关键部件。根据统计分析,其故障类型大致有 4 种。

(1)天线未能展开。

(2)高增益天线卡住。如 SOHO 卫星,据分析可能是因为操纵天线的齿轮传动装置出现了机构故障。

(3)多址相控阵天线机构执行能力不足。如 TDRS－8 (TDRS－H)卫星,波音公司认为其原因可能在于特殊材料的使用上。

(4)C 波段天线的反射器卡住。如 New Dawn 卫星,据国际通信卫星和轨道科学公司分析,原因是反射器遮阳板机能障碍,遮阳板与喷射释放机构相互干扰,从而阻止了 C 波段天线的展开。

**4. 装配连接件故障与其他故障**

装配连接件故障主要是连接及固定用的构件的故障,包括装配接头故障、点火系统构件(法兰固定螺栓、密封圈、限制圈垫片等)的故障、连接处 O 型圈的故障、连接解锁机构的故障(如整流罩为分离)等。其中,1998 年的 Kosmos 2350 卫星因仪器舱的密封故障导致其完全失效。

另外,其他故障主要包括结构设计及制造缺陷,如 STRV 1c、STRV 1d 以及 SSETI Express 卫星就曾发生过这类故障。

### 1.3.3 姿态控制分系统故障统计分析

姿态控制分系统功能比较复杂,其组成零部件较多,具有非线性、强耦合等特点,由于在轨运行环境恶劣,因此容易发生故障。

图 1.7 显示该分系统发生故障的概率高达 28.8%,是继电源分系统后较易发生故障的分系统,若将推进分系统也考虑在内,则该分系统发生故障占整个航天器故障的 46%。因此,在研究航天器在轨故障时,需要重点考虑该分系统的故障问题。

由统计分析可知,航天器姿态控制分系统发生故障主要有外部原因、内部原因和原因不明三个方面,而内部原因造成的故障占有相当高的比例,其统计结果如图 1.9 所示。

**1. 外部原因造成的姿控回路故障**

航天器在太空中,当日光或月光进入地球敏感器视场或日光直接照射地球红外敏感器时,可能对航天器姿态控制分系统造成干扰。外空间环境温度较低,容易引发材料形变以及润滑装置失效等现象,使得摩擦力矩不断增大,进而导致电机停转、卡死等故障使敏感器失效。

另外,航天器遭受宇宙空间中的微流星和空间碎片撞击也是航天器姿态控制分系统发生故障的主要原因之一,如 Aura 卫星在 2010 年 3 月 12 日可能受到一块太空碎片(或微流星体)的撞击,导致其发生姿态扰动及电源失效现象。目前对微流星和空间碎片的防护还很困难。减少航天器与空间碎片碰撞危险的最有效办法是减少空间碎片的产生,其中包括最大限度地减少操作过程中产生的

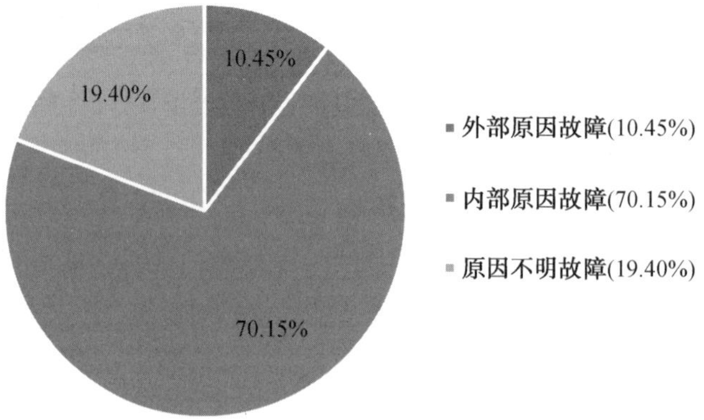


图 1.9 航天器姿态控制分系统发生故障原因及其所占百分数

碎片数量、防止爆炸事故和禁止蓄意爆炸事件等。此外，还需要主动进行碎片的清理工作。

**2. 内部原因(构造缺陷)造成的姿控回路故障**

航天器姿控回路主要是由姿轨控制器、执行器及姿态传感器组成的一个闭环控制回路。在整个回路中，各个装置均有可能发生故障。根据资料统计分析，姿控回路各组成部分故障及其所占百分数如图 1.10 所示。

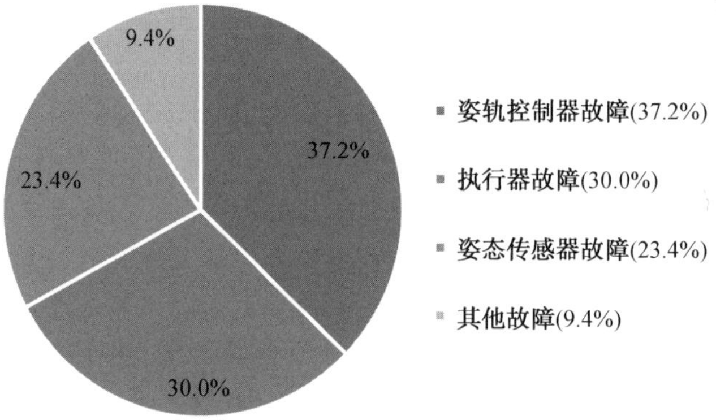


图 1.10 姿控回路各组成部分故障及其所占百分数

(1)姿轨控制器故障。按照控制力矩装置和姿态测量装置，可以把航天器的姿态控制分为被动姿态控制和主动姿态控制。被动姿态控制利用航天器本身的动力特性和环境力矩来实现姿态指向。主动姿态控制是利用姿态误差形成控制指令，产生控制力矩来实现姿态指向。所以，主动姿态控制具有精度高、反应快等特点，并且能够实现复杂的控制任务。但主动姿态控制较被动姿态控制容易发生故障，如 ERS－1 号卫星在 2000 年 3 月 10 日发生了姿态控制故障导致任务失败，服役结束。

(2)执行器故障。用于姿态控制的执行器由飞轮(动量轮与反作用轮)、磁力矩器、推力器等构成。而飞轮是航天器重要的执行机构，并带有转动部件，在航天器长时间稳定运行期间，其连续不断地做机械运动，因此出现故障的可能性极大，它是航天器姿控回路的主要故障源。因推力器故障在推进分系统中论述，所以这里主要对飞轮进行故障分析，其主要故障有两种。

①突变故障。飞轮猛然停转，称为“卡死”故障，此时输出力矩产生一个巨大扰动后快速变为零；或飞轮空转，称为“零力矩”故障，不能响应正常的控制力矩指令，从而影响姿控回路的性能，维持恒速，输出力矩为零，此类故障需要快速检测诊断并采取措施，如 EchoStar V 号卫星的动量轮在 2007 年 6 月 30 日出现异常，当卫星重定位时，引发轨道位置变化，导致燃料消耗增加，但由于诊断及时，因此并没有影响该卫星的正常运行，只是缩短了两年的寿命。

②渐变故障。当马达力矩变小时，摩擦力矩增大，导致飞轮输出力矩变小；或某种原因导致飞轮转速持续下降，输出力矩叠加一个定向偏差，此类故障在故障初期很难被检测到，但随着时间的推移，该故障逐渐明显，从而影响卫星平台的正常姿态，如 Radarsat－1 号卫星自 1999 年 9 月起，主距动量轮摩擦过度且温度上升，最终于 2002 年 11 月 27 日因不断恶化的姿控系统影响了卫星执行任务的能力；地球静止环境卫星 9(GOES－9)也因主距动量轮缺乏润滑，严重干扰了姿态指向系统，导致姿态控制失灵，使卫星失效。

(3)姿态传感器故障。姿态传感器包括用于测量姿态角的陀螺仪以及用来测量姿态角速度的星敏感器(如太阳敏感器)等传感器。

①陀螺仪。陀螺仪一般是以捷联方式固连于航天器本体上的，其故障可导致航天器失效或进入安全模式，如在 2001 年 9 月，BeppoSAX 号卫星的陀螺仪故障使得卫星进入无陀螺仪模式，后由于该卫星的轨道衰减太快，其他元器件开始失灵，最终于 2003 年脱离轨道，坠入太平洋。

②星敏感器。航天器在发射过程中，其各部件在过载状态下均承受着巨大的冲击与振动。由于这种情况无法避免，因此作为星敏感器的机械构件可能会受到不同程度的破损而无法正常工作。还有因工艺的问题，星敏感器输出的误差偏离系统设计时规定的误差范围，导致系统无法正常工作，如 GOES－8 号卫星于 1998 年 10 月 27 日因星敏感器异常造成临时的姿态控制失效。

(4)其他故障。其他故障包括系统软件造成的分系统故障以及其他分系统额外引起的姿态故障等，如 Eutelsat W－1 号卫星于 2000 年 8 月 10 日在 9 个小时的停电之后，造成两个操作变换器服务无响应。

### 1.3.4 电源分系统故障统计分析

如图 1.7 所示，电源分系统故障在航天器在轨故障中所占比例最高，且其对航天器的危害面广、危害性大，可造成功能下降，最终导致航天器寿命减少。根据统计可知，其故障模式主要有太阳能电池阵列板故障、蓄电池组故障、静电放电故障、电磁辐射故障等，其各自所占百分数如图 1.11 所示，其中太阳能电池阵列板和蓄电池组发生故障频率较高。

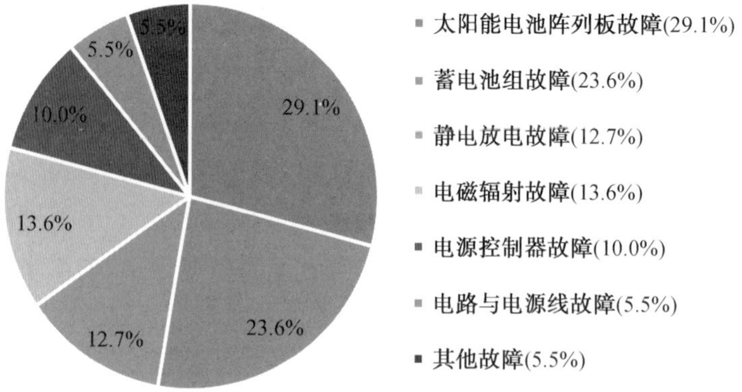


图 1.11　航天器电源分系统各部件在轨故障及其所占百分数

电源分系统主要故障模式及原因有 5 种。

(1)太阳能电池阵列板的展开故障主要由机械故障引起，前面已经介绍，本部分主要故障为太阳能电池阵列板静电放电故障、对日定向故障等。

(2)蓄电池组故障多数由充放电引起。

(3)静电放电故障由日冕喷射和地磁风暴引起，通常会引起电源系统的短路。

(4)电磁辐射故障是由非正常的太阳耀斑或日冕喷射引起的。

(5)电源控制器故障主要集中在元器件和功率器件的失效上。

此外，对航天器的测试和实验验证不够充分，以及对航天器及其运行环境分析和实验不够深入等原因，使得电源分系统在轨一年内发生故障的概率较大。电源分系统故障概率与在轨时间之间的关系如图 1.12 所示。

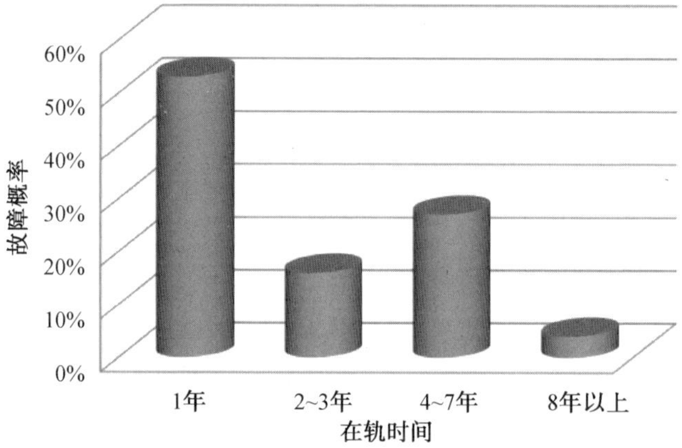


图 1.12　电源分系统故障概率与在轨时间之间的关系

### 1. 太阳能电池阵列板故障

太阳能电池阵列板是航天器的能量来源，它在飞行过程中不断调整方向，以保证对准太阳，从而为航天器工作提供能量。由于太阳能电池阵列板直接暴露在空间恶劣环境下，其要时刻经受约 −80～80 ℃高低温真空环境、原子氧对其材料的剥蚀以及微粒子和空间碎片的撞击等，所以其发生故障的概率相对较高。输出功率能力的降低是太阳能电池阵列板最常见的故障，包括单片太阳能电池板或电池电路故障、对日定向故障，以及电池板性能退化等。

太阳能电池阵列板常见故障模式有 6 种。

(1)太阳能电池阵列板展开故障。

(2)太阳能电池阵列板静电放电故障。

(3)太阳能电池电路故障与性能衰减。

(4)太阳能电池阵列板对日定向故障。

(5)太阳能电池阵列板性能下降。

(6)太阳能电池阵列板性能退化。

太阳能电池阵列板部分常见故障模式、机理、故障案例及对策见表 1.2。

表 1.2　太阳能电池阵列板部分常见故障模式、机理、故障案例及对策

| 故障模式 | 机理 | 故障案例 | 对策 |
| --- | --- | --- | --- |
| 太阳能电池阵列板展开故障 | 机械断裂，太阳能电池阵列板未展开 | 1999 年，舰队航天器通信−5(FLTSACOM−5)太阳能电池阵列板未展开。太阳能电池阵列板中有一块板被卡住未展开，处于折叠状态。两块太阳能电池阵列板因受整流罩内皮脱落时撞击而损坏 | 加强强度 |
| 太阳能电池阵列板静电放电故障 | 静电放电 | 1997 年 4 月，坦普−2(Temp−2)航天器突然损失了总功率的 15%，调查显示是太阳能电池阵列板表面的一个电弧引发了太阳能电池电路的短路，导致基板表面的卡普顿板绝缘层被热击穿，从而导致电池阵正线和卫星地线之间的短路，进而造成输出功率损失 | 加强绝缘性 |
| 太阳能电池电路故障与性能衰减 | 微流星体损伤 | 2008 年 6 月，银河−26(Galaxy−26)航天器电源系统出现故障，损失了一半以上的功率，原因可能是被来自微流星体或空间的高速碎片撞击 | 应使太阳能电池阵列输出功率留有余量 |

续表 1.2

| 故障模式 | 机理 | 故障案例 | 对策 |
| --- | --- | --- | --- |
| 太阳能电池阵列板对日定向故障 | 太阳能电池阵列板驱动机构卡死 | 2000 年初，欧洲航天局的奥林匹斯航天器－1（Olympus－1）电源系统供电能力下降，由于太阳能电池阵列板驱动机构出现故障，因此两个太阳能电池阵列板中的一个无法指向太阳，其原因是太阳能电池阵列板驱动机构出了故障 | 调整太阳能电池阵列板驱动机构 |

## 2. 蓄电池组故障

蓄电池组的故障大多与充放电电路有关，其常见故障模式主要有 4 种。

(1)蓄电池组放电回路出现短路或异常大电流放电，且不能及时隔离故障。

(2)充电回路断路，不能充放电故障。

(3)蓄电池组性能衰退故障。

(4)蓄电池组过充且无法断开充电故障。

蓄电池组常见故障模式、机理、故障案例及对策见表 1.3。

表 1.3　蓄电池组常见故障模式、机理、故障案例及对策

| 故障模式 | 机理 | 故障案例 | 对策 |
| --- | --- | --- | --- |
| 蓄电池组放电回路出现短路或异常大电流放电，且不能及时隔离故障 | 电池容器破裂、电缆故障 | 2002 年 2 月，迈普（MAP）航天器发生蓄电池组异常，2 月 24 日蓄电池组电压差开始升高，每天电压差增大 0.1 V，最后遥测显示其损坏了一节单体电池，原因可能是压力容器内的氢镍蓄电池模块发生了短路 | 优化蓄电池组设计 |
| 充电回路断路，不能充放电故障 | 电解液泄漏、流失 | 2003 年 9 月，回声－Ⅶ航天器的一组蓄电池出现容量降低现象，蓄电池组故障没有影响到卫星的商业运营 | 使用蓄电池组电池冗余设计 |

续表 1.3

| 故障模式 | 机理 | 故障案例 | 对策 |
|---|---|---|---|
| 蓄电池组性能衰退故障 | 电化学性能退化,内阻增加 | 2002年1月,意大利X射线天文航天器(BeppoSAX)一组蓄电池的32个电池单体中有4个出现故障,严重影响了蓄电池组性能,此外,另一个蓄电池组也开始呈现内阻变大的迹象 | 优化蓄电池组设计 |
| 蓄电池组过充且无法断开充电故障 | 蓄电池组过充电、过放电 | 1997年12月,航天器(TRMM)蓄电池组出现异常现象,蓄电池组中的一个单体电池在充电中电压达到1.53 V,电压—温度曲线达到上限(最高达到1.62 V而其他单体只有1.44 V),怀疑单体中有氢气释放,造成电池单体内阻增加,性能衰降。最终采用恒流模式为蓄电池组充电 | 采用多种充电冗余备份 |

### 3. 电源控制器故障

电源控制器主要由分流调节器、充电调节器、放电调节器构成。此故障主要集中表现为元器件和功率器件的失效,一般只能采取冗余的方式来减少此类故障的危害。

电源控制器故障如下。

(1)蓄电池组充放电调节器故障。

(2)太阳能电池阵列分流调节器故障。

电源控制器故障模式、机理、故障案例及对策见表1.4。

表 1.4 电源控制器故障模式、机理、故障案例及对策

| 故障模式 | 机理 | 故障案例 | 对策 |
|---|---|---|---|
| 蓄电池组充放电调节器故障 | 内部功率电子元器件损坏 | 2005年10月,某航天器因为热设计不合理导致电源充放电调节器中的两个场效应管出现过热现象。过热导致一个场效应管出现短路故障,引起太阳能电池电路短路,使得太阳能电池阵列无法向平台供电,也无法给蓄电池组充电 | 在电路设计上做防静电设计 |
| 太阳能电池阵列分流调节器故障 | 内部功率电子元器件损坏 | 2000年9月,"土(TERRA)"航天器发生太阳能电池阵列分流调节器短路异常,造成太阳能电池阵列的一个电路失效,损失了1/24的输出功率 | 设计中考虑电路的裕度设计 |

### 1.3.5 推进分系统故障统计分析

航天器推进分系统是一个复杂的管网、流体、热动力系统，任何一个部件的异常或故障都可能导致推进分系统的故障，进而影响空间任务的完成，尤其是对载人航天器而言，空间推进分系统要完成轨道改变、姿态控制、紧急逃生、应急返回等功能，因此推进分系统工作性能的好坏是保证宇航员能否安全着陆和飞行任务能否完成的关键。

根据统计分析可知，推进分系统发生故障的部位主要有发动机、贮箱和管路等，部分航天器在轨期间可能会出现多个部位的故障。推进分系统常见故障有5类。

(1)推进剂泄漏故障。

(2)管道(喷注器)堵塞故障。

(3)电子元器件失效故障。

(4)喷气羽流产生扰动力矩故障。

(5)其他故障。

推进分系统常见故障及其所占百分数如图1.13所示。故障原因包括设计、材料、工艺、装调及空间环境(如空间碎片)等多方面因素。

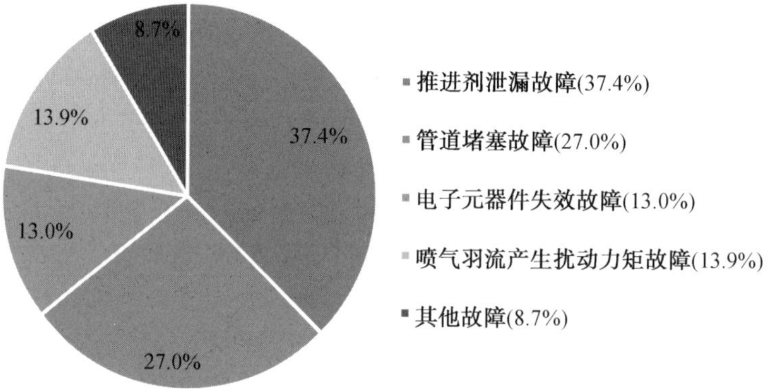


图1.13 推进分系统常见故障及其所占百分数

#### 1. 推进剂泄漏故障

推进剂泄漏会导致卫星的姿态控制能力下降，缩短卫星的使用寿命。而对载人航天器而言，推进剂泄漏对航天员的生命安全有巨大的威胁。综合分析，导致推进剂严重消耗的原因主要有4个。

(1)电机等设备损坏，产生电弧放电现象，导致贮箱泄漏起火。

(2)阀门焊接处有缝隙或失效，导致推进剂泄漏或氧化剂等不能进入。

(3)俯仰发动机导致推进剂泄漏。

（4）计算错误导致推进剂耗尽。

**2. 喷注器及尾喷管故障（管道堵塞及喷气羽流产生扰动力矩）**

喷注器起着疏导推进剂的重要作用，所以它的通畅是航天器动力系统正常工作的重要保证。燃料中不可避免地含有杂质以及推进系统环境不清洁等很容易造成喷注器故障。故障原因主要有4种。

（1）温度下降导致一些燃料固化堵塞喷注器，如铯。

（2）贮箱内的过氧化氢受到污染。

（3）燃料经推进器缝隙渗透到喷注器内，堵塞喷注器。

（4）喷注器和阀门材料相互作用产生气泡，产生推力误差。

尾喷管的故障主要集中在喷气羽流产生的扰动力矩上。当推进器喷气时，产生的羽流对太阳能电池阵列板产生扰动力矩，它将会使卫星处于失控翻滚状态并污染太阳能电池。这种故障可能是由于尾喷管和太阳能电池阵列板的位置不合理，也可能是空间环境下的羽流作用没有在实验模拟阶段考虑全面。这类故障一旦发生就会导致航天器任务的终止，对其寿命产生巨大影响，所以要在设计初期进行全面的实验模拟，以防止此类故障发生。

**3. 电子元器件失效故障**

电子元器件失效会导致卫星错误喷火或推进剂不能输出。这些都需要对电子元器件的质量和可行性进行研究。这类问题会引发上述几类故障，同时也会引起其他问题，如点火时间提前或推迟、发动机点火后自动关闭、推力器不能工作导致姿态错误等现象。

### 1.3.6 故障防护

航天器所处空间环境十分复杂并且难以预测，所以为了提高航天器在轨运行的可靠性，就必须对每个环节都精益求精，减少在轨故障的发生。另外，考虑在轨运行的安全性，还应加强其防护措施。

（1）加强空间环境探索研究，以建立相对精确的空间环境模型，以此为基础建立相应的仿真与地面测试，提高各分系统空间适应能力。

（2）随着科技的发展，新技术新材料的使用逐渐增多，但由此产生的问题也逐渐凸显。因此在使用时一定要结合空间任务环境对其进行充分的测试和验证，尤其是要充分熟悉新材料在空间环境下的特性。

（3）提高设计及制造水平，尽量避免或减少因设计和制造缺陷引起的航天器在轨故障。

（4）开展运动机构等有限寿命部件的长寿命研究，在考虑空间环境的前提下，尽量提高各机构的在轨运行寿命。

(5)提高航天器在轨故障诊断水平,如采用航天器智能诊断技术,增强航天器在轨故障诊断与处理能力。

(6)开展多学科综合优化研究,对各分系统的关键部件进行优化,以提高其鲁棒性。

(7)积极推进各系统的模块化、标准化及系列化设计,在先进技术基础下进一步提高系统的可靠性和灵活性。

(8)进一步提高电磁、射频干扰和空间辐照剂量预测精度,严格进行电磁相容性和抗辐照加固设计。

(9)提高地面测控网的科技和自动化水平,进一步提升地面测控能力和排除故障能力。

(10)大力开展航天器在轨故障情况及其对策研究,熟悉故障现象、原因、对策及其效果,进一步完善航天器系统数据库。

## 1.4 故障诊断的术语定义

国际自控联合会(IFAC)故障检测、安全性与监控专业技术委员会在基于模型故障诊断领域内所定义的公用术语的提议。

故障(fault):系统至少一个特征参数由可接受的/通常的/标准的状态发生不允许的偏移。

失灵(malfunction):在完成系统所期望的功能中发生间歇式的不规则性。

误差(error):在(输出变量的)测量值或计算值与真实值或理论上的正确值之间的偏差。

干扰(disturbance):作用在系统上的未知(与未控)输入。

扰动(perturbation):作用在系统上的输入,其导致系统由当前状态暂时性偏离。

残差(residual):基于测量值与基于模型方程计算值之间偏差的故障指示(器)。

征兆(symptom):从正常行为发生了能观测到的量的变化。

故障检测(fault detection ):故障种类、位置及检测时间的确定。

故障隔离(fault isolation):故障种类、位置及检测时间的确定,需在故障检测后进行。

故障辨识(fault identification):故障大小及其时变行为的确定,包括故障检测、故障隔离与辨识。

监控(monitoring):通过纪录信息,识别及指明行为的异常性,确定系统状态的一项连续实时任务。

监督管理(supervision):监控物理系统并且采取适当方式以维持在故障情况下的运转。

定量模型(quantitative model):利用系统变量与参数间的静态及动态关系的定量数学术语来描述系统行为。

定性模型(qualitative model):利用系统变量与参数间的静态及动态系统的定量数学术语(如因果性或 IF－THEN)来描述系统行为。

诊断模型(diagnostic model):连接具体输入变量、征兆与具体输出变量、故障之间的一组静态与动态关系。

解析冗余(analytical redundancy):利用两种或者两种以上(但不必相同)的方式确定变量,其中一种方式采用了解析形式的过程数学模型。

可靠性(reliability):在给定的范围、时间周期内,或规定的条件下,系统完成所要求的功能的能力。

可用性(availability):系统或设备在任何时间可令人满意地、有效地运转的概率。

安全性(safety):系统没有引起对人、设备或环境危害的能力。

可信性(dependability):可用性的一种形式,其具有需要时总是可利用的特性。它也指系统在规定的工作期间内任何随机选定的时刻,其可运转与有能力完成所要求的功能的程度。

## 1.5 本章小结

本章给出目前航天器故障诊断技术的特征和发展趋势,通过分析可以看出,目前航天器故障诊断的应用成果主要体现在航天器的地面测试,或航天器过境时离线诊断方面,关于嵌入式的自主故障诊断成果还不多见。从未来发展看,我国于 2022 年完成空间站建设后,开始 2030 年载人登月计划,以及更远的木星和冥王星探索任务的需求牵引,航天器故障诊断技术的应用一定会再上一个台阶,所以我国航天器在轨运行的自主故障诊断技术有望在未来五年取得突破性成果。

本章统计分析了多年来的 300 多次航天器在轨故障,在此基础上对航天器的结构机构分系统、姿态控制分系统、电源分系统及推进分系统的在轨故障进行了总结概括,并具体分析了各分系统发生故障的原因。通过综合分析可知,结构机构分系统故障贯穿于航天器各个分系统中,电源分系统故障是航天器失效的主要原因,而姿态控制分系统及推进分系统故障很大程度上会导致航天器任务失败。对此，结合航天器的在轨故障，本章最后简要提出了一些故障的防护措施与建议，如加强空间环境探索、提高航天器故障诊断技术等，以提高航天器在轨运行的安全性与可靠性。

# 第2章

# 航天器姿态控制系统

本章对姿态确定和姿态控制进行概述，说明不同任务需求对姿态控制系统(ACS)造成的影响，并列举出不同的姿态描述方法，如方向余弦矩阵、欧拉法及四元数法。在此基础上，介绍姿态运动学和动力学方程，以及扰动力矩模型。同时还讨论了不同类型的姿态敏感器和执行器，最后总结了验证姿态控制的方法。

## 2.1 概 述

姿态控制系统控制航天器平台在太空中的指向，通常通过选取一个协议参考系来描述航天器的姿态，或者通过航天器的方向矢量与参考坐标系坐标轴的角度来确定。

一般情况下，航天器的姿态与轨道是相互独立的，因此姿态控制与轨道控制是不同的概念。

与其他控制系统一样，航天器姿态控制系统也是一个闭环控制回路，其功能包括以下3个方面。

(1)姿态测量与姿态确定。

(2)与预期姿态进行比较。

(3)为了获得期望的姿态，要用控制器去驱动执行机构。

在这个控制回路里，目标可以实现并保持一定的姿态。姿态控制律一般按照以下3种模式设计。

(1)安全模式。如鲁棒控制或者低精度控制。

(2)最佳性能模式。获得最好的性能,如最优控制。

(3)过渡模式。控制航天器从一个期望姿态变化到另一个期望姿态的速率。

### 2.1.1 对卫星平台的影响

姿态控制系统是系统设计的一个重要分系统。任务目标是为选择合适的姿态敏感器和姿态控制执行器提供适宜的边界条件。然而,卫星的基本功能必须事先确定,其目的如下。

(1)确保电源系统的性能(太阳能电池阵列始终指向太阳)。

(2)确保温度条件(卫星本体指向控制,指向太阳或地球)。

(3)调节和维持姿态(为了轨道机动)。

因此,为了获得一个可靠的姿态控制系统,在卫星设计过程中必须考虑姿态需求(如质量分布、潜在的结构振荡等)。

### 2.1.2 对有效载荷的影响

有效载荷的功能和性能与姿态控制是紧密联系的。例如,用于对地球观测望远镜的定向、对通信卫星天线的定向、科学实验有效载荷的定向。对于这些任务,姿态精度和稳定性发挥了重要的作用。在许多情况下,为了优化有效载荷性能,需要将姿态控制系统遥测数据与有效载荷数据一起做后处理。

### 2.1.3 应用领域

姿态控制和轨道控制几乎可以应用于所有的太空任务(无论是载人或无人任务)。被动和主动的姿态控制之间有所不同:被动姿态控制是指无须使用执行器实现姿态调整,而主动姿态控制则是在一个控制环路中使用执行机构。采用什么类型的姿态控制,取决于航天任务。

在执行任务期间,卫星姿态确定是在轨实时获得的,所以卫星姿态数据的精度没有在地面上后处理的精度高。在地面上,为了尽可能减少姿态确定过程的误差,往往利用一些附加数据进行修正。针对携带载荷(如望远镜、雷达敏感器或光学相机)的卫星,通常需要在地面上后处理姿态数据,以便于获得最大分辨率。

## 2.2 姿态控制系统的要求

姿态控制系统的类型和设计主要是由卫星平台和有效载荷的功能需求决定的(表2.1)。

表 2.1　姿态控制系统的功能需求

| 系统名称 | 功能需求 | 精度 |
| --- | --- | --- |
| 电源分系统 | 太阳能电池阵列指向,静态的 | 粗糙 |
| 热控分系统 | 辐射指向 | 粗糙 |
| 轨道控制分系统 | 轨道推力器指向 | 精确 |
| 光学有效载荷 | 望远镜指向,目标追踪 | 非常精确 |
| 通信有效载荷 | “高增益天线”指向 | 精确 |
| 科学有效载荷 | 设备指向,目标追踪 | 从粗糙到非常精确 |
| 安全模式 | 太阳能电池阵列方向 | 粗糙 |
| 精确模式 | 初始姿态确定 | 精确 |
| 卫星操作 | FDIR(故障检测、隔离、修复) | 精确 |

对姿态稳定性的要求通常来自于有效载荷,除了这些功能需求外,还有不同阶段的性能需求,主要包括以下几点。

(1)精度。包括实时精度和非实时精度,用一个加号或者减号的时间间隔来表示,通常用符号 $\sigma$ 表示,例如,“0.1,3”表示在所有情况下误差小于 0.1 的占 99.7%。

(2)稳定性。姿态误差。

(3)敏捷性。不同姿态转换的时间变化率。

另外,对姿态控制系统的设计一般由以下的需求和边界条件来确定。

(1)成本。

(2)设计寿命。一个卫星的设计寿命通常为 5～15 年。

(3)完整的姿态控制系统的可靠性。如使用寿命超过 10 年的概率为 95%。

(4)无单点故障。这意味着任何一个组件发生故障都应该是可控的。

(5)与其他卫星子系统的兼容性。如电磁或者振动。

(6)质量、功耗和热预算等边界条件。

(7)轨道参数。

(8)用户需求。

## 2.3 姿态参数

航天器的姿态被定义为两个坐标系轴线之间的角度偏差。典型的参考坐标系定义为空间固定坐标系。本节将介绍不同姿态的表示方法和参数的描述方法。

### 2.3.1 参考坐标系

针对星体姿态的数学表示，需定义两个三维笛卡儿坐标系，分别称为参考坐标系和星体固定坐标系。参考坐标系独立于星体的姿态运动，而星体固定坐标系随星体姿态的运动而运动。

姿态的数学意义是这两个坐标系的角偏差。这些坐标系的原点(从参考坐标系的原点到星体固定坐标系的原点)与姿态表示是不相关的，关键是两个坐标系的旋转。参考坐标系由 $\boldsymbol{x}$、$\boldsymbol{y}$、$\boldsymbol{z}$ 三个矢量表示，星体坐标系由 $\boldsymbol{u}$、$\boldsymbol{v}$、$\boldsymbol{w}$ 三个矢量表示(图 2.1)。

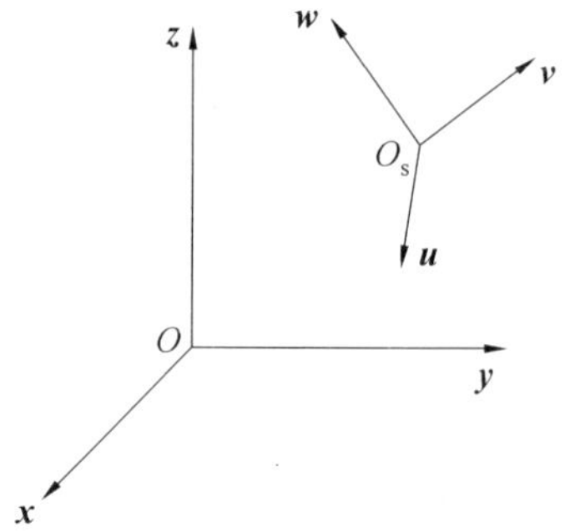


图 2.1 坐标系的姿态表示

当考虑航天器围绕地球轨道运行时，通常的参考坐标系如下。

(1)惯性地心坐标系。$+\boldsymbol{x}$ 轴指向春分点，$+\boldsymbol{z}$ 轴指向地球北极，$+\boldsymbol{y}$ 轴指向 $+\boldsymbol{x}$ 轴和 $+\boldsymbol{z}$ 轴形成的一个右手定则方向。

(2)固定地心坐标系。$+\boldsymbol{x}$ 轴指向格林尼治子午线与赤道平面的交点，$+\boldsymbol{z}$ 轴指向地球北极，$+\boldsymbol{y}$ 轴指向 $+\boldsymbol{x}$ 轴和 $+\boldsymbol{z}$ 轴形成的一个右手定则方向。

(3)轨道参考系，其原点在航天器的质心。$+\boldsymbol{z}$ 轴指向地心(最低点方向)，$+\boldsymbol{y}$ 轴指向该点的轨道的负法线方向，$+\boldsymbol{x}$ 轴指向 $+\boldsymbol{y}$ 轴和 $+\boldsymbol{z}$ 轴形成的一个右手定则方向。

针对对称的飞行器，星体固定坐标系通常沿卫星的主轴方向确定，图 2.2 所示为该坐标系与各姿态角的表达形式，这些角度会在后面定义。

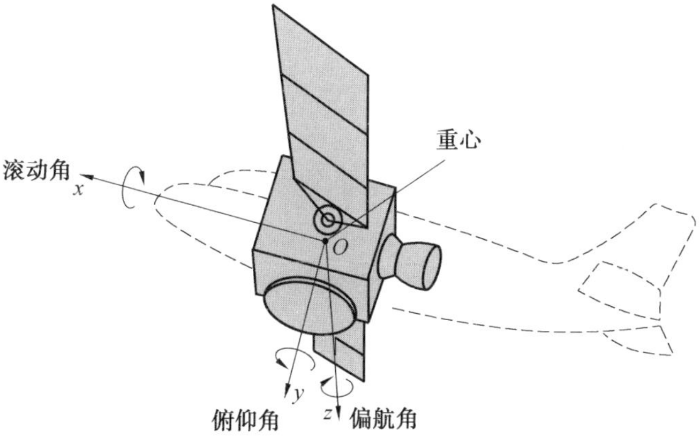


图 2.2　星体固定坐标系与各姿态角的表达形式

### 2.3.2　方向余弦矩阵

正如 2.3.1 节定义的航天器，航天器姿态描述是一个参考坐标系与星体固定坐标系的方位角度。姿态由一个 3×3 的姿态矩阵 **A** 表示，这个姿态矩阵的元素描述了各坐标轴的矢量点积，因此可以用角偏差的方向余弦表示为

$$\boldsymbol{A}=\begin{bmatrix} \boldsymbol{u}\cdot \boldsymbol{x} & \boldsymbol{u}\cdot \boldsymbol{y} & \boldsymbol{u}\cdot \boldsymbol{z} \\ \boldsymbol{v}\cdot \boldsymbol{x} & \boldsymbol{v}\cdot \boldsymbol{y} & \boldsymbol{v}\cdot \boldsymbol{z} \\ \boldsymbol{w}\cdot \boldsymbol{x} & \boldsymbol{w}\cdot \boldsymbol{y} & \boldsymbol{w}\cdot \boldsymbol{z} \end{bmatrix} \tag{2.1}$$

式(2.1)表示的是星体固定坐标系与参考坐标系中的矢量变换，于是有关系式：

$$\boldsymbol{X}_{\mathrm{B}}=\boldsymbol{A}\boldsymbol{X}_{\mathrm{R}} \tag{2.2}$$

式中，$\boldsymbol{X}_{\mathrm{R}}$ 为参考坐标系中的矢量；$\boldsymbol{X}_{\mathrm{B}}$ 为星体固定坐标系中的矢量；**A** 为姿态矩阵（对称正交）。

基于这种表示方法，连续旋转序列可以描述为

$$\boldsymbol{A}_{1-3}=\boldsymbol{A}_{2-3}\boldsymbol{A}_{1-2} \tag{2.3}$$

式中，$\boldsymbol{A}_{1-3}$ 为从状态 1 到状态 3 的转换；$\boldsymbol{A}_{1-2}$ 为从状态 1 到状态 2 的转换；$\boldsymbol{A}_{2-3}$ 为从状态 2 到状态 3 的转换。

根据这 3 个连续转换关系，每一个坐标系都可以转换为其他任何一个坐标系。姿态参数化的优势是不存在奇点且不需要三角/算术运算。式(2.3)所示的是一个简单的旋转序列的算法。

然而姿态矩阵的表示方法对于航天器在轨运行分析并不实用。在航天器在轨运行分析中，地面控制中心的姿态系统工程师需要在大屏幕上观察来自于太空的姿态数据，姿态矩阵显然是不直观的，因此一般用欧拉角表示姿态数据。

### 2.3.3 欧拉角

利用欧拉角可以让姿态数据可视化。3 个基本的姿态围绕各自坐标轴($x$, $y$, $z$)的旋转,可以使用欧拉角进行表示。

绕 $x$ 轴旋转角 $\varphi$,则

$$\boldsymbol{A}_x=\begin{bmatrix}1 & 0 & 0\\ 0 & \cos\varphi & \sin\varphi\\ 0 & -\sin\varphi & \cos\varphi\end{bmatrix} \tag{2.4}$$

绕 $y$ 轴旋转角 $\theta$,则

$$\boldsymbol{A}_y=\begin{bmatrix}\cos\theta & 0 & -\sin\theta\\ 0 & 1 & 0\\ \sin\theta & 0 & \cos\theta\end{bmatrix} \tag{2.5}$$

绕 $z$ 轴旋转角 $\psi$,则

$$\boldsymbol{A}_z=\begin{bmatrix}\cos\psi & \sin\psi & 0\\ -\sin\psi & \cos\psi & 0\\ 0 & 0 & 1\end{bmatrix} \tag{2.6}$$

图 2.2 列出了姿态角的名称,绕着 $x$ 轴旋转的角称为滚动角;绕着 $y$ 轴旋转的角称为俯仰角;绕着 $z$ 轴旋转的角称为偏航角。

### 2.3.4 四元数

另外一种描述姿态的方法称为四元数法。四元数是哈密顿于 1843 年建立的数学概念,但最近 40 年才在刚体运动中得到实际应用。在这个超复数构成的数值稳定的最优解中:

$$\boldsymbol{q}=\left[\cos\frac{\varphi}{2}\quad \boldsymbol{e}_x\sin\frac{\varphi}{2}\quad \boldsymbol{e}_y\sin\frac{\varphi}{2}\quad \boldsymbol{e}_z\sin\frac{\varphi}{2}\right]^{\mathrm{T}} \tag{2.7}$$

式中,$\boldsymbol{e}_x$、$\boldsymbol{e}_y$、$\boldsymbol{e}_z$ 为旋转坐标轴的单位矢量;$\varphi$ 为绕轴旋转的角度。类似姿态矩阵,旋转序列可表示为

$$\boldsymbol{q}_{1-3}=\boldsymbol{q}_{1-2}\otimes\boldsymbol{q}_{2-3} \tag{2.8}$$

$$\boldsymbol{q}_{1-3}=\begin{bmatrix}q_{4(2-3)} & q_{3(2-3)} & -q_{2(2-3)} & q_{1(2-3)}\\ -q_{3(2-3)} & q_{4(2-3)} & q_{1(2-3)} & q_{2(2-3)}\\ q_{2(2-3)} & -q_{1(2-3)} & q_{4(2-3)} & q_{3(2-3)}\\ -q_{1(2-3)} & -q_{2(2-3)} & -q_{3(2-3)} & q_{4(2-3)}\end{bmatrix} \tag{2.9}$$

式中,$\boldsymbol{q}_{1-3}$ 为从状态 1 到状态 3 的转换;$\boldsymbol{q}_{1-2}$ 为从状态 1 到状态 2 的转换;$\boldsymbol{q}_{2-3}$ 为从状态 2 到状态 3 的转换。

四元数法参数化后缺点是不形象化,是一种纯粹的数学表示,所以不适合于

卫星在轨运行过程中的姿态参数遥测。然而，在轨运行的软件设计和姿态处理中常用到四元数。

# 2.4　姿态动力学

## 2.4.1　姿态运动学与动力学

前面定义了姿态的术语，并解释了不同的表达方式。对于姿态分析，姿态运动学与姿态动力学是十分重要的，它有助于更好地理解姿态变化。

### 1. 运动学方程

运动学方程是观察姿态矩阵随时间的变化而变化得到的，这种变化可表示为

$$\frac{\mathrm{d}}{\mathrm{d}t}\boldsymbol{A}=\boldsymbol{\Omega A} \tag{2.10}$$

其中

$$\boldsymbol{\Omega}=\begin{bmatrix} 0 & \omega_z & -\omega_y \\ -\omega_z & 0 & \omega_x \\ \omega_y & -\omega_x & 0 \end{bmatrix} \tag{2.11}$$

式中，$\omega_x$、$\omega_y$、$\omega_z$ 为星体固定坐标系中对应轴的角速度。

从运动学角度看，在观察姿态变化时，不需要考虑力矩。对于运动物体姿态来说，测量和确定姿态角速率是非常必要的，这需要专用的传感器，这些将在 2.6 节介绍。

### 2. 动力学方程

与运动学姿态描述相反，姿态动力学建模还需要考虑作用力及其所产生的力矩。对于姿态动力学，相关重要物理单位的定义是必不可少的。角动量计算公式为

$$\boldsymbol{H}=\int_m \boldsymbol{r}\times\boldsymbol{v}\mathrm{d}m \tag{2.12}$$

式中，$\boldsymbol{H}$ 为角动量矢量；$\boldsymbol{r}$ 为位置矢量；$\boldsymbol{v}$ 为速度矢量；$\mathrm{d}m$ 为单位质量。

图 2.3 所示为旋转的角动量矢量。考虑到卫星是一个刚体，有

$$\boldsymbol{H}=\boldsymbol{I\omega} \tag{2.13}$$

式中，$\boldsymbol{I}$ 为转动惯量；$\boldsymbol{\omega}$ 为卫星的角速度。可以用右手规则来确定 $\boldsymbol{\omega}$ 的方向。

如果在惯性坐标系中星体的旋转是绕其质心的，则有

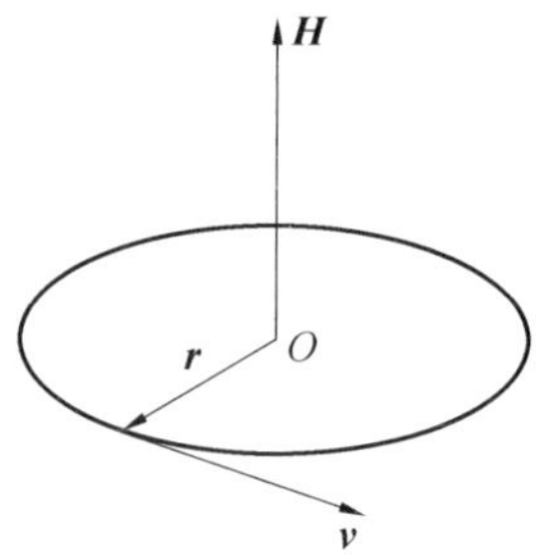


图 2.3　旋转的角动量矢量

$$\frac{\mathrm{d}}{\mathrm{d}t}\boldsymbol{H}=\sum\boldsymbol{M} \tag{2.14}$$

式(2.14)意味着总角动量的变化等于作用在卫星上的力矩之和，进一步有

$$\frac{\mathrm{d}}{\mathrm{d}t}\boldsymbol{H}+\boldsymbol{\omega}\times\boldsymbol{H}=\sum\boldsymbol{M} \tag{2.15}$$

分解式(2.15)，可以得到

$$\begin{cases}\dot{H}_x+\omega_y H_z-\omega_z H_y=M_x\\ \dot{H}_y+\omega_z H_x-\omega_x H_z=M_y\\ \dot{H}_z+\omega_x H_y-\omega_y H_x=M_z\end{cases} \tag{2.16}$$

式(2.16)是姿态动力学建模的基础，也是欧拉动力学方程。总力矩 $\boldsymbol{M}$ 是作用在卫星上的力矩的总和。

## 2.4.2　扰动力矩

为了建立卫星姿态的动力学模型，必须考虑作用在卫星上的力矩，包括内部力矩和外部力矩。通常内部力矩是由姿态控制系统中的执行器(理想状态)和可动机构(不是期望的，如燃料晃动、结构机构、太阳帆板)产生的。外部力矩是由空间环境与卫星之间的相互作用产生的。扰动力矩的大小主要与卫星轨道、卫星姿态和卫星物理特性有关，下面将介绍几个重要的扰动力矩。

**1. 重力梯度力矩**

鉴于卫星是具有有限尺寸的非对称刚体，作用在航天器上的外部力矩是由地球的引力产生的。

重力梯度力矩可以表示为

$$\boldsymbol{M}_{\mathrm{grav}}=3\,\frac{\mathrm{GM}}{\boldsymbol{r}_{\mathrm{s}}^{3}}[\boldsymbol{r}_{\mathrm{s}}\times(\boldsymbol{I}_{\mathrm{s}}\boldsymbol{r}_{\mathrm{s}})] \tag{2.17}$$

式中，GM 为地球的引力常数；$\boldsymbol{r}_{\mathrm{s}}$ 为地心到卫星质心的位置矢量。

从式(2.17)可以看出,重力梯度力矩具有以下特点。

(1)力矩垂直于当地的地平线。

(2)力矩与卫星距离地心的距离的立方成反比。

(3)力矩与卫星本身的质量无关。

**2. 太阳辐射力矩**

太阳辐射的光子作用于卫星表面,就会产生一个绕卫星质心的转矩。太阳辐射压力与卫星的轨道高度基本无关。产生这个力矩的主要原因有如下几个方面。

(1)入射辐射的强度和光谱分布。

(2)卫星的表面几何形状和光学特征。

(3)太阳相对于卫星的方向矢量。

作用力与太阳脉冲入射光有一种关系,在直接反射的简单情况下可以表示为

$$\boldsymbol{F}_{\mathrm{sol}}=\frac{S}{c}(1+r)A(-\boldsymbol{e}_{\mathrm{sum}}) \tag{2.18}$$

式中,$S$ 为太阳常数(1 367 $\mathrm{W/m^2}$);$c$ 为光速;$A$ 为卫星表面在太阳方向上的投影面积;$r$ 为反射系数;$\boldsymbol{e}_{\mathrm{sum}}$ 为太阳方向上的单位矢量。

由式(2.18)得,太阳辐射力所产生的力矩为

$$\boldsymbol{M}_{\mathrm{sol}}=(\boldsymbol{r}_{\mathrm{a}}-\boldsymbol{r}_{\mathrm{s}})\times\boldsymbol{F}_{\mathrm{sol}} \tag{2.19}$$

式中,$\boldsymbol{M}_{\mathrm{sol}}$ 为太阳的辐射力矩;$\boldsymbol{F}_{\mathrm{sol}}$ 为太阳辐射所产生的作用力;$\boldsymbol{r}_{\mathrm{a}}$ 为质心到力作用点的距离;$\boldsymbol{r}_{\mathrm{s}}$ 为卫星质心的位置矢量。

**3. 空气动力力矩**

对于低轨卫星(低于 400 km),不能忽略大气与卫星表面的相互作用。空气动力力矩也称为环境力矩。这个力是由大气分子作用于卫星表面而产生的,其扰动力矩可以表示为

$$\boldsymbol{M}_{\mathrm{aero}}=(\boldsymbol{r}_{\mathrm{a}}-\boldsymbol{r}_{\mathrm{s}})\times\boldsymbol{F}_{\mathrm{aero}} \tag{2.20}$$

式中

$$\boldsymbol{F}_{\mathrm{aero}}=-\frac{1}{2}\rho(\boldsymbol{r},t)C_{\mathrm{D}}A\,\dot{\boldsymbol{r}}^{2}\cdot\frac{\dot{\boldsymbol{r}}}{\dot{r}} \tag{2.21}$$

式中,$C_{\mathrm{D}}$ 为空气动力学系数;$A$ 为卫星飞行方向的面积;$\rho(\boldsymbol{r},t)$ 表示与位置和时间相关的大气密度函数;$\dot{\boldsymbol{r}}$ 为卫星的速度矢量;$\dot{r}$ 为卫星速度矢量的绝对值。该力始终与卫星运动的方向相反。

**4. 电磁扰动力矩**

电磁扰动力矩是由卫星残余磁场与地球磁场相互作用而产生的。在卫星的

设计阶段，对这个磁场进行适当的屏蔽，并在卫星布局布线采取措施，进而使其尽可能达到最小化。磁场扰动力矩的计算公式为

$$\boldsymbol{M}_{\text{mag}}=\boldsymbol{m}_{\text{S}}\times\boldsymbol{B}_{\text{earth}} \tag{2.22}$$

式中，$\boldsymbol{m}_{\text{S}}$ 为磁偶极矩；$\boldsymbol{B}_{\text{earth}}$ 为地球的磁场矢量。

在 1 000 km 处，卫星扰动力矩的比例约为

$$\boldsymbol{M}_{\text{grav}}:\boldsymbol{M}_{\text{mag}}:\boldsymbol{M}_{\text{sol}}:\boldsymbol{M}_{\text{aero}}=1\ 000:250:2:0.5$$

**5. 其他扰动力矩**

前面介绍了占主导地位的外部扰动力矩，但有的内部扰动力矩也应该考虑到姿态控制系统设计中。内部扰动力矩举例如下。

(1)推进系统内部漏电。

(2)推进舱的燃油晃动。

(3)卫星结构中的可动部件。

(4)载人飞行任务中的航天员运动。

对这些扰动进行建模是非常困难的，然而在姿态控制系统的仿真设计过程中，为确保系统的稳定性和安全性，必须将这些内部扰动力矩以最大的估计值给予考虑。

## 2.5 姿态确定和控制

### 2.5.1 姿态确定

姿态确定的过程实际就是计算卫星实际姿态(三轴姿态)的过程。采用适当的测量方法(见 2.6 节姿态敏感器)，再通过适当的滤波，或与其他不同敏感器产生的原始数据相结合，就可以获得实际卫星姿态。本节仅仅介绍姿态的代数确定方法，至于其他的姿态确定方法，请见其他文献。

代数确定方法是基于直接余弦矩阵的。设两个矢量 $\boldsymbol{u}$ 和 $\boldsymbol{v}$，定义一个正交坐标系($\boldsymbol{q}$、$\boldsymbol{r}$ 和 $\boldsymbol{s}$)，于是有

$$\begin{cases}\boldsymbol{q}=\boldsymbol{u}\\ \boldsymbol{r}=\dfrac{\boldsymbol{u}\times\boldsymbol{v}}{|\boldsymbol{u}\times\boldsymbol{v}|}\\ \boldsymbol{s}=\boldsymbol{q}\times\boldsymbol{r}\end{cases} \tag{2.23}$$

这里假设 $\boldsymbol{u}$ 和 $\boldsymbol{v}$ 不平行。

对于给定时间，由姿态敏感器测得矢量 $\boldsymbol{u}_{\text{b}}$ 和 $\boldsymbol{v}_{\text{b}}$，形成如上所述的星体固定坐标系，则卫星的姿态矩阵 $\boldsymbol{A}_{\text{b}}$ 可以表示为

$$\boldsymbol{A}_{\mathrm{b}}=[\boldsymbol{q}_{\mathrm{b}} \vdots \boldsymbol{r}_{\mathrm{b}} \vdots \boldsymbol{s}_{\mathrm{b}}] \tag{2.24}$$

这两个矢量被定义在参考坐标系里，矢量 $\boldsymbol{u}_{\mathrm{r}}$ 和 $\boldsymbol{v}_{\mathrm{r}}$ 形成了参考矩阵 $\boldsymbol{A}_{\mathrm{r}}$，即

$$\boldsymbol{A}_{\mathrm{r}}=[\boldsymbol{q}_{\mathrm{r}} \vdots \boldsymbol{r}_{\mathrm{r}} \vdots \boldsymbol{s}_{\mathrm{r}}] \tag{2.25}$$

正如 2.3.2 节定义的那样，这里的直接余弦矩阵通过以下坐标转换而得

$$\boldsymbol{A}\boldsymbol{M}_{\mathrm{r}}=\boldsymbol{M}_{\mathrm{b}} \tag{2.26}$$

式(2.26)表示矢量$\boldsymbol{M}_{\mathrm{r}}$ 转换到矢量$\boldsymbol{M}_{\mathrm{b}}$，可以求解直接余弦矩阵 $\boldsymbol{A}$ 为

$$\boldsymbol{A}=\boldsymbol{M}_{\mathrm{b}}\,\boldsymbol{M}_{\mathrm{r}}^{-1} \tag{2.27}$$

$\boldsymbol{M}_{\mathrm{r}}$ 是正交的，因此有

$$\boldsymbol{A}=\boldsymbol{M}_{\mathrm{b}}\,\boldsymbol{M}_{\mathrm{r}}^{\mathrm{T}} \tag{2.28}$$

用两个矢量确定姿态的方法称为姿态确定的代数方法，这种方法的缺点是其中一个矢量的测量错误，就会导致姿态的确定错误。所以一般要几种测量方法同时应用才会可靠。利用最小二乘估算法，建立一个代价函数，对不同测量方法可以计算其代价函数的最小值，生成一个姿态参数的稳定解。当然，更复杂的方法是利用卡尔曼滤波来确定姿态，这样可以得到姿态参数的最优解。

在姿态确定过程中，姿态预报(或姿态传播)是非常重要的，下一个或下面几个时刻的姿态预报数据是通过卫星运动学与动力学方程获得的，姿态预报数据可以直接应用于姿态控制系统。

## 2.5.2　姿态控制

图 2.4 所示为典型的姿态控制回路。卫星通常保持在一种期望的姿态状态下，这种期望的姿态通常是利用一个控制算法或者是地面站对卫星的遥控得到的。

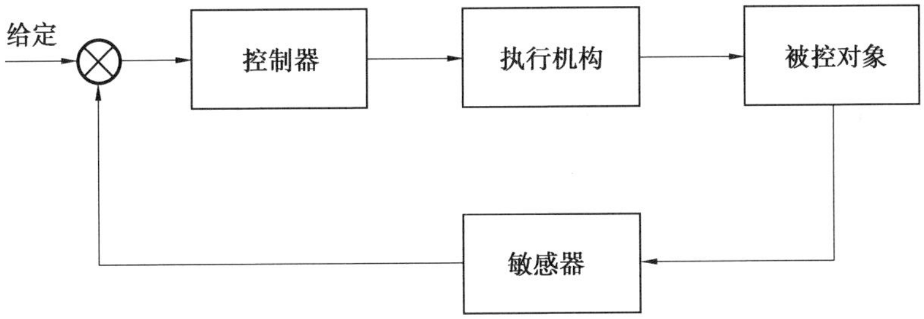


图 2.4　典型的姿态控制回路

姿态控制算法有很多种，其中最常用的是 PID 控制算法：

$$\boldsymbol{u}(t)=\boldsymbol{K}_{\mathrm{P}}\boldsymbol{\varepsilon}(t)+\boldsymbol{K}_{\mathrm{I}}\int\boldsymbol{\varepsilon}(t)\mathrm{d}t+\boldsymbol{K}_{\mathrm{D}}\mathrm{d}\boldsymbol{\varepsilon}(t)/\mathrm{d}t \tag{2.29}$$

式中，$\boldsymbol{u}(t)$为控制器输出；$\boldsymbol{\varepsilon}(t)$为姿态的偏差；$\boldsymbol{K}_{\mathrm{P}}$、$\boldsymbol{K}_{\mathrm{I}}$、$\boldsymbol{K}_{\mathrm{D}}$ 为 PID 控制器的参数。

在卫星的设计阶段，尤其需要注意的是的姿态控制系统的精度，因为任务的

成功取决于姿态控制的精度。

## 2.6 姿态敏感器

### 2.6.1 通用的姿态敏感器

姿态敏感器可以提供卫星姿态数据，这些姿态数据既可能是绝对姿态数据（相对于一个参考坐标系），也可能是相对姿态数据（如姿态角度或姿态角度的变化）。

绝对姿态的确定是基于两个线性无关的矢量在参考系中的方向来确定的，如下列矢量。

(1)地球磁场矢量。

(2)太阳的方向矢量。

(3)指定的天体方向矢量。

(4)地球的方向矢量(或与地平线的角度)。

(5)卫星导航系统(GNSS)的卫星方向矢量，如 GPS 卫星。

三轴姿态确定的准确度在很大程度上依赖于敏感器测量精度和相关矢量方位(最佳为 90°)。除了绝对姿态可以直接得到外，也可以确定姿态变化的角速率。惯性测量的优点在于测量值的连续性和独立性，但使用惯性敏感器时需要定期地用绝对姿态测量值进行调整(表 2.2)。

表 2.2　姿态敏感器的调整方法

| 方法 | 举例 | 特点 |
|---|---|---|
| 直接 | 星敏感器 | 三轴，高精度 |
| | GNSS 姿态测量法 | 三轴，中等精度 |
| 间接 | 磁强计、地球敏感器、太阳敏感器 | 方法简易，可靠度高，需要测量转换 |
| 惯性 | 陀螺仪、陀螺 | 姿态编排或标校，短周期内精度高，角分辨率非常高，不需要外部辅助资源 |

#### 1. 姿态测量误差

在测量中，姿态测量误差包括系统误差和随机误差。

系统误差通常是二次效应导致的结果(如温度、温度梯度)，如果这些影响是已知的，系统误差可以得到很大补偿。

随机误差来自未知或者不可预测的影响(如误差测量)，因此它们不可补偿但可减少(或通过滤波去除),这需要在控制系统的实时性和精度之间进行折中。

**2. 误差参数**

测量误差偏离敏感器的理想性能,可以划分成以下几类(图 2.5),即偏差、比例因子误差、非线性误差等。

随机误差的总和也称为标准偏差(即参数 $\sigma$)。

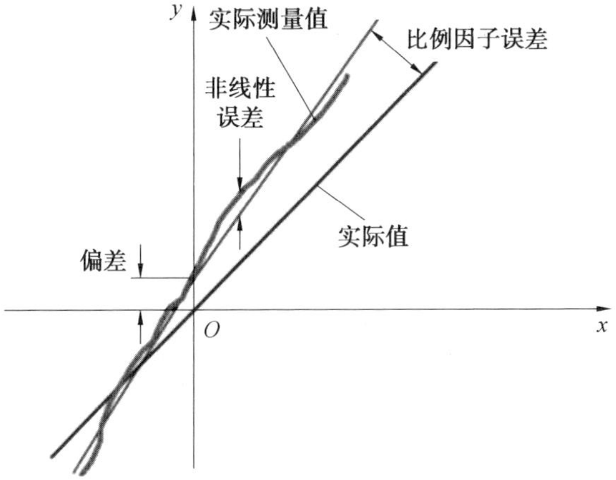


图 2.5　误差参数

**3. 时间响应**

测量时间相关性引起的误差,对于动力学的分析过程起着重要作用,其重要变量如下。

(1)死区时间。测量值和测量时间的交错,这将对数字信息处理过程产生影响。

(2)延迟时间。测量值是在一定时间内确定的时间间隔,在此期间内这个测量值是变化的,其变化显示有延迟和周期性,表现为小振幅。延迟时间也称为测量带宽,带宽的频率为有效值的一半(约 70%的幅度)。

## 2.6.2　星敏感器

星敏感器或称星跟踪器,通过识别星图来确定姿态。它由一个摄像头(通常是一个分离的敏感器端部)和一个连接有图像处理及姿态确定的电子部件构成。

为确定三轴姿态,可以使用两星识别模式;而对于初始姿态捕获,四星模式是首选,以得到精确的结果。通过对比在轨星表的星模式,可以计算出星敏感器的姿态。

**1. 精度**

可实现的精度指标如下。

(1)目标焦距(通常为 30～50 mm)。

(2)探测器的像素分辨率(通常为 0.02°)。

(3)可见星的信号强度(用大光圈实现)及测量噪声。

(4)聚焦和插值法。

(5)可以处理的星数(通常为 3～15 个)。

通过几何理论观察实验可知,垂直于光轴观测的精度比围绕光轴观测的精度高 5～10 倍。良好的星传感器的精度应在几个弧秒的数量级精度。

**2. 技术设计**

在星敏感器的前部有一个圆筒(挡板),用来阻止从地球和太阳入射的杂光(图 2.6)。当圆筒长度达到 200 mm 时,可以引导光线直接进来,但当光线倾斜角大于 30°时则不能进入。更重要的是反照率排斥角,对于上述挡板的长度,这个角度大约为 25°。这使得星敏感器能够在低地球轨道内的半球最低点进行操作。若没有挡板,微弱的星光在广角范围内会被杂散光覆盖。

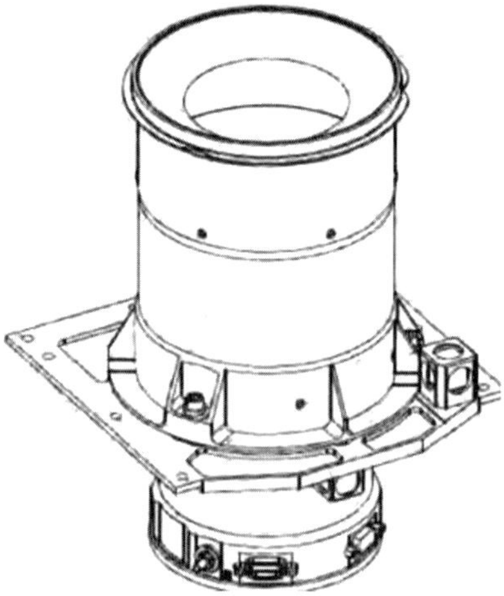

图 2.6　星敏感器镜头的挡板

星敏感器(图 2.7)以恒星为参照物,使星点在电荷耦合器件(CCD)上弥散成一个光斑,让星点的光能够在服从一定分布规律的情况下呈现在一个以几个像元为半径的光斑内,通过内插细分定位法,可得到亚像元精度的星点坐标。

CCD 光敏感度非常高,但是也容易受到辐射的影响,特别是太阳的质子辐射。这种辐射会造成该器件晶体结构的永久性损坏。但这种情况在低温环境下不易发生,通常可用 Peltier(帕尔贴)制冷器件进行冷却。

另外,有源像素敏感器(APS)比 CCD 敏感器抗辐射能力强,并且在信号处理方面可直接在特定位置进行数据的读取。

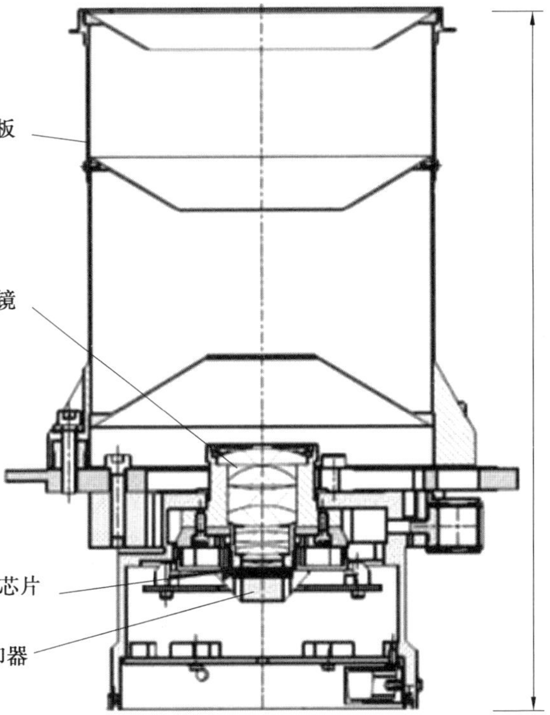


图 2.7　星敏感器的横截面

### 3. 应用领域

星敏感器由于准确性高，并且可以获得稳定的三轴姿态信息，因此在卫星姿态确定方面得到了广泛的应用。在不同的视角安装多个星敏感器（或星敏感器端部），可以最大限度地减少从地球、太阳和月球发出的光的影响。另外，选择合适的星敏感器和其组合方式可以更好地提高姿态确定的精度（表 2.3）。

**表 2.3　一般精度星敏感器的参考值**

| 属性 | 参考值 | 说明 |
|---|---|---|
| 精度 | 瞄准线 $0.025°$，$3\sigma$ | 寿命约 10 年，转速小于 0.1 (°)/s |
| 温度 | ±0.003 ℃ | 温度范围为 −30～30 ℃ |
| 升级频率 | 8 Hz | — |
| 挡板 | 30°（太阳排阻角）<br>25°（反照率排阻角） | 入射辐射和光轴之间的角距 |

续表 2.3

| 属性 | 参考值 | 说明 |
| --- | --- | --- |
| 视野范围 | 约 18°×13° | — |
| 温度范围 | −45～+35 ℃(星敏感器端部)<br>−45～+50 ℃(电器盒) | 安装界面的温度 |
| 质量 | 3.7 kg | 包括星敏感器端部、电器盒等 |
| 功率 | 8 W(冷却器关闭)<br>14 W(冷却器运行) | 在 20 ℃的常温环境下 |

### 2.6.3 太阳敏感器

太阳敏感器是通过确定太阳矢量在星体坐标系中的方位来获取航天器相对于太阳方位信息的光学姿态敏感器，一般分为低精度太阳敏感器和高精度太阳敏感器。

低精度太阳敏感器通常由连接在航天器不同面上的太阳能电池组成(图 2.8)，这样可以使视野达到最大化。在地球反射光造成的干扰下，通过对各个面上电流的测量和比较分析可以确定出最强的光照方向。这种简单的测量方法可以让姿态精度达到 10°～20°，这足以提供卫星的基本热能和功率输出的需要。

高精度太阳敏感器(图 2.9)测量太阳方向的原理是通过挡板和狭缝引导太阳光照射至探测器来消除漫反射的影响。该探测器可以是 CCD，所以这种敏感器的观测视野是有限的。

太阳敏感器的典型特征(表 2.4)是其高可靠性，即使在很高转速下也可以提供稳定姿态信号的输出。

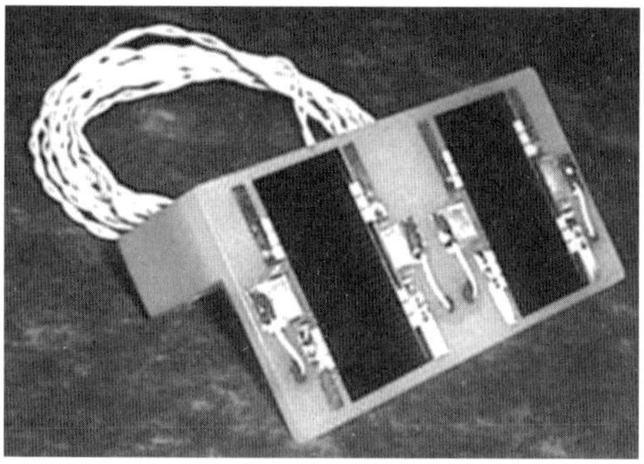

图 2.8　低精度太阳敏感器的电池结构

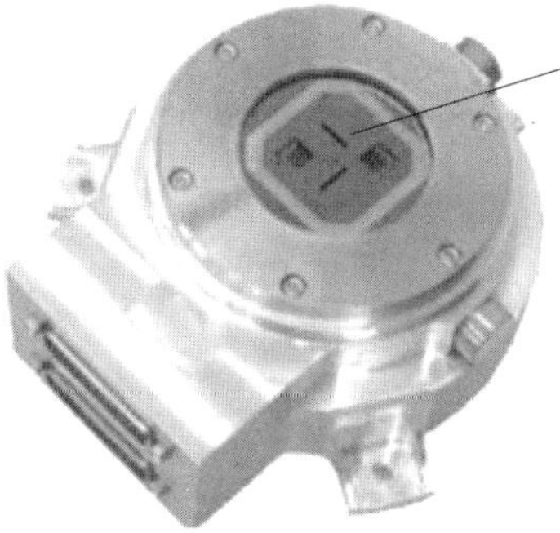


图 2.9　高精度太阳敏感器

**表 2.4　太阳敏感器的典型特征**

| 分类 | 高精度太阳敏感器 | 低精度太阳敏感器 |
| --- | --- | --- |
| 姿态精度 | 0.01° | 15° |
| 功率消耗 | 1 W | 0 W,与 AD 变流器连接 |
| 质量 | 1 kg | 0.02 kg |
| 应用领域 | 指向太阳 | 定向,安全模式 |

## 2.6.4　地球敏感器

地球敏感器通过探测地平线的位置来确定航天器的滚动角和俯仰角。

地球敏感器常设计成利用波长约 15 μm 的热红外光谱($CO_2$吸收带)工作,因此在整个轨道运行阶段都是适用的。只有当太阳或月球挡住地球敏感器视野范围时,才可能出现短暂的干扰。

除了实际测量精度会被环境温度所影响外,还会产生以下的系统误差。

(1) 地球大气内部的不规则辐射分布会因季节的不同产生 0.1°的偏差。

(2) 地球偏率会导致地平线与地心的夹角发生变化,一般情况下会有 0.3°左右的偏差。

地球敏感器一般分为静态地球敏感器和扫描地球敏感器。

### 1. 静态地球敏感器

静态地球敏感器适用于地平线上,通过锗透镜将地球的热辐射映射在两个探测器上(图 2.10),并将两个视角产生的电压进行比较来计算出地球水平面的位置,从而确定航天器的姿态角度。

对于两轴姿态测量,至少需要 2 个敏感器才能度量出地平线上的不同位置,而装载的敏感器数量越多(图 2.11)测量精度越高。由于这些敏感器的视野范围有限，而且是被固定在卫星上的，因此这种静态方法一般不适用于高空椭圆轨道的地平线位置测量。而这种结构的优点包括简单的热控制、相似的温度环境、2/3的冗余度和误差补偿。

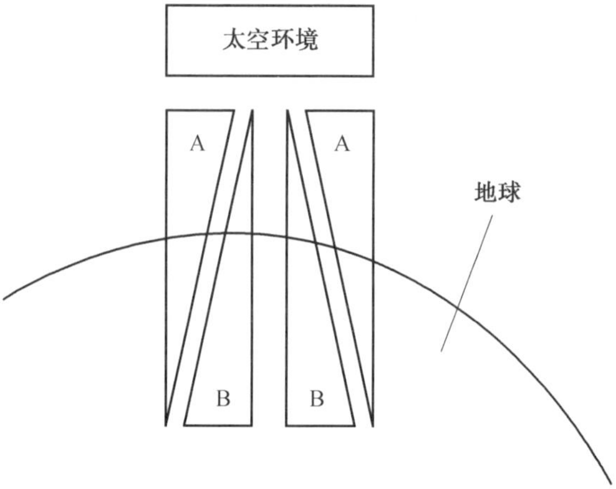


图 2.10 静态地球敏感器的测量原理

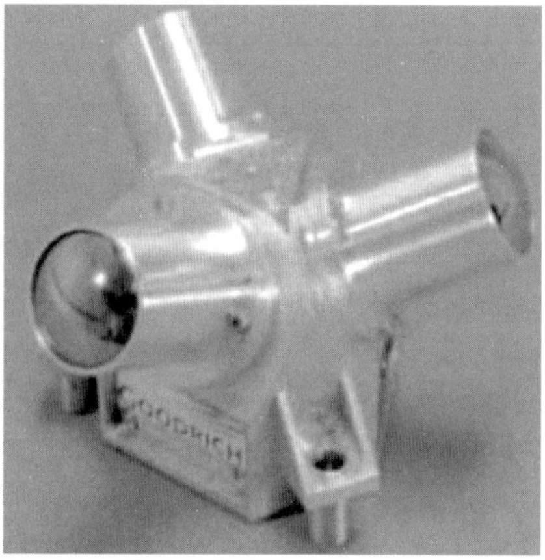

图 2.11 一个支架上的 3 个静态地球敏感器

**2. 扫描地球敏感器**

扫描地球敏感器通过探测器来穿过地平线，然后利用旋转镜（锥形地球敏感器如图 2.12 所示）或者卫星自身的转动进行扫描。图 2.13 所示为扫描地球敏感器扫描区域示意图。

与静态地球敏感器相比，扫描地球敏感器可以测量出地平线信号的变化过程，因此信号内部的固有误差分量可被消除。这表明扫描地球敏感器的精度要比静态地球敏感器更高。图 2.14 所示为扫描地球敏感器的测量原理。

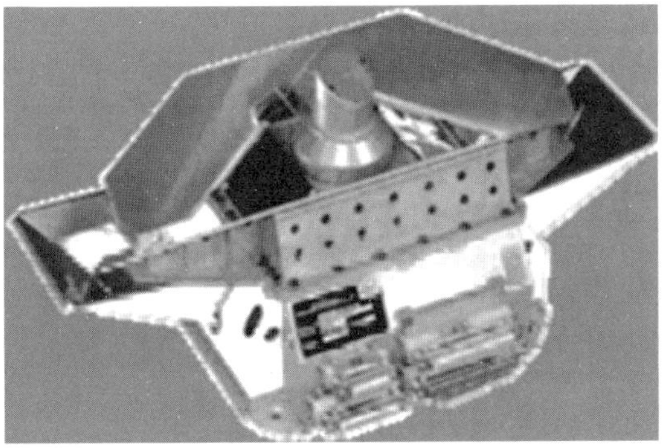

图 2.12 锥形地球敏感器

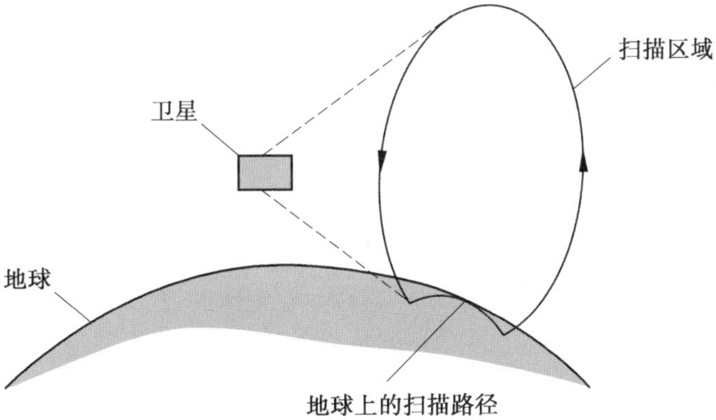


图 2.13 扫描地球敏感器扫描区域示意图

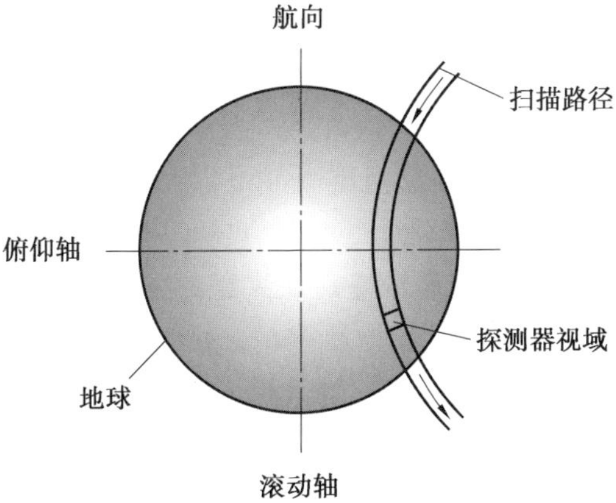


图 2.14 扫描地球敏感器的测量原理(卫星滚动轴和俯仰轴的检测器信号的属性)

地平线信号之间的时间间隔与卫星滚动角是相对应的,并且地平线信号的相位可以确定出卫星俯仰角。

静态地球敏感器与扫描地球敏感器典型值的对比见表 2.5。

表 2.5　静态地球敏感器与扫描地球敏感器典型值的对比

| 性能 | 静态 | 扫描 | 说明 |
|---|---|---|---|
| 精度 | 1°,3σ | 偏差:0.05°,3σ<br>噪声:0.05° | 需要通过系统进行误差补偿 |
| 视野范围 | 20°(×15°) | 滚动±30°<br>俯仰±20° | 近地轨道(LEO) |
| 测量轴 | 1 | 2 | — |
| 质量 | 0.2 kg | 3.5 kg | — |
| 功率消耗 | 0.35 W | 7.5 W | 不需要热控制 |

**3. 应用领域**

地球敏感器的优点是能够直接测量滚动角和俯仰角。如果一个反作用轮固定在卫星的俯仰轴上,那么偏航角就可以间接确定了,因为惯性姿态的滚动轴和偏航轴的位置在卫星运行了四分之一轨道后是互换的。绕偏航轴的误差虽然不能够用反作用轮来测量,但是可以通过滚动角来确定,所以这种方法非常适用于静止卫星。

地球敏感器的缺点是其精度有限,所以逐渐被星敏感器所替代,星敏感器可提供三轴姿态信号并且具有更高的精度。

### 2.6.5　磁强计

通过一些物理效应,磁强计可以很容易地实现地球磁场的测量。因此,磁强计一般比较廉价并且非常可靠。利用最常用的测量原理,磁通门敏感器(也称磁通门磁强计)不需要特殊的后期校准机制就可以实现 0.1°～1°的方向精度。图 2.15 所示为磁通门敏感器端部的两个垂直"双轴环形磁芯磁通门"元素(每个元素允许两个磁场矢量分量的测量),特别要注意的是,测量可能会受到温度和卫星本身剩余磁场而产生的偏移分量的影响。

一般来说,磁强计的传感部分,即冗余磁力仪(包括内部冗余的电子框和两个敏感器端部),如图 2.16 所示,它是作为一个敏感器端部安装在远离卫星的悬臂上的,主要原因如下。

(1)受卫星剩余静磁场的影响较小,并且可以有效地改变磁场分量。

(2)磁强计的电子盒可以安装在卫星的核心位置以保证温度适中。

(3)在集成、测试和操作过程中,该敏感器端部的磁化风险可降至最低。

在姿态控制系统中,磁强计与磁力矩器经常被同时使用,在这种情况下,即

图 2.15　磁通门敏感器端部的两个垂直“双轴环形磁芯磁通门”元素
（每个元素允许两个磁场矢量分量的测量）

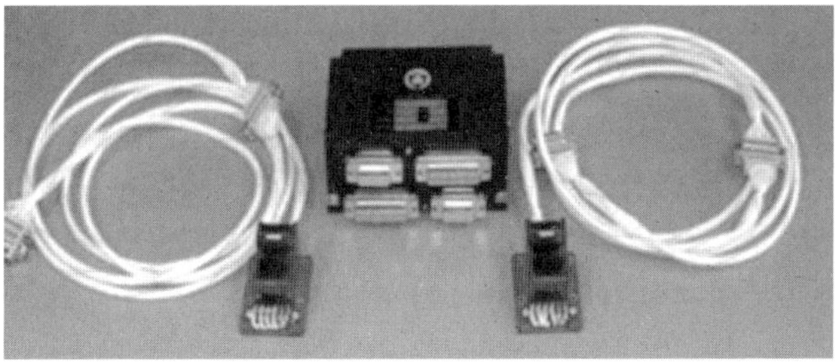

图 2.16　冗余磁力仪（包括内部冗余的电子框和两个敏感器端部）

使它们安装位置有一定的距离，也难免相互干扰。从而影响磁场的测量工作。在这种情况下，磁力矩器的脉冲操作可以起到一定的作用。但是必须注意的一点是，测量过程要尽快完成，以便消除前一个阶段的残差。因此，磁强计需要有很大范围的测量带宽（大于20 Hz，表 2.6）。

**表 2.6　磁强计的参考值**

| 性能 | 参考值 | 说明 |
|---|---|---|
| 磁场测量精度 | 0.5° | 有足够的后期校准：0.05° |
| 测量带宽 | 40 Hz | 50%有效值的截止频率 |
| 功率消耗 | 0.3 W | — |
| 质量 | 0.5 kg | 敏感器端部＋布线＋电器盒 |
| 应用领域 | LEO | LEO 为近地轨道 |

## 2.6.6 陀螺仪

陀螺仪是运用物体高速旋转时角动量很大，旋转轴会一直稳定指向一个方向的性质所制造出来的定向仪器。其相对于其他姿态敏感器的最大优点就是能够完全独立于外部信息。陀螺信号是连续的并且分辨率很高，因此在稳定飞船旋转姿态方面以及无直接姿态测量设备时的姿态确定方面起着非常重要的作用。

测量值一般由上一个测量时段的角增量或实际角速度得出。基于陀螺仪的姿态确定需要一个初始姿态值，然后通过陀螺仪进行下一步计算。

陀螺仪的测量值会受到漂移的影响，这些影响可用以下参数进行描述。

(1)偏置。偏置是指惯性旋转率为 0(°)/s 时的测量值。该偏置有一个准静态部分，准静态部分在几天内或者在一个开关周期内会发生变化，并且在外部影响(如磁场或加速度)下也会发生改变。温度是影响偏置的主要因素，因此陀螺仪有一个内部的温度校准。偏置稳定性是陀螺仪的主要质量标准。

(2)比例因子误差。比例因子误差是指实际旋转速度相对于所提供的旋转速度测量值间的相对误差，该误差一般在百万分之几以内。与偏置一样，该误差也受温度影响。

(3)噪声。对于陀螺仪来说，随机噪声一般很低。尽管如此，如果在姿态确定过程中有各种陀螺测量数据，那么它的影响不可小视。

另外，恒定的或缓慢变化的误差往往是由卫星上姿态传感器的测量参考值决定的，因此可以在信号处理过程中进行误差补偿。

**1.陀螺仪的种类**

适用于航天器的陀螺仪种类主要有机械陀螺仪、半球谐振陀螺仪(hemispherical resonator gyro，HRG)、光纤陀螺仪(fiber optice gyroscope，FOG)、环形激光陀螺仪(ring laser gyroscope，RLG)。

(1)机械陀螺仪。机械陀螺仪的测量速率是基于陀螺效应的，即令一个轴对称的刚体旋转并获得其角动量。其中角动量是一个惯性值，仅受力矩的影响，即

$$\boldsymbol{M}=\dot{\boldsymbol{H}}_{\mathrm{g}} \tag{2.30}$$

式中，$\boldsymbol{M}$ 为作用于旋转质量的力矩；$\dot{\boldsymbol{H}}_{\mathrm{g}}$ 为旋转质量的角动量。

在没有力矩作用的情况下，角动量的大小和数量是恒定的，所以可以作为一个惯性参考系来考虑。对于单轴测量来说，机械陀螺仪由悬挂在框架中的转子构成(图 2.17)，并且框架是可以倾斜一定角度的。如果机械陀螺仪围绕其测量轴旋转，则会产生进动力矩，这会使角动量轴产生一个与角速度成正比的偏角。

通过控制器将偏角控制为零可以提高测量精度，此时产生的补偿力矩与要被测量的旋转速度成正比。

图 2.18 所示为具有很高精确度(如 0.001(°)/h，3$\sigma$)的机械陀螺仪。

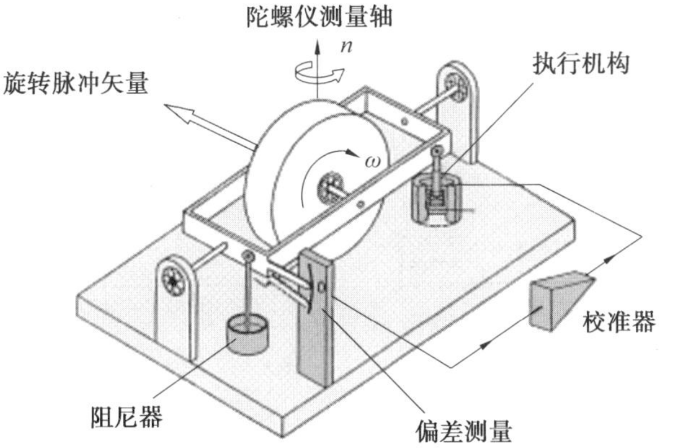


图 2.17　机械陀螺仪旋转速度测量原理

图 2.18　具有很高精确度的机械陀螺仪

(2)半球谐振陀螺仪。半球谐振陀螺仪是一种高精度、高可靠和长寿命的新型固态陀螺仪，它是利用半球壳唇缘的径向振动驻波进动效应来感测基座旋转的一种哥式振动陀螺。它具有很高的测量精度、超强的稳定性和可靠性、良好的抗冲击振动性及温度性能，还具有独特的关机抗辐射能力。特别是预期寿命高达 15 年，是航天器惯性测量单元、姿态稳定控制的关键部件，在空间应用领域具有独特的优势和广阔的前景。

(3) 光纤陀螺仪。光纤陀螺仪是以光导纤维线圈为基础的敏感元件，由激光二极管发射出的光线朝两个方向沿光导纤维传播，其光传播路径的改变，决定了敏感元件的角位移。

光纤陀螺仪的实现主要基于塞格尼克理论：当光束在一个环形的通道中前进时，如果环形通道本身具有一个转动速度，那么光线沿着通道转动的方向前进所需要的时间要比沿着这个通道转动相反的方向前进所需要的时间多。也就是说，当光学环路转动时，在不同的前进方向上，光学环路的光程相对于环路在静止时的光程都会产生变化。利用光程的变化，检测出两条光路的相位差或干涉条纹的变化，就可以测出光路旋转角速度，这便是光纤陀螺仪的工作原理(图 2.19)。

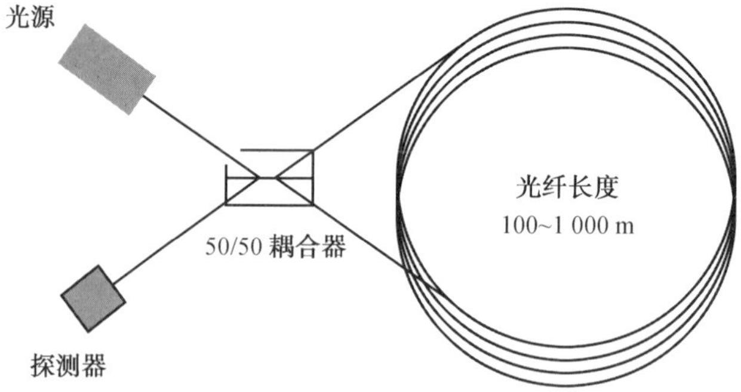


图 2.19　光纤陀螺仪的工作原理

光纤陀螺仪具有质量轻、低功耗和高精度等优点。但是在过去，光学元件的落后限制了其在卫星上的使用。

(4)环形激光陀螺仪。环形激光陀螺仪的原理是利用光程差来测量旋转角速度(Sagnac 效应)。在闭合光路中，由同一光源发出的沿顺时针方向和逆时针方向传输的两束光互相干涉，利用检测相位差或干涉条纹的变化，就可以测出闭合光路旋转角速度。激光陀螺仪的基本元件是环形激光器，环形激光器是由三角形或正方形的石英制成的闭合光路组成的，内有一个或多个装有混合气体(氦氖气)的管子，两个不透明的反射镜和一个半透明镜(图 2.20 和图2.21)。用高频电源或直流电源激发混合气体，产生单色激光。为维持回路谐振，回路的周长应为光波波长的整数倍。用半透明镜将激光导出回路，经反射镜使两束相反传输的激光干涉，通过光电探测器输出与角度值成比例的数字信号。

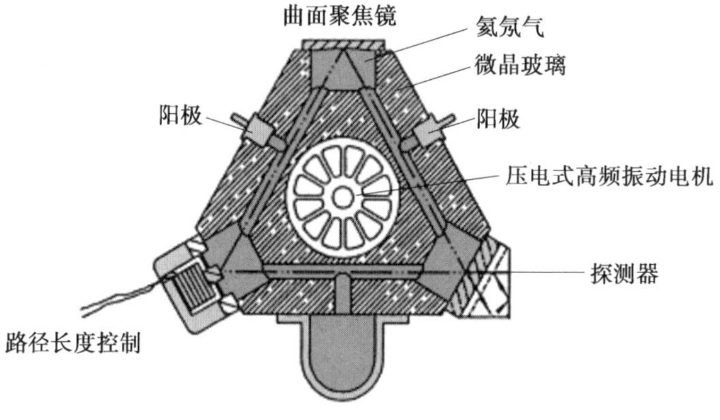


图 2.20　环形激光陀螺仪

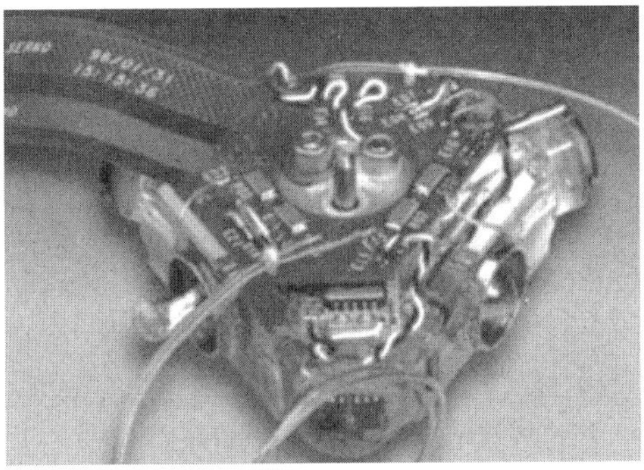

图 2.21　环形激光陀螺仪电子布线镜片

**2. 存在的困扰**

从工艺质量上讲，标准的陀螺仪是非常昂贵且敏感度极高的测量设备，需要一个非常复杂的制造工艺。

在长期的太空飞行任务中，陀螺仪往往是造成故障的主要因素。因此，如何减少陀螺仪在航天器上的使用频率甚至是放弃陀螺仪的使用（如无陀螺飞船）是目前研究的重点。在实际应用中，可以利用星敏感器和特定的姿态滤波器处理各种姿态问题，但是在严格要求稳定性、灵活性和可用性的情况下，几乎没有什么装置能够替代陀螺仪（表 2.7）。

**表 2.7　陀螺仪的参数值**

| 性能 | 机械陀螺仪 | HRG | RLG | FOG | 说明 |
| --- | --- | --- | --- | --- | --- |
| 偏差 | 0.01(°)/h | 0.01(°)/h | 0.01(°)/h | 1(°)/h | 1σ，补偿后 |
| 标度因数误差 | $50\times10^{-6}$ | $30\times10^{-6}$ | $100\times10^{-6}$ | $1\,000\times10^{-6}$ | 1σ，补偿后 |
| 随机游走系数 | $0.005(°)/h^{1/2}$ | $0.000\,5(°)/h^{1/2}$ | $0.01(°)/h^{1/2}$ | $0.3(°)/h^{1/2}$ | 1σ |
| 降解性 | 恶化 | 否 | 老化 | 是 | — |
| 移动性 | 是 | 否（摆动） | 否（抖动） | 否 | — |

## 2.6.7　全球导航卫星系统的姿态确定

虽然全球导航卫星系统（GNSS）一般用于定位，但是在原则上可以通过 GNSS 接收机来进行航天器的姿态确定。下面以其中的 GPS 为例进行说明。

利用 GPS 进行姿态确定建立在 GPS 系统内对同一时间不同位置的信号分析的基础上。两个接收天线之间的距离称为基线，而天线在不同的时间接收到的 GPS 信号称为载波相位，并且由此产生的相位差可以被测量到。相位差是天线基线和 GPS 卫星发射信号之间的角度的余弦值（图 2.22）。

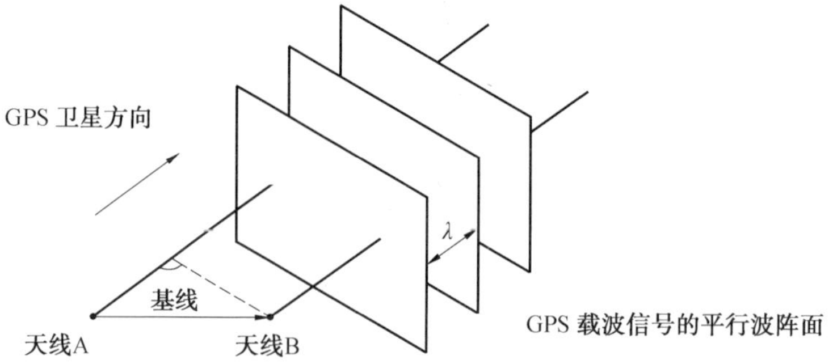


图 2.22 基于 GPS 姿态确定的原则

通过结合不同 GPS 卫星测量的相位差,基线的方向就可以完全确定下来。因此,通过使用两个线性独立的基线就可以确定卫星的三轴姿态。这个过程一般需要 3 根天线(图 2.23)。GPS 姿态确定能够达到的精度从根本上来说依赖于基线的长度(越长精度越高),实际的导航精度随可见的 GPS 星座的几何形状变化而变化。

利用 GPS 信号实现姿态确定是十分新颖的想法,并且在技术的角度上来说是易于实现的。基于 GPS 姿态分析的常量见表 2.8。

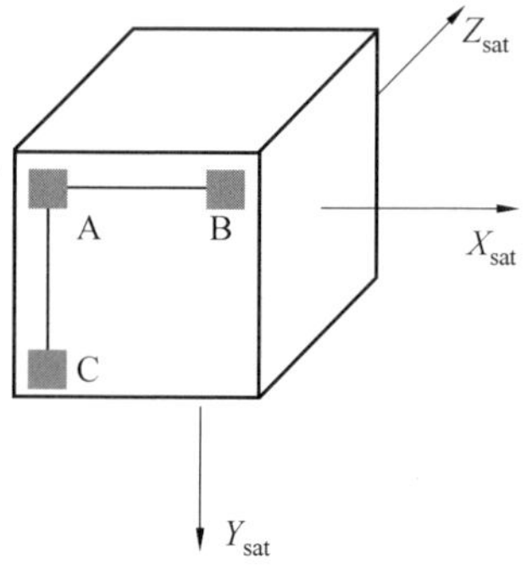


图 2.23 3 根 GPS 天线 A、B、C 同时对一颗航天器进行定位

**表 2.8 基于 GPS 姿态分析的常量**

| 参量 | 参考值 | 说明 |
| --- | --- | --- |
| 姿态精度 | 0.1° | 1.5 m 基线,固定测量设置 |
| 功率消耗 | 7 W | 范围广 |
| 质量 | 3 kg | 单接收器,4 天线以及 LNA(低噪声功率放大器) |
| 应用领域 | LEO | 研究领域:可以用在低轨道的卫星中 |

# 2.7　姿态控制的执行器

## 2.7.1　执行器介绍

航天器的姿态只受到力矩的影响。力矩不能直接调节姿态，但是可以改变角动量，而角动量与航天器的角速度是成比例的。适用于简化的单轴情况的公式为

$$\ddot{\varphi}=\frac{\boldsymbol{T}}{\boldsymbol{I}} \tag{2.31}$$

式中，$\boldsymbol{T}$ 为力矩；$\boldsymbol{I}$ 为惯性矩（刚体为常数）。

### 1. 内力矩和外力矩

外力矩与航天器所处环境有关，可以由推进器或磁力矩生成得到。内力矩以同样的方式影响卫星的姿态，但是它相应的反作用力矩存在于航天器系统内部，所以必须加以考虑。例如，一个反作用轮对其飞轮进行加速，从而在航天器中生成力矩。相反，飞轮转速的角动量变化由航天器结构的旋转控制，这样航天器系统的整体角动量就保持不变。因此在其执行器元器件能力范围内，内力矩只能在内部分配到航天器部分的角动量。

### 2. 执行器的特点

在一个三轴姿态控制过程中，执行器对于准确性的要求并不像敏感器要求得那么高，小规模的误差只是会导致循环特征的轻微改变。

值得注意的是，非线性特性（如量化、跳跃或转换）作为非补偿扰动会影响和限制系统稳定性（表 2.9）。此外，还需要考虑卫星系统中执行器可能产生的副作用，如磁场或振动。

表 2.9　执行器姿态控制的特点

| 执行器 | 作用力矩 | 说明 |
|---|---|---|
| 推进器 | 体积小、力矩大，量子化的 | 额外的力矩需要燃料 |
| 磁力矩装置 | 几个极小值，只在两个轴 | 额外的力矩需要更多花费 |
| 反作用轮 | 200 极小值变量 | 内部的力矩 |
| 动量轮 | 50 极小值变量，动量偏置 | 内部的力矩，动量稳定 |

### 3. 章动阻尼器

章动阻尼器是自旋稳定卫星的被动执行机构。这样的阻尼器设计简单，如

在一个充满液体的封闭管内的一个可移动球体就是利用了这样的原理。章动引发物体的运动，阻尼液体占用一部分剩余的旋转能量并减少章动的发生。

**4. 重力梯度悬臂**

一个悬臂将端部质量从卫星的重心处分离。像这样的长悬臂在重力梯度的影响下会产生一个让航天器的纵轴与地球中心径向对齐的力矩。

重力梯度稳定是一个小卫星在近地轨道实现最低点指向的最简单方法。然而，这个稳定需要通过磁力矩器的可控阻尼来实现。

**5. 太阳帆**

太阳光会在航天器的辐照表面引起轻微的压力（如太阳能电池板）。由此产生的力和相应的力矩可以随太阳能电池板的轻微转动而改变，因此可以视为小控制力矩。这种类型的太阳帆一般被地球同步卫星用来进行动量管理。

### 2.7.2 反作用轮、动量轮、控制力矩

反作用轮提供由飞轮旋转加速度产生的反作用力矩。飞轮旋转是由一台允许力矩变量调整的电动机驱动的。用于姿态控制的力矩几乎与飞轮的角动量变化相反，同时遵循方程：

$$\boldsymbol{M}=-\dot{\boldsymbol{H}}_{\mathrm{R}}=-\boldsymbol{I}_{\mathrm{R}}\cdot\dot{\boldsymbol{\omega}}_{\mathrm{R}} \tag{2.32}$$

式中，$\boldsymbol{H}_{\mathrm{R}}$ 为飞轮的角动量矢量；$\boldsymbol{I}_{\mathrm{R}}$ 为惯性矩（约飞轮转动轴）；$\dot{\boldsymbol{\omega}}_{\mathrm{R}}$ 为飞轮的角速度矢量。

飞轮工作模式可以分为以下 3 种情况。

（1）飞轮转速低。加速或者减速时会产生一个与飞轮轴同向的反作用力矩，为这种运作模式而设计的飞轮称为反作用轮。

（2）飞轮的转速高，同样它的角动量也高。旋转轴的横向转矩会使飞轮缓慢进动（移动），从而补偿横向力矩，这种陀螺效应使飞轮在横向轴方向上达到稳定。为这种目的而设计的飞轮称为动量轮。

（3）动量轮可以悬在一个可强制旋转轴倾斜的平衡环内。这种倾斜（与陀螺稳定相反）会产生极高的反作用力矩。为这种目的而设计的万向轮称为控制力矩陀螺（CMG）。

**1. 干扰**

在反作用轮和动量轮中，飞轮质量通常由可以维持启动加载的鲁棒球轴承支撑，但会有以下副作用。

（1）由球的滚动和轴承罩的运动造成的微振。

（2）由飞轮的静态和动态失衡引起的振动，这些振动的幅度和频率随着转速

的增加而增加。

(3)在轮速过零点处(通常±10 mN・m)摩擦力矩的翻转以及稳定状态时的摩擦变化(通常是 1 mN・m)。

### 2. 反作用轮和动量轮

反作用轮和动量轮的概念在原则上相同,不同之处在于电机和飞轮的尺寸。反作用轮的电机是专为在低速时提供高力矩而设计的。需要始终维持高速运行的动量轮配有高效的辐轮,并且能够提供更好的结构阻尼。

反作用轮和动量轮壳体内部的气压通常被疏散到低压水平,这一方面是为了避免轴承上的润滑油汽化,另一方面是为了降低内部气体对壳体和飞轮的摩擦作用。

用来驱动电机的电路通常会被固定在密封的壳体内部,但也可能会为了更好地散热而与壳体分离开来(图 2.24)。

现有的反作用轮和动量轮的角动量容量范围为 0.1～250 N・ms。

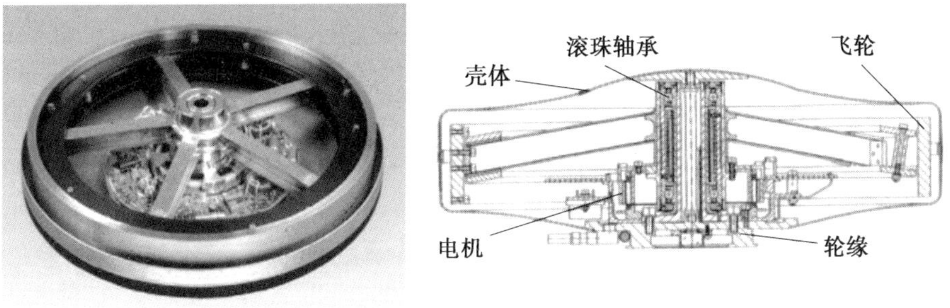


(a) 动量轮俯视图　　(b) 动量轮横截面示意图

图 2.24　动量轮内部示意图

### 3. 控制力矩陀螺

控制力矩陀螺(control moment gyro,CMG)是一个用万向架固定的动量轮(图 2.25),分为单框架控制力矩陀螺与双框架控制力矩陀螺。单框架控制力矩陀螺仅可以绕一个横向轴转动,而双框架控制力矩陀螺可以绕两个横向轴转动,如同一个万向节。

角动量的横向转动可使控制力矩陀螺产生比一般的反作用轮大 100 倍的力矩,这使得卫星姿态的改变变得更加灵活。

卫星的姿态一般是通过飞轮产生的力矩来改变的。这就是高力矩只能在一定范围内可行的原因,也是即使多个控制力矩陀螺在群排列状态下同时工作也会发生奇点的原因。

为了完成卫星的三轴姿态控制,至少需要 3 个单框架控制力矩陀螺。

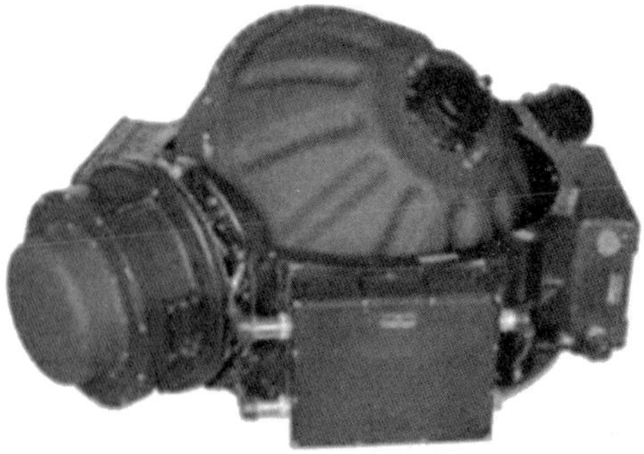

图 2.25 控制力矩陀螺实物图

与反作用轮相比，控制力矩陀螺需要较大的体积和质量。因此，控制力矩陀螺最好用于大型卫星。

**4. 磁轴承轮**

磁轴承轮只使用磁力来悬浮轴上所有的飞轮(图 2.26)。飞轮的位置和角度受到处理器的控制而允许力和力矩具有可调节性，故有以下优点。

(1)与滚珠轴承的反作用轮相比，它的微振减少了$\frac{1}{10}$。

(2)没有轴承摩擦，因此在全速范围内运行时没有由轴承摩擦引起的波动从而能够更精确地控制卫星的机动飞行。

(3)轴承可以在短时间内产生强大的倾斜力矩。

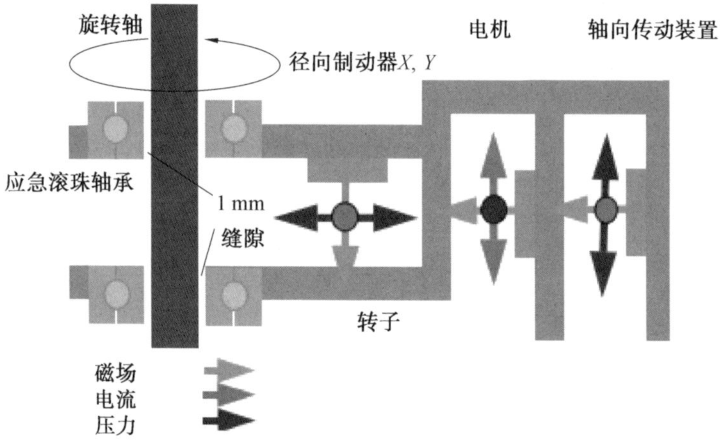


图 2.26 五轴控制型磁轴承轮示意图

目前的理论研究认为，与球轴承的反作用轮相比，磁轴承轮的整体质量非常大、所需功耗也非常高。因此磁轴承轮一般用于需要极低振动干扰的任务中。

### 2.7.3　姿态控制推力器

推力器通常是在高空或外层空间产生足够外部控制力矩的唯一方法。它们也适用于需要大力矩的场合，如轨道机动期间的姿态控制。

推力和力臂组合产生了有效力矩，可以轻松实现 0.1～10 N·m 或更大的力矩水平。但在姿态控制期间必须要考虑以下几个方面。

**1. 燃料**

推力器所需要的燃料，可由现有的机载轨道控制推进系统提供。姿态控制推力器的体积较小，因此临时使用动量管理或飞轮卸载不会消耗大量的燃料。另外，单独使用推力器进行多年连续精确的姿态控制是不合理的。

**2. 冷气作为燃料**

对于一些科学研究任务，用户往往需要预先消除工具污染或磁场的干扰。在这种情况下，可以使用冷气进行姿态调节(图 2.27)。

图 2.27　冷气推力器(带有压电阀，直径 40 mm)

**3. 脉冲冲量**

推力器的开启或关闭需要一定的时间，这会产生一个称为脉冲冲量的最小推力作用。脉冲冲量的大小可能会限制推力器实现姿态控制的稳定性。

**4. 姿态控制精度**

高控制精度的连续操作(未在目标方位角附近预留“死区”)需要持续正反向交替转换激活推力器。高脉冲率除了造成不断的油耗，还可能会导致大型卫星结构的振荡，如太阳能电池板或天线的方向控制系统。

**5. 推力器的数目**

为了避免姿态控制对航天器的轨道运行产生影响，姿态控制推力器应成对操作并向相反方向产生推力。

### 6. 处理和操作

姿态控制推力器主要使用肼燃料(表 2.10),这种燃料通常用于航天器轨道控制,有毒。因此,在实验室内测试姿态控制推力器是不现实的。

表 2.10 姿态控制推力器的典型特征

| 推进器 | 单组元肼 | 冷却气 | 说明 |
|---|---|---|---|
| 推力 | 1 N | 0.1 N | — |
| 质量流量 | 450 mg/s | 130 mg/s | 额定推力工况 |
| 脉冲冲量 | 0.3 N·ms | 0.001 N·ms | 力臂为 1 m |
| 功率消耗 | 20 W | 10 W | 单组元肼:需要加热 |
| 质量 | 0.4 kg | 0.1 kg | 不含管道和阀门 |

## 2.8 姿态控制系统的验证

姿态控制系统是卫星最复杂的系统之一。它包括许多组件,如敏感器和执行器、与卫星总线相应的机械接口和热接口、与计算机板相连的电气接口和数据接口、用于姿态控制过程的软件以及地面部分的操作接口。此外,姿态控制系统还需要有备份来确保将单点故障的可能性降到最低。

所有这些元件、功能、系统必须经过鉴定过程(验证一个新的设计的适用性)或验收过程(这表明设计和制作已被合理实现)才能够被实际应用。

在欧洲,正式的验证步骤和标准由欧洲太空标准化公司来执行,该公司是欧洲航天局建立的。

用软件模块来检查卫星的主要功能,特别是姿态控制过程是很常见的。它能够检测临界状态,并自动切换到替代的模式或冗余的硬件上,这个模块由故障检测、隔离和恢复(FDIR)技术来完成。它的自主功能对姿态控制的影响巨大,所以在系统层面中也必须仔细验证。

此外,姿态控制系统元件可能会对其他卫星子系统产生磁电干扰或者彼此之间互相产生干扰。这方面在电磁兼容性(EMC)或电磁干扰(EMI)资料中有介绍。

测试和验证的方法也视为进一步确认的方法,表 2.11 给出了姿态控制系统验证步骤及其主要对象。

表 2.11　姿态控制系统验证步骤及其主要对象

| 验证方法 | 对象 | 方法 |
| --- | --- | --- |
| ACS 元素硬件<br>（如敏感器） | 指定性能<br>卫星上的功能 | 测试，由元件供应商提供<br>卫星集成、定性后测试 |
| 硬件接口 | 轴分配，对准<br>轴极性<br>热力<br>电力 | 航天器上的测量方法<br>航天器上的测试<br>分析及热真空测试<br>航天器上的测试及测量方法 |
| EMC，EMI | ACS 元素间<br>ACS 与卫星间<br>（发射，磁化系数）<br>可行的硬件组态（冗余） | 航天器上的测试及测量方法 |
| 软件接口 | 格式、定时、转换<br>ACS 遥测和遥控 | 软件模拟、航天器上的测试<br>软件模拟 |
| 姿态控制过程 | | |
| 操作 | 操作顺序 | 软件模拟、硬件回路测试（HILT） |
| FDIR | 故障检测、纠正措施 | 软件模拟、HILT |
| 姿态控制 | 过程的稳定性<br>控制偏差<br>过程的进程和持续时间 | 分析、软件模拟、HILT、实验台 |

由于太空环境不同于地球，因此涉及的物理性质和相关控制过程测试就变得十分困难。另外，这些特征属性（如固有频率、稳定性、控制偏差等）十分重要，所以必须清楚地了解这些特征属性对航天器的影响，通常利用如下方法进行验证。

（1）解析法。

（2）软件仿真。

（3）硬件回路测试。

（4）特定的测试平台，如空气轴承。

## 2.8.1　解析验证

姿态控制回路的每个元件（敏感器、控制器、执行器和设备）都可以转化为传递函数并用数学方程式表示出来。这些方程式应该是线性的，并尽可能简单化。

传递函数代表了姿态控制回路，它们通常是线性微分方程，并且可以使用拉普拉斯变换等方法来解决。这种方法的优点是，其具有封闭的形式使得控制环路的稳定性能即时评估，优化控制器参数也变得更加容易获得。

但是存在的问题就是，控制器一般都基于计算机程序的复杂非线性过程。在大多数情况下，线性化这些过程非常困难，还有可能会导致数学模型的失真。

### 2.8.2 软件仿真

姿态控制过程的验证，也可以完全由仿真软件来执行。在这种情况下的姿态控制回路（敏感器、执行器、环境等）中各个元件由软件模块来替代。这些模块复制（尽可能相同）元件特性，甚至可以反映复杂的非线性过程。完整的姿态控制回路通过一些元件模块的连接以形成一个封闭的回路来表示。

数值仿真可以为特定的情况提供一种特定的解决方案。姿态控制回路的基本特性可以通过设定不同的模块参数和初始条件的一系列仿真模型来建立。通过蒙特卡洛仿真，参数可以做到系统或随机变化。

仿真是一种验证现有想法或创新（图 2.28）的常用方法。仿真工具，如 MATLAB / Simulink 的代码可以直接嵌入星载计算机软件。这种方法可以减少开发成本和降低执行时错误的概率，所以非常适用于复杂系统。

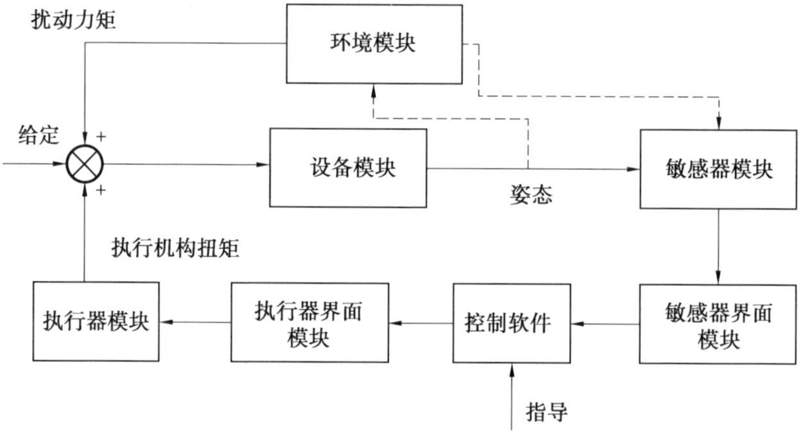


图 2.28 姿态控制回路的模拟软件

考虑一种典型反作用飞轮三轴稳定航天器姿态控制系统配置模式，根据姿态运动学和动力学，利用 Simulink 建立系统仿真模型（图 2.29）。

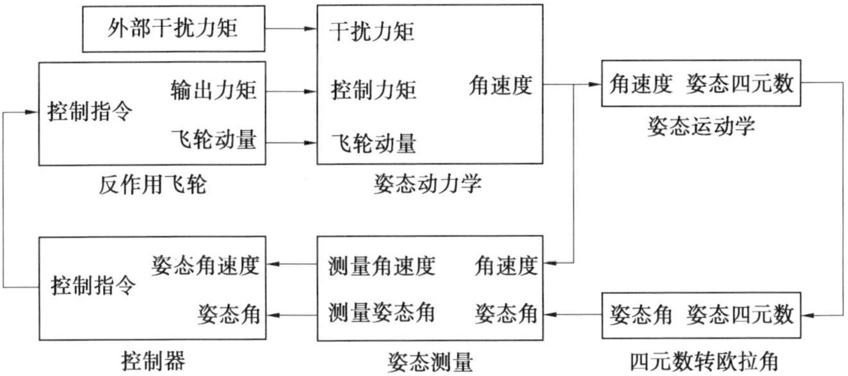


图 2.29　典型三轴稳定航天器姿态控制系统 Simulink 模型

反作用飞轮在工作时受到电磁驱动力矩和飞轮轴摩擦力矩的影响，其数学模型可表示为二者合力矩的反作用力矩，即

$$\begin{cases} \boldsymbol{\tau}_{\mathrm{w}}=-\dot{\boldsymbol{h}}_{\mathrm{w}}=\begin{cases}-(\boldsymbol{\tau}_{\mathrm{m}}-\boldsymbol{\tau}_{\mathrm{f}}), & |\boldsymbol{h}_{\mathrm{w}}|\leqslant h_{\max} \\ 0, & |\boldsymbol{h}_{\mathrm{w}}|>h_{\max}\end{cases} \\ \boldsymbol{\tau}_{\mathrm{m}}=\begin{cases}\boldsymbol{U}_{\mathrm{m}}, & |\boldsymbol{U}_{\mathrm{m}}|\leqslant\tau_{\max} \\ \tau_{\max}\operatorname{sgn}(\boldsymbol{U}_{\mathrm{m}}), & |\boldsymbol{U}_{\mathrm{m}}|>\tau_{\max}\end{cases} \\ \boldsymbol{\tau}_{\mathrm{f}}=\tau_{\mathrm{c}}\operatorname{sgn}(\boldsymbol{\Omega})+\tau_{\mathrm{v}}\boldsymbol{\Omega} \\ \boldsymbol{h}_{\mathrm{w}}=\boldsymbol{I}_{\mathrm{w}}\boldsymbol{\Omega} \end{cases} \tag{2.33}$$

式中，$\boldsymbol{\tau}_{\mathrm{w}}$ 为飞轮输出的控制力矩；$\boldsymbol{h}_{\mathrm{w}}$ 为飞轮旋转产生的角动量；$\boldsymbol{\tau}_{\mathrm{m}}$ 为电机电磁驱动力矩；$\boldsymbol{\tau}_{\mathrm{f}}$ 为飞轮轴承摩擦力矩；$h_{\max}$ 为飞轮最大角动量；$\boldsymbol{U}_{\mathrm{m}}$ 为输入控制指令；$\tau_{\max}$ 为飞轮所能产生的最大电磁驱动力矩；$\tau_{\mathrm{c}}$ 为静摩擦力矩的绝对值；$\tau_{\mathrm{v}}$ 为黏性摩擦系数，与飞轮当前工作温度有关；$\boldsymbol{I}_{\mathrm{w}}$ 为飞轮的转动惯量；$\boldsymbol{\Omega}$ 为飞轮角速度；sgn(·)为符号函数。

星敏感器单机输出的测量值是存在噪声干扰的，在仿真中为简化模型，可直接将姿态角作为输入，在叠加噪声项后作为测量输出到控制器。

惯性陀螺仪利用进动性原理来测量陀螺相对惯性空间的角速度矢量在陀螺输入轴上的分量。当三轴惯性陀螺输入轴与星体固定坐标系重合时，便可以直接测量航天器的角速度，表示为

$$\boldsymbol{\omega}_{\mathrm{m}}(t)=\boldsymbol{\omega}(t)+\boldsymbol{b}(t)+\boldsymbol{d}(t)+\boldsymbol{n}_{\mathrm{m}}(t) \tag{2.34}$$

式中，$\boldsymbol{\omega}_{\mathrm{m}}(t)$、$\boldsymbol{\omega}(t)$分别为惯性坐标系下航天器姿态角速度的测量值和真实值；$\boldsymbol{b}(t)$为陀螺常值漂移项；$\boldsymbol{d}(t)$为陀螺随机漂移项，可采用一次积分的白噪声模拟；$\boldsymbol{n}_{\mathrm{m}}(t)$为随机游走，可采用带比例系数的白噪声模拟。

航天器参数设置如下。

航天器主惯量矩阵为

$$\boldsymbol{I}=\mathrm{diag}[18.73 \quad 20.77 \quad 23.63]\ \mathrm{kg\cdot m^2}$$

飞轮最大输出力矩为

$$\tau_{\max}=0.4\ \mathrm{N\cdot m}$$

惯性陀螺常值漂移为

$$\boldsymbol{b}=1\times10^{-5}\boldsymbol{I}_3\ \mathrm{rad/s}$$

惯性陀螺测量噪声均方差为

$$\sigma_\omega=3\times10^{-5},\quad \sigma_d=3\times10^{-5}$$

星敏感器安装矩阵为

$$\boldsymbol{A}_{sb}=\begin{bmatrix}0.6250 & 0.6495 & -0.4330\\ -0.4330 & 0.7500 & 0.5000\\ 0.6495 & -0.1250 & 0.7500\end{bmatrix}$$

星敏感器测量噪声均方差为

$$\sigma_s=2\times10^{-5}$$

初始姿态角速度为

$$\boldsymbol{\omega}(0)=[-0.0416 \quad 0.0484 \quad -0.0556]^{\mathrm{T}}\mathrm{rad/s}$$

期望姿态角速度为

$$\boldsymbol{\omega}_d=[0 \quad 0 \quad 0]^{\mathrm{T}}\ \mathrm{rad/s}$$

初始姿态角度为

$$\boldsymbol{q}(0)=[0.9936 \quad 0.0472 \quad -0.0788 \quad 0.0655]^{\mathrm{T}}$$

期望姿态角度为

$$\boldsymbol{q}_d=[0 \quad 0 \quad 0 \quad 0]^{\mathrm{T}}$$

航天器轨道角速度为

$$\omega_0=0.0012\ \mathrm{rad/s}$$

对于航天器在轨所受到的多种外部干扰力矩，可以选择合适的基函数矢量 $\boldsymbol{b}_d(t)\in\mathbf{R}^{s_d}$ 来近似表示，即

$$\boldsymbol{T}_d(t)=\boldsymbol{\Theta}_d\boldsymbol{b}_d(t)+\boldsymbol{\varepsilon}_d(t) \tag{2.35}$$

式中，$\boldsymbol{\Theta}_d=1.5\times10^{-5}\times\begin{bmatrix}1 & 0 & 3\\ 0 & 1.5 & 3\\ 1 & 3 & 0\end{bmatrix}$；$\boldsymbol{b}_d(t)=[1 \quad \sin\omega_0 t \quad \cos\omega_0 t]^{\mathrm{T}}$；$\boldsymbol{\varepsilon}_d(t)$ 为有界近似误差。

设置仿真时间为 100 s，仿真步长为 0.1 s，选取比例－微分输出反馈控制器参数为 $\boldsymbol{k}_P=-5\boldsymbol{I}_3$，$\boldsymbol{k}_D=-10\boldsymbol{I}_3$。在系统正常工作情况下，仿真结果如图 2.30～2.33 所示。由结果可知，所设计的 PD 控制器能够保证航天器姿控系统闭环稳定，系统在 30 s 左右收敛到平衡点附近，且系统在收敛过程中，参数振荡次数少，曲线变化较为平稳。

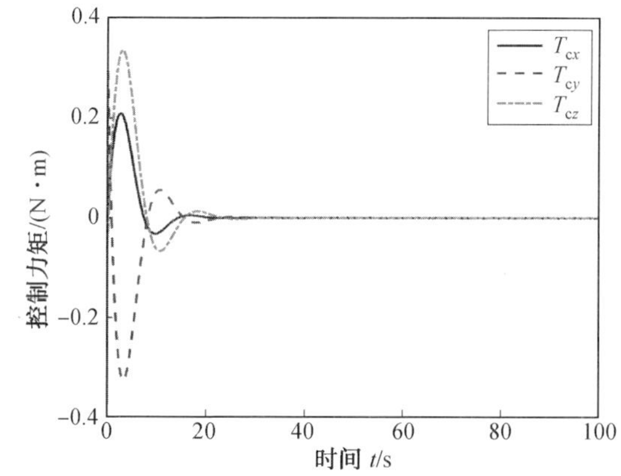


图 2.30 反作用飞轮控制力矩输出曲线

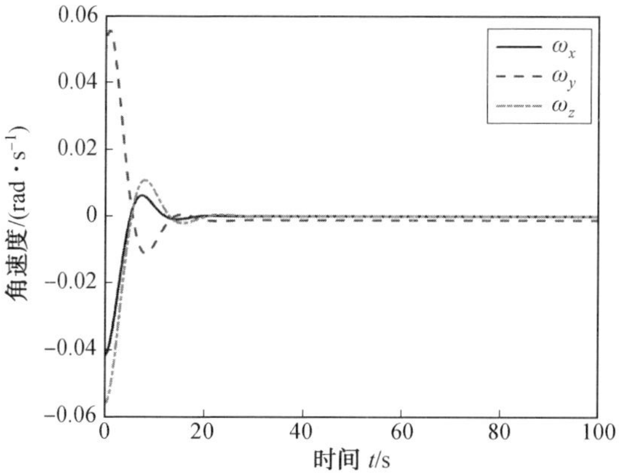


图 2.31 航天器姿态角速度变化曲线

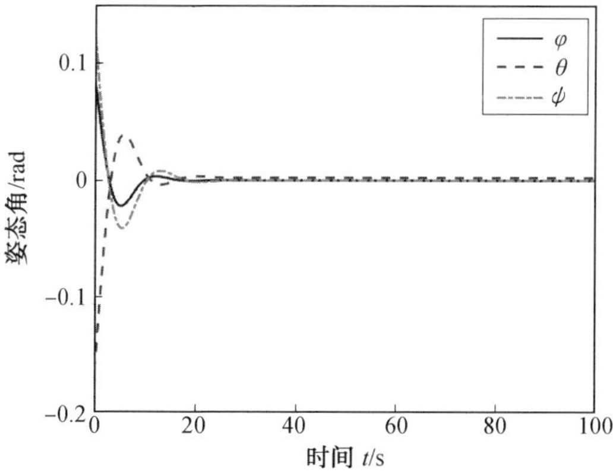


图 2.32 航天器姿态角变化曲线

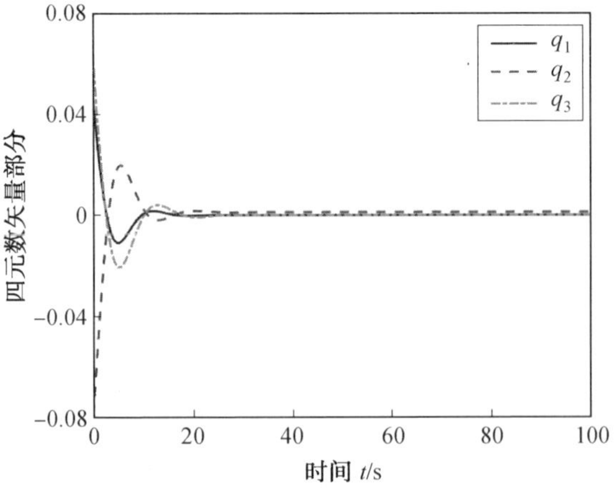


图 2.33　航天器姿态四元数矢量部分变化曲线

### 2.8.3　闭环硬件测试

对于闭环硬件测试(图 2.34),尽可能多的真实姿态元件会被用于姿态控制回路。闭环硬件测试实时运行过程就是为了验证姿态控制系统的性能。

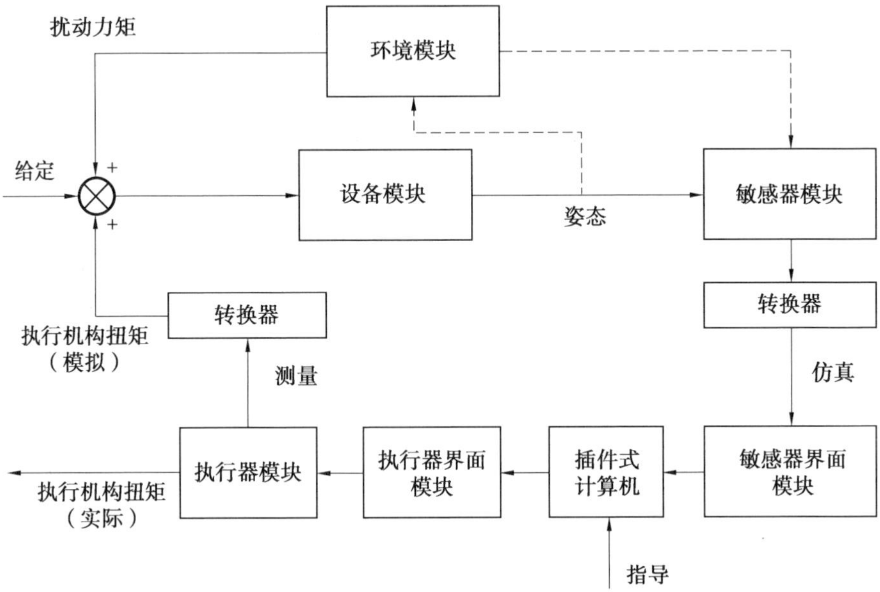


图 2.34　闭环硬件测试

## 2.8.4 气浮实验台

比闭环硬件测试更实际的是基于集成化空气轴承实验台的终端对终端的验证，但是也会受到如下限制。

(1)星敏感器或地球敏感器等传感器所需的空间环境条件不能被完全模拟出来，磁强计或太阳敏感器等只能尽可能接近实际的状态。但陀螺仪测量的姿态不受限制。

(2)空间中的干扰力矩是在 mN·m 的量级范围内(小卫星，100 μN·m)，即使测试平台是理想的悬浮状态也会受到较高的干扰。因此，一个弱执行器的姿态控制只能进行一些定性的实验验证。

(3)航天器的旋转轴经过重心，通常位于卫星的内部。气浮实验台需要用特殊的卫星模型，它包含一些典型的姿态控制元件。

在某些情况下，如为验证新的姿态控制方法或者是控制力矩陀螺的硬件闭环测试，以上所述的限制条件是可以忽略的。

**1. 实例 1**

测试装置放在了一个由加压空气支撑的球体上(在图 2.35 的中心位置)，因此整个工作台可自由旋转。该卫星模型(在工作台上)独立工作，它配备了姿态控制系统、电池装置、遥测和遥控装置，质量在 20 kg 左右。该装置的刚体特性和几何形状允许其进行绕水平轴的有限旋转和绕垂直轴的无限旋转。

图 2.35 空气轴承实验台 1

**2. 实例 2**

在测试装置中，一个完整的(微型)卫星模型被集成到一个直径约 30 cm 的球壳中(图 2.36)。这个小卫星模型包含了所有必需的子系统和姿态控制程序

(即姿态控制器件包括冷气推进器、电力系统、遥测和遥控、星载计算机)。

此外,在平坦的实验台上有一个空气悬架,使得该工作台可以横向移动。因此卫星模型可以围绕它的3个轴自由转动并且通过冷气推进器进行水平轴移动。

图 2.36 空气轴承实验台 2

## 2.9 本章小结

本章对航天器控制系统进行了叙述,解释了不同任务需求对姿态控制系统的要求和设计理念。同时,详细给出了不同的姿态描述方法,如方向余弦矩阵、欧拉法以及四元数法。本章还介绍了航天器姿态数学模型,包括姿态运动学和动力学方程,以及扰动力矩模型。在此基础上,讨论了不同类型的姿态敏感器和执行器,最后总结了验证姿态控制的方法,还引入实例进行仿真验证。

# 第3章

# 动态系统故障诊断的基本原理

自1970年以来,在控制工程领域中,基于数学模型的故障诊断方法一直受到学术界与工程应用领域的高度重视。目前,利用现代控制理论、滤波理论和基础数学理论,基于系统模型的故障诊断方法层出不穷。

本章首先讨论控制系统故障的数学表示,然后介绍基于观测器的故障诊断原理和带干扰系统的故障诊断原理,最后给出基于奇偶矢量的故障诊断方法。

## 3.1 系统故障的数学表示

考虑线性定常控制系统:

$$\dot{\boldsymbol{x}}(t)=\boldsymbol{A}\boldsymbol{x}(t)+\boldsymbol{B}\boldsymbol{u}(t) \tag{3.1a}$$

$$\boldsymbol{y}(t)=\boldsymbol{C}\boldsymbol{x}(t)+\boldsymbol{D}\boldsymbol{u}(t) \tag{3.1b}$$

式中,$\boldsymbol{x}(t)\in\mathbf{R}^n$ 为状态矢量;$\boldsymbol{u}(t)\in\mathbf{R}^p$ 为控制矢量;$\boldsymbol{y}(t)\in\mathbf{R}^m$ 为观测量矢量(或传感器的输出矢量);$\boldsymbol{A}$、$\boldsymbol{B}$、$\boldsymbol{C}$、$\boldsymbol{D}$ 为相应维数的常数矩阵。

仅考虑一个传感器或一个执行器故障的情况时,常见的传感器或执行器的故障行为主要表现为3种。

(1)卡死。

(2)恒增益变化。

(3)恒偏差失效。

### 3.1.1 传感器故障模型

一般说来,系统的实际输出 $\boldsymbol{y}_{\mathrm{R}}(t)$ 不可能直接获得,因此必须用传感器进行

测量(图 3.1)。对于传感器的输出,数学上可以描述为

$$\boldsymbol{y}_R(t)=\boldsymbol{y}(t)+\boldsymbol{f}_s(t) \tag{3.2}$$

式中,$\boldsymbol{f}_s(t)\in\mathbf{R}^m$ 是传感器故障矢量。

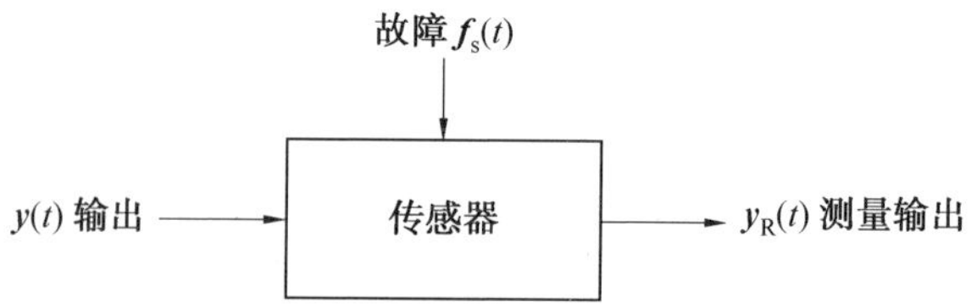


图 3.1　传感器输出与测量输出

(1)如果传感器处于卡死状态(如卡在零值),则

$$\boldsymbol{y}_R(t)=0$$

进一步由式(3.2)得

$$\boldsymbol{f}_s(t)=-\boldsymbol{y}(t)$$

(2)如果传感器处于恒增益故障(乘性故障),则

$$\boldsymbol{y}_R(t)=\Delta\cdot\boldsymbol{y}(t)$$

由式(3.2)得

$$\boldsymbol{f}_s(t)=(\Delta-1)\cdot\boldsymbol{y}(t)$$

(3)如果传感器处于恒偏差故障(加性故障),则

$$\boldsymbol{y}_R(t)=\Delta+\boldsymbol{y}(t)$$

由式(3.2)得

$$\boldsymbol{f}_s(t)=\Delta$$

### 3.1.2　执行器故障模型

系统的实际输入 $\boldsymbol{u}_R(t)$是执行器输出的指令(图 3.2)。对于执行器的输出,数学上可以表示为

$$\boldsymbol{u}_R(t)=\boldsymbol{u}(t)+\boldsymbol{f}_a(t) \tag{3.3}$$

式中,$\boldsymbol{f}_a(t)\in\mathbf{R}^r$ 是执行器的故障矢量;$\boldsymbol{u}(t)$是控制器输出的控制指令(激励)。通过适当地选择故障函数 $\boldsymbol{f}_a(t)$,就可以描述不同情况下的执行器故障。

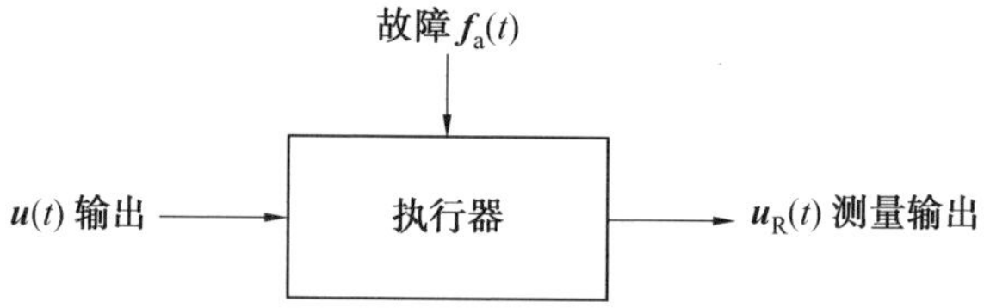


图 3.2　执行器输出与激励

### 3.1.3　系统故障模型

如果系统元件、参数发生了故障(图 3.3)，那么系统的动态模型可以描述为

$$\dot{\boldsymbol{x}}(t)=\boldsymbol{A}\boldsymbol{x}(t)+\boldsymbol{B}\boldsymbol{u}(t)+\boldsymbol{f}_{\mathrm{c}}(t) \tag{3.4}$$

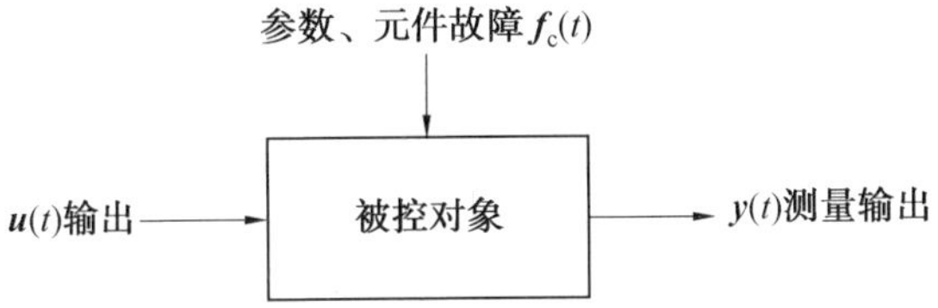


图 3.3　被控对象与测量输出

### 3.1.4　控制系统故障的数学描述

考虑系统所有可能的传感器故障，系统元件、参数故障以及执行器故障，系统式(3.1)可以描述为

$$\dot{\boldsymbol{x}}(t)=\boldsymbol{A}\boldsymbol{x}(t)+\boldsymbol{B}\boldsymbol{u}(t)+\boldsymbol{B}\boldsymbol{f}_{\mathrm{a}}(t)+\boldsymbol{f}_{\mathrm{c}}(t) \tag{3.5a}$$

$$\boldsymbol{y}(t)=\boldsymbol{C}\boldsymbol{x}(t)+\boldsymbol{D}\boldsymbol{u}(t)+\boldsymbol{D}\boldsymbol{f}_{\mathrm{a}}(t)+\boldsymbol{f}_{\mathrm{s}}(t) \tag{3.5b}$$

一般情况下，具有所有可能故障的系统可以用下列状态空间模型描述，即

$$\dot{\boldsymbol{x}}(t)=\boldsymbol{A}\boldsymbol{x}(t)+\boldsymbol{B}\boldsymbol{u}(t)+\boldsymbol{R}_1\boldsymbol{f}(t) \tag{3.6a}$$

$$\boldsymbol{y}(t)=\boldsymbol{C}\boldsymbol{x}(t)+\boldsymbol{D}\boldsymbol{u}(t)+\boldsymbol{R}_2\boldsymbol{f}(t) \tag{3.6b}$$

式中，$\boldsymbol{f}(t)\in\mathbf{R}^g$ 是故障矢量，它的每一个元素 $f_i(t)(i=1,2,\cdots,g)$对应于某具体的故障形式。在故障诊断时，$\boldsymbol{f}(t)$看作未知的时间函数。$\boldsymbol{R}_1$ 和 $\boldsymbol{R}_2$ 作为引入故障矩阵是已知的，它们表示了系统的故障效应。对于故障诊断而言，$\boldsymbol{u}(t)$与 $\boldsymbol{y}(t)$是已知的。

考虑系统所有可能的故障，其输入输出传递矩阵函数又可描述为

$$\boldsymbol{Y}(s)=\boldsymbol{G}_{\mathrm{u}}(s)\boldsymbol{U}(s)+\boldsymbol{G}_{\mathrm{f}}(s)\boldsymbol{f}(s) \tag{3.7}$$

式中

$$\boldsymbol{G}_{\mathrm{u}}(s)=\boldsymbol{C}(s\boldsymbol{I}-\boldsymbol{A})^{-1}\boldsymbol{B}+\boldsymbol{D}$$

$$\boldsymbol{G}_{\mathrm{f}}(s)=\boldsymbol{C}(s\boldsymbol{I}-\boldsymbol{A})^{-1}\boldsymbol{R}_1+\boldsymbol{R}_2$$

下面证明式(3.7)。

对式(3.6)进行拉氏变换，假设初始条件为零，有

$$s\boldsymbol{X}(s)=\boldsymbol{A}\boldsymbol{X}(s)+\boldsymbol{B}\boldsymbol{U}(s)+\boldsymbol{R}_1\boldsymbol{f}(s) \tag{3.8a}$$

$$\boldsymbol{Y}(s)=\boldsymbol{C}\boldsymbol{X}(s)+\boldsymbol{D}\boldsymbol{U}(s)+\boldsymbol{R}_2\boldsymbol{f}(s) \tag{3.8b}$$

由式(3.8a)解出

$$\boldsymbol{X}(s)=(s\boldsymbol{I}-\boldsymbol{A})^{-1}[\boldsymbol{B}\boldsymbol{U}(s)+\boldsymbol{R}_1\boldsymbol{f}(s)]$$

将该式代入式(3.8b)得

$$\boldsymbol{Y}(s)=\boldsymbol{C}(s\boldsymbol{I}-\boldsymbol{A})^{-1}\boldsymbol{B}\boldsymbol{U}(s)+\boldsymbol{C}(s\boldsymbol{I}-\boldsymbol{A})^{-1}\boldsymbol{R}_1 f(s)+\boldsymbol{D}\boldsymbol{U}(s)+\boldsymbol{R}_2 f(s)$$

整理得到式(3.7)。

## 3.2　基于系统模型的故障诊断原理

基于系统模型的故障诊断可将系统测量信息与其相应的系统数学模型所计算出的信息进行比较分析、处理,最后进行决策,进而指出系统是否发生故障。

基于系统测量值与系统数学模型产生的测量值的估计值之间的差定义为残差,即

$$|\boldsymbol{y}(t)-\hat{\boldsymbol{y}}(t)|=\boldsymbol{y}_{残差}$$

通过分析,设定阈值(恒值或可变值),然后检测残差是否超过阈值,进而来判断故障的出现(图3.4)。

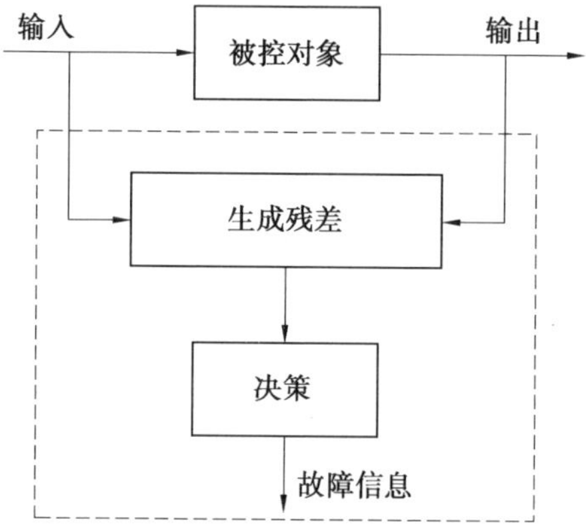


图3.4　基于模型的故障诊断

图3.4所示为基于模型的故障诊断的通用过程,也是基于模型故障诊断的基本思路,包括生成残差和决策两个重要步骤。

### 1. 生成残差

生成残差的主要目的是利用被诊断系统可获取的输入输出信息,生成故障指示信号,即残差。残差用来反映被分析系统故障可能出现与否。一般而言,当系统无故障时,残差为零或者接近于零;当系统发生故障时,残差会明显偏离零,偏离零的程度越大,证明系统故障发生的程度越严重。

用于生成残差的算法和仪器称为残差发生器,因此生成残差是提取系统故障特征的过程,残差信号则表示了故障征兆,理想的残差应该只包含故障信息。为了保证得到可靠的故障诊断,生成残差过程中故障信息的损失应当尽可能

地小。

**2. 决策**

残差用来测试故障出现的可能性,而确定故障是否发生则需要用决策规则。决策过程是针对残差瞬态值和平滑值的简单测试(依靠阈值),也可以是基于统计策略理论的各种方法,如广义似然比测试或序贯概率比测试。

## 3.3　线性系统的故障诊断原理

基于数学模型的故障诊断的基本思想是,设计观测器,然后用观测器的输出与系统真实输出进行比较,生成残差,再对残差进行分析,以实现系统的故障诊断。下面给出具体的设计原理。

控制系统与观测器如图 3.5 所示。观测器是一个正常工作状态下的系统动态模型,观测器的输入与真实系统的输入相同。系统传感器输出与观测器输出之间的差值信号经增益矩阵 $\boldsymbol{D}$ 反馈为观测器输入。

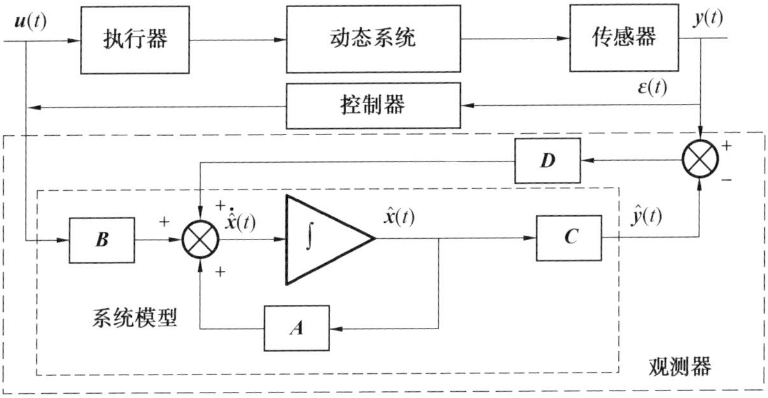


图 3.5　控制系统与观测器

故障检测观测器是一个全阶线性观测器,它与全阶状态观测器的构造相同,但设计要求不同。设计全阶观测器时,通过选择增益矩阵 $\boldsymbol{D}$,使矩阵 $\boldsymbol{A}-\boldsymbol{DC}$ 的特征值具有负实部部分,保证观测器是稳定的。而设计故障检测观测器,不仅要保证观测器的稳定性,而且要求通过残差信号能识别系统发生的故障。如果对于有噪声的系统,还需要考虑对噪声具有鲁棒性。

图 3.5 所示的系统可表示为

$$\dot{\boldsymbol{x}}(t)=\boldsymbol{A}\boldsymbol{x}(t)+\boldsymbol{B}\boldsymbol{u}(t) \tag{3.9a}$$

$$\boldsymbol{y}(t)=\boldsymbol{C}\boldsymbol{x}(t) \tag{3.9b}$$

式中，$\boldsymbol{x}(t)\in\mathbf{R}^{n\times1}$ 为状态矢量；$\boldsymbol{u}(t)\in\mathbf{R}^{r\times1}$ 为控制矢量；$\boldsymbol{y}(t)\in\mathbf{R}^{m\times1}$ 为测量矢量；$\boldsymbol{A}$、$\boldsymbol{B}$、$\boldsymbol{C}$ 为相应维数的常数矩阵。

设图 3.5 中的控制器采用增益反馈控制，即 $\boldsymbol{u}(t)=-\boldsymbol{K}\boldsymbol{y}(t)$，则式(3.9a)可写成

$$\dot{\boldsymbol{x}}(t)=\boldsymbol{A}\boldsymbol{x}(t)-\boldsymbol{BKC}\boldsymbol{x}(t)=(\boldsymbol{A}-\boldsymbol{BKC})\boldsymbol{x}(t) \tag{3.10}$$

式(3.10)说明增益反馈控制的效应可包含在矩阵 $\boldsymbol{A}$ 内，将式(3.9a)中的控制输入 $\boldsymbol{u}(t)$ 看作是独立输入，因而图 3.5 可表示为图 3.6。

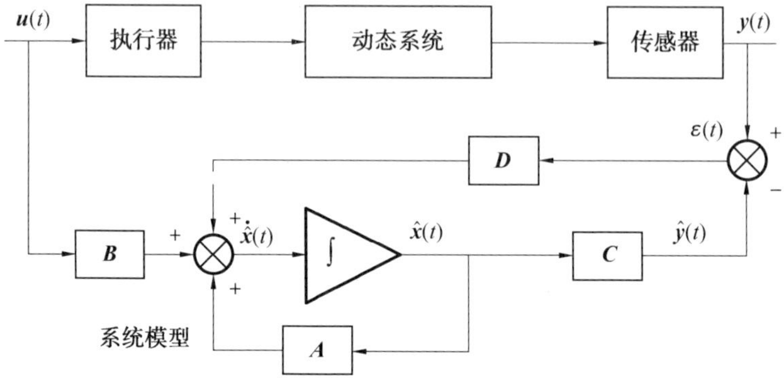


图 3.6　故障检测观测器

故障检测观测器方程为

$$\dot{\hat{\boldsymbol{x}}}=\boldsymbol{A}\hat{\boldsymbol{x}}(t)+\boldsymbol{B}\boldsymbol{u}(t)+\boldsymbol{D}[\boldsymbol{y}(t)-\hat{\boldsymbol{y}}(t)] \tag{3.11a}$$

$$\hat{\boldsymbol{y}}(t)=\boldsymbol{C}\hat{\boldsymbol{x}}(t) \tag{3.11b}$$

定义状态误差(残差)为

$$\boldsymbol{e}(t)=\boldsymbol{x}(t)-\hat{\boldsymbol{x}}(t)$$

定义输出误差(残差)为

$$\boldsymbol{\varepsilon}(t)=\boldsymbol{y}(t)-\hat{\boldsymbol{y}}(t) \tag{3.12}$$

则状态误差方程为

$$\begin{aligned}\dot{\boldsymbol{e}}(t)&=\dot{\boldsymbol{x}}(t)-\dot{\hat{\boldsymbol{x}}}(t)\\&=\boldsymbol{A}\boldsymbol{x}(t)+\boldsymbol{B}\boldsymbol{u}(t)-\boldsymbol{A}\hat{\boldsymbol{x}}(t)-\boldsymbol{B}\boldsymbol{u}(t)-\boldsymbol{D}[\boldsymbol{y}(t)-\hat{\boldsymbol{y}}(t)]\\&=(\boldsymbol{A}-\boldsymbol{DC})\boldsymbol{e}(t)\end{aligned} \tag{3.13}$$

输出误差方程为

$$\boldsymbol{\varepsilon}(t)=\boldsymbol{y}(t)-\hat{\boldsymbol{y}}(t)=\boldsymbol{C}\boldsymbol{e}(t) \tag{3.14}$$

下面分别考虑执行器、传感器和被控对象发生故障的检测问题。

### 1. 执行器故障

假设第 $j$ 个执行器发生故障，则故障模型可表示为

$$\boldsymbol{u}_{\mathrm{R}}(t)=\boldsymbol{u}(t)+\boldsymbol{e}_{rj}\boldsymbol{f}_{\mathrm{a}}(t) \tag{3.15}$$

式中，$\boldsymbol{e}_{rj}$ 为在第 $j$ 个坐标方向上的单位 $r\times1$ 维矩阵，即

$$\boldsymbol{e}_{rj}=\begin{bmatrix}0\\ \vdots\\ 0\\ 1\\ 0\\ \vdots\\ 0\end{bmatrix}_{r\times1} \quad \leftarrow \text{第 } j \text{ 个元素}$$

此时状态方程为

$$\begin{aligned}\dot{\boldsymbol{x}}(t)&=\boldsymbol{A}\boldsymbol{x}(t)+\boldsymbol{B}\boldsymbol{u}_{\mathrm{R}}(t)\\ &=\boldsymbol{A}\boldsymbol{x}(t)+\boldsymbol{B}[\boldsymbol{u}(t)+\boldsymbol{e}_{rj}\boldsymbol{f}_{\mathrm{a}}(t)]\\ &=\boldsymbol{A}\boldsymbol{x}(t)+\boldsymbol{B}\boldsymbol{u}(t)+\boldsymbol{b}_j\boldsymbol{f}_{\mathrm{a}}(t)\end{aligned} \tag{3.16}$$

式中，$\boldsymbol{b}_j$ 为矩阵 $\boldsymbol{B}$ 的第 $j$ 列矢量。

此时，状态误差和输出误差方程分别为

$$\dot{\boldsymbol{e}}(t)=(\boldsymbol{A}-\boldsymbol{D}\boldsymbol{C})\boldsymbol{e}(t)+\boldsymbol{b}_j\boldsymbol{f}_{\mathrm{a}}(t) \tag{3.17}$$

$$\boldsymbol{\varepsilon}(t)=\boldsymbol{C}\boldsymbol{e}(t) \tag{3.18}$$

## 2. 传感器故障

假设第 $j$ 个传感器发生故障，则其故障的数学模型可表示为

$$\boldsymbol{y}_{\mathrm{R}}(t)=\boldsymbol{y}(t)+\boldsymbol{e}_{mj}\boldsymbol{f}_{\mathrm{s}}(t) \tag{3.19}$$

式中，$\boldsymbol{e}_{mj}$ 为在第 $j$ 个坐标方向上的单位 $m\times1$ 维矩阵，即

$$\boldsymbol{e}_{mj}=\begin{bmatrix}0\\ \vdots\\ 0\\ 1\\ 0\\ \vdots\\ 0\end{bmatrix}_{m\times1} \quad \leftarrow \text{第 } j \text{ 个元素}$$

此时，状态误差方程为

$$\begin{aligned}\dot{\boldsymbol{e}}(t)&=\dot{\boldsymbol{x}}(t)-\dot{\hat{\boldsymbol{x}}}(t)\\ &=\boldsymbol{A}\boldsymbol{x}(t)+\boldsymbol{B}\boldsymbol{u}(t)-\{\boldsymbol{A}\hat{\boldsymbol{x}}(t)+\boldsymbol{B}\boldsymbol{u}(t)+\boldsymbol{D}[\boldsymbol{y}(t)-\hat{\boldsymbol{y}}(t)]\}\\ &=(\boldsymbol{A}-\boldsymbol{D}\boldsymbol{C})\boldsymbol{e}(t)+\boldsymbol{d}_j\boldsymbol{f}_{\mathrm{s}}(t)\end{aligned} \tag{3.20}$$

式中，$\boldsymbol{d}_j$ 为矩阵 $\boldsymbol{D}$ 的第 $j$ 列矢量。

此时，输出误差方程为

$$\boldsymbol{\varepsilon}(t)=\boldsymbol{y}(t)-\hat{\boldsymbol{y}}(t)=\boldsymbol{C}\boldsymbol{x}(t)+\boldsymbol{e}_{mj}\boldsymbol{f}_{\mathrm{s}}(t)-\boldsymbol{C}\hat{\boldsymbol{x}}(t)=\boldsymbol{C}\boldsymbol{e}(t)+\boldsymbol{e}_{mj}\boldsymbol{f}_{\mathrm{s}}(t) \tag{3.21}$$

### 3. 被控对象故障

设矩阵 $\boldsymbol{A}$ 中某元素 $a_{ij}$ 发生变化 $\Delta a_{ij}$，则

$$\dot{\boldsymbol{x}}(t)=\boldsymbol{A}\boldsymbol{x}(t)+\boldsymbol{B}\boldsymbol{u}(t)+\Delta a_{ij}x_j(t)\boldsymbol{e}_{nj} \tag{3.22}$$

式中，$\boldsymbol{e}_{nj}=[0 \quad \cdots \quad 0 \quad 1 \quad 0 \quad \cdots \quad 0]^{\mathrm{T}}$。

此时状态误差和输出误差方程为

$$\dot{\boldsymbol{e}}(t)=(\boldsymbol{A}-\boldsymbol{D}\boldsymbol{C})\boldsymbol{e}(t)+\Delta a_{ij}x_j(t)\boldsymbol{e}_{nj} \tag{3.23}$$

$$\boldsymbol{\varepsilon}(t)=\boldsymbol{C}\boldsymbol{e}(t) \tag{3.24}$$

综上所述，三种故障情况的状态残差和输出残差方程，可以划分为两类。

一类可称为输入型故障模型，包括执行器和被控对象参数的变化，它们的状态残差方程式(3.17)和式(3.23)以及输出误差方程式(3.18)和式(3.24)相同，可以写成

$$\dot{\boldsymbol{e}}(t)=(\boldsymbol{A}-\boldsymbol{D}\boldsymbol{C})\boldsymbol{e}(t)+\boldsymbol{f}n(t) \tag{3.25a}$$

$$\boldsymbol{\varepsilon}(t)=\boldsymbol{C}\boldsymbol{e}(t) \tag{3.25b}$$

式中，$\boldsymbol{f}$ 为故障矢量；$n(t)$ 为任意时间函数。

另一类为输出型故障模型，即传感器故障模型，其状态残差方程和输出残差方程为式(3.20)和式(3.21)。

输入型故障模型的解为

$$\boldsymbol{e}(t)=\mathrm{e}^{(\boldsymbol{A}-\boldsymbol{D}\boldsymbol{C})t}\boldsymbol{e}(0)+\int_0^t \mathrm{e}^{(\boldsymbol{A}-\boldsymbol{D}\boldsymbol{C})(t-\tau)}\boldsymbol{f}n(\tau)\mathrm{d}\tau \tag{3.26}$$

$$\boldsymbol{\varepsilon}(t)=\boldsymbol{C}\mathrm{e}^{(\boldsymbol{A}-\boldsymbol{D}\boldsymbol{C})t}\boldsymbol{e}(0)+\int_0^t \boldsymbol{C}\mathrm{e}^{(\boldsymbol{A}-\boldsymbol{D}\boldsymbol{C})(t-\tau)}\boldsymbol{f}n(\tau)\mathrm{d}\tau \tag{3.27}$$

式中，第一项为瞬态解，第二项为稳态解。若系统稳定，则稳态解为

$$\boldsymbol{e}_{\mathrm{s}}(t)=\lim_{t\to\infty}\left[\int_0^t \mathrm{e}^{(\boldsymbol{A}-\boldsymbol{D}\boldsymbol{C})(t-\tau)}\boldsymbol{f}n(\tau)\mathrm{d}\tau\right] \tag{3.28}$$

$$\boldsymbol{\varepsilon}_{\mathrm{s}}(t)=\lim_{t\to\infty}\left[\int_0^t \boldsymbol{C}\mathrm{e}^{(\boldsymbol{A}-\boldsymbol{D}\boldsymbol{C})(t-\tau)}\boldsymbol{f}n(\tau)\mathrm{d}\tau\right] \tag{3.29}$$

故障检测观测器的设计通过选择增益矩阵 $\boldsymbol{D}$，使稳态输出误差矢量方向保持与 $\boldsymbol{C}\boldsymbol{f}$ 的方向一致。

输出型故障模型的解为

$$\boldsymbol{e}(t)=\mathrm{e}^{(\boldsymbol{A}-\boldsymbol{D}\boldsymbol{C})t}\boldsymbol{e}(0)+\int_0^t \mathrm{e}^{(\boldsymbol{A}-\boldsymbol{D}\boldsymbol{C})(t-\tau)}\boldsymbol{d}_j\boldsymbol{f}n(\tau)\mathrm{d}\tau \tag{3.30}$$

$$\boldsymbol{\varepsilon}(t)=\boldsymbol{C}\mathrm{e}^{(\boldsymbol{A}-\boldsymbol{D}\boldsymbol{C})t}\boldsymbol{e}(0)-\int_0^t \boldsymbol{C}\mathrm{e}^{(\boldsymbol{A}-\boldsymbol{D}\boldsymbol{C})(t-\tau)}\boldsymbol{d}_j\boldsymbol{f}n(\tau)\mathrm{d}\tau+\boldsymbol{e}_{mj}n(t) \tag{3.31}$$

其稳态状态残差和稳态输出残差分别为

$$\boldsymbol{e}_{\mathrm{s}}(t)=\lim_{t\to\infty}\left[\int_0^t \mathrm{e}^{(\boldsymbol{A}-\boldsymbol{D}\boldsymbol{C})(t-\tau)}\boldsymbol{d}_j n(\tau)\mathrm{d}\tau\right] \tag{3.32}$$

$$\boldsymbol{\varepsilon}_{s}(t)=\lim_{t\to\infty}\left[\int_{0}^{t}\boldsymbol{C}\mathrm{e}^{(\boldsymbol{A}-\boldsymbol{DC})(t-\tau)}\boldsymbol{d}_{j}n(\tau)\mathrm{d}\tau\right]+\boldsymbol{e}_{mj}n(t) \tag{3.33}$$

显然，传感器故障的稳态输出残差方向处在由($\boldsymbol{Cd}_j$，$\boldsymbol{e}_{mj}$)所构成的二维平面上，而不是某个固定的方向上。

从上面几种情况可以看出，输出残差方程都是类似的。假若出现故障(执行器、传感器和对象参数变化)是阶跃型故障，那么输出残差的变化曲线就可由图3.7描述。

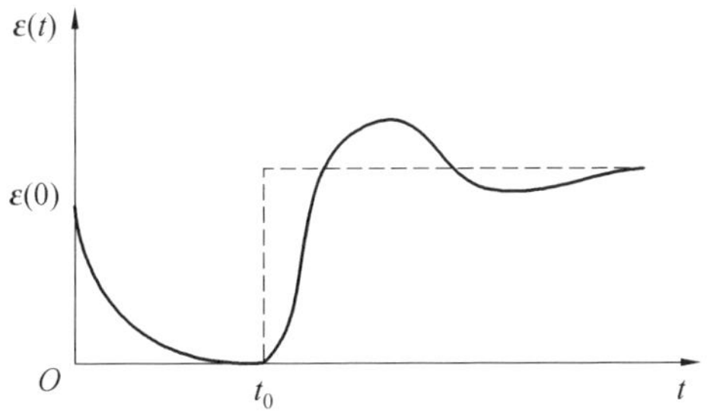


图3.7 输出残差的变化曲线($t_0$ 时刻发生故障)

从输出误差曲线的变化，就可以检测到故障是否发生，通过对曲线的分析，还可以知道故障发生的时间、故障的类型及故障的位置。

## 3.4 故障检测观测器的设计

采用故障矢量 $\boldsymbol{f}$ 分析状态误差方程，无论是输入型故障还是输出型故障，都具有相同的形式：

$$\dot{\boldsymbol{e}}(t)=(\boldsymbol{A}-\boldsymbol{DC})\boldsymbol{e}(t)+\boldsymbol{f}n(t) \tag{3.34}$$

式中，当 $\boldsymbol{f}=\boldsymbol{b}_i$ 时，执行器故障；当 $\boldsymbol{f}=\boldsymbol{d}_j$ 时，传感器故障；当 $\boldsymbol{f}=\boldsymbol{e}_{ni}$ 时，对象参数变化 $\Delta a_{ij}$。故障矢量的维数为 $n\times1$。

上述状态误差方程包含故障矢量 $\boldsymbol{f}$，故障的可检测性可由观测器增益矩阵 $\boldsymbol{D}$ 满足下面两个条件来保证。

(1)$\boldsymbol{Ce}(t)$在输出空间保持固定方向。

(2)$\boldsymbol{A}-\boldsymbol{DC}$ 的所有特征值能够任意配置。

若 $\boldsymbol{f}$ 是可检测的，则可通过检查输出误差的方向来确定发生故障的部件。对于传感器故障可检测性条件(1)应对应为输出误差处于固定的二维平面内。

当配置 $\boldsymbol{A}-\boldsymbol{DC}$ 的所有特征值均处于S平面的左半平面内时，式(3.34)表示的系统是稳定的，当时间 $t$ 趋向无穷大时，式(3.34)的初始条件瞬态解将趋于零。$\boldsymbol{A}-\boldsymbol{DC}$ 的配置，应使误差达到稳态值的时间和动态过程得到控制。

下面按照完全可观测系统和部分可观测系统两种情况讨论故障检测观测器设计问题。

### 1. 完全可观测系统的故障检测观测器设计

完全可观测系统是指在任意时间上，系统状态矢量 $\boldsymbol{x}(t)$ 可由观测器矢量 $\boldsymbol{y}(t)$ 唯一确定，即

$$\boldsymbol{y}(t)=\boldsymbol{C}\boldsymbol{x}(t)$$

式中，$\boldsymbol{x}(t)\in\mathbf{R}^{n\times 1}$；$\boldsymbol{y}(t)\in\mathbf{R}^{m\times 1}$；$\boldsymbol{C}\in\mathbf{R}^{m\times n}$。当给定 $\boldsymbol{y}(t)$ 时，使 $\boldsymbol{x}(t)$ 有唯一解的充要条件是 rank $\boldsymbol{C}=n$。为了满足可检测条件(2)，选择 $\boldsymbol{A}-\boldsymbol{D}\boldsymbol{C}=-\delta\boldsymbol{I}$，其中 $\delta$ 为正的标量常值，$\boldsymbol{I}$ 为单位矩阵。$m$ 代表系统的传感器数目，或矩阵 $\boldsymbol{C}$ 的行数。若 $m=n$，则 $\boldsymbol{C}$ 为 $n\times n$ 的方阵。若 rank $\boldsymbol{C}=n$，则 $\boldsymbol{C}^{-1}$ 存在，$\boldsymbol{D}$ 的唯一解为

$$\boldsymbol{D}=(\boldsymbol{A}+\delta\boldsymbol{I})\boldsymbol{C}^{-1} \tag{3.35}$$

若 $m>n$，且 rank $\boldsymbol{C}=n$，则 $\boldsymbol{D}$ 的解为

$$\boldsymbol{D}=(\boldsymbol{A}+\delta\boldsymbol{I})(\boldsymbol{C}^{\mathrm{T}}\boldsymbol{C})^{-1}\boldsymbol{C}^{\mathrm{T}} \tag{3.36}$$

(1)对于执行器故障，$\boldsymbol{f}=\boldsymbol{b}_i$，式(3.34)的解为

$$\boldsymbol{e}(t)=\mathrm{e}^{-\delta(t-t_0)}\boldsymbol{e}(t_0)+\int_{t_0}^{t}\mathrm{e}^{-\delta(t-t_0)}\boldsymbol{b}_j n(\tau)\mathrm{d}\tau \tag{3.37}$$

由于 $\delta>0$，因此初始条件 $\boldsymbol{e}(t_0)$ 引起的瞬态解逐渐趋于零，所以

$$\boldsymbol{e}_{\mathrm{s}}(t)\approx\boldsymbol{b}_j\int_{t_0}^{t}\mathrm{e}^{-\delta(t-\tau)}n(\tau)\mathrm{d}\tau,\quad t-t_0\gg\frac{1}{\delta} \tag{3.38}$$

式中，$\int_{t_0}^{t}\mathrm{e}^{-\delta(t-\tau)}n(\tau)\mathrm{d}\tau$ 是标量时间函数。因此，当时间 $t$ 足够大时，$\boldsymbol{e}(t)$ 保持在状态空间的固定方向——称为 $\boldsymbol{b}_j$ 方向，这说明状态误差信号保持在状态空间某个固定方向(对应 $\boldsymbol{b}_j$)，表示第 $j$ 个执行器故障。

事实上，由于状态变量 $\boldsymbol{x}(t)$ 不能直接获取，因此 $\boldsymbol{e}(t)$ 也不能直接获取，所以从这个意义上说，最好采用 $\boldsymbol{\varepsilon}(t)$ 来检测故障，即

$$\boldsymbol{\varepsilon}(t)=\boldsymbol{C}\boldsymbol{e}(t)=\boldsymbol{C}\mathrm{e}^{-\delta(t-t_0)}\boldsymbol{e}(t_0)+\boldsymbol{C}\boldsymbol{b}_j\int_{t_0}^{t}\mathrm{e}^{-\delta(t-\tau)}n(\tau)\mathrm{d}\tau$$

$$\boldsymbol{\varepsilon}_{\mathrm{s}}(t)=\boldsymbol{C}\boldsymbol{b}_j\int_{t_0}^{t}\mathrm{e}^{-\delta(t-\tau)}n(\tau)\mathrm{d}\tau,\quad t-t_0\gg\frac{1}{\delta}$$

所以，$\boldsymbol{\varepsilon}_{\mathrm{s}}(t)$ 在 $m$ 维的输出空间中保持一个固定方向 $\boldsymbol{C}\boldsymbol{b}_j$。

(2)对于传感器故障，$\boldsymbol{f}=-\boldsymbol{d}_j$，式(3.34)的解为

$$\boldsymbol{e}(t)=\mathrm{e}^{-\delta(t-t_0)}\boldsymbol{e}(t_0)-\boldsymbol{d}_j\int_{t_0}^{t}\mathrm{e}^{-\delta(t-\tau)}n(\tau)\mathrm{d}\tau$$

稳态时的状态误差为

$$\boldsymbol{e}_{\mathrm{s}}(t)=-\boldsymbol{d}_j\int_{t_0}^{t}\mathrm{e}^{-\delta(t-\tau)}n(\tau)\mathrm{d}\tau,\quad t-t_0\gg\frac{1}{\delta}$$

同样，状态误差信号 $\boldsymbol{e}(t)$ 不能直接获取，可采用输出误差信号 $\boldsymbol{\varepsilon}(t)$ 来检测故障。

$$\boldsymbol{\varepsilon}(t)=\boldsymbol{C}\mathrm{e}^{-\delta(t-t_0)}\boldsymbol{e}(t_0)-\boldsymbol{C}\,\boldsymbol{d}_j\int_{t_0}^{t}\mathrm{e}^{-\delta(t-\tau)}n(\tau)\mathrm{d}\tau+\boldsymbol{e}_{mj}n(t)$$

$$\boldsymbol{\varepsilon}_{\mathrm{s}}(t)=\boldsymbol{C}\,\boldsymbol{d}_j\int_{t_0}^{t}\mathrm{e}^{-\delta(t-\tau)}n(\tau)\mathrm{d}\tau+\boldsymbol{e}_{mj}n(t),\quad t-t_0\gg\frac{1}{\delta}$$

式中，$\int_{t_0}^{t}\mathrm{e}^{\ \delta(t-\tau)}n(\tau)\mathrm{d}\tau$ 和 $n(t)$ 都是标量。所以输出误差 $\boldsymbol{\varepsilon}_{\mathrm{s}}(t)$ 处于输出空间中，即由两个 $m$ 维矢量 $\boldsymbol{C}\boldsymbol{d}_j$ 和 $\boldsymbol{e}_{mj}$ 构成的平面内。换句话说，若输出误差 $\boldsymbol{\varepsilon}_{\mathrm{s}}(t)$ 处于 $\boldsymbol{C}\boldsymbol{d}_j$ 和 $\boldsymbol{e}_{mj}$ 构成的平面内，说明系统的第 $j$ 个传感器发生故障。

**2. 部分可观测系统的故障检测观测器的设计**

部分可观测系统意味着 rank $\boldsymbol{C}<n$，则不能从 $\boldsymbol{y}(t)=\boldsymbol{C}\boldsymbol{x}(t)$ 中已知的 $\boldsymbol{y}(t)$ 解出 $\boldsymbol{x}(t)$。换言之，当某事件（如执行器故障）发生时，输出误差将不是唯一与状态误差有关。此时，一个观测器将不能提供所有的故障信息，故障检测观测器的能力受到很大限制。但下面将证明，只有被控对象是可观测的，即当 $(\boldsymbol{A},\boldsymbol{C})$ 是可观测时，上面所述的任何故障信息都可由观测器来获取。

由现代控制理论可知，对于线性时不变系统，有

$$\dot{\boldsymbol{x}}(t)=\boldsymbol{A}\boldsymbol{x}(t)+\boldsymbol{B}\boldsymbol{u}(t)\tag{3.39}$$

$$\boldsymbol{y}(t)=\boldsymbol{C}\boldsymbol{x}(t)\tag{3.40}$$

式中，$\boldsymbol{x}(t)\in\mathbf{R}^{n\times1}$；$\boldsymbol{u}(t)\in\mathbf{R}^{r\times1}$；$\boldsymbol{y}(t)\in\mathbf{R}^{m\times1}$；$\boldsymbol{A}$、$\boldsymbol{B}$、$\boldsymbol{C}$ 为适当维数的常矩阵。

若矩阵

$$\boldsymbol{W}=[\boldsymbol{B}\quad \boldsymbol{A}\boldsymbol{B}\quad \cdots\quad \boldsymbol{A}^{n-1}\quad \boldsymbol{B}]\tag{3.41}$$

式中，若 rank $\boldsymbol{W}=n$，则式(3.38)所描述的系统是可控的，而 $(\boldsymbol{A},\boldsymbol{B})$ 称为可控对，矩阵 $\boldsymbol{W}$ 的维数为 $n\times(nr)$。

若将式(3.39)中控制矢量 $\boldsymbol{u}$ 中每个元素都看作对应于一个执行器的控制力，则 $r$ 个执行器中的任何一个对系统的控制作用可写成

$$\dot{\boldsymbol{x}}(t)=\boldsymbol{A}\boldsymbol{x}(t)+\boldsymbol{b}_1u_1(t)+\cdots+\boldsymbol{b}_iu_i(t)+\cdots+\boldsymbol{b}_ru_r(t)\tag{3.42}$$

式中，$u_i$ 为控制矢量 $\boldsymbol{u}(t)$ 的第 $i$ 个分量；$\boldsymbol{b}_i$ 为矩阵 $\boldsymbol{B}$ 的第 $i$ 列。

$$\boldsymbol{u}(t)=\begin{bmatrix}u_1(t)\\ \vdots\\ u_r(t)\end{bmatrix}\tag{3.43}$$

若系统仅受一个执行器控制（如第 1 个执行器），则状态方程为

$$\dot{\boldsymbol{x}}(t)=\boldsymbol{A}\boldsymbol{x}(t)+\boldsymbol{b}_1u_1(t)\tag{3.44}$$

根据对系统式(3.39)的可控性说明，对于系统式(3.44)，有

$$\boldsymbol{W}_i=[\boldsymbol{b}_i\quad \boldsymbol{A}\boldsymbol{b}_i\quad \cdots\quad \boldsymbol{A}^{n-1}\boldsymbol{b}_i]$$

$\boldsymbol{W}_i$ 对应的范围空间是状态空间的一部分，它对第 $i$ 个执行器是可控的。也就是说，第 $i$ 个执行器可以使 $\boldsymbol{W}_i$ 范围空间的任何状态驱动至原处，或从原处驱动至该空间的任何状态，即 $\boldsymbol{W}_i$ 的范围空间是 $\boldsymbol{b}_i$ 的可控空间。

矩阵 $\boldsymbol{W}_i$ 有若干重要特性，若 $\mathrm{rank}\,\boldsymbol{W}_i=k$，则 $\boldsymbol{W}_i$ 从左起的 $k$ 列开始是独立的，它形成了 $\boldsymbol{W}_i$ 范围空间的基础。$\boldsymbol{W}_i$ 的其他列与前 $k$ 列线性相关，即

$$\boldsymbol{A}^k\boldsymbol{b}_i=\sum_{j=i}^{k}\alpha_{bij}\boldsymbol{A}^{j-1}\boldsymbol{b}_i \tag{3.45}$$

式中，$\alpha_{bij}$ 为标量系数。

这表明，$\boldsymbol{A}^j\boldsymbol{b}_i$ 在 $j\geqslant k$ 时与开始的 $k$ 列 $[\boldsymbol{b}_i \quad \boldsymbol{A}\boldsymbol{b}_i \quad \cdots \quad \boldsymbol{A}^{k-1}\boldsymbol{b}_i]$ 线性相关。

$$\mathrm{rank}\,\boldsymbol{W}_i=\mathrm{rank}[\boldsymbol{b}_i \quad \boldsymbol{A}\boldsymbol{b}_i \quad \cdots \quad \boldsymbol{A}^{k-1}\boldsymbol{b}_i]=k \tag{3.46}$$

式(3.46)同时表明，$\boldsymbol{W}_i$ 范围空间相对 $\boldsymbol{A}$ 而言有一个不变的子空间，即可控子空间，记为 $R(\boldsymbol{W}_i)$，那么所有正交于 $\boldsymbol{W}_i$ 范围空间(即 $R(\boldsymbol{W}_i)$)的矢量也构成一个子空间，称为 $\boldsymbol{W}_i$ 的零空间，记为 $N(\boldsymbol{W}_i)$，这是 $\boldsymbol{b}_i$ 的不可控子空间，对于第 $i$ 个执行器的整个状态空间为

$$S_i=R(\boldsymbol{W}_i)\cup N(\boldsymbol{W}_i) \tag{3.47}$$

对于 $r$ 个控制输入，系统的整个状态空间为

$$\begin{aligned}S_i&=[R(\boldsymbol{W}_1)\cap R(\boldsymbol{W}_2)\cap\cdots\cap R(\boldsymbol{W}_r)]\cup[N(\boldsymbol{W}_1)\cap N(\boldsymbol{W}_2)\cap\cdots\cap N(\boldsymbol{W}_r)]\\&=R_r(\boldsymbol{W})\cup N_r(\boldsymbol{W})\end{aligned} \tag{3.48}$$

式中，$R_r(\boldsymbol{W})$ 为系统的可控空间；$N_r(\boldsymbol{W})$ 为系统的不可控空间。

式(3.44)的解为

$$\boldsymbol{x}(t)=\varphi(t,t_0)\boldsymbol{x}(t_0)+\int_{t_0}^{t}\varphi(t,\tau)\boldsymbol{b}_i u_i(\tau)\mathrm{d}\tau \tag{3.49}$$

式中

$$\varphi(t,t_0)=\mathrm{e}^{\boldsymbol{A}(t-t_0)}=\sum_{j=0}^{\infty}\frac{\boldsymbol{A}^j(t-t_0)^j}{j!}$$

所以，式(3.49)的右端积分可改写为

$$\int_{t_0}^{t}\varphi(t,\tau)\boldsymbol{b}_i u_i(\tau)\mathrm{d}\tau=\sum_{j=0}^{\infty}\boldsymbol{A}^j\boldsymbol{b}_i\int_{t_0}^{t}\frac{(t-t_0)^j}{j!}u_i(\tau)\mathrm{d}\tau \tag{3.50}$$

式中，$\int_{t_0}^{t}\frac{(t-t_0)^j}{j!}u_i(\tau)\mathrm{d}\tau$ 是时间 $t$ 的标量函数，取决于 $u_i$ 和 $j$，可记为 $\alpha(t,j)$。

因此

$$\int_{t_0}^{t}\varphi(t,\tau)\boldsymbol{b}_i u_i(\tau)\mathrm{d}\tau=\sum_{j=0}^{\infty}\boldsymbol{A}^j\boldsymbol{b}_i\alpha(t,j) \tag{3.51}$$

由式(3.45)、式(3.46)可知，$\boldsymbol{A}^j\boldsymbol{b}_i(j\geqslant k)$ 均可由 $[\boldsymbol{b}_i \quad \boldsymbol{A}\boldsymbol{b}_i \quad \cdots \quad \boldsymbol{A}^{k-1}\boldsymbol{b}_i]$ 线性表示，所以

$$\int_{t_0}^{t}\varphi(t,\tau)\boldsymbol{b}_i u_i(\tau)\mathrm{d}\tau=\sum_{j=0}^{\infty}\boldsymbol{A}^j\boldsymbol{b}_i\alpha(t,j)=\boldsymbol{W}_i\boldsymbol{g}(t) \tag{3.52}$$

式中，$\boldsymbol{g}(t)$是个 $n$ 维矢量，表达式为

$$\boldsymbol{g}(t)=[\alpha(t,0) \quad \alpha(t,1) \quad \cdots \quad \alpha(t,k-1)]^{\mathrm{T}} \tag{3.53}$$

考虑以上的关系，式(3.49)可变为

$$\boldsymbol{x}(t)=\varphi(t,t_0)\boldsymbol{x}(t_0)+\boldsymbol{W}_i\boldsymbol{g}(t) \tag{3.54}$$

设某个状态变量 $\boldsymbol{V}_{\mathrm{h}}(t)$的线性标量函数为

$$\boldsymbol{V}_{\mathrm{h}}(t)=\boldsymbol{h}^{\mathrm{T}}\boldsymbol{x}(t) \tag{3.55}$$

式中，$\boldsymbol{h}^{\mathrm{T}}$ 属于 $\boldsymbol{W}_i$ 的零空间(即 $\boldsymbol{b}_i$ 的不可控子空间)，则

$$\boldsymbol{V}_{\mathrm{h}}(t)=\boldsymbol{h}^{\mathrm{T}}\varphi(t,t_0)\boldsymbol{x}(t_0)+\boldsymbol{h}^{\mathrm{T}}\boldsymbol{W}_i\boldsymbol{g}(t) \tag{3.56}$$

由于 $\boldsymbol{W}_i^{\mathrm{T}}\boldsymbol{h}=0$ 或 $\boldsymbol{h}^{\mathrm{T}}\boldsymbol{W}_i=0$，因此有

$$\boldsymbol{V}_{\mathrm{h}}(t)=\boldsymbol{h}^{\mathrm{T}}\varphi(t,t_0)\boldsymbol{x}(t_0) \tag{3.57}$$

式(3.57)说明，控制输入 $u_i(t)$对状态变量 $\boldsymbol{V}_{\mathrm{h}}(t)$没有控制作用，亦即第 $i$ 个执行器对 $\boldsymbol{V}_{\mathrm{h}}(t)$是不可控的。

以上分析了 $\boldsymbol{b}_i$ 的可控子空间与不可控子空间，说明单个执行器作用的能力和局限性，了解这一点就可以确定某个执行器发生故障时对系统控制能力和系统性能的影响。

由式(3.25)可知，无论是输入型故障模型还是输出型故障模型，其状态误差方程是相同的，即

$$\dot{\boldsymbol{e}}(t)=(\boldsymbol{A}-\boldsymbol{DC})\boldsymbol{e}(t)+\boldsymbol{f}n(t) \tag{3.58}$$

式(3.58)也是一个状态方程式的形式，故障矢量 $\boldsymbol{f}$ 可以看作是类似被控对象状态方程的控制量 $\boldsymbol{b}_i$(与式(3.44)比较)，故障矢量 $\boldsymbol{f}$ 在状态误差 $\boldsymbol{e}(t)$空间有可控子空间(这个子空间能反映出故障效应)，状态误差空间的可控子空间由 $\boldsymbol{W}_f$ 范围空间确定，即

$$\boldsymbol{W}_f=[\boldsymbol{f} \quad (\boldsymbol{A}-\boldsymbol{DC})\boldsymbol{f} \quad \cdots \quad (\boldsymbol{A}-\boldsymbol{DC})^{n-1}\boldsymbol{f}] \tag{3.59}$$

要满足故障矢量 $\boldsymbol{f}$ 的可检测条件的第一条，即输入误差 $\boldsymbol{\varepsilon}(t)=\boldsymbol{Ce}(t)$在输出空间具有固定的方向，则其充要条件是

$$\operatorname{rank} \boldsymbol{C}[\boldsymbol{f} \quad (\boldsymbol{A}-\boldsymbol{DC})\boldsymbol{f} \quad \cdots \quad (\boldsymbol{A}-\boldsymbol{DC})^{n-1}\boldsymbol{f}]=1 \tag{3.60}$$

**证明** 式(3.58)的稳态解为

$$\boldsymbol{e}_{\mathrm{s}}(t)=\int_{t_0}^{t}\mathrm{e}^{(\boldsymbol{A}-\boldsymbol{DC})(t-\tau)}\boldsymbol{f}n(\tau)\mathrm{d}\tau \tag{3.61}$$

根据式(3.52)～(3.54)，可得

$$\boldsymbol{e}_{\mathrm{s}}(t)=\boldsymbol{W}_f\boldsymbol{g}(t) \tag{3.62}$$

式中，$\boldsymbol{W}_f=[\boldsymbol{f} \quad (\boldsymbol{A}-\boldsymbol{DC})\boldsymbol{f} \quad \cdots \quad (\boldsymbol{A}-\boldsymbol{DC})^{n-1}\boldsymbol{f}]$；$\boldsymbol{g}(t)$为 $n$ 维矢量，取决于 $n(t)$。同时，输出误差的稳态值可写为

$$\boldsymbol{Ce}_{\mathrm{s}}(t)=\boldsymbol{CW}_f\boldsymbol{g}(t) \tag{3.63}$$

若 $\operatorname{rank} \boldsymbol{CW}_f=1$，则 $\boldsymbol{CW}_f$ 的范围空间是一维的，因此对于任何 $\boldsymbol{g}(t)$，输出误

差稳态值 $\boldsymbol{C}\boldsymbol{e}_s(t)$ 具有固定方向，可根据式(3.60)确定 $\boldsymbol{D}$。

为进一步分析，研究以下定理。

**定理** 3.1

若(1)$(\boldsymbol{A},\boldsymbol{C})$ 是观测对。

(2)$\operatorname{rank}\boldsymbol{W}_f=k$。

(3)$\operatorname{rank}\boldsymbol{C}\boldsymbol{W}_f=1$。

则在 $\boldsymbol{f}$ 的可控空间 $\boldsymbol{W}_f$ 中存在一个 $n$ 维矢量 $\boldsymbol{g}$，满足

$$\begin{bmatrix} \boldsymbol{C} \\ \boldsymbol{C}\boldsymbol{A} \\ \vdots \\ \boldsymbol{C}\boldsymbol{A}^{k-2} \end{bmatrix} \boldsymbol{g}=\boldsymbol{0} \tag{3.64}$$

$$\boldsymbol{C}\boldsymbol{A}^{k-1}\boldsymbol{g}\neq\boldsymbol{0} \tag{3.65}$$

**证明**

$$\boldsymbol{C}(\boldsymbol{A}-\boldsymbol{D}\boldsymbol{C})=\boldsymbol{C}\boldsymbol{A}-\boldsymbol{C}\boldsymbol{D}\boldsymbol{C}$$

$$\boldsymbol{C}(\boldsymbol{A}-\boldsymbol{D}\boldsymbol{C})^2=\boldsymbol{C}\boldsymbol{A}(\boldsymbol{A}-\boldsymbol{D}\boldsymbol{C})-\boldsymbol{C}\boldsymbol{D}\boldsymbol{C}(\boldsymbol{A}-\boldsymbol{D}\boldsymbol{C})$$

$$\vdots$$

$$\boldsymbol{C}(\boldsymbol{A}-\boldsymbol{D}\boldsymbol{C})^j=\boldsymbol{C}\boldsymbol{A}^j-\boldsymbol{C}\boldsymbol{A}^{j-1}\boldsymbol{D}\boldsymbol{C}-\boldsymbol{C}\boldsymbol{A}^{j-2}\boldsymbol{D}\boldsymbol{C}(\boldsymbol{A}-\boldsymbol{D}\boldsymbol{C})-\cdots-\boldsymbol{C}\boldsymbol{D}\boldsymbol{C}(\boldsymbol{A}-\boldsymbol{D}\boldsymbol{C})^{j-1}$$

上述方程组可用矩阵表示为

$$\begin{bmatrix} \boldsymbol{C} \\ \boldsymbol{C}(\boldsymbol{A}-\boldsymbol{D}\boldsymbol{C}) \\ \vdots \\ \boldsymbol{C}(\boldsymbol{A}-\boldsymbol{D}\boldsymbol{C})^j \end{bmatrix}=\begin{bmatrix} \boldsymbol{C} \\ \boldsymbol{C}\boldsymbol{A} \\ \vdots \\ \boldsymbol{C}\boldsymbol{A}^j \end{bmatrix}-\hat{\boldsymbol{T}}_j\begin{bmatrix} \boldsymbol{C} \\ \boldsymbol{C}(\boldsymbol{A}-\boldsymbol{D}\boldsymbol{C}) \\ \vdots \\ \boldsymbol{C}(\boldsymbol{A}-\boldsymbol{D}\boldsymbol{C})^j \end{bmatrix} \tag{3.66}$$

式中

$$\hat{\boldsymbol{T}}_j=\begin{bmatrix} 0 & \cdots & 0 \\ \boldsymbol{C}\boldsymbol{D} & \cdots & 0 \\ \vdots & & \vdots \\ \boldsymbol{C}\boldsymbol{A}^{j-1}\boldsymbol{D} & \cdots & 0 \end{bmatrix}_{m(j+1)\times m(j+1)} \tag{3.67}$$

由式(3.66)可得

$$[\boldsymbol{I}+\hat{\boldsymbol{T}}_j]\begin{bmatrix} \boldsymbol{C} \\ \boldsymbol{C}(\boldsymbol{A}-\boldsymbol{D}\boldsymbol{C}) \\ \vdots \\ \boldsymbol{C}(\boldsymbol{A}-\boldsymbol{D}\boldsymbol{C})^j \end{bmatrix}=\begin{bmatrix} \boldsymbol{C} \\ \boldsymbol{C}\boldsymbol{A} \\ \vdots \\ \boldsymbol{C}\boldsymbol{A}_j \end{bmatrix} \tag{3.68}$$

由式(3.67)$\hat{\boldsymbol{T}}_j$ 的结构可以看出，$[\boldsymbol{I}+\hat{\boldsymbol{T}}_j]$ 是非奇异矩阵。取 $j=k-2$，当且仅当

$$\begin{bmatrix} \boldsymbol{C} \\ \boldsymbol{C}(\boldsymbol{A}-\boldsymbol{DC}) \\ \vdots \\ \boldsymbol{C}(\boldsymbol{A}-\boldsymbol{DC})^{k-2} \end{bmatrix} \boldsymbol{g}=\boldsymbol{0} \tag{3.69}$$

才能由式(3.68)得出,式(3.64)得到满足。

由第二个假设条件 rank $\boldsymbol{W}_f=k$ 可知,矩阵

$$\boldsymbol{W}_f=[\boldsymbol{f} \quad (\boldsymbol{A}-\boldsymbol{DC})\boldsymbol{f} \quad \cdots \quad (\boldsymbol{A}-\boldsymbol{DC})^{k-1}\boldsymbol{f}] \tag{3.70}$$

的范围空间与 $\boldsymbol{f}$ 的可控空间一致。$\boldsymbol{W}_f$ 的维数是 $n\times k$。在此空间的任意矢量可表示为

$$\boldsymbol{g}=\boldsymbol{W}_f\boldsymbol{\beta} \tag{3.71}$$

式中,$\boldsymbol{\beta}$ 为 $k$ 维矢量。将式(3.71)代入式(3.69),得

$$\begin{bmatrix} \boldsymbol{C} \\ \boldsymbol{C}(\boldsymbol{A}-\boldsymbol{DC}) \\ \vdots \\ \boldsymbol{C}(\boldsymbol{A}-\boldsymbol{DC})^{k-2} \end{bmatrix} \boldsymbol{W}_f\boldsymbol{\beta}=\begin{bmatrix} \boldsymbol{CW}_f \\ \boldsymbol{C}(\boldsymbol{A}-\boldsymbol{DC})\boldsymbol{W}_f \\ \vdots \\ \boldsymbol{C}(\boldsymbol{A}-\boldsymbol{DC})^{k-2}\boldsymbol{W}_f \end{bmatrix}\boldsymbol{\beta}=\boldsymbol{0} \tag{3.72}$$

因为 $\boldsymbol{\beta}$ 为 $k$ 维矢量,当且仅当

$$\text{rank}\begin{bmatrix} \boldsymbol{CW}_f \\ \boldsymbol{C}(\boldsymbol{A}-\boldsymbol{DC})\boldsymbol{W}_f \\ \vdots \\ \boldsymbol{C}(\boldsymbol{A}-\boldsymbol{DC})^{k-2}\boldsymbol{W}_f \end{bmatrix} \leqslant k-1$$

$\boldsymbol{\beta}$ 有非零解,而

$$\text{rank}\begin{bmatrix} \boldsymbol{CW}_f \\ \boldsymbol{C}(\boldsymbol{A}-\boldsymbol{DC})\boldsymbol{W}_f \\ \vdots \\ \boldsymbol{C}(\boldsymbol{A}-\boldsymbol{DC})^{k-2}\boldsymbol{W}_f \end{bmatrix} \leqslant \sum_{j=1}^{k-1}\text{rank}\,[\boldsymbol{C}(\boldsymbol{A}-\boldsymbol{DC})^{j-1}\boldsymbol{W}_f] \tag{3.73}$$

因为 $\boldsymbol{f}$ 的可控空间 $\boldsymbol{W}_f$ 是一个不变子空间,所以有

$$(\boldsymbol{A}-\boldsymbol{DC})\boldsymbol{W}_f=\boldsymbol{W}_f\boldsymbol{P} \tag{3.74}$$

式中,$\boldsymbol{P}$ 为 $k\times k$ 维矩阵。于是,对于任意 $j\geqslant 0$,有

$$(\boldsymbol{A}-\boldsymbol{DC})^j\boldsymbol{W}_f=\boldsymbol{W}_f\boldsymbol{P}^j \tag{3.75}$$

根据第三个假设条件 rank $\boldsymbol{CW}_f=1$,则有

$$\text{rank}\,\boldsymbol{C}(\boldsymbol{A}-\boldsymbol{DC})^j\boldsymbol{W}_f=\text{rank}\,\boldsymbol{CW}_f\boldsymbol{P}^j\leqslant\text{rank}\,\boldsymbol{CW}_f=1 \tag{3.76}$$

将式(3.76)代入式(3.73),得

$$\operatorname{rank}\begin{bmatrix} \boldsymbol{CW}_f \\ \boldsymbol{C}(\boldsymbol{A}-\boldsymbol{DC})\boldsymbol{W}_f \\ \vdots \\ \boldsymbol{C}(\boldsymbol{A}-\boldsymbol{DC})^{k-2}\boldsymbol{W}_f \end{bmatrix} \leqslant \sum_{j=1}^{k-1}(1)=k-1 \tag{3.77}$$

从而证明,式(3.72)对 $\boldsymbol{\beta}$ 有非零解,于是式(3.71)的 $\boldsymbol{g}$ 也有非零解,并满足式(3.69)和式(3.64),即式(3.64)成立。

下面证明式(3.65)成立,采用反证法。设

$$\boldsymbol{CA}^{k-1}\boldsymbol{g}=\boldsymbol{0} \tag{3.78}$$

由式(3.64)和式(3.68)可得

$$\begin{bmatrix} \boldsymbol{C} \\ \boldsymbol{C}(\boldsymbol{A}-\boldsymbol{DC}) \\ \vdots \\ \boldsymbol{C}(\boldsymbol{A}-\boldsymbol{DC})^{k-1} \end{bmatrix}\boldsymbol{g}=\boldsymbol{0} \tag{3.79}$$

或等效为

$$\boldsymbol{C}[\boldsymbol{g} \quad (\boldsymbol{A}-\boldsymbol{DC})\boldsymbol{g} \quad \cdots \quad (\boldsymbol{A}-\boldsymbol{DC})^{k-1}\boldsymbol{g}]=\boldsymbol{0} \tag{3.80}$$

因为 $\boldsymbol{g}$ 是 $\boldsymbol{f}$ 的可控空间,$\boldsymbol{f}$ 是 $k$ 维的不变子空间,所以由 $\boldsymbol{g}$ 构成的范围空间具有的维数不会超过 $k$,这表明式(3.80)的维数可以扩展到 $n$,即

$$\boldsymbol{C}[\boldsymbol{g} \quad (\boldsymbol{A}-\boldsymbol{DC})\boldsymbol{g} \quad \cdots \quad (\boldsymbol{A}-\boldsymbol{DC})^{n-1}\boldsymbol{g}]=\boldsymbol{0} \tag{3.81}$$

$$\begin{bmatrix} \boldsymbol{C} \\ \boldsymbol{C}(\boldsymbol{A}-\boldsymbol{DC}) \\ \vdots \\ \boldsymbol{C}(\boldsymbol{A}-\boldsymbol{DC})^{n-1} \end{bmatrix}\boldsymbol{g}=\boldsymbol{0} \tag{3.82}$$

由式(3.68),得

$$\begin{bmatrix} \boldsymbol{C} \\ \boldsymbol{CA} \\ \vdots \\ \boldsymbol{CA}^{n-1} \end{bmatrix}\boldsymbol{g}=\boldsymbol{0} \tag{3.83}$$

由于 $\boldsymbol{g}$ 是非零矢量,因此有

$$\operatorname{rank}\begin{bmatrix} \boldsymbol{C} \\ \boldsymbol{CA} \\ \vdots \\ \boldsymbol{CA}^{n-1} \end{bmatrix} \leqslant n-1$$

这与第一个假设条件($\boldsymbol{A}$,$\boldsymbol{C}$)是观测对相矛盾,说明式(3.86)的假设不成立,而式(3.65)得到满足。证毕。

由式(3.65)保证了 $\boldsymbol{g}$ 的可控空间相对 $\boldsymbol{A}-\boldsymbol{DC}$ 来说的维数为 $k$,并且与 $k$ 的

可控空间一致，由式(3.64)和式(3.68)，可得

$$[\boldsymbol{g}\quad(\boldsymbol{A}-\boldsymbol{DC})\boldsymbol{g}\quad\cdots\quad(\boldsymbol{A}-\boldsymbol{DC})^{k-1}\boldsymbol{g}]=[\boldsymbol{g}\quad\boldsymbol{Ag}\quad\cdots\quad\boldsymbol{A}^{k-1}\boldsymbol{g}]\tag{3.84}$$

所以矢量组$[\boldsymbol{g}\quad\boldsymbol{Ag}\quad\cdots\quad\boldsymbol{A}^{k-1}\boldsymbol{g}]$构成 $\boldsymbol{f}$ 可控空间的基。

由于矢量组 $\boldsymbol{f}$ 在 $\boldsymbol{W}_f$ 空间，它可表示成

$$\boldsymbol{f}=\alpha_1\boldsymbol{g}+\alpha_2\boldsymbol{Ag}+\cdots+\alpha_k\boldsymbol{A}^{k-1}\boldsymbol{g}\tag{3.85}$$

式中，$\{\alpha_1,\alpha_2,\cdots,\alpha_k\}$是一组标量系数。将式(3.85)两边乘 $\boldsymbol{C}$，并利用式(3.64)的关系，可得

$$\boldsymbol{Cf}=\alpha_1\boldsymbol{Cg}+\alpha_2\boldsymbol{CAg}+\cdots+\alpha_k\boldsymbol{CA}^{k-1}\boldsymbol{g}=\alpha_k\boldsymbol{CA}^{k-1}\boldsymbol{g}\tag{3.86}$$

若 $\boldsymbol{Cf}\neq 0$，则 $\alpha_k\neq 0$，由于 $\boldsymbol{g}$ 的大小没有限制，因此可自由选择 $\alpha_k=1$，则有

$$\boldsymbol{f}=\alpha_1\boldsymbol{g}+\alpha_2\boldsymbol{Ag}+\cdots+\boldsymbol{A}^{k-1}\boldsymbol{g}\tag{3.87}$$

$$\boldsymbol{Cf}=\boldsymbol{CA}^{k-1}\boldsymbol{g}\tag{3.88}$$

当 $n$ 维矢量 $\boldsymbol{g}$ 满足式(3.64)、式(3.65)和式(3.87)时，则称 $\boldsymbol{g}$ 为 $\boldsymbol{f}$ 的 $k$ 阶检测生成元。通过 $\boldsymbol{f}$ 的检测生成元就可以求出 $\boldsymbol{f}$ 的检测器增益矩阵 $\boldsymbol{D}$。从式(3.70)可以看出，$\boldsymbol{W}_{fr}$ 取决于 $\boldsymbol{D}$，而式(3.71)表明了检测生成元 $\boldsymbol{g}$ 与 $\boldsymbol{W}_{fr}$ 的关系。也就是说，只要$(\boldsymbol{A},\boldsymbol{C})$是观测对，则对应检测生成元总是存在着相应的检测器增益矩阵。

下面分析如何求解检测器的增益矩阵 $\boldsymbol{D}$。

设与 $\boldsymbol{f}$ 的可控空间相联系的 $\boldsymbol{A}-\boldsymbol{DC}$ 的 $k$ 个特征值为 $\lambda_1,\cdots,\lambda_k$，它们是以下方程的根。

$$S^k+p_kS^{k-1}+\cdots+p_2S+p_1=0\tag{3.89}$$

式中，$p_k$ 为标量系数；$S$ 为复数。

对于故障矢量 $\boldsymbol{f}$，通过选择 $\boldsymbol{D}$，使 $\boldsymbol{f}$ 所产生的输出误差稳定值保持固定方向，同时使 $\lambda_1,\cdots,\lambda_k$ 满足式(3.89)。根据式(3.89)的假设，可得

$$(\boldsymbol{A}-\boldsymbol{DC})^k\boldsymbol{f}=-p_1\boldsymbol{f}-p_2(\boldsymbol{A}-\boldsymbol{DC})\boldsymbol{f}-\cdots-p_k(\boldsymbol{A}-\boldsymbol{DC})^{k-1}\boldsymbol{f}\tag{3.90}$$

由于 $\boldsymbol{g}$ 是 $\boldsymbol{f}$ 的可控子空间的生成元，因此由式(3.90)可使得

$$(\boldsymbol{A}-\boldsymbol{DC})^k\boldsymbol{g}=-p_1\boldsymbol{g}-p_2(\boldsymbol{A}-\boldsymbol{DC})\boldsymbol{g}-\cdots-p_k(\boldsymbol{A}-\boldsymbol{DC})^{k-1}\boldsymbol{g}\tag{3.91}$$

利用式(3.68)，可得

$$(\boldsymbol{A}-\boldsymbol{DC})^{k-1}\boldsymbol{g}=\boldsymbol{A}^k\boldsymbol{g}-\boldsymbol{DCA}^{k-1}\boldsymbol{g}=-p_1\boldsymbol{g}-\cdots-p_k\boldsymbol{A}^{k-1}\boldsymbol{g}\tag{3.92}$$

则

$$\boldsymbol{DCA}^{k-1}\boldsymbol{g}=p_1\boldsymbol{g}+p_2\boldsymbol{Ag}+\cdots+p_k\boldsymbol{A}^{k-1}\boldsymbol{g}+\boldsymbol{A}^k\boldsymbol{g}\tag{3.93}$$

因此

$$\begin{aligned}&\operatorname{rank}\boldsymbol{C}[\boldsymbol{g}\quad(\boldsymbol{A}-\boldsymbol{DC})\boldsymbol{g}\quad\cdots\quad(\boldsymbol{A}-\boldsymbol{DC})^{k-1}\boldsymbol{g}]\\&=\operatorname{rank}\boldsymbol{C}[\boldsymbol{g}\quad\boldsymbol{Ag}\quad\cdots\quad\boldsymbol{A}^{k-1}\boldsymbol{g}]\\&=\operatorname{rank}\boldsymbol{C}[0\quad\cdots\quad 0\quad\boldsymbol{CA}^{k-1}\boldsymbol{g}]=1\end{aligned}$$

所以从式(3.93)可得出满足要求的增益矩阵 $\boldsymbol{D}$。

## 3.5 带干扰系统的故障诊断

### 3.5.1 残差生成与残差响应

考虑系统：

$$\dot{\boldsymbol{x}}(t)=\boldsymbol{A}\boldsymbol{x}(t)+\boldsymbol{B}\boldsymbol{u}(t)+\boldsymbol{R}_1\boldsymbol{f}(t)+\boldsymbol{E}\boldsymbol{d}(t) \tag{3.94a}$$

$$\boldsymbol{y}(t)=\boldsymbol{C}\boldsymbol{x}(t)+\boldsymbol{D}\boldsymbol{u}(t)+\boldsymbol{R}_2\boldsymbol{f}(t) \tag{3.94b}$$

式中，$\boldsymbol{x}(t)\in\mathbf{R}^n$ 是状态矢量；$\boldsymbol{y}(t)\in\mathbf{R}^m$ 是输出矢量；$\boldsymbol{u}(t)\in\mathbf{R}^r$ 是已知输入矢量；$\boldsymbol{d}(t)\in\mathbf{R}^q$ 是未知输入（或干扰）矢量；$\boldsymbol{f}(t)$ 是故障矢量，它是未知的时间函数；$\boldsymbol{A}$、$\boldsymbol{B}$、$\boldsymbol{C}$、$\boldsymbol{D}$、$\boldsymbol{E}$ 是已知的适维矩阵；$\boldsymbol{R}_1$、$\boldsymbol{R}_2$ 是故障分布矩阵。

图 3.8 所示的基于全阶观测器的残差生成器可描述为

$$\dot{\hat{\boldsymbol{x}}}(t)=(\boldsymbol{A}-\boldsymbol{K}\boldsymbol{C})\hat{\boldsymbol{x}}(t)+(\boldsymbol{B}-\boldsymbol{K}\boldsymbol{D})\boldsymbol{u}(t)+\boldsymbol{K}\boldsymbol{y}(t) \tag{3.95a}$$

$$\hat{\boldsymbol{y}}(t)=\boldsymbol{C}\hat{\boldsymbol{x}}(t)+\boldsymbol{D}\boldsymbol{u}(t) \tag{3.95b}$$

$$\boldsymbol{r}(t)=\boldsymbol{Q}[\boldsymbol{y}(t)-\hat{\boldsymbol{y}}(t)] \tag{3.95c}$$

式中，$\boldsymbol{r}(t)\in\mathbf{R}^p$ 是残差矢量；$\hat{\boldsymbol{x}}(t)$、$\hat{\boldsymbol{y}}(t)$ 是状态与输出估计；$\boldsymbol{Q}\in\mathbf{R}^{p\times m}$ 是残差加权因子。

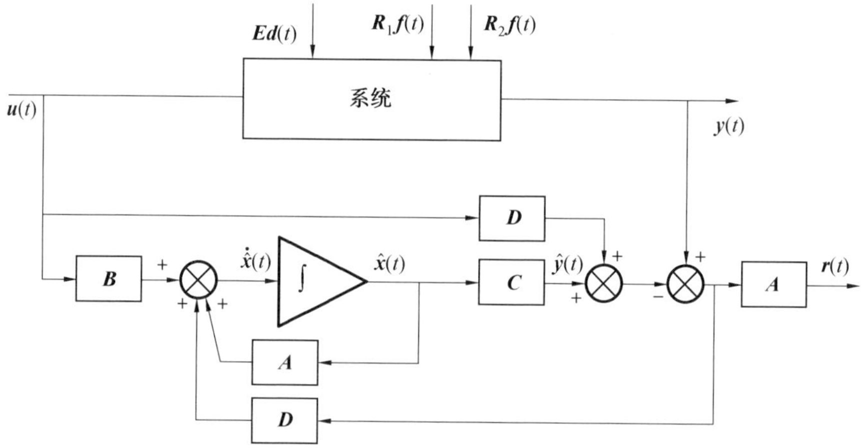


图 3.8 基于全阶观测器的残差生成器

残差是输出估计误差的线性变换，因此残差维数 $p$ 不会比输出维数 $m$ 大，这是因为线性相关的多余残差分量不能为故障分析提供附加的有用信息。

将式(3.95)描述的残差生成器应用于系统(3.94)时，其状态估计误差$\boldsymbol{e}(t)=\boldsymbol{x}(t)-\hat{\boldsymbol{x}}(t)$与残差可表示为

$$\dot{\boldsymbol{e}}(t)=(\boldsymbol{A}-\boldsymbol{KC})\boldsymbol{e}(t)+\boldsymbol{Ed}(t)+\boldsymbol{R}_1\boldsymbol{f}(t)+\boldsymbol{R}_2\boldsymbol{f}(t) \tag{3.96a}$$

$$\boldsymbol{r}(t)=\boldsymbol{He}(t)-\boldsymbol{QR}_2\boldsymbol{f}(t) \tag{3.96b}$$

式中，$\boldsymbol{H}=\boldsymbol{QC}$。对式(3.96b)进行拉普拉斯变换，有

$$\boldsymbol{r}(s)=\boldsymbol{QR}_2\boldsymbol{f}(s)+\boldsymbol{H}(s\boldsymbol{I}-\boldsymbol{A}+\boldsymbol{KC})^{-1}[\boldsymbol{R}_1-\boldsymbol{KR}_2\boldsymbol{f}(s)]+\boldsymbol{H}(s\boldsymbol{I}-\boldsymbol{A}+\boldsymbol{KC})^{-1}\boldsymbol{Ed}(s) \tag{3.97}$$

式(3.97)表明，即使系统中无故障出现，残差 $\boldsymbol{r}(t)$ 和状态估计误差也不为零。的确，分辨故障对系统的效应与干扰对系统作用的效应之间是一项困难的任务，干扰效应会使故障诊断性能退化，也是误报警的来源。因此，为了使误报率和漏报率最小，在设计残差生成器时，就要使残差本身与干扰解耦。

### 3.5.2　干扰解耦设计的一般原理

为了使残差 $\boldsymbol{r}(t)$ 与干扰无关，必须使传递函数中所有使残差与干扰有关的项设置为零，于是有

$$\boldsymbol{G}_{rd}(s)=\boldsymbol{QC}(s\boldsymbol{I}-\boldsymbol{A}+\boldsymbol{KC})^{-1}\boldsymbol{E}=0 \tag{3.98}$$

这就是多变量控制理论中著名的输出零化问题的特例。$\boldsymbol{E}$ 是已知的，余下的问题就是确定满足式(3.98)的 $\boldsymbol{K}$ 及 $\boldsymbol{Q}$。

**1. 基于不变子空间的干扰解耦设计**

(1)不变子空间定义。设 $\sigma$ 是线性空间 $V(F)$ 的线性变换，且 $U(F)$ 是 $V(F)$ 的子空间。若 $\sigma[U(F)]\subset V(F)$，则称 $U(F)$ 是 $V(F)$ 的关于 $\sigma$ 的不变子空间。

不变子空间实质上是一个子集。

(2)干扰解耦设计。定义 $\boldsymbol{A}_c=\boldsymbol{A}-\boldsymbol{KC}$，式(3.98)可变为

$$\begin{aligned}\boldsymbol{H}(s\boldsymbol{I}-\boldsymbol{A}_c)^{-1}\boldsymbol{E}&=\boldsymbol{H}[a_1(s)\boldsymbol{I}_n+a_2(s)\boldsymbol{A}_c+\cdots+a_n(s)\boldsymbol{A}_c^{n-1}]\boldsymbol{E}\\&=[a_1(s)\boldsymbol{I}_p\quad a_2(s)\boldsymbol{I}_p\quad\cdots\quad a_n(s)\boldsymbol{I}_p]\begin{bmatrix}\boldsymbol{H}\\\boldsymbol{HA}_c\\\vdots\\\boldsymbol{HA}_c^{n-1}\end{bmatrix}\boldsymbol{E}\\&=\boldsymbol{H}[\boldsymbol{E}\quad\boldsymbol{A}_c\boldsymbol{E}\quad\cdots\quad\boldsymbol{A}_c^{n-1}\boldsymbol{E}]\begin{bmatrix}a_1(s)\boldsymbol{I}_q\\a_2(s)\boldsymbol{I}_q\\\vdots\\a_n(s)\boldsymbol{I}_q\end{bmatrix}\end{aligned}$$

从上述关系可以看出，式(3.98)有解，需要满足下列条件之一。

①如果$\{\boldsymbol{H},\boldsymbol{A}_c\}$不变子空间位于 $\boldsymbol{E}$ 的左零空间内，则式(3.98)成立。

②如果$\{\boldsymbol{A}_c,\boldsymbol{H}\}$不变子空间位于 $\boldsymbol{H}$ 的右零空间内，则式(3.98)成立。

**2. 基于特征结构配置的干扰解耦设计**

在多变量系统中，除了特征值配置外，还存在着可用的自由度，并且它们可

用来配置特征矢量以获得所要求的系统性能。在残差生成的设计中，这种自由度可以用于实现干扰解耦特性。

**引理** 3.1　给定与矩阵 $\boldsymbol{A}_c$ 的特征值 $\lambda_i$ 相对应的左特征矢量 $\boldsymbol{l}_i^{\mathrm{T}}$，它总是正交于 $\boldsymbol{A}_c$ 余下的 $n-1$ 个特征值 $\lambda_j(\lambda_i \neq \lambda_j)$ 所对应的右特征矢量 $\boldsymbol{V}_j$。

**证明**

由于 $\boldsymbol{l}_i^{\mathrm{T}}$ 是 $\boldsymbol{A}_c$ 的左特征矢量，因此有

$$\boldsymbol{l}_i^{\mathrm{T}}\boldsymbol{A}_c = \lambda_i \boldsymbol{l}_i^{\mathrm{T}}, \quad i=1,2,\cdots,n$$

对上述方程两边右乘矢量 $\boldsymbol{V}_j(j \neq i)$，有

$$\boldsymbol{l}_i^{\mathrm{T}}\boldsymbol{A}_c\boldsymbol{V}_j = \lambda_i \boldsymbol{l}_i^{\mathrm{T}}\boldsymbol{V}_j, \quad i=1,2,\cdots,n;\ j \neq i$$

又因为 $\boldsymbol{V}_j$ 是 $\boldsymbol{A}_c$ 的右特征矢量，所以有

$$\boldsymbol{A}_c\boldsymbol{V}_j = \lambda_i \boldsymbol{V}_j, \quad i=1,2,\cdots,n;\ j \neq i$$

因此，有

$$\lambda_j \boldsymbol{l}_i^{\mathrm{T}}\boldsymbol{V}_j = \lambda_i \boldsymbol{l}_i^{\mathrm{T}}\boldsymbol{V}_j, \quad i=1,2,\cdots,n;\ j \neq i$$

因为 $\lambda_i \neq \lambda_j$，所以 $\boldsymbol{l}_i^{\mathrm{T}}\boldsymbol{V}_j = 0(j \neq i)$。即互异特征值所对应的左右特征矢量是正交关系。证毕。

**引理** 3.2　基于特征结构，任何传递函数矩阵可展开为

$$(s\boldsymbol{I}-\boldsymbol{A}_c)^{-1} = \frac{\boldsymbol{v}_1\boldsymbol{l}_1^{\mathrm{T}}}{s-\lambda_1} + \frac{\boldsymbol{v}_2\boldsymbol{l}_2^{\mathrm{T}}}{s-\lambda_2} + \cdots + \frac{\boldsymbol{v}_n\boldsymbol{l}_n^{\mathrm{T}}}{s-\lambda_n} \tag{3.99}$$

**证明**

定义左特征矢量矩阵 $\boldsymbol{L}$ 和右特征矢量矩阵 $\boldsymbol{V}$ 分别为

$$\boldsymbol{L} = \begin{bmatrix} \boldsymbol{l}_1^{\mathrm{T}} \\ \boldsymbol{l}_2^{\mathrm{T}} \\ \vdots \\ \boldsymbol{l}_n^{\mathrm{T}} \end{bmatrix}, \quad \boldsymbol{V} = [\boldsymbol{v}_1 \quad \boldsymbol{v}_2 \quad \cdots \quad \boldsymbol{v}_n]$$

按照引理 3.1，可得

$$\boldsymbol{LV} = \begin{bmatrix} \boldsymbol{l}_1^{\mathrm{T}}\boldsymbol{v}_1 & 0 & \cdots & 0 \\ 0 & \boldsymbol{l}_2^{\mathrm{T}}\boldsymbol{v}_2 & \cdots & 0 \\ \vdots & \vdots & & \vdots \\ 0 & 0 & \cdots & \boldsymbol{l}_n^{\mathrm{T}}\boldsymbol{v}_n \end{bmatrix}$$

如果矢量 $\boldsymbol{l}_i$ 和 $\boldsymbol{v}_i(i=1,2,\cdots,n)$ 按照适当的比例正规化，上述方程可变为 $\boldsymbol{LV}=\boldsymbol{I}_n$，也就是 $\boldsymbol{L}=\boldsymbol{V}^{-1}$。

于是 $\boldsymbol{A}_c = \boldsymbol{V\Lambda V}^{-1}$，其中 $\boldsymbol{\Lambda} = \mathrm{diag}[\lambda_1 \quad \lambda_2 \quad \cdots \quad \lambda_n]$。

可以得到

$$\mathrm{e}^{\boldsymbol{A}_c t} = \boldsymbol{V}\mathrm{e}^{\boldsymbol{\Lambda}t}\boldsymbol{V}^{-1} = \sum_{i=1}^{n} \mathrm{e}^{\lambda_i t}\boldsymbol{v}_i\boldsymbol{l}_i^{\mathrm{T}}$$

$$(s\boldsymbol{I}-\boldsymbol{A}_c)^{-1}=\mathscr{L}\{\mathrm{e}^{\boldsymbol{A}_c t}\}=\mathscr{L}\left\{\sum_{i=1}^{n}\mathrm{e}^{\lambda_i t}\boldsymbol{v}_i\boldsymbol{l}_i^{\mathrm{T}}\right\}$$

$$=\sum_{i=1}^{n}\frac{\boldsymbol{v}_i\boldsymbol{l}_i^{\mathrm{T}}}{s-\lambda_i}$$

证毕。

由引理 3.2 得，方程式(3.98)可以重新写为

$$\boldsymbol{G}_{rd}(s)=\sum_{i=1}^{n}\frac{\boldsymbol{H}\boldsymbol{v}_i\boldsymbol{l}_i^{\mathrm{T}}\boldsymbol{E}}{s-\lambda_i} \tag{3.100}$$

因此，干扰解耦的可能是，当且仅当

$$\boldsymbol{H}\boldsymbol{v}_i\boldsymbol{l}_i^{\mathrm{T}}\boldsymbol{E}=0,\quad i=1,2,\cdots,n \tag{3.101}$$

这表明

$$\sum_{i=1}^{n}(\boldsymbol{H}\boldsymbol{v}_i\boldsymbol{l}_i^{\mathrm{T}}\boldsymbol{E})=\boldsymbol{H}\left(\sum_{i=1}^{n}\boldsymbol{v}_i\boldsymbol{l}_i^{\mathrm{T}}\right)\boldsymbol{E}=\boldsymbol{HVLE}=\boldsymbol{HE}=\boldsymbol{QCE}=0 \tag{3.102}$$

**定理** 3.2　干扰解耦设计的必要条件为

$$\boldsymbol{QCE}=\boldsymbol{HE}=0 \tag{3.103}$$

## 3.6　奇偶矢量法

在故障诊断的早期，奇偶矢量法被应用于静态或并行冗余方案中，奇偶关系方法的基本思想就是对被监控系统测量值进行适当的一致性检验。

首先考虑用 $m$ 个传感器进行 $n$ 维矢量测量，测量方程为

$$\boldsymbol{y}(k)=\boldsymbol{C}\boldsymbol{x}(k)+\boldsymbol{f}(k)+\boldsymbol{\xi}(k)$$

式中，$\boldsymbol{y}(k)\in\mathbf{R}^m$ 是测量值矢量；$\boldsymbol{x}(k)\in\mathbf{R}^n$ 是状态矢量；$\boldsymbol{f}(k)$是传感器故障矢量；$\boldsymbol{\xi}(k)$是噪声；$\boldsymbol{C}$ 是 $m\times n$ 维测量矩阵。

如果有硬件冗余，那么就存在比最小数量传感器多的测量传感器。例如，对一个标量状态变量，有两个或两个以上的传感器测量，对一个三维状态矢量有四个或四个以上的传感器测量。也就是说，$\boldsymbol{y}(k)$维数大于 $\boldsymbol{x}(k)$的维数，即

$$m>n,\quad \operatorname{rank}\boldsymbol{C}=n$$

这样的系统构成，其测量值的数目大于被测变量的数目。因此，测量数据中的不一致性是首先可用作一种检测故障的办法，也可用于故障隔离。这种方法已成功地用于惯性导航系统的故障诊断方案中，其中陀螺仪的读数与/或加速表的读数之间的关系提供了一种形式的解析冗余。

针对故障诊断目的，将矢量 $\boldsymbol{y}(k)$引入一组线性独立的奇偶方程组中，以产生奇偶矢量(残差)，即

$$\boldsymbol{r}(k)=\boldsymbol{V}\boldsymbol{y}(k) \tag{3.104}$$

基于直接测量值冗余的残差生成方案如图3.9所示。

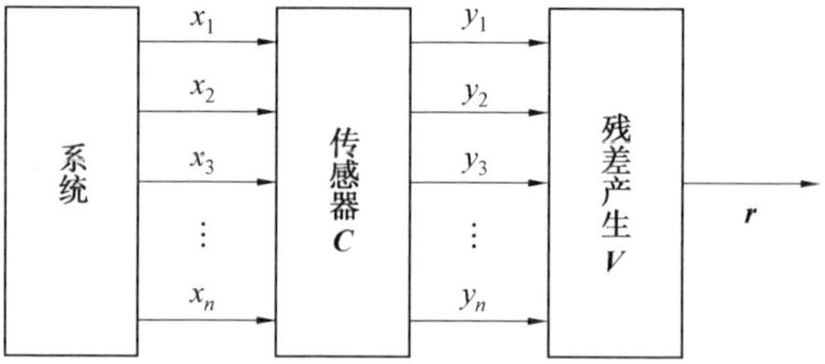


图3.9 基于直接测量值冗余的残差产生方案

为了使残差 $\boldsymbol{r}(k)$ 满足通常的要求(在无故障时为零),矩阵 $\boldsymbol{V}$ 必须满足

$$\boldsymbol{VC}=0 \tag{3.105}$$

如果上述条件成立,残差(奇偶矢量)中就仅存故障与噪声的信息了,即

$$\boldsymbol{r}(k)=\begin{bmatrix}\sum_{i=1}^{m}\boldsymbol{V}_{1i}[f_{1i}(k)+\xi_{1i}(k)]\\ \vdots \\ \sum_{i=1}^{m}\boldsymbol{V}_{Ni}[f_{Ni}(k)+\xi_{Ni}(k)]\end{bmatrix},\quad N=m-n \tag{3.106}$$

式中,$\boldsymbol{V}_{.i}$是 $\boldsymbol{V}$ 的第 $i$ 列;$\boldsymbol{f}_i(k)$是 $\boldsymbol{f}(k)$的第 $i$ 个元素,表示第 $i$ 个传感器故障。

式(3.106)揭示出奇偶矢量中仅包含与故障和噪声有关的信息,它与非测量状态变量 $\boldsymbol{x}(k)$是独立的。式(3.106)也表明奇偶空间(或残差空间)是由 $\boldsymbol{V}$ 的列而生成的,即 $\boldsymbol{V}$ 的各列形成了残差空间的基,而且它还有一个重要特点是在第 $i$ 个传感器上的故障使残差沿 $\boldsymbol{V}_{.i}$ 方向上变大。空间 span$\{\boldsymbol{V}\}$ 称为奇偶空间。span$\{\boldsymbol{V}\}$是由 $\boldsymbol{V}$ 的各列生成的空间。

“奇偶”这个词来自于计算机软件,在这里也有类似的含义。以奇偶观点来看,$\boldsymbol{V}$ 的列确定了 $m$ 个有区别的故障特征方向($\boldsymbol{V}_i$,$i=1,2,\cdots,m$)。在故障检测后,可以将奇偶矢量的方向与每个特征方向进行比较来隔离故障。

为了可靠地隔离故障,应该使每两个故障特征方向之间的广义夹角尽可能的大,使 $\boldsymbol{V}_i^{\mathrm{T}}\boldsymbol{V}_j$ 尽可能的小。因此,最优的故障隔离性能为

$$\begin{cases}\min(\boldsymbol{V}_i^{\mathrm{T}}\boldsymbol{V}_j), & i\neq j;i,j\in\{1,2,\cdots,m\}\\ \max(\boldsymbol{V}_i^{\mathrm{T}}\boldsymbol{V}_i), & i\in\{1,2,\cdots,m\}\end{cases}$$

通常,矩阵 $\boldsymbol{V}$ 的次优解可由下式获得:

$$\boldsymbol{VV}^{\mathrm{T}}=\boldsymbol{I}_{m-1} \tag{3.107}$$

由式(3.105)、式(3.107)得

$$\boldsymbol{V}\boldsymbol{V}^{\mathrm{T}}=\boldsymbol{I}_{m-1}-\boldsymbol{C}(\boldsymbol{C}^{\mathrm{T}}\boldsymbol{C})^{-1}\boldsymbol{C}^{\mathrm{T}} \tag{3.108}$$

于是，可以得出

$$\begin{cases}\boldsymbol{\theta}=\boldsymbol{I}-\boldsymbol{C}(\boldsymbol{C}^{\mathrm{T}}\boldsymbol{C})^{-1}\boldsymbol{C}^{\mathrm{T}} \\ V_{11}^2=\theta_{11} \\ V_{1j}=\theta_{1j}/V_{11} \\ V_{ij}=\theta, \quad i=2,3,\cdots,m-n;j=1,2,\cdots,i-1 \\ V_{ii}^2=\theta_{ii}-\sum\limits_{l=1}^{i-1}V_{li}^2, \quad i=2,3,\cdots,m-n \\ V_{ij}=\left(\theta_{ij}-\sum\limits_{l=1}^{i-1}V_{li}V_{lj}\right)/V_{ii}, \quad i=2,3,\cdots,m-n;j=i+1,i+2,\cdots,m\end{cases}$$

对于 rank $\boldsymbol{C}=n<m$ 的情况，不存在直接冗余关系，可以利用时间性冗余（一个时间区域内的传感器输出来构成冗余关系）来产生奇偶矢量。

下面，从数学上具体描述这种冗余关系。考虑系统：

$$\begin{cases}\boldsymbol{x}(k+1)=\boldsymbol{A}\boldsymbol{x}(k)+\boldsymbol{B}\boldsymbol{u}(k)+\boldsymbol{R}_1\boldsymbol{f}(k) \\ \boldsymbol{y}(k)=\boldsymbol{C}\boldsymbol{x}(k)+\boldsymbol{D}\boldsymbol{u}(k)+\boldsymbol{R}_2\boldsymbol{f}(k)\end{cases} \tag{3.109}$$

式中，$\boldsymbol{x}(k)\in\mathbf{R}^n$ 是状态矢量；$\boldsymbol{y}(k)\in\mathbf{R}^m$ 是输出矢量；$\boldsymbol{u}(k)\in\mathbf{R}^r$ 是输入矢量；$\boldsymbol{f}(k)\in\mathbf{R}^g$ 是故障矢量；$\boldsymbol{A}$、$\boldsymbol{B}$、$\boldsymbol{C}$、$\boldsymbol{D}$、$\boldsymbol{R}_1$、$\boldsymbol{R}_2$ 是具有适当维数的实数矩阵。

将式(3.109)从时刻 $k-s$ 到时刻 $k$ 的方程合并在一起，生成如下冗余关系：

$$\begin{bmatrix}\boldsymbol{y}(k-s) \\ \boldsymbol{y}(k-s+1) \\ \vdots \\ \boldsymbol{y}(k)\end{bmatrix}-\boldsymbol{H}\begin{bmatrix}\boldsymbol{u}(k-s) \\ \boldsymbol{u}(k-s+1) \\ \vdots \\ \boldsymbol{u}(k)\end{bmatrix}=\boldsymbol{W}\boldsymbol{x}(k-s)+\boldsymbol{M}\begin{bmatrix}\boldsymbol{f}(k-s) \\ \boldsymbol{f}(k-s+1) \\ \vdots \\ \boldsymbol{f}(k)\end{bmatrix} \tag{3.110}$$

式中

$$\boldsymbol{H}=\begin{bmatrix}\boldsymbol{D} & 0 & \cdots & 0 \\ \boldsymbol{CB} & \boldsymbol{D} & \cdots & 0 \\ \vdots & \vdots & & \vdots \\ \boldsymbol{CA}^{s-1}\boldsymbol{B} & \boldsymbol{CA}^{s-2}\boldsymbol{B} & \cdots & \boldsymbol{D}\end{bmatrix}\in\mathbf{R}^{(s+1)m\times(s+1)r}$$

$$\boldsymbol{W}=\begin{bmatrix}\boldsymbol{C} \\ \boldsymbol{CA} \\ \vdots \\ \boldsymbol{CA}^s\end{bmatrix}\in\mathbf{R}^{(s+1)m\times n}$$

并且矩阵 $\boldsymbol{M}$ 的构成是将 $\boldsymbol{H}$ 中的 $\{\boldsymbol{D},\boldsymbol{B}\}$ 由 $\{\boldsymbol{R}_1,\boldsymbol{R}_2\}$ 对应替换而得的。

为了简化表示，方程式(3.110)可重写为

$$\boldsymbol{Y}(k)-\boldsymbol{H}\boldsymbol{U}(k)=\boldsymbol{W}\boldsymbol{x}(k-s)+\boldsymbol{M}\boldsymbol{F}(k) \tag{3.111}$$

定义

$$\boldsymbol{r}(k)=\boldsymbol{V}[\boldsymbol{Y}(k)-\boldsymbol{HU}(k)]=\boldsymbol{VWx}(k-s)+\boldsymbol{VMF}(k) \tag{3.112}$$

为了进行故障诊断，应使残差对系统的输入和状态不敏感，即可使

$$\boldsymbol{VM}=0$$

为了满足故障可检测性条件，矩阵 $\boldsymbol{V}$ 应满足

$$\boldsymbol{VM}\neq 0$$

## 3.7 本章小结

他们经常把这个研究方向作为研究生毕业论文研究题目。在控制工程领域中，基于数学模型的故障诊断方法，一直受到研究人员的热捧。本章所叙述的方法就是利用现代控制理论和卡尔曼滤波理论，在对象的数学模型基础上，进行公式推导（也可视为一种数学公式推导游戏，它很少有实用价值，尤其很少有工程应用价值）。

但本章所叙述的方法可以拓展学生的知识结构，培养学生严谨的思维，并可帮助学生主动地新温习以前所学的理论，甚至还可拓展一些新的理论。本章首先讨论了控制系统故障的数学表示，然后介绍了基于观测器的故障诊断原理和带干扰系统的故障诊断原理，最后给出了基于奇偶矢量的故障诊断方法。

第4章

# 基于统计理论的故障检测原理

统计检测可归结为“假设检验”问题。例如，有故障和无故障可作为两种假设，判断哪个假设为真，即是二元假设检验问题，判断多个假设中哪个为真，即是多元假设检验问题。例如，有 $m$ 个传感器，假设其中任意一个有故障，就构成 $m$ 元假设检验。

还有一种复合假设检验，其中表征假设的参数可以在一个范围内变化。例如，故障的幅度和故障发生的时间，都可以作为表征假设的参数。

本章最后在基于充分利用系统残差信息的前提下，给出一种故障诊断方案，该方案考虑控制系统故障的先验知识，并应用 M－ARY 理论，对故障检测与定位进行二级决策，是一种提高诊断问题的求解能力的方案。

## 4.1 二元假设检验

设对某事物（元部件、系统等）的状态有两种假设 $H_0$ 和 $H_1$，现要根据$(0,T)$时间内的观测量 $z(t)$判决 $H_0$ 为真或 $H_1$ 为真。当观测量为离散数据时，则根据$z(k)(k=1,2,\cdots,n)$来判决 $H_0$ 为真或 $H_1$ 为真。这里，观测数据（样本）的数目为 $n$，$n>1$ 称为多样本检验，$n=1$ 称为单样本检验。

在故障检测中，$H_0$ 表示无故障，$H_1$ 表示有故障。例如，$H_0$ 表示观测数据的平均值为零，$H_1$ 表示观测数据的平均值不为零。有 4 种可能性。

（1）$H_0$ 为真，判断 $H_1$ 为真，称为误检，其概率写成 $P_F$。

（2）$H_1$ 为真，判断 $H_0$ 为真，称为漏检，其概率写成 $P_M$。

(3)$H_0$ 为真,判断 $H_0$ 为真,称为无误检,其概率为 $1-P_F$。

(4)$H_1$ 为真,判断 $H_1$ 为真,称为正确检测,其概率为 $P_D=1-P_M$。

误检概率可定义为

$$P_F \overset{\text{def}}{=} P\quad(\text{判断 } H_1 \text{ 为真}/H_0 \text{ 为真}) \tag{4.1}$$

漏检概率可定义为

$$P_M \overset{\text{def}}{=} P\quad(\text{判断 } H_0 \text{ 为真}/H_1 \text{ 为真}) \tag{4.2}$$

设观测值 $z$ 构成的观测空间为 $Z$,将 $Z$ 划分为两个互不相交的子空间 $Z_0$ 和 $Z_1$(图 4.1),则

$$Z=Z_0+Z_1 \tag{4.3}$$

判决规则:当 $z\in Z_0$ 时,判断 $H_0$ 为真;当 $z\in Z_1$ 时,判断 $H_1$ 为真。

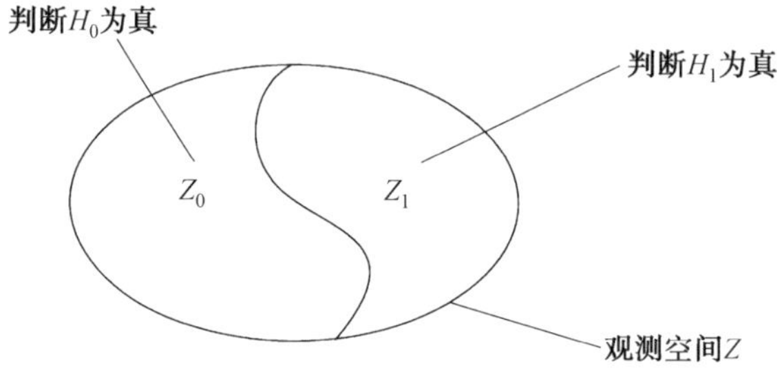


图 4.1　$Z_0$和 $Z_1$子空间的划分

设观测值 $z$ 在 $H_0$ 或 $H_1$ 为真时的条件概率密度为 $P(z/H_0)$和 $P(z/H_1)$,是已知的,于是结合上面的判决区域图可得

$$P_F=\int_{z_1} P(z/H_0)\mathrm{d}z \tag{4.4}$$

$$P_M=\int_{z_0} P(z/H_1)\mathrm{d}z=1-\int_{z_1} P(z/H_1)\mathrm{d}z=1-P_D \tag{4.5}$$

当 $z$ 为标量时,$P_F$ 和 $P_M$ 可用图 4.2 中的阴影来表示,图中 $z_T$ 是观测量的门限值。

二元假设检验的判决准则是,应能产生尽量大的检测概率 $P_D$ 和尽量小的误检概率 $P_F$,但这两者是有矛盾的。例如,从式(4.4)或式(4.5)可知,若取 $Z_1=Z$,则 $P_D=1$,即有故障时不会漏检,但同时有 $P_F=1$,即无故障时却误报为有故障。因此,判决准则的选取应取 $P_D$ 和 $P_F$ 都获得满意的值,达到适当的折中。在统计监测理论中,已发展了多种判决准则,下面介绍几种常用的准则。

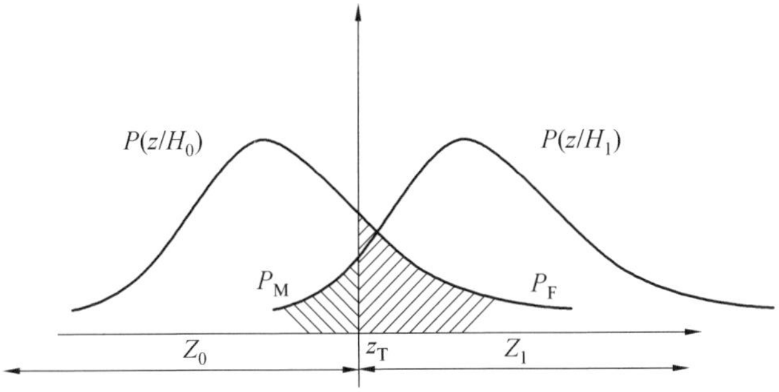


图 4.2　$P_F$ 和 $P_M$ 的表示

### 4.1.1　最小误差准则

设 $P(H_0)$、$P(H_1)$是 $H_0$、$H_1$ 分别为真时的先验概率，对于二元假设检验有

$$P(H_0)+P(H_1)=1 \tag{4.6}$$

误差 $P_e$ 包含两部分：出现 $H_0$ 时判断 $H_1$ 为真的错误和出现 $H_1$ 时判断 $H_0$ 为真的错误，即

$$P_e=P(H_0)P_F+P(H_1)P_M \tag{4.7}$$

将式(4.4)和式(4.5)代入式(4.7)，得

$$\begin{aligned} P_e &= P(H_0)\int_{z_1} P(z/H_0)\mathrm{d}z + P(H_1)\int_{z_0} P(z/H_1)\mathrm{d}z \\ &= P(H_1)+\int_{z_1}[P(H_0)P(z/H_0)-P(H_1)P(z/H_1)]\mathrm{d}z \end{aligned} \tag{4.8}$$

式中，右端的第二项与判决区的划分有关，划分判决区时，应使第二项积分号内的值在 $Z_1$ 区内为负(使 $P_e$ 减小)，而在 $Z_0$ 区内则应为正，于是判决准则为

$$P(H_0)P(z/H_0)-P(H_1)P(z/H_1)\underset{H_1}{\overset{H_0}{\gtrless}}0 \tag{4.9}$$

式(4.9)的意义是，当左端的值大于零时，判断 $H_0$ 为真；当左端的值小于零时，判断 $H_1$ 为真。式(4.9)也可写成

$$L(z)\overset{\text{def}}{=}\frac{P(z/H_1)}{P(z/H_0)}\underset{H_0}{\overset{H_1}{\gtrless}}\frac{P(H_0)}{P(H_1)}\overset{\text{def}}{=}T \tag{4.10}$$

式中，$L(z)$为判决函数，它是一个似然比，即两个条件概率密度之比。似然比是统计检测理论中一个十分重要的量，$T$ 称为似然比的门限，它的值随所用的判决

准则的不同而不同。式(4.10)即是最小错误概念判决准则。显然，观测量门限值 $z_T$ 满足

$$L(z_T)=\frac{P(H_0)}{P(H_1)} \tag{4.11}$$

### 4.1.2 贝叶斯准则(最小风险准则)

在实际问题中，不同类型的错误决策造成的后果是不同的。例如，漏检可能造成机毁人亡，而误检只是一场虚惊。因此，对不同类型的错误，应给予不同的代价因子。设

$C_{01}$——$H_1$ 为真，判为 $H_0$(漏检)的代价因子；

$C_{10}$——$H_0$ 为真，判为 $H_1$(误检)的代价因子；

$C_{00}$——$H_0$ 为真，判为 $H_0$(无误检)的代价因子；

$C_{11}$——$H_1$ 为真，判为 $H_1$(正确检测)的代价因子。

于是贝叶斯风险(代价函数)$R$ 为

$$R=C_{01}P(H_1)P_M+C_{10}P(H_0)P_F+C_{00}P(H_0)(1-P_F)+C_{11}P(H_1)(1-P_M) \tag{4.12}$$

一般情况下，$C_{00}=C_{11}=0$，即认为正确判断不产生风险，于是贝叶斯风险简化为

$$\begin{aligned}R&=C_{01}P(H_1)P_M+C_{10}P(H_0)P_F\\&=C_{10}P(H_0)\int_{Z_1}P(z/H_0)\mathrm{d}z+C_{01}P(H_1)\int_{Z_0}P(z/H_1)\mathrm{d}z\\&=C_{01}P(H_1)+\int_{Z_1}[C_{10}P(H_0)P(z/H_0)-C_{01}P(H_1)P(z/H_1)]\mathrm{d}z\end{aligned} \tag{4.13}$$

同理，为使风险 $R$ 最小，应使式(4.13)右端积分号内的值在 $Z_1$ 区内为负，于是得出下面的贝叶斯判决准则：

$$L(z)\overset{\text{def}}{=}\frac{P(z/H_1)}{P(z/H_0)}\underset{H_0}{\overset{H_1}{\gtrless}}\frac{P(H_0)C_{10}}{P(H_1)C_{01}}\overset{\text{def}}{=}T \tag{4.14}$$

### 4.1.3 最大后验概率准则

后验概率 $P(H_0/z)$ 和 $P(H_1/z)$ 分别是在给定观测量的条件下，$H_0$ 和 $H_1$ 为真的概率。最大后验概率比检测为

$$\frac{P(H_1/z)}{P(H_0/z)} \underset{H_0}{\overset{H_1}{\gtrless}} 1 \tag{4.15}$$

式(4.15)的物理意义很明确，但给定观测量后，$H_1$ 为真的条件概率大于 $H_0$ 为真的条件概率时，就判断 $H_1$ 为真。利用贝叶斯公式，得

$$P(H_1/z)P(z)=P(z/H_1)P(H_1) \tag{4.16a}$$

$$P(H_0/z)P(z)=P(z/H_0)P(H_0) \tag{4.16b}$$

式中，$P(z)$是全概率密度函数。

$$P(z)=P(z/H_1)P(H_1)+P(z/H_0)P(H_0) \tag{4.17}$$

将式(4.16)代入式(4.15)可得

$$\frac{P(H_1/z)}{P(H_0/z)}=\frac{P(z/H_1)P(H_1)}{P(z/H_0)P(H_0)} \underset{H_0}{\overset{H_1}{\gtrless}} 1$$

即

$$L(z)=\frac{P(z/H_1)}{P(z/H_0)} \underset{H_0}{\overset{H_1}{\gtrless}} \frac{P(H_0)}{P(H_1)} \tag{4.18}$$

于是，最大后验概率准则的判决公式与最小错误概率准则的判决公式是相同的。

## 4.2　多元假设检验

在很多情况下，系统可能有多种状态，要检测系统属于哪一种状态，就要用多元假设检验。

例如，系统中有 $M-1$ 个传感器，则可有 $M$ 个状态，即所有传感器无故障和 $M-1$ 个传感器中任意一个发生故障。假设：

$H_0$—— 传感器无故障；

$H_1$—— 第 1 个传感器有故障；

⋮

$H_{M-1}$——第 $M-1$ 个传感器有故障；

设 $H_0, H_1, \cdots, H_{M-1}$ 的先验概率分别为 $P(H_0), P(H_1), \cdots, P(H_{M-1})$，则有

$$\sum_{i=0}^{M-1} P(H_i) = 1 \tag{4.19}$$

现在的问题是要根据观测值 $z$ 的取值来判断哪个假设为真，$z$ 可以是单样本，也可以是多样本。将观测空间 $Z$ 合理地划分出 $M$ 个互不相交的区域(图4.3)，即

$$Z = Z_0 + Z_1 + \cdots + Z_{M-1} \tag{4.20}$$

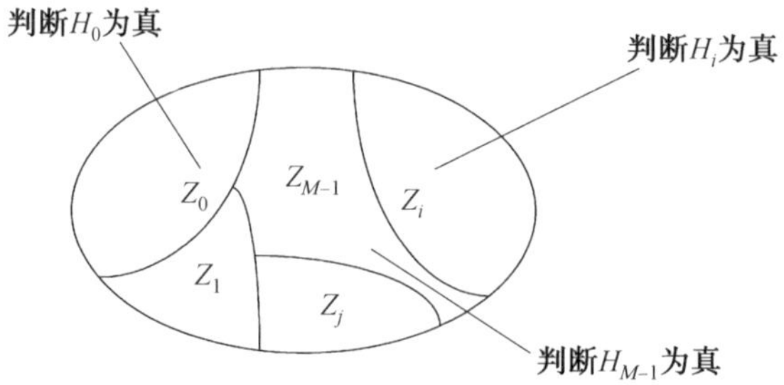


图 4.3　多元假设检验的判断区域

贝叶斯风险为

$$R = \sum_{i=0}^{M-1}\sum_{j=0}^{M-1} C_{ij} P(H_j) P(D_i/H_j) \tag{4.21}$$

式中，$P(D_i/H_j)$表示在 $H_j$ 为真的条件下判断 $H_i$ 为真的概率。

下面来确定多元假设检验的贝叶斯准则。

**定理** 4.1　贝叶斯风险为最小的判决等价于下面判决：

$$\lambda_i(z) = \sum_{j=0}^{M-1} C_{ij} P(H_j) P(z/H_j) = \min \rightarrow 判\ H_i\ 成立 \tag{4.22}$$

即计算 $\lambda_i(z)(i=0,1,\cdots,M-1)$，其中哪一个最小就判哪一个 $H_i$ 成立。

## 4.3　基于多种测量残差的故障诊断方法

### 4.3.1　问题描述

对于控制系统的故障，一般考虑传感器故障、执行器故障和被控对象故障，传感器故障和执行器故障又可以进一步划分为卡死、恒偏差和恒增益故障，被控对象故障也可以视具体对象的不同划分为多种类型。为了进行控制系统的故障诊断，首先需要找出一系列故障关系和一系列与可能产生误报警有关的原因(这种原因可能是干扰、参数漂移、非线性或模型不确定性等)，然后确定出与故障有关的信息。残差经常被用来作为反映系统故障的信息，残差是指由被观测数据

构成的函数的期望之差，即可以通过若干个检测器建立若干个残差，通过观察残差的统计特性来判断系统是否发生故障。就一个系统而言，某个残差的变化及变化趋势，可映射到一个或几个故障空间（图 4.4）。

为充分利用残差信息，在这里将系统故障的先验知识结合起来。为便于研究，给出如下问题描述，假设系统故障具有唯一性，即在任一时刻，只有一个故障发生。假设有 $H_i$ 种故障（$i=1,2,\cdots,m$），建立 $n$ 个残差，且相互独立，用 $R(x_j)$ 表示（$j=1,2,\cdots,n$），已知故障的先验概率 $P_i$（$i=1,2,\cdots,m$）。下面将给出如何在 $n$ 个残差中进行故障决策，即怎样确定 $m$ 个故障假设之一 $H_i$。

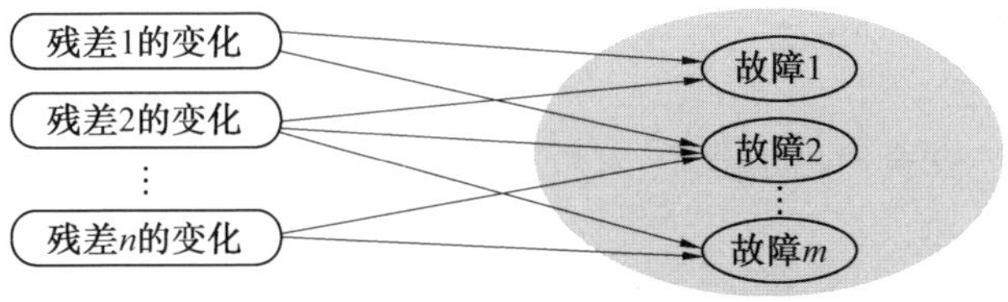


图 4.4　残差变化与故障源之间的映射关系

## 4.3.2　M－ARY 的故障决策方法

基于多个残差产生器的故障诊断原理如图 4.5 所示。

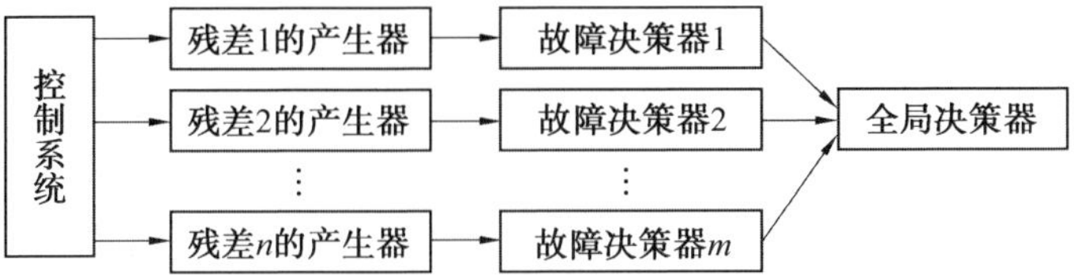


图 4.5　基于多个残差产生器的故障诊断原理

### 1. 局部决策规则

为了确定残差产生器 $j$ 的局部决策，先计算下列 $m-1$ 个故障的后验概率比为

$$\frac{P(H_i/R(x_j))}{P(H_m/R(x_j))},\quad i=1,2,\cdots,m-1 \tag{4.23}$$

应用贝叶斯规则，可得后验概率为

$$\frac{P(H_i/R(x_j))}{P(H_m/R(x_j))}=\frac{P_i}{P_m}\ \frac{P(R(x_j)/H_i)}{P((x_j)/H_m)} \tag{4.24}$$

定义在残差产生器中的对数概率比为

$$C_{ij}=\log\frac{P(H_i/R(x_j))}{P(H_m/R(x_j))},\quad i=1,2,\cdots,m-1;\ j=1,2,\cdots,n \tag{4.25}$$

$u_j$ 由下列规则确定：

$$u_j=\begin{cases}m, & C_{ij}<0;\forall i=1,2,\cdots,m-1\\ k\end{cases}\tag{4.26}$$

式中，$k$ 等于 $\max\{C_{ij}\}$ 中的下标 $i$。局部残差产生器处理后，其决策 $u_j$ 被传递到全局决策器中。

### 2. 全局决策规则

在全局决策器中，局部决策 $u_j$ 被综合，将产生最后决策 $u$，最后决策取决于概率比值，即

$$\frac{P(H_i/u_1,u_2,\cdots,u_n)}{P(H_m/u_1,u_2,\cdots,u_n)}=\frac{P(H_i/\boldsymbol{U})}{P(H_m/\boldsymbol{U})},\quad i=1,2,\cdots,m-1\tag{4.27}$$

式中，$\boldsymbol{U}$ 是输入矢量，$\boldsymbol{U}=[u_1\quad u_2\quad\cdots\quad u_n]$，下面定理会计算出对数概率比。

**定理** 4.2　在全局决策器中，对数概率比值 $L_i(i=1,2,\cdots,m-1)$ 可以由下式求得

$$L_i=\log\frac{P(H_i/\boldsymbol{U})}{P(H_m/\boldsymbol{U})}=\log\frac{P_i}{P_m}+\sum_{j\in s_1}\log\frac{(1-\varepsilon_j)(m-1)}{\varepsilon_j}+\sum_{j\in s_2}\log\frac{\varepsilon_j}{(1-\varepsilon_j)(m-1)}\tag{4.28}$$

式中，$s_1=\{j\mid u_j=i,\forall j=1,2,\cdots,n\}$；$s_2=\{j\mid u_j=m,\forall j=1,2,\cdots,n\}$；$\varepsilon_j$ 是残差检测器 $j$ 的异常概率（非此即彼的故障决策率，即应该是 $H_i$ 却误诊断成 $H_j$）。

**证明**

可以计算全局决策器中的后验概率 $P(H_i/\boldsymbol{U})$ 为

$$\begin{aligned}P(H_i/\boldsymbol{U})&=\frac{P(H_i/\boldsymbol{U})}{P(H_m/\boldsymbol{U})}\\&=\frac{P_i}{P(\boldsymbol{U})}\prod_{j=1}^{n}P(u_j/H_i)\\&=\frac{P_i}{P(\boldsymbol{U})}\prod_{j\in s_1}P(u_j/H_i)\prod_{j\in s_2}P(u_j/H_i)\prod_{j\in s_3}P(u_j/H_i)\\&=\frac{P_i}{P(\boldsymbol{U})}\prod_{j\in s_1}(1-\varepsilon_j)\prod_{j\in s_2}\left(\frac{\varepsilon_j}{m-1}\right)\prod_{j\in s_3}\left(\frac{\varepsilon_j}{m-1}\right)\end{aligned}\tag{4.29}$$

式中，$s_3=\{j\mid u_j\neq i,u_j\neq m,\forall j=1,2,\cdots,n\}$。

类似地，可以得到

$$P(H_m/\boldsymbol{U})=\frac{P_m}{P(\boldsymbol{U})}\prod_{j\in s_1}\left(\frac{\varepsilon_j}{m-1}\right)\prod_{j\in s_2}(1-\varepsilon_j)\prod_{j\in s_3}\left(\frac{\varepsilon_j}{m-1}\right)\tag{4.30}$$

这样，对数概率比值为

$$\begin{aligned}L_i&=\log\frac{P(H_i/\boldsymbol{U})}{P(H_m/\boldsymbol{U})}\\&=\log\frac{P_i}{P_m}+\sum_{j\in s_1}\log\frac{(1-\varepsilon_j)(m-1)}{\varepsilon_j}+\end{aligned}$$

$$\sum_{j\in s_2}\log\frac{\varepsilon_j}{(1-\varepsilon_j)(m-1)}+\sum_{j\in s_3}\log\frac{\varepsilon_j(m-1)}{\varepsilon_j(m-1)}$$

$$=\log\frac{P_i}{P_m}+\sum_{j\in s_1}\log\frac{(1-\varepsilon_j)(1-m)}{\varepsilon_j}+\sum_{j\in s_2}\log\frac{\varepsilon_j}{(1-\varepsilon_j)(m-1)}$$

证毕。

现在,全局决策规则可描述为

$$u_j=\begin{cases}m, & L_i<0;\ \forall i=1,2,\cdots,m-1\\ k\end{cases}\tag{4.31}$$

式中,$k$ 等于 $\max\{L_i\}$ 中的下标 $i$。因此可以确定出由 $H_u$ 实现故障的最后定位。

### 4.3.3 应用实例

为了说明上述方法,下面以位置随动系统为例进行介绍。

系统的先验知识是:伺服电机 $k_d/s(Ts+1)$,测速电机 $k_t$,开环增益 $K$ ,系统闭环传递函数 $K/(s^2+a_1s+a_2)$。

状态空间模型为

$$\begin{bmatrix}\dot{x}_1\\ \dot{x}_2\end{bmatrix}=\begin{bmatrix}0 & 1\\ -a_2 & -a_1\end{bmatrix}\begin{bmatrix}x_1\\ x_2\end{bmatrix}+\begin{bmatrix}0\\ 1\end{bmatrix}u+\begin{bmatrix}\omega_1\\ \omega_2\end{bmatrix}$$

$$y=[K\quad 0]\begin{bmatrix}x_1\\ x_2\end{bmatrix}+v$$

典型故障表征是:$s_0$ 对应无故障;$s_1$ 对应电机过热;$s_2$ 残差 $R$ 为非白噪声;$s_3$ 残差 $R$ 为阶跃函数;$s_4$ 残差 $R$ 为斜坡函数;$s_5$ 对应电机不动。其故障源是:$H_1$ 电机卡死;$H_2$ 放大器故障;$H_3$ 反馈断开;$H_4$ 控制电路故障;$P(H_i)$ 已知。

设计 3 个检测器,其检测量有:位置 $R(y)$、速度 $R(v)$、电机温度 $R(T)$。当电机卡死时,$T=60°$,应用式(4.26)和式(4.31)可求得 $u=1$,于是便可诊断出故障源为 $H_1$。

由于实际诊断问题的复杂性,因此不能寄希望于任何单一的方法就能解决所有诊断问题。基于多种方法的结合,采用局部、全局检测诊断方式,会更有效。

上面根据系统故障知识,分析系统的多方面测量残差,结合 M－ARY 理论,给出一种系统故障定位的二级分类决策方法;针对第二级全局坚持决策,给出对数概率比的决策方法及定理证明。这种方法既可以基于系统模型,也可以不依赖于系统模型,将经验、统计规律和系统机理分析相结合,有利于工程应用。

## 4.4 本章小结

由于现代生产过程和设备逐渐呈现出大型化、复杂化等特点，因此故障发生的概率大大增加。基于统计理论的故障诊断方法获得了迅速发展，并受到国内外学者的广泛关注。

本章首先介绍了二元假设检验和多元假设检验的基本原理。在此基础上，充分利用系统残差信息，考虑控制系统故障的先验知识，应用 M－ARY 理论，对故障检测与定位进行二级决策，给出了提高诊断问题的求解能力的方案。

虽然目前基于多元统计分析方法的故障检测和诊断备受关注，并取得了大量的理论研究成果和工程应用实例，但是仍有很多问题亟待进一步解决。例如，如何更好地对大规模动态过程进行全流程的故障检测和诊断，如何提高诊断模型的可解释性，如何综合地利用样本信息，如何解决小样本和数据的多模态、非线性问题等。

第5章

# 基于神经网络的故障诊断

人工神经网络(artificial neural network,ANN)是由大量简单的处理单元广泛连接组成的复杂网络,是在现代生物学研究人脑组织所取得的成果基础上提出的,用以模拟人类大脑神经网络的结构和行为。目前,尽管 ANN 还不是人脑神经网络系统的真实写照,而只是对其做某种简化、抽象和模拟,但对 ANN 的研究成果已显示了 ANN 具有人脑功能的基本特征:学习、记忆和归纳。

本章将神经网络技术应用于故障诊断方法设计,首先介绍神经网络基本特性;然后给出基于偏差神经网络和 Hopfield 神经网络的两种故障诊断模型及其应用案例;最后通过两个仿真示例,简要展示 MATLAB 在相关领域的仿真过程与应用价值。

## 5.1 概　述

ANN 是一个高度复杂的非线性动力学系统。由于其具有大规模并行性、冗余性、容错性、本质非线性及自组织、自学习、自适应能力,因此已经成功地应用到许多不同的领域,控制领域也是其中之一。

早在 20 世纪 40 年代,维纳(Wiener)在所提出的控制论(cybernetics)中就曾展望了利用数学、工程、生理和心理成果来实现人机协同的一种理想境界。只不过生理和心理学成果在控制界一直未受重视而已。1986 高峰会议,面对控制界存在的且难以用现存的成熟理论解决的问题(非线性、复杂性、时变性),专家们提出了一种想法:“能否从生物研究得到启发来设计出更好的机器?能否用生物行为作为判断工程系统品质的基准？控制论观点能否再次为我们提供新的思想源泉？……心理学已经对人类大脑如何协调全身几百个自由度运动的问题进行了长期的研究，是否应当有所借鉴？……"。从此，在控制界兴起了神经网络热。

ANN 用于自动控制的优越性如下。

(1)ANN 可以处理那些难于用数学模型或规则描述的过程或系统，解决那些目前"只可意会，不可言传"的问题。

(2)ANN 是本质的并行结构，在处理实时性要求高的自动控制领域显示出极大的优越性。

(3)ANN 是本质非线性系统，给非线性控制系统的描述带来了统一的数学模型。

(4)ANN 具有很强的信息综合能力，能同时处理大量不同类型的输入，能很好地解决输入信息之间的互补性与冗余性问题。因此，它在多变量、大系统及复杂系统的控制上有明显的优越性。

近几年，控制界先后出现了 ANN 系统辨识、ANN 非线性控制、ANN 学习控制及 ANN 自适应控制等，主要用于机器人控制、工业控制等领域。

## 5.2 人工神经网络与递归神经网络的比较

### 5.2.1 人工神经网络

一个单独的感知器(或神经元)可以被想象成一个逻辑回归，人工神经网络是每一层有多个感知器/神经元。ANN 也被称为前馈神经网络(图 5.1)，因为输入信号只在前向处理，所以称为"前馈"。

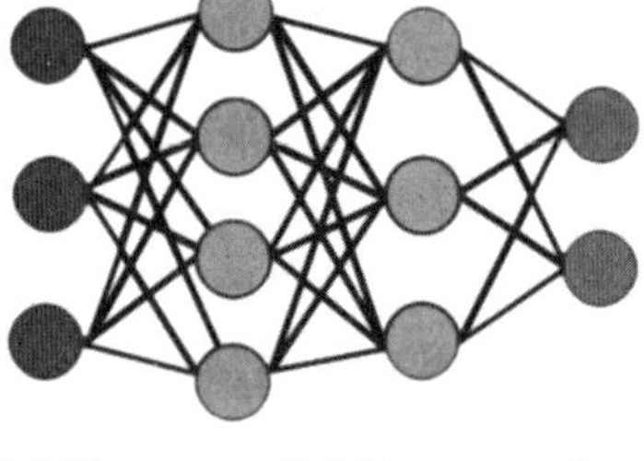


图 5.1　ANN(前馈神经网络)

图 5.1 所示的 ANN 由 3 层组成：输入层、隐藏层和输出层。输入层接收输入数据，隐藏层处理输入数据，输出层产生处理结果。实质上，ANN 的每一层都

在学习特定的权重。ANN 可以处理的数据类型或解决的问题包括：表格数据、图像数据、文本数据。

ANN 的优点是学习能力强，可以逼近任何非线性函数，因此 ANN 通常被称为通用函数逼近器。

ANN 能够“近似”或“逼近”的主要原因是激活函数(图 5.2)，激活函数给网络引入了非线性特性，这有助于网络学习输入和输出之间的任何复杂关系。

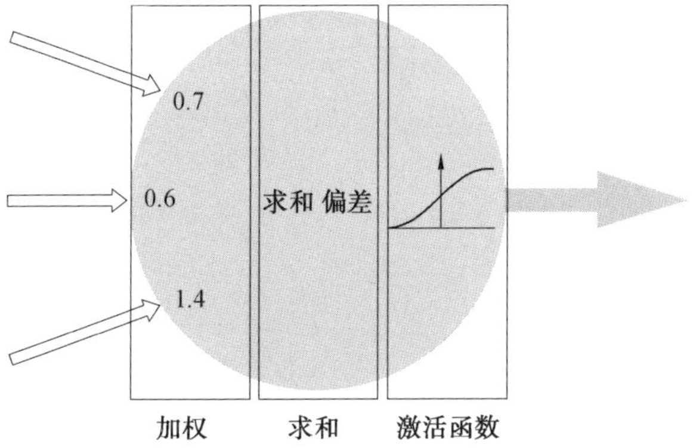


图 5.2　ANN 的激活函数

从本质上看，ANN 的学习能力是把输入量和输出量的关系映射到权重，如图 5.2 所示，每个神经元的输出是通过对输入进行加权、求和后再经过激活函数得到。如果没有激活函数功能，网络就只能学习线性函数了，而不可能学习复杂非线性函数。

ANN 的缺点可以从识别图像的应用中看出，利用 ANN 解决图像分类问题时，在训练模型之前，需要将二维图像转换为一维矢量。而随着图像大小的增加，可训练参数的数量急剧增加，在图 5.3 所示场景中，如果图像的大小为 224×224，那么在只有 4 个神经元的第一隐藏层可训练权重的个数为 602 112(224×224×12)，如此巨大的数量。

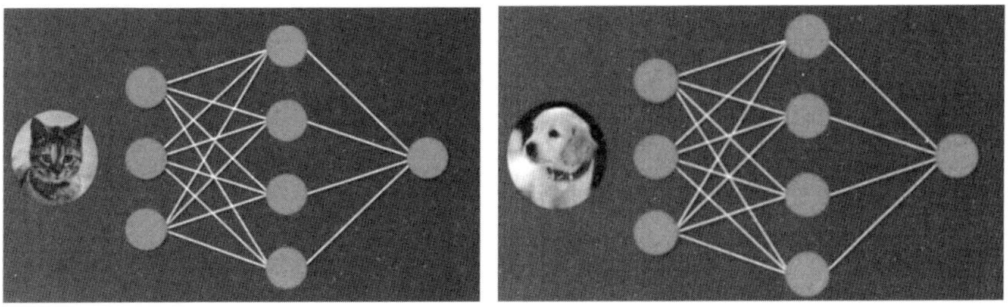

图 5.3　ANN 识别图片是猫或狗

同时,ANN 权值是通过反向传播算法的负梯度来更新的。那么,在 ANN 神经网络中,还存在梯度消失和梯度爆炸的问题。

### 5.2.2 递归神经网络(RNN)

本小节从架构的角度来分析 RNN 和 ANN 之间的区别。将 ANN 的隐藏层引入循环约束,就可以得到目前比较流行的 RNN(图 5.4)。

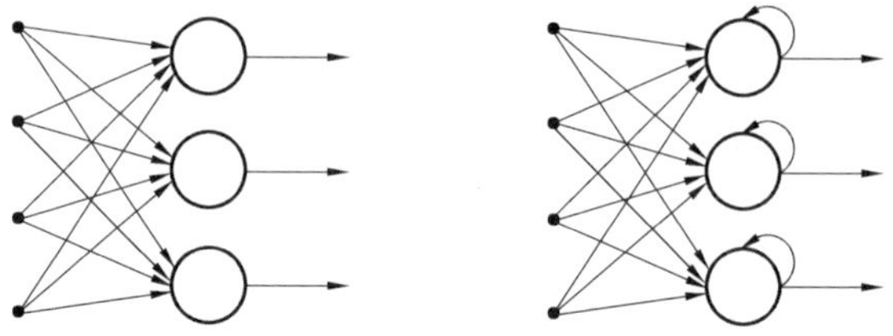

(a) ANN　　(b) RNN

图 5.4　ANN 和 RNN

从图 5.4 中可以看出,RNN 在隐藏状态上有一个循环连接,这个循环约束确保在输入数据中捕获序列信息。

应用 RNN,可以处理的数据类型和解决的问题包括时间序列数据、文本数据、音频数据。

RNN 的优点是,在应用预测时,RNN 可以捕获的输入数据是序列信息,如捕获文本中单词之间的依赖关系(图 5.5)。

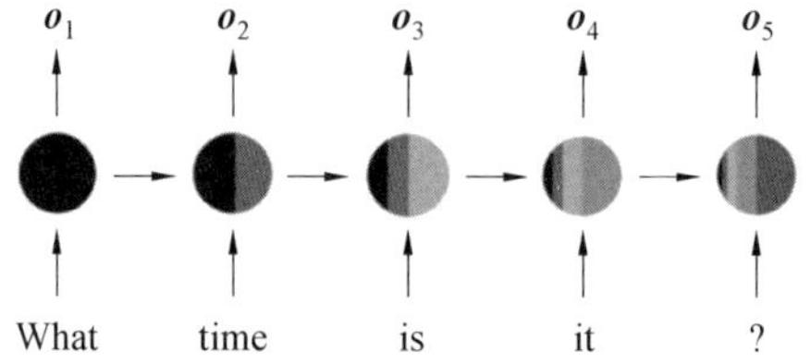


图 5.5　RNN 的输出

从图 5.5 中可以看出,RNN 的输出($o_1$, $o_2$, $o_3$, $o_4$)的每个时间步长不仅取决于当前的单词,也取决于之前的单词。

RNN 在不同的时间步长中实现参数共享,使得训练的参数更少进而减少训练权重的计算量(图 5.6)。

从图 5.6 中可以看出,3 个权重矩阵 $\boldsymbol{U}$、$\boldsymbol{W}$、$\boldsymbol{V}$ 在所有训练时间步骤中是共享的权重矩阵。

RNN 的缺点是,由于具有大量时间步长的神经网络,因此带来了梯度消失(图 5.7)和梯度爆炸问题,这是所有类型神经网络中普遍存在的问题。

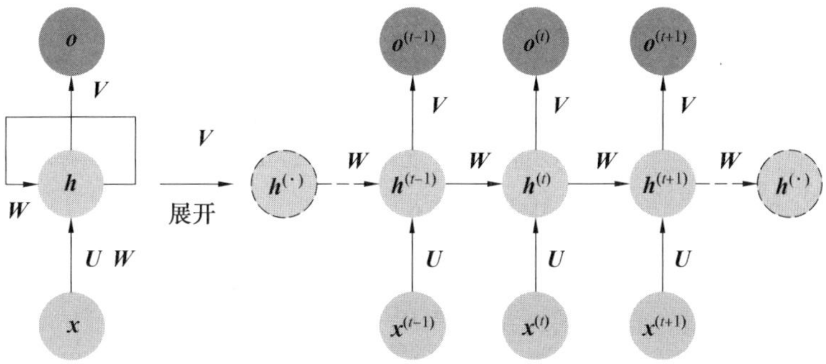


图 5.6　RNN 训练过程中的展开

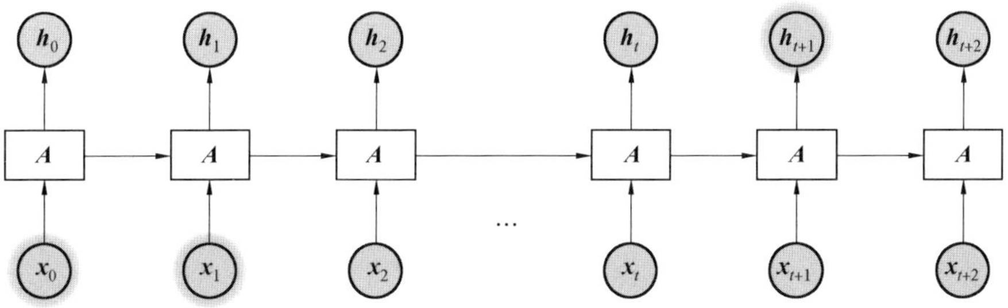


图 5.7　神经网络中的梯度消失

从图 5.7 中可以看出，在最后的时间步骤中，梯度计算消失了，又回到了初始时间步骤。

### 5.2.3　RNN 的前向传播训练过程

RNN 是一类以序列数据为输入，在序列的前向方向进行递归，且所有节点(循环单元)按链式连接的神经网络。以基于时间序列的样本输入为例，RNN 可以描述为给定 $N$ 个序列$(\boldsymbol{X}^i,\boldsymbol{O}^i)_{i=1}^{N}$，其中$(\boldsymbol{X}^i,\boldsymbol{O}^i)$表示样本中的第 $i$ 个输入序列和对应的序列标签。网络模型的优化目标是估计条件概率 $P(\boldsymbol{X}^i/\boldsymbol{O}^i)$，其中，$\boldsymbol{X}^i=[\boldsymbol{x}_1^i \quad \boldsymbol{x}_2^i \quad \cdots \quad \boldsymbol{x}_{T_x}^i]$，$\boldsymbol{O}^i=[\boldsymbol{o}_1^i \quad \boldsymbol{o}_2^i \quad \cdots \quad \boldsymbol{o}_{T_y}^i]$，值得注意的是，输入序列度 $T_x$ 可能与它对应的目标序列长度 $T_o$ 不同。循环神经网络的参数 $\boldsymbol{\theta}$ 可通过最大化以下目标函数获得，即

$$J(\boldsymbol{\theta})=\frac{1}{N}\sum_{n=1}^{N}\log P(\boldsymbol{O}^n/\boldsymbol{X}^n;\boldsymbol{\theta}) \tag{5.1}$$

在这种情况下，常使用链式法则对式(5.1)进行分解(为了简单起见，省略了样本标号 $i$)，即

$$P(\boldsymbol{O}/\boldsymbol{X};\boldsymbol{\theta})=\prod_{t=1}^{T_o}P(\boldsymbol{o}_t/\boldsymbol{o}_1,\boldsymbol{o}_2,\cdots,\boldsymbol{o}_{t-1}\boldsymbol{X};\boldsymbol{\theta})$$

$$=\prod_{t=1}^{T_o}P(\boldsymbol{o}_y/\boldsymbol{h}_t;\boldsymbol{\theta}) \tag{5.2}$$

式中，$\boldsymbol{o}_t$ 表示每个时间节点的输出，$\boldsymbol{h}_t$ 表示 $t$ 隐藏层节点，用于存储上下文信息。

循环神经网络模型有较多的变种，隐藏层节点 $\boldsymbol{h}_t$ 的计算方式不尽相同。图 5.8 所示为 RNN 按照时间序列展开的示意图。

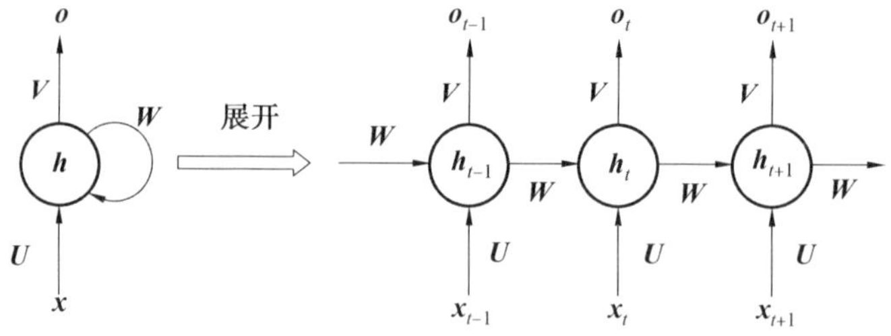


图 5.8 RNN 按照时间序列展开的示意图

$$\boldsymbol{h}_t=\varphi(\boldsymbol{W}\boldsymbol{h}_{t-1}+\boldsymbol{U}\boldsymbol{x}_t+\boldsymbol{b}) \tag{5.3}$$

式中，$\boldsymbol{x}_t$ 为当前时刻的输入；$\boldsymbol{h}_{t-1}$、$\boldsymbol{h}_t$ 为 $t-1$ 和 $t$ 时刻的隐藏层状态；$\varphi$ 为激活函数，通常选择 tanh 函数；$\boldsymbol{W}$、$\boldsymbol{U}$、$\boldsymbol{b}$ 为网络参数。对于 RNN 而言，隐藏层状态 $\boldsymbol{h}_t$ 为“记忆单元”，由当前时刻的输入和前一时刻的隐藏层状态共同决定，用于捕捉之前所有时间节点的信息。

模型的预测输出为

$$\boldsymbol{o}_t=g(\boldsymbol{V}\boldsymbol{h}_t+c) \tag{5.4}$$

式中，$\boldsymbol{o}_t$ 为 $t$ 时刻的输出；$\boldsymbol{V}$、$c$ 为网络参数；$g(\cdot)$为激活函数。如果想预测句子中的下一个词，需要计算给定字典中的概率矢量，通常选择 softmax 函数。以 $T_o=T_x$ 为例，算法 5.1 给出了 RNN 前向传播流程。

**算法 5.1 RNN 前向传播流程**

输入：序列 $\boldsymbol{X}^i=[\boldsymbol{x}_1^i \quad \boldsymbol{x}_2^i \quad \cdots \quad \boldsymbol{x}_{T_x}^i]$

1：初始化参数 $\boldsymbol{W}$、$\boldsymbol{U}$、$\boldsymbol{b}$、$\boldsymbol{V}$ 和 $c$

2：for $t\in[1,T_x]$ do

3：$\boldsymbol{h}_t\leftarrow\tanh(\boldsymbol{W}\boldsymbol{h}_{t-1}+\boldsymbol{U}\boldsymbol{x}_t+\boldsymbol{b})$

4：$\boldsymbol{o}_t\leftarrow\mathrm{softmax}(\boldsymbol{V}\boldsymbol{h}_t+c)$

5：end for

6：返回序列 $\boldsymbol{O}^i=[\boldsymbol{o}_1^i \quad \boldsymbol{o}_1^i \quad \cdots \quad \boldsymbol{o}_{T_y}^i]$

RNN 通过设置隐藏层节点 $\boldsymbol{h}_t$，储存先前时间节点的信息，输出节点由当前输入和隐藏层节点共同决定，区别于传统深度神经网络在不同层使用不同的参数，循环神经网络在各个时间步共享参数（$\boldsymbol{W}$、$\boldsymbol{U}$、$\boldsymbol{b}$、$\boldsymbol{V}$ 和 $c$），不仅有利于存储上下文信息，也极大地降低了需要学习的参数数量，在图 5.8 中，每步都有序列输出，但根据具体的任务可以做出适当调整，如新闻分类任务，通常是 $n:1$ 的序列模型，图像理解通常为 $1:m$ 的序列模型。

### 5.2.4　RNN 的后向传播训练过程

RNN 训练方式与传统神经网络训练类似，都使用反向算法。由于 RNN 在所有时刻的参数是共享的，每个时刻的输出不仅依赖于当前时刻的输入，还依赖于之前时刻的计算，因此利用基于时间的反向传播算法（back propagation trough time, BPTT），不断地使用链式法则，计算参数梯度，进行更新。基于时间的反向传播算法与传统误差反向传播算法的区别在于，误差需要沿两个方向传播（图 5.9）：一个方向是空间层之间的传播，由输出层到输入层；另一个方向是时间层之间的传播，沿时间线传递到初始时刻。空间层之间的传播方式与误差反向传播算法相同，本节主要讨论误差在时间层之间的传播。

设网络的损失函数为 $C$，记第 $t$ 个时间隐藏层节点 $j$ 为

$$\boldsymbol{h}_t^j=\varphi(\mathrm{net}_t^j) \tag{5.5}$$

式中

$$\mathrm{net}_t^j=\sum_i^n w_{ji}\boldsymbol{h}_{t-1}^i+\sum_l^m u_{jl}\boldsymbol{x}_t^l+b^j \tag{5.6}$$

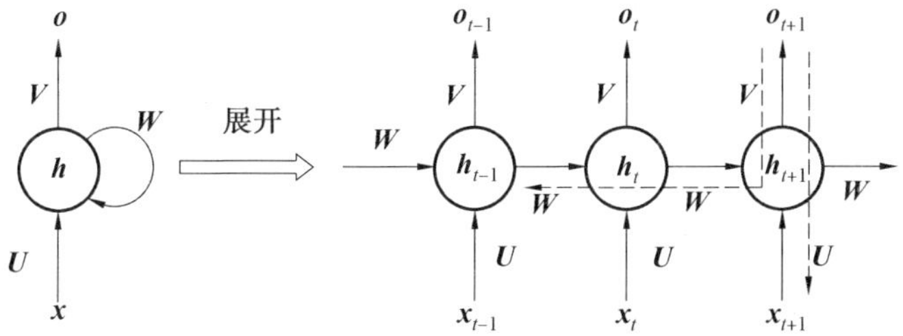


图 5.9　RNN 反向传播算法示意图

记第 $t$ 个时间层的隐藏层节点 $j$ 的误差为

$$\delta_t^j=\frac{\partial \boldsymbol{C}}{\partial \mathrm{net}_t^j} \tag{5.7}$$

考虑相邻时间层 $t-1$ 和 $t$ 中任意两个隐藏层节点 $i$ 和 $j$ 的误差关系：

$$\delta_{t-1}^j=\varphi'(\mathrm{net}_{t-1}^j)\sum_j^n w_{ji}\delta_t^j \tag{5.8}$$

依据 Hochreiter 的推导方式，可知第 $t$ 个时间层上任意一个隐藏层节点 $u$ 与

第 $t-q$ 个时间层上任意一个隐藏层节点 $v$ 之间的误差关系为

$$\frac{\partial \delta_{t-q}^{v}}{\partial \delta_{t}^{u}}=\begin{cases}\varphi'(\mathrm{net}_{t-1}^{v})w_{uv}, & q=1\\ \varphi'(\mathrm{net}_{t-q}^{v})\sum_{i}^{n}\frac{\partial \delta_{t-q+1}^{v}}{\partial \delta_{t}^{u}}w_{iv}, & q>0\end{cases} \tag{5.9}$$

假设 $i_q=v, i_0=u$，各个时间层的隐藏层节点个数均为 $n$，可推出

$$\frac{\partial \delta_{t-q}^{v}}{\partial \delta_{t}^{u}}=\sum_{i_1=1}^{n}\cdots\sum_{i_{q-1}=1}^{n}\prod_{m=1}^{q}\varphi'(\mathrm{net}_{t-m}^{i_m})w_{i_{m-1}i_m} \tag{5.10}$$

当满足

$$\left|\varphi'(\mathrm{net}_{t-m}^{i_m})w_{i_{m-1}i_m}\right|>1$$

时，随着时间步长 $q$ 的增加，需要考察的信息也越来越多，很小的误差经过大量连乘运算后会出现指数级增长，导致梯度爆炸，从而无法训练或者训练时间过长。

当式(5.10)成立时，随着时间步长 $q$ 的增加，先前的隐藏层参数也会逐渐被新输入的网络数据取代，导致梯度消失，从而在有效时间内不能对网络进行合适训练。这两种问题都会造成网络参数训练困难，无法考察较长时间序列的状态，最终导致模型训练时间过长或失败。

## 5.3 带有偏差单元的递归神经网络

本节在 BP 神经网络的基础上，加入了反馈信号及偏差单元，生成了内部递归神经网络，由于这一网络结构上的特点，尤其是其在学习过程中便于引入经验知识(在偏差的选择上，可采用模糊知识概念)，因此大大提高了学习速度。

内部递归神经网络(internally recurrent net，IRN)就是利用网络的内部状态反馈来描述系统的非线性动力学行为。构成递归神经网络模型的方法有很多，但基本思想都是，通过对前馈神经网络中加入一些附加的、内部的反馈通道来增加网络本身处理动态信息的能力。例如根据状态信息反馈途径的不同可构成两种不同的递归神经网络结构模型：Jordan 和 Elman(图 5.10)。

本节首先针对多层 BP 神经网络的不足，在 Jordan 和 Elman 网络结构的基础上，给出一种带偏差单元的 IRN 模型及 BP 算法，最后应用带偏差单元的 IRN 进行故障诊断方面的仿真分析。

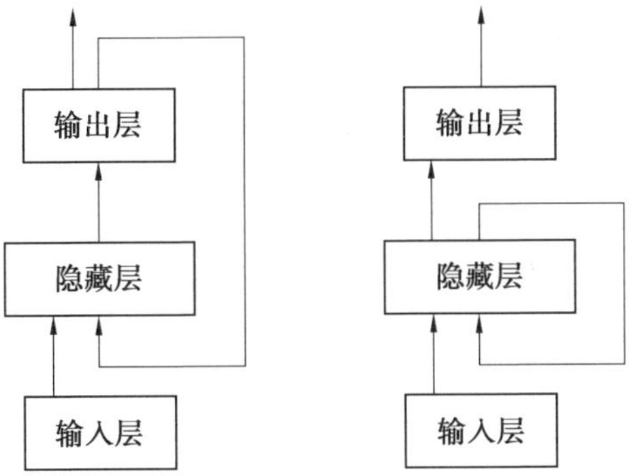


图 5.10　回归神经网络结构模型

### 5.3.1　BP 神经网络及算法的不足

比起早期的神经网络，BP 神经网络无论在网络理论还是在网络性能方面都更加成熟。其突出的优点就是具有很强的非线性映射能力和柔性的网络结构。网络的隐藏层数、各层的处理单元数及网络学习系数可根据具体情况任意设定，并且随着结构的差异其性能也有所不同。

但是，BP 神经网络并不是一个十分完善的网络，它存在以下一些主要缺陷。

(1)学习收敛速度太慢，即使一个比较简单的问题，也需要几百次甚至上千次的学习才能收敛。

(2)不能保证收敛到全局最小点。

(3)网络隐藏层的层数以及隐藏层的单元数的选取尚无理论上的指导，而是根据经验确定。因此，网络往往有很大的冗余性，无形中也增加了网络学习的时间。

(4)网络的学习、记忆具有不稳定性。一个训练结束的 BP 神经网络，当给它提供新的记忆模式时，将使已有的连接权打乱，导致已记忆的学习模式的信息消失。要避免这种现象，必须将原来的学习模式连同新加入的学习模式一起重新进行训练。而对于人类的大脑来说，新信息的记忆不会影响已记忆的信息，这就是人类大脑记忆的稳定性。

### 5.3.2　带有偏差单元的递归神经网络

图 5.11 所示为带有偏差单元的递归神经网络模型的结构，它由三层节点组成：输入层节点、隐藏层节点和输出层节点。两个偏差节点分别被加在隐藏层和输出层上，隐藏层节点不仅接收来自输入层的输出信号，还接收隐藏层节点自身的一步延时输出信号，因此也称为关联节点。

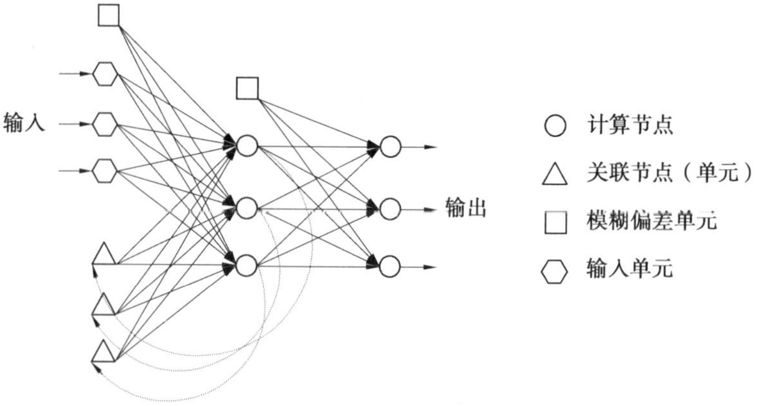


图 5.11　带有偏差单元的递归神经网络模型的结构

设 NH 和 NI 分别为隐藏层节点数和输入层节点数(除偏差节点)，$I_i(k)$是带有偏差单元的递归神经网络在时间 $k$ 的第 $i$ 个输入，$x_j(k)$是第 $j$ 个隐藏层节点的输出，$\boldsymbol{Y}(k)$是带有偏差单元的递归神经网络的输出矢量，则带有偏差单元的递归神经网络可由如下 3 个数学公式描述：

$$\boldsymbol{Y}(k)=\sum_{j=1}^{\mathrm{NH}} W_{\mathrm{O}j} x_j(k)+\boldsymbol{b}_{\mathrm{O}} \tag{5.11}$$

$$x_j(k)=\sigma(S_j(k)) \tag{5.12}$$

$$S_j(k)=\sum_{i=1}^{\mathrm{NH}} W_{\mathrm{R}ij} x_i(k-1)+\sum_{i=1}^{\mathrm{NI}} W_{\mathrm{I}ij} I_i(k)+b_{\mathrm{I}j} \tag{5.13}$$

式中，$\sigma(\cdot)$是隐藏层节点的非线性激活函数。

$\boldsymbol{W}_{\mathrm{I}}$、$\boldsymbol{W}_{\mathrm{R}}$、$\boldsymbol{W}_{\mathrm{O}}$ 分别为从输入层到隐藏层、回归信号、从隐藏层到输出层的权系数；$\boldsymbol{b}_{\mathrm{I}}$、$\boldsymbol{b}_{\mathrm{O}}$ 分别为加在隐藏层和输出层上的偏差单元的权系数。由于隐藏层节点的输出可以视为动态系统的状态，所以带有偏差单元的递归神经网络(FIRN)结构是非线性动态系统的状态空间表示，其隐藏层节点能够存储过去的输入输出信息。

### 5.3.3　带有偏差单元的递归神经网络的误差反向传播学习规则的数学推导

带有偏差单元的递归神经网络与 BP 神经网络基本相近，当偏差单元和关联节点为 0 时，带有偏差单元的递归神经网络就是 BP 神经网络，所以在考虑权系数调整规则时，可以借用 BP 算法。

考虑三层 BP 神经网络，设输入模式矢量 $\boldsymbol{A}_k=[a_1\quad a_2\quad\cdots\quad a_n]$，希望输出矢量 $\boldsymbol{Y}_k=[y_1\quad y_2\quad\cdots\quad y_q]$；中间层单元输入矢量 $\boldsymbol{S}_k=[s_1\quad s_2\quad\cdots\quad s_p]$，输出矢量 $\boldsymbol{B}_k=[b_1\quad b_2\quad\cdots\quad b_p]$；输出层单元输入矢量 $\boldsymbol{L}_k=[l_1\quad l_2\quad\cdots\quad l_q]$，输出矢

量 $\boldsymbol{C}_k=[c_1 \quad c_2 \quad \cdots \quad c_q]$；输入层至中间层连接权值为 $W_{ij}(i=1,2,\cdots,n;j=1,2,\cdots,p)$；中间层至输出层连接权值为 $V_{jt}(j=1,2,\cdots,p;t=1,2,\cdots,q)$；中间层各单元输出阈值为 $\theta_j(j=1,2,\cdots,p)$；输出层各单元输出阈值为 $\gamma_t(t=1,2,\cdots,q)$。以上 $k=1,2,\cdots,m$。

这里采用S型函数作为网络响应函数，它有一个重要特性，即S型函数的导数可用S型函数自身表示：

$$f(x)=\frac{1}{1+\mathrm{e}^{-x}} \tag{5.14}$$

$$f'(x)=f(x)[1-f(x)] \tag{5.15}$$

设第 $k$ 个学习模式网络希望输出与实际输出的偏差为

$$\delta_j^k=(y_j^k-C_j^k),\quad j=1,2,\cdots,q \tag{5.16}$$

$\delta_j^k$ 的均方值为

$$E_k=\sum_{t=1}^{q}(y_t^k-C_t^k)^2/2=\sum_{t=1}^{q}(\delta_t^k)^2/2 \tag{5.17}$$

$$\frac{\partial E_k}{\partial C_t^k}=-(y_t^k-C_t^k)=-\delta_t^k \tag{5.18}$$

由于

$$L_t=\sum_{j=1}^{p}V_{jt}b_j-\gamma_t,\quad t=1,2,\cdots,q \tag{5.19}$$

$$C_t^k=f(L_t),\quad t=1,2,\cdots,q \tag{5.20}$$

因此连接权值 $V_{jt}$ 的微小变化对输出层响应的影响，可由式(5.19)和式(5.20)推得

$$\frac{\partial C_t^k}{\partial V_{jt}}=\frac{\partial C_t^k}{\partial L_t}\frac{\partial L_t}{\partial V_{jt}}=f'(L_t)b_j=C_t^k(1-C_t^k)b_j \tag{5.21}$$

$$t=1,2,\cdots,q;\quad j=1,2,\cdots,p$$

则连接权值 $V_{jt}$ 的微小变化对第 $k$ 个模式的均方差 $E_k$ 的影响，可由式(5.18)和式(5.21)推得

$$\frac{\partial E_k}{\partial V_{jt}}=\frac{\partial E_k}{\partial C_t^k}\frac{\partial C_t^k}{\partial V_{jt}}=-\delta_t^k C_t^k(1-C_t^k)b_j \tag{5.22}$$

$$t=1,2,\cdots,q;\quad j=1,2,\cdots,p$$

按梯度下降原则，使连接权值 $V_{jt}$ 的调整量 $\Delta V_{jt}$ 与 $\partial E_k/\partial V_{jt}$ 的负值成比例变化，则由式(5.22)可得

$$\Delta V_{jt}=-\alpha\left[\frac{\partial E_k}{\partial V_{jt}}\right]=\alpha\delta_t^k C_t^k(1-C_t^k)b_j \tag{5.23}$$

$$0<\alpha<1;\quad t=1,2,\cdots,q;\quad j=1,2,\cdots,p$$

设输出层各单元的一般化误差为 $d_t^k(t=1,2,\cdots,q;k=1,2,\cdots,m)$。$d_t^k$ 定义为 $E_k$ 对输出层输入 $L_t$ 的负偏导数，由式(5.8)和式(5.9)可得

$$d_t^k = -\frac{\partial E_k}{\partial L_t} = -\frac{\partial E_k}{\partial C_t^k}\frac{\partial C_t^k}{\partial L_t} = \delta_t^k C_t^k(1-C_t^k) \tag{5.24}$$
$$t=1,2,\cdots,q; \quad k=1,2,\cdots,m$$

则连接权值 $V_{jt}$ 的调整量 $\Delta V_{jt}$ 可表示为

$$\Delta V_{jt} = \alpha d_t^k b_j \tag{5.25}$$
$$t=1,2,\cdots,q; \quad j=1,2,\cdots,p; \quad k=1,2,\cdots,m$$

同理,由输入层至中间层连接权的调整,仍然按梯度下降法的原则进行。中间层各单元的输入 $s_j$ 为

$$s_j = \sum_{i=1}^{n} W_{ij}a_j - \theta_j, \quad j=1,2,\cdots,p \tag{5.26}$$

其输出 $b_j$ 为

$$b_j = f(s_j), \quad j=1,2,\cdots,p$$

连接权值 $W_{ij}$ 的微小变化,对第 $k$ 个学习模式的均方误差的影响,可由式(5.14)、式(5.15)、式(5.17)、式(5.19)、式(5.20)推得

$$\frac{\partial E_k}{\partial W_{ij}} = \left(\sum_{t=1}^{q}\frac{\partial E_k}{\partial L_t}\frac{\partial L_t}{\partial b_j}\right)\frac{\partial b_j}{\partial s_j}\frac{\partial s_j}{\partial W_{ij}} = \left[\sum_{t=1}^{q}(-d_t^k)V_{jt}\right]f'(s_j)a_i$$
$$= -\left(\sum_{t=1}^{q}d_t^k V_{jt}\right)b_j(1-b_j)a_i, \quad i=1,2,\cdots,n; \quad j=1,2,\cdots,p \tag{5.27}$$

设中间层各单元的一般化误差为 $e_j^k(j=1,2,\cdots,p;k=1,2,\cdots,m)$。$e_j^k$ 定义为 $E_k$ 对中间层输入 $s_j$ 的负偏导数。由式(5.14)、式(5.15)、式(5.17)、式(5.19)可得

$$e_j^k = -\frac{\partial E_k}{\partial s_j} = -\left(\sum_{t=1}^{q}\frac{\partial E_k}{\partial L_t}\frac{\partial L_t}{\partial b_j}\right)\frac{\partial b_j}{\partial s_j} = \left(\sum_{t=1}^{q}d_t^k V_{jt}\right)b_j(1-b_i) \tag{5.28}$$
$$j=1,2,\cdots,p; \quad k=1,2,\cdots,m$$

则式(5.27)可表示为

$$\frac{\partial E_k}{\partial W_{ij}} = -e_j^k a_j, \quad i=1,2,\cdots,n; \quad j=1,2,\cdots,p \tag{5.29}$$

与式(5.25)类似,连接权值 $W_{ij}$ 的调整量应为

$$\Delta W_{ij} = -\beta\frac{\partial E_k}{\partial W_{ij}} = \beta e_j^k a_j, \quad i=1,2,\cdots,n; \quad j=1,2,\cdots,p \tag{5.30}$$

同理,阈值 $\gamma_t$、$\theta_j$ 的调整量为

$$\Delta\gamma_t = \alpha d_t^k, \quad t=1,2,\cdots,q \tag{5.31}$$

$$\Delta\theta_j = \beta e_j^k, \quad j=1,2,\cdots,p \tag{5.32}$$

以上推导仅仅是针对一组学习模式进行的。设网络的全局误差为 $E$,则

$$E = \sum_{k=1}^{m}E_k = \sum_{k=1}^{m}\sum_{t=1}^{q}(y_t^k - C_t^k)^2/2 \tag{5.33}$$

从以上的推导可以看出,各个连接权值的调整量与各个学习模式对的误差

函数 $E_k$ 成比例变化，称为标准误差反向传播算法。而相对于全局误差函数 $E$ 的连接权值的调整，应该在所有 $m$ 个学习模式全部提供给网络之后统一进行，称为累积误差反向传播算法。

下面给出整个学习过程的具体步骤和流程图。

(1)初始化。

(2)选取学习模式对 $\boldsymbol{A}_k$、$\boldsymbol{Y}_k$，提供给网络。

(3)用输入模式 $\boldsymbol{A}_k$、连接权值 $W_{ij}$ 计算中间层各单元的输入 $s_j$，然后用 $s_j$ 通过 S 型函数计算中间层各单元的输出 $b_j$。

$$s_j=\sum_{i=1}^{n}W_{ij}a_j-\theta_j,\quad j=1,2,\cdots,p$$

$$b_j=f(s_j),\quad j=1,2,\cdots,p$$

(4)用中间层的输出 $b_j$、连接权值 $W_{ij}$ 计算输出层各单元的输入 $L_t$，然后用 $L_t$ 通过 S 型函数计算输出层各单元的响应 $C_t^k$。

$$L_t=\sum_{j=1}^{p}V_{jt}b_j-\gamma_t,\quad t=1,2,\cdots,q$$

$$C_t^k=f(L_t),\quad t=1,2,\cdots,q$$

(5)用希望输出模式 $\boldsymbol{Y}_k$、网络实际输出 $C_t^k$ 计算输出层的各单元的一般化误差 $d_t^k$。

$$d_t^k=(y_t^k-C_t^k)C_t^k(1-C_t^k),\quad t=1,2,\cdots,q$$

(6)用连接权值 $V_{it}$、输出层的一般化误差 $d_t^k$、中间层的输出 $b_j$ 计算中间层各单元的一般化误差 $e_j^k$。

$$e_j^k=\left(\sum_{t=1}^{q}d_t^kV_{jt}\right)b_j(1-b_i),\quad j=1,2,\cdots,p$$

(7)用输出层各单元的一般化误差 $d_t^k$、中间层各单元的输出 $b_j$ 修正连接权值 $V_{it}$。

$$V_{jt}(N+1)=V_{jt}(N)+\alpha d_t^kb_j$$

$$j=1,2,\cdots,p;\quad t=1,2,\cdots,q;\quad 0<\alpha<1$$

(8)用中间层各单元的一般化误差 $e_j^k$、输入层各单元的输入 $\boldsymbol{A}_k$ 修正连接权值 $W_{ij}$。

$$W_{ij}(N+1)=W_{ij}(N)+\beta e_j^ka_i^k$$

$$i=1,2,\cdots,n;\quad j=1,2,\cdots,p;\quad 0<\beta<1$$

(9)选取下一个学习模式对提供给网络，返回到步骤(3)，直到全部 $m$ 个模式对训练完毕。

(10)重新从 $m$ 个学习模式对中随机选取一个模式对，返回步骤(3)，直至网络全局误差函数 $E$ 小于预先设定的一个极小值。

(11)结束学习。

带有偏差单元的递归神经网络的误差反向传播学习过程流程图如图 5.12 所示。

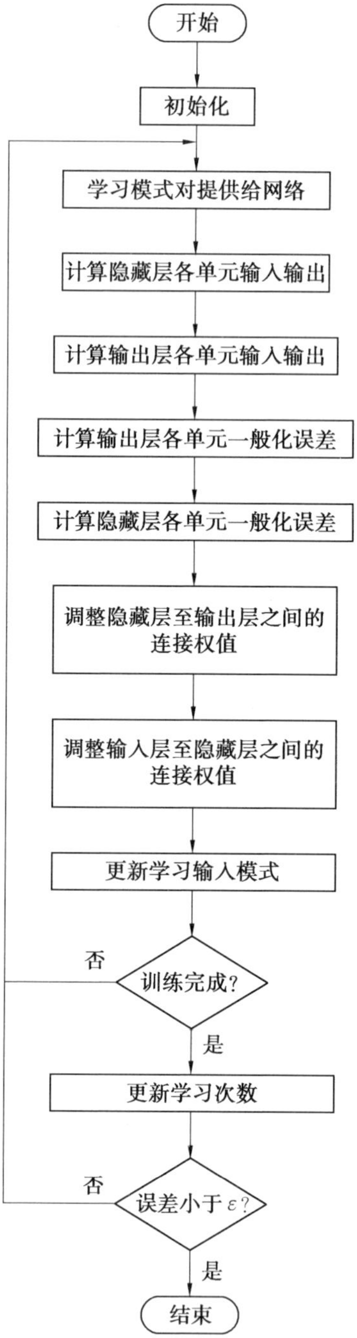


图 5.12　带有偏差单元的递归神经网络的误差反向传播学习过程流程图

### 5.3.4　带有偏差单元的递归神经网络诊断模型的建立

近几年以来，递归神经网络的研究越来越受重视，其应用领域不断扩大，例如 Su 于 1992 年成功地应用递归神经网络对非线性系统进行建模，Ku&Lee、Narendra 在非线性系统辨识和控制中采用了 IRN 模型，获得了满意的效果。

已发展起来的神经网络故障诊断模型主要包括三层(BP 神经网络)：①输入层，即从实际系统接收的各种故障信息及现象；②中间层，是把从输入层得到的故障信息，经内部的学习和处理，转化为针对性的解决办法；③输出层，是针对输入的故障形式，经过调整权系数 $W_{ij}$ 后，得到的处理故障方法。简而言之，神经网络模型的故障诊断就是利用样本训练收敛稳定后的节点连接权值，向网络输入待诊断的样本征兆参数，计算网络的实际输出值，根据输出值的大小排序，从而确定故障类别。图 5.13 所示为神经网络故障诊断流程图。

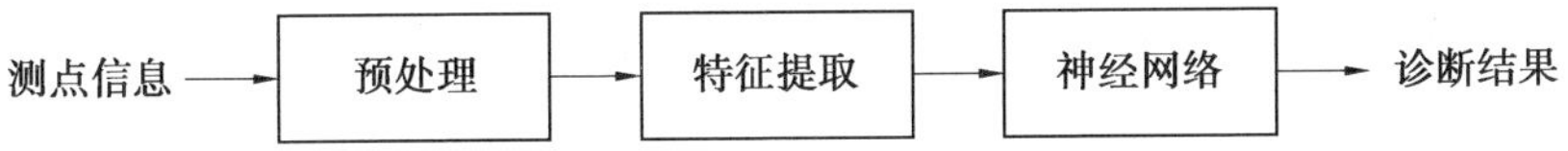


图 5.13　神经网络故障诊断流程图

现在，用带有偏差单元的递归神经网络来实现故障分类。带有偏差单元的递归神经网络输入层有 5 个神经元对应 5 个测试点，输出层有 5 个神经元，隐含层有 10 个神经元，其他关联节点和偏差单元的结构配置与图 5.11 相类似。

带有偏差单元的递归神经网络诊断模型的训练样本见表 5.1，以测试编码作为网络输入，以故障编码作为网络输出，第一层学习率为 1.5，第二层学习率为 1.5，输入偏差学习率为 1.0，输出偏差学习率为 3 000，网络学习到第 7 步，其精度优于 0.01。

**表 5.1　带有偏差单元的递归神经网络诊断模型的训练样本**

| 故障序号 | 测试编码 | 故障编码 |
|---|---|---|
| 1 | 11111 | 00000 |
| 2 | 01000 | 10000 |
| 3 | 10000 | 01000 |
| 4 | 11000 | 00100 |
| 5 | 11100 | 00010 |
| 6 | 11110 | 00001 |

将训练好的网络冻结，以测试编码为输入，使网络处于回想状态，回想结果见表 5.2。

表 5.2 带有偏差单元的递归神经网络对训练模式的回想结果

| 测试编码 | | | | | |
|---|---|---|---|---|---|
| 11111 | 01000 | 10000 | 11000 | 11100 | 11110 |
| 故障编码 | | | | | |
| bit1 | bit2 | bit3 | bit4 | bit5 | |
| 0.000 0 | 0.000 1 | 0.000 0 | 0.000 0 | 0.000 0 | |
| 0.992 2 | 0.000 0 | 0.000 2 | 0.000 1 | 0.000 1 | |
| 0.000 0 | 0.992 2 | 0.000 2 | 0.000 1 | 0.000 1 | |
| 0.000 0 | 0.000 0 | 0.999 9 | 0.000 2 | 0.000 1 | |
| 0.000 1 | 0.000 1 | 0.000 0 | 0.995 2 | 0.000 1 | |
| 0.000 1 | 0.000 1 | 0.000 0 | 0.000 0 | 0.998 5 | |

带有偏差单元的递归神经网络实现故障分类的MATLAB程序如下：

```
clear all;
%标准输入输出数据
p=[1 1 1 1 1
   0 1 0 0 0
   1 0 0 0 0
   1 1 0 0 0
   1 1 1 0 0
   1 1 1 1 0];
t=[0 0 0 0 0
   1 0 0 0 0
   0 1 0 0 0
   0 0 1 0 0
   0 0 0 1 0
   0 0 0 0 1];
%给权值赋初值
w1=eye(5,10);
w2=eye(10,5);
wr=eye(10,10)/3;
wobias=eye(6,5)/4;
wbias=eye(6,10)/6;
x=ones(6,10)/3;
ww2=zeros(10,5)/6;
ww1=zeros(5,10)/6;
wwr=zeros(10,10)/6;
```

```
wwobias=zeros(6,5)/5;
wwbias =zeros(6,10)/4;
g =[1 1 1 1 1];
f =[1 1 1 1 1 1 1 1 1 1]  ;
mmax=0.2;
mmmax=0.1;
%要求的偏差值
h=0.04;
u=0.04;
%输出层权值的学习速度
a=1.5
%隐藏层权值的学习速度
b=1.18
%递归层权值的学习速度
v=1.5;
%输出 bias unit 的学习速度
r=3000;
%输入 bias unit 的学习速度
w=10;
%学习的步数
n=0;
mm=0;
whilemmax>0.01
  %6 个输入模式对依次输入
        %while mmax>0.01
        %10 个隐藏层单元的输入输出
        s=p*w1+x*wr+h*wbias;
        x=exp(-s.^2./2);
        %5 个输出层单元的输入输出
        y=x*w2+u*wobias;
        c=exp(-y.^2./2);
        %希望的输出与实际的输出的偏差
        j=t-c;
dj=max(abs(j));
mmax=max(dj')
ifmmax>0.04
for k=1:6
        %输出层单元的一般化误差
```

```
            d =-j. * y. * exp(-y.^2./2);
            %隐藏层单元的一般化误差
            e =-d * w2'. * s. * exp(-s.^2./2);
            ww2=ww2+a * (f' * d(k,:)). * (g' * x(k,:))';
wwobias=wwobias+r * d * h;
            ww1=ww1+b * (f' * p(k,:))'. * (g' * e(k,:));
wwr=wwr+v * (f' * x(k,:))'. * (f' * e(k,:));
wwbias=wwbias+w * e * u;
end
                ww2=ww2./6;
                ww1=ww1./6;
wwr=wwr./6;
wwobias=wwobias./6;
wwbias=wwbias./6;
                w2=w2+ww2;
                w1=w1+ww1;
wr=wr+wwr;
wobias=wobias+wwobias;
wbias=wbias+wwbias;
end
mm=mm+1;
            n=n+1
nn(mm)=n;
ee(n) =mmax;
ww2=zeros(10,5)/6;
ww1=zeros(5,10)/6;
wwr=zeros(10,10)/6;
wwobias=zeros(6,5)/5;
wwbias =zeros(6,10)/4;
end

%找出所有实际输出与希望输出的最大误差
%所有模式训练后的满足要求的实际输出
c
x=1:1:n
plot(x,ee)
%xlabel('训练步数')
%ylabel('最大误差')
```

运行程序，带有偏差单元的递归神经网络输出的训练误差曲线如图 5.14 所示。

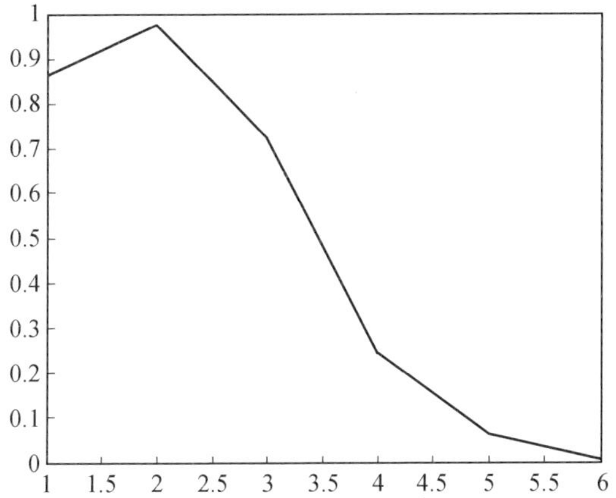


图 5.14　带有偏差单元的递归神经网络输出的训练误差曲线

### 5.3.5　IRN 的故障诊断方法在航天器电源系统故障诊断中的应用

**1. 航天器电源系统的故障树模型**

通常航天器的故障检测与诊断是以航天器的遥测参数为依据进行的故障判别和分析，航天器的测点将不同程度地反映出故障情况，但是由于一个故障可能影响多个测点参数，因此会给专家对航天器故障的分析带来麻烦。

故障树是关于系统结构、功能和行为方面知识的定性因果模型。它是以某一故障事件为根节点，以该故障发生的前提条件为父节点，以测点信息为子节点而建立的反映事件逻辑与或关系的倒树状结构图。从故障诊断角度看，子节点事件是父节点事件的征兆，也是确定父节点事件发生的前提条件，于是可采用 IF—THEN规则来表示其定性的因果关系，即 IF“子事件”THEN“父事件”。因此，故障树分析是一种面向对象的、以故障为中心的分析方法。本节以主电源光照区母线电压过压为根节点，建立故障树，主电源光照区母线电压过压故障树如图 5.15 所示。

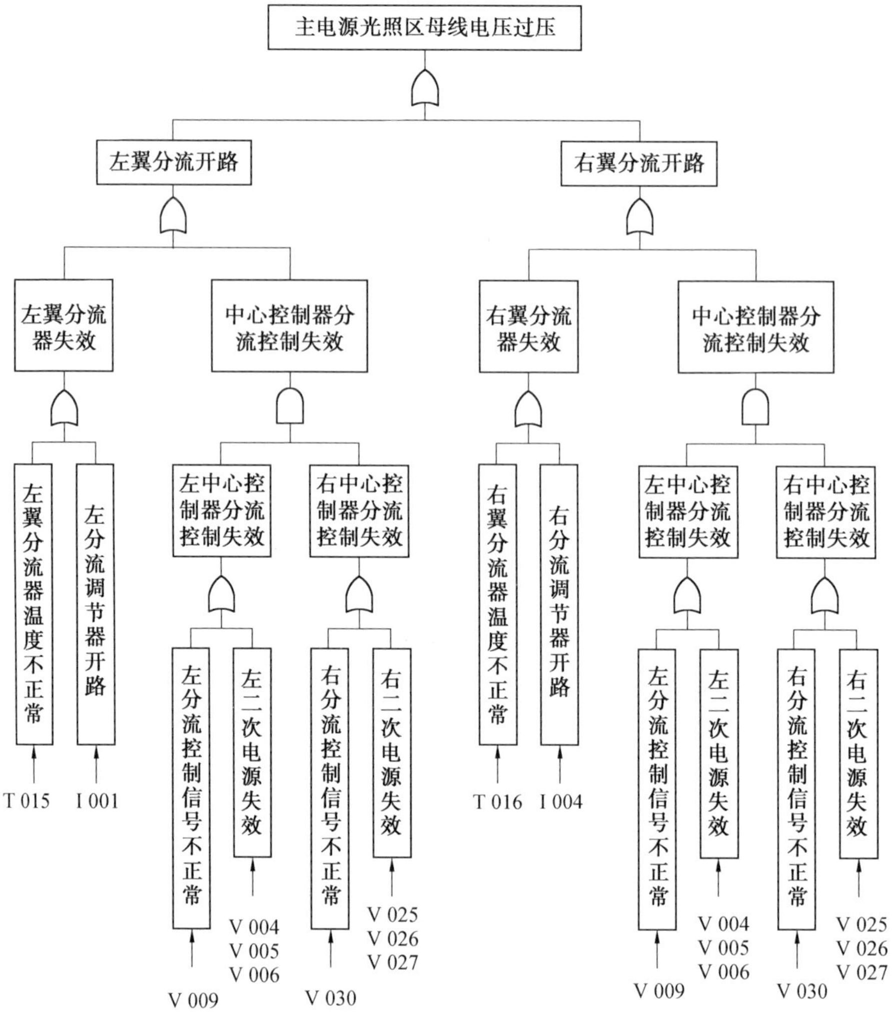


图 5.15　主电源光照区母线电压过压故障树

**2. IRN 在航天器电源系统故障诊断中的应用**

依据上述故障树模型，建立主电源光照区母线电压过压测试编码和故障编码见表 5.3。用 IRN 来实现故障分类，IRN 输入层有 12 个神经元对应 12 个测试点，输出层有 4 个神经元，隐藏层有 20 个神经元，其他关联节点和偏差单元的结构配置与图 5.1 相类似。

以表 5.3 中测试编码作为网络输入，以故障编码作为网络输出，IRN 的第一层学习率为 1.5，第二层学习率为 1.7；输入偏差学习率为 1.0，输出偏差学习率为 3 500；网络学习到第 6 步，其精度优于 0.02。将训练好的网络冻结，使网络处于回想状态，进行仿真测试，回想结果见表 5.4。

**表 5.3　主电源光照区母线电压过压测试编码和故障编码**

| 序号 | 测试编码 | | | | | | | | | | | | 故障编码 | | | |
|---|---|---|---|---|---|---|---|---|---|---|---|---|---|---|---|---|
| | TNt 015 | TNt 016 | INt 001 | INt 004 | VNt 009 | VNt 030 | VNt 004 | VNt 005 | VNt 006 | VNt 025 | VNt 026 | VNt 027 | | | | |
| 1 | 0 | 1 | 1 | 1 | 1 | 1 | 1 | 1 | 1 | 1 | 1 | 1 | 0 | 0 | 0 | 1 |
| 2 | 1 | 0 | 1 | 1 | 1 | 1 | 1 | 1 | 1 | 1 | 1 | 1 | 0 | 0 | 1 | 0 |
| 3 | 1 | 1 | 0 | 1 | 1 | 1 | 1 | 1 | 1 | 1 | 1 | 1 | 0 | 0 | 1 | 1 |
| 4 | 1 | 1 | 1 | 0 | 1 | 1 | 1 | 1 | 1 | 1 | 1 | 1 | 0 | 1 | 0 | 0 |
| 5 | 1 | 1 | 1 | 1 | 0 | 1 | 1 | 1 | 1 | 1 | 1 | 1 | 0 | 1 | 0 | 1 |
| 6 | 1 | 1 | 1 | 1 | 1 | 0 | 1 | 1 | 1 | 1 | 1 | 1 | 0 | 1 | 1 | 0 |
| 7 | 1 | 1 | 1 | 1 | 1 | 1 | 0 | 0 | 0 | 1 | 1 | 1 | 0 | 1 | 1 | 1 |
| 8 | 1 | 1 | 1 | 1 | 1 | 1 | 1 | 1 | 1 | 0 | 0 | 0 | 1 | 0 | 0 | 0 |
| 9 | 1 | 1 | 1 | 1 | 1 | 1 | 1 | 1 | 1 | 1 | 1 | 1 | 1 | 1 | 1 | 1 |

**表 5.4　IRN 对训练模式的回想结果**

| 输入样本 | | | | | | | | |
|---|---|---|---|---|---|---|---|---|
| 011111 111111 | 101111 111111 | 110111 111111 | 111011 111111 | 111101 111111 | 111110 111111 | 111111 00011 | 111111 111000 | 111111 110111 |

| 计算机仿真输出的故障诊断结果 | | | | |
|---|---|---|---|---|
| bit1 | bit2 | bit3 | bit4 | 故障名称 |
| 0.000 0 | 0.000 0 | 0.000 0 | 0.988 7 | 左翼分流器温度不正常 |
| 0.000 0 | 0.000 0 | 0.999 5 | 0.000 1 | 右翼分流器温度不正常 |
| 0.000 0 | 0.000 2 | 0.989 8 | 0.988 8 | 左分流调节器开路 |
| 0.000 0 | 0.995 9 | 0.000 0 | 0.000 2 | 右分流调节器开路 |
| 0.000 0 | 0.985 3 | 0.000 0 | 0.999 8 | 左分流控制信号不正常 |
| 0.000 1 | 0.998 1 | 0.999 9 | 0.000 0 | 右分流控制信号不正常 |
| 0.000 0 | 0.989 7 | 0.989 8 | 0.987 7 | 左二次电源失效 |
| 0.995 9 | 0.000 0 | 0.000 0 | 0.000 2 | 右二次电源失效 |
| 0.978 8 | 0.997 8 | 0.998 9 | 0.999 8 | 主电源光照区母线电压正常 |

## 5.4 基于 Hopfield 神经网络的故障诊断

### 5.4.1 Hopfield 神经网络描述

众所周知，非物质循环的神经网络，无输出至输入的反馈，它保证了网络的稳定性，不会使网络的输出陷入从一个状态到另一个状态无限的遨游，而永不产生一个输出的结果。

循环神经网络具有输出到输入的连续性，网络在接收输入之后，有一个状态不断变化的过程，从计算输出到对它修正后作为输入，然后又计算输出，这一过程一次次重复地进行。

对于稳定的网络，这个步骤迭代的过程产生越来越小的变动，最后达到平衡状态，输出一个固定的值。

对于不稳定的网络，有许多有趣的性质，它适用于一类混沌系统，这里仅讨论稳定的神经网络。

目前尚未找到预测稳定性问题的通用方法，这给确定哪一类网络是稳定的研究者带来了困难。幸运的是，1983 年，Cohen 等人提出一个强有力的网络理论，定义了一类稳定的循环网络，为研究该问题奠定了基础，使更多研究者可探索这个复杂的问题。Hopfield 对循环网络在理论和应用两方面均做出了重要的贡献，因此这类神经网络被称作 Hopfield 神经网络。

Hopfield 最早提出的网络采用了二值神经元，后来推广到多值的。下面先介绍二值的网络，考虑单层循环神经网络(图 5.16)，第零层如前所述，无计算功能，仅起网络的输出作用，作为第一层的输入信息。第一层的每个神经元，计算输入权值累加和，经非线性函数 $F$ 的作用后，产生输出信息，这里的函数 $F$ 是一个简单的阈值函数，阈值为 $\theta$，神经元的计算规则可表示为

$$\begin{cases} X_j = \sum\limits_{i \neq j} w_{ij} y_j + x_j \\ y_j = \begin{cases} 1, & X_j > \theta_j \\ 0, & X_j < \theta_j \\ \text{不变}, & X_j = \theta_j \end{cases} \end{cases} \tag{5.34}$$

网络的状态是所有输出神经元当前值的集合。一个二值神经元的输出是 0 或 1，网络当前状态为一个二进制值。在有两个神经元的输出层中，网络有 4 个状态，分别为 00、01、10 和 11。在有三个神经元的输出层中，网络有 8 个状态，每一次输出都是一个“三位二进制数”。一般地，$n$ 个神经元的输出层有 $2^n$ 个不同

状态，它可与一个 $n$ 维超立方体的顶角相联系。当使用一个输入矢量到网络时，网络的迭代过程不断地从一个顶角转向另一个顶角，直到稳定于一个顶角。如果输入矢量不完全或部分不正确，则网络稳定于所希望顶角附近的一个顶角。

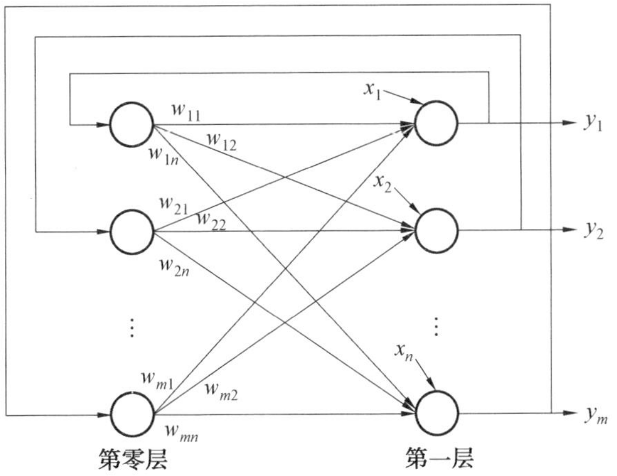


图 5.16　单层循环神经网络

这类 Hopfield 神经网络在什么情况下是稳定的呢？1983 年，科思(Cohen)和葛劳斯伯格(Grossberg)证明：如果网络的权值矩阵 $\boldsymbol{W}$ 是对称的，即当 $i \neq j$ 时，$w_{ij}=w_{ji}$；当 $i=j$ 时，$w_{ij}=0$，则该循环网络是稳定的，Hopfield 引入李雅普诺夫(Lyapunov)函数或称为“能量函数”，该函数在任何时刻总是单调下降，最后达到最小且停止。

$$E=\left(-\frac{1}{2}\right)\sum_i\sum_j w_{ij}y_iy_j-\sum_j x_jy_j+\sum_j \theta_jy_j \tag{5.35}$$

式中，$E$ 为神经网络的能量；$w_{ij}$ 为神经元 $i$ 到神经元 $j$ 的权值；$y_j$ 为神经元 $j$ 的输出；$x_j$ 为神经元 $j$ 的外部输入；$\theta_j$ 为神经元 $j$ 的阈值。

容易证明，网络在变动过程中 $E$ 单调下降，即有

$$\Delta E=-\left(\sum_{i\neq j}w_{ij}y_i+x_j-\theta_j\right)\Delta y_j=-(X_j-\theta_j)\Delta y_j\leqslant 0 \tag{5.36}$$

式中，$\Delta E$ 为能量 $E$ 的变化量；$\Delta y_j$ 为神经元 $j$ 的输出变化量。

假定神经元 $j$ 的权值累加和 $X_j$ 大于阈值 $\theta_j$，这将使式(5.36)中方括号为正。由式(5.36)可知，$y_j$ 的正方向变动或保持常值，使 $\Delta y_j$ 只能是正值或 0，故 $\Delta E$ 必小于等于 0，即网络能量 $E$ 或是减小，或是不变。

假定 $X_j$ 小于阈值 $\theta_j$，$\Delta y_j$ 只能是负值或 0，故能量 $E$ 也是减小，或是保持不变。在 $X_j$ 等于阈值 $\theta_j$ 时，$\Delta y_j$ 为 0，$E$ 不变。

这就证明了，由于 $E$ 有界，且能量 $E$ 在演变过程中不断减小，因此网络必趋于最小值，迭代过程停止。

按定义，网络稳定的充分条件是网络权值矩阵是对称的，但这不是必要条件。有许多网络是稳定的，但并不满足权值矩阵的对称性。

### 5.4.2 双向联想记忆

考虑两层反馈型网络，其输入层 $F_A$ 包括 $n$ 个神经元 $\{a_1, a_2, \cdots, a_n\}$，$a_i=1$ 表示第 $i$ 个神经元兴奋，$a_i=0$ 表示第 $i$ 个神经元抑制，$F_A=\{0,1\}^n$；输出层 $F_B$ 包括 $m$ 个神经元 $\{b_1, b_2, \cdots, b_m\}$，其中 $b_i=1$ 表示第 $i$ 个神经元兴奋，$b_i=0$ 表示第 $i$ 个神经元抑制，$F_B=\{0,1\}^m$。联想记忆就是一个矢量空间的变换 $\boldsymbol{W}: \mathbf{R}^n \to \mathbf{R}^m$。假若映射是线性的，那么当输入一个矢量 $\boldsymbol{A}$ 时，经过变换，输出矢量 $\boldsymbol{B}=\boldsymbol{A}\times\boldsymbol{W}$，这样双向联想记忆(bidirectional associative memory, BAM)网络就是二值乘积空间 $F_A\times F_B$ 上的一个点 $(\boldsymbol{A}, \boldsymbol{B})$。

怎样存储 $P$ 中样本数据对 $(\boldsymbol{A}_1, \boldsymbol{B}_1), (\boldsymbol{A}_2, \boldsymbol{B}_2), \cdots, (\boldsymbol{A}_p, \boldsymbol{B}_p)$ 呢？目前存储的方法有很多种，不同的存储方式就构成了不同的算法，这里把样本数据对用矩阵的方式存储如下：

$$\boldsymbol{W}=\sum_{i=1}^{p}\boldsymbol{A}_i^{\mathrm{T}}\times\boldsymbol{B}_i, \quad \boldsymbol{W}^{\mathrm{T}}=\sum_{i=1}^{p}\boldsymbol{B}_i^{\mathrm{T}}\times\boldsymbol{A}_i \tag{5.37}$$

如果输入 $\boldsymbol{A}_1, \boldsymbol{A}_2, \cdots, \boldsymbol{A}_p$ 是正交的，即

$$\boldsymbol{A}_i\times\boldsymbol{A}_j^{\mathrm{T}}=\begin{cases}1, & i=j\\ 0, & i\neq j\end{cases} \tag{5.38}$$

那么 $\boldsymbol{A}_i\times\boldsymbol{W}=\boldsymbol{A}_i\times\boldsymbol{A}_i^{\mathrm{T}}\times\boldsymbol{B}_i+\sum_{j\neq i}(\boldsymbol{A}_i\times\boldsymbol{A}_j^{\mathrm{T}})\times\boldsymbol{B}_j=\boldsymbol{B}_i$

为了提高联想记忆的精度，可以把输出得到的 $\boldsymbol{B}$，反馈到 BAM 网络中得到 $\boldsymbol{A}'$，再把 $\boldsymbol{A}'$ 送入 BAM 网络中得到 $\boldsymbol{B}'$，$\boldsymbol{B}'$ 再反馈得到 $\boldsymbol{A}''$ 等，重复进行，最后会收敛到 $(\boldsymbol{A}_f, \boldsymbol{B}_f)$。

$$\begin{gathered}
\boldsymbol{A}\to\boldsymbol{W}\to\boldsymbol{B}\\
\boldsymbol{A}'\leftarrow\boldsymbol{W}^{\mathrm{T}}\leftarrow\boldsymbol{B}\\
\boldsymbol{A}'\to\boldsymbol{W}\to\boldsymbol{B}'\\
\boldsymbol{A}''\leftarrow\boldsymbol{W}^{\mathrm{T}}\leftarrow\boldsymbol{B}'\\
\vdots\\
\boldsymbol{A}_f\to\boldsymbol{W}\to\boldsymbol{B}_f\\
\boldsymbol{A}_f'\leftarrow\boldsymbol{W}^{\mathrm{T}}\leftarrow\boldsymbol{B}_f
\end{gathered}$$

另外，$b_j$ 和 $a_i$ 处的状态规定为

$$b_j=\begin{cases}1, & \boldsymbol{A}\times\boldsymbol{w}_j>0\\ 0, & \boldsymbol{A}\times\boldsymbol{w}_j<0\end{cases} \tag{5.39}$$

$$a_i=\begin{cases}1, & \boldsymbol{B}\times\boldsymbol{w}_i^{\mathrm{T}}>0\\ 0, & \boldsymbol{B}\times\boldsymbol{w}_i^{\mathrm{T}}<0\end{cases} \tag{5.40}$$

如果联想记忆矩阵 $\boldsymbol{W}$ 对每个输入对 $(\boldsymbol{A},\boldsymbol{B})$ 都收敛，那么 $\boldsymbol{W}$ 就是双向稳定的。

Hopfield 提出过最小能量原理，认为任何系统有一种向能量最小状态运行的趋势，在双向联想记忆中，前向信息流的能量为 $\boldsymbol{AWB}^{\mathrm{T}}$，后向信息流的能量为 $\boldsymbol{BW}^{\mathrm{T}}\boldsymbol{A}^{\mathrm{T}}$，双值对 $(\boldsymbol{A},\boldsymbol{B})$ 的能量就是前向—后向的能量之和。

当 $\boldsymbol{W}=\boldsymbol{W}^{\mathrm{T}}$ 时，有

$$E(\boldsymbol{A},\boldsymbol{B})=-\frac{1}{2}\boldsymbol{AWB}^{\mathrm{T}}-\frac{1}{2}\boldsymbol{BW}^{\mathrm{T}}\boldsymbol{A}^{\mathrm{T}}=-\boldsymbol{AWB}^{\mathrm{T}}$$

如果状态发生了变化，下面分析 $F_A$ 的情况（$F_B$ 的分析是类似的），有

$$\Delta\boldsymbol{A}=\boldsymbol{A}_2-\boldsymbol{A}_1=[\Delta a_1\quad \Delta a_2\quad \cdots\quad \Delta a_n]$$

能量的变化为

$$\Delta E=E_2-E_1=-\Delta\boldsymbol{AWB}^{\mathrm{T}}=-\sum_i\Delta a_i\sum_j b_j w_{ij}=-\sum\Delta a_i\boldsymbol{BW}_i^{\mathrm{T}}\tag{5.41}$$

由式(5.39)可知，当 $\Delta a_i>0$ 时，$\boldsymbol{BW}_i^{\mathrm{T}}>0$；当 $\Delta a_i<0$ 时，$\boldsymbol{BW}_i^{\mathrm{T}}<0$ 即 $\Delta a_i\boldsymbol{BW}_i^{\mathrm{T}}>0$，所以 $\Delta E<0$。

同理对 $F_B$，$\Delta E=-\boldsymbol{AW}\Delta\boldsymbol{B}^{\mathrm{T}}<0$。

因为 $\boldsymbol{W}$ 是 $n\times m$ 实矩阵，所以它是双向稳定的。双值的 BAM 网络对所有的矩阵 $\boldsymbol{W}$ 都是双向稳定的，每个突触连接的拓扑，无论位数 $n$、$m$ 多大，都将会很快地收敛。

假若已经存好了两对样本 $\boldsymbol{A}_1=[1\quad 1\quad 0\quad 0]$，$\boldsymbol{A}_2=[1\quad 0\quad 1\quad 1]$，当输入 $\boldsymbol{A}_0=[1\quad 0\quad 0\quad 0]$时，它是靠近 $\boldsymbol{A}_1$ 还是 $\boldsymbol{A}_2$ 呢？为了解决这个问题，规定了 $\boldsymbol{A}_i$ 和 $\boldsymbol{A}_j$ 的贴近度 $\rho(\boldsymbol{A}_i,\boldsymbol{A}_j)$。

令 $\rho(\boldsymbol{A}_i,\boldsymbol{A}_j)$是 $\boldsymbol{L}^1$ 空间上的一个度量，则有

$$\rho(\boldsymbol{A}_i,\boldsymbol{A}_j)=\|\boldsymbol{A}_i-\boldsymbol{A}_j\|=\sum_{k=1}^{n}|a_{ik}-a_{jk}|\tag{5.42}$$

$\rho$ 越小，表示 $\boldsymbol{A}_i$ 与 $\boldsymbol{A}_j$ 越接近；$\rho$ 越大，表示 $\boldsymbol{A}_i$ 与 $\boldsymbol{A}_j$ 的差异越大；当 $\rho=0$ 时，$\boldsymbol{A}_i$ 与 $\boldsymbol{A}_j$ 完全贴近，即 $\boldsymbol{A}_i=\boldsymbol{A}_j$；当 $\rho=n$ 时，$\boldsymbol{A}_i$ 与 $\boldsymbol{A}_j$ 的差异最大，此时 $\boldsymbol{A}_i^{\mathrm{c}}=\boldsymbol{A}_j$（$\boldsymbol{A}_i^{\mathrm{c}}$ 为 $\boldsymbol{A}_i$ 的补集）。

另外，具体应用算法时还需做一些改进。因为 $\boldsymbol{A}_i$、$\boldsymbol{B}_i$ 均为二值矢量，其中 $\boldsymbol{A}_i=[a_{i1}\quad a_{i2}\quad \cdots\quad a_{in}]$，并且 $a_{ij}\in\{0,1\}^n(j=1,2,\cdots,n)$，所以 $\boldsymbol{AW}_i$ 和 $\boldsymbol{BW}_i^{\mathrm{T}}$ 永远不会为负值，状态转移规则的式子就有 $a_i=b_j=1$，这样矩阵 $\boldsymbol{W}$ 将不包含任何拟制信息，这就不能正确地工作。如果用两极状态矢量代替二值状态矢量，就可能解决这一问题。二值矢量中的 0 由 −1 代替，组成两极对$(\boldsymbol{X}_i,\boldsymbol{Y}_i)$，于是采用如下处理方式：

$$\boldsymbol{X}_i=2\boldsymbol{A}_i-\boldsymbol{I},\quad \boldsymbol{Y}_i=2\boldsymbol{B}_i-\boldsymbol{I}\tag{5.43}$$

式中，$\boldsymbol{I}$ 为单位矢量。

于是，由式(5.37)得

$$W=X_1^{\mathrm{T}}Y_1+X_2^{\mathrm{T}}Y_2+\cdots+X_p^{\mathrm{T}}Y_p \tag{5.44}$$

### 5.4.3 卫星姿态控制器故障诊断

卫星姿态控制系统(图5.17)，包括卫星、飞轮、控制器和姿态敏感器，任一部分出现故障都将造成系统的异常。

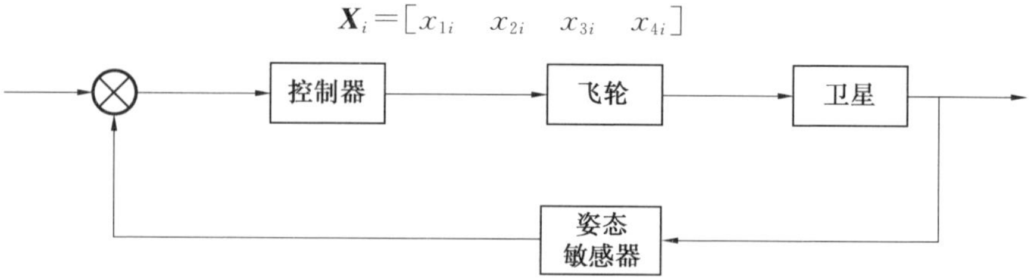


图5.17 卫星姿态控制系统

下面讨论Hopfield神经网络的故障诊断。为方便起见，这里仅诊断姿态控制器和飞轮两部分的故障，故障原因有控制器故障、控制器误指令、飞轮不工作、飞轮误动作，其故障表示如下。

令 $X_i=[x_{1i}\quad x_{2i}\quad x_{3i}\quad x_{4i}]$ 为输入矢量，表示输入的故障现象信息。

$Y_i=[y_{1i}\quad y_{2i}\quad y_{3i}\quad y_{4i}]$ 为输出矢量，表示输出的故障容错策略。

式中，$x_{1i}$ 为控制器故障；$x_{2i}$ 为控制器误指令；$x_{3i}$ 为飞轮不工作；$x_{4i}$ 为飞轮误动作；$y_{1i}$ 为启用备份控制器；$y_{2i}$ 为调用容错控制算法；$y_{3i}$ 为启动备份飞轮；$y_{4i}$ 为调用飞轮故障补偿算法。

训练对为(样本用极对表示)

$$X_1=[1\quad 1\quad -1\quad -1]\leftrightarrow Y_1=[1\quad -1\quad -1\quad -1]$$
$$X_2=[1\quad -1\quad 1\quad -1]\leftrightarrow Y_2=[-1\quad 1\quad -1\quad -1]$$
$$X_3=[-1\quad 1\quad -1\quad 1]\leftrightarrow Y_3=[-1\quad -1\quad 1\quad -1]$$
$$X_4=[-1\quad -1\quad 1\quad -1]\leftrightarrow Y_4=[-1\quad -1\quad -1\quad 1]$$

这里−1表示该位代表的设备正常，所以权值矩阵为

$$W=\sum_{i=1}^{4}X_i^{\mathrm{T}}Y_i=\begin{bmatrix}2&2&-2&-2\\2&-2&2&-2\\-2&2&-2&2\\0&0&4&0\end{bmatrix}$$

相应的正反计算分别为

$$\boldsymbol{X}_1\boldsymbol{W}=[6\quad -2\quad -2\quad -6]\to\boldsymbol{Y}_1=[1\quad -1\quad -1\quad -1]$$
$$\boldsymbol{X}_2\boldsymbol{W}=[-2\quad 6\quad -10\quad 2]\to\boldsymbol{Y}_2=[-1\quad 1\quad -1\quad -1]$$
$$\boldsymbol{X}_3\boldsymbol{W}=[2\quad -6\quad 10\quad -2]\to\boldsymbol{Y}_3=[-1\quad -1\quad 1\quad -1]$$
$$\boldsymbol{X}_4\boldsymbol{W}=[-6\quad 2\quad -6\quad 6]\to\boldsymbol{Y}_4=[-1\quad -1\quad -1\quad 1]$$
$$\boldsymbol{Y}_1\boldsymbol{W}^{\mathrm{T}}=[4\quad 4\quad -4\quad -4]\to\boldsymbol{X}_1=[1\quad 1\quad -1\quad -1]$$
$$\boldsymbol{Y}_2\boldsymbol{W}^{\mathrm{T}}=[4\quad -4\quad 4\quad -4]\to\boldsymbol{X}_2=[1\quad -1\quad 1\quad -1]$$
$$\boldsymbol{Y}_3\boldsymbol{W}^{\mathrm{T}}=[-4\quad 4\quad -4\quad 4]\to\boldsymbol{X}_3=[-1\quad 1\quad -1\quad 1]$$
$$\boldsymbol{Y}_4\boldsymbol{W}^{\mathrm{T}}=[-4\quad -4\quad 4\quad 4]\to\boldsymbol{X}_4=[-1\quad -1\quad 1\quad 1]$$

如果输入 $\boldsymbol{X}=[1\quad -1\quad -1\quad -1]$，则按上述规则可知，表示控制器故障，但究竟是哪一类故障则不清楚，根据最近距离公式：

$$\rho(\boldsymbol{X}_i,\boldsymbol{X}_j)=\sum|x_{ik}-x_{jk}|$$

有 $\rho(\boldsymbol{X},\boldsymbol{X}_1)=\rho(\boldsymbol{X}_1,\boldsymbol{X}_2)=1$，$\rho(\boldsymbol{X}_1,\boldsymbol{X}_3)=\rho(\boldsymbol{X}_1,\boldsymbol{X}_4)=3$。$\boldsymbol{X}_1$ 与 $\boldsymbol{X}_2$ 接近于 $\boldsymbol{X}$，这与直观解释是一致的。实际上，计算将稳定在

$$\boldsymbol{X}\boldsymbol{W}=[4\quad 0\quad -8\quad 0]\to\boldsymbol{Y}=[1\quad -1\quad -1\quad -1]$$
$$\boldsymbol{Y}\boldsymbol{W}^{\mathrm{T}}=[8\quad 4\quad -4\quad -8]\to\boldsymbol{X}=[1\quad -1\quad -1\quad -1]$$

这里 $\boldsymbol{Y}=[1\quad 1\quad -1\quad -1]=\boldsymbol{Y}_1+\boldsymbol{Y}_2$，即应用时考虑解决办法 $\boldsymbol{Y}_1$ 和 $\boldsymbol{Y}_2$，给故障诊断处理提供了依据。

上述例子仅仅说明神经网络用于故障诊断的方法。实际的问题和系统要复杂很多，可以通过传感器、测量仪器把系统的故障现象信息输入网络，网络计算的结果直接显示给用户，以便及时检查和修复。

## 5.5　MATLAB 拟合工具箱在航天飞机安全着陆决策中的应用

航天飞机是一种有人驾驶可重复使用的航天器，它既能像火箭一样垂直起飞，像太空飞船一样在轨道上运行，又能像飞机一样水平着陆。航天飞机的自主着陆过程是无动力飞行，考虑着陆安全性，除了可以选择自动着陆系统外，还可以根据各种自身与外界条件，选择人工辅助自主着陆，以获取最大的着陆安全度。

影响航天飞机能否自主着陆的因素包括：稳定性(稳定为 1，不稳定为 2)；误差大小(超大为 1，较大为 2，中为 3，小为 4)；信号(正为 1，负为 2)；风向(头为 1，尾为 2)；风力(低为 1，中为 2，强为 3，超出范围为 4)；着陆决策(半自主为 1，自主为 2)。表 5.5 所示为航天飞机自主与半自主着陆实测数据，这些数据可以使用神经网络进行拟合，进而预报即将着陆的航天飞机的着陆策略。

表 5.5　航天飞机自主与半自主着陆实测数据

| 着陆序号 | 稳定性 | 误差大小 | 信号 | 风向 | 风力 | 着陆决策 |
|---|---|---|---|---|---|---|
| 1 | 2 | 1 | 1 | 1 | 1 | 1 |
| 2 | 2 | 1 | 1 | 1 | 2 | 1 |
| 3 | 2 | 1 | 1 | 1 | 3 | 1 |
| 4 | 2 | 1 | 1 | 1 | 4 | 1 |
| ⋮ | ⋮ | ⋮ | ⋮ | ⋮ | ⋮ | ⋮ |
| 121 | 1 | 3 | 1 | 1 | 2 | 2 |
| 122 | 1 | 3 | 1 | 2 | 1 | 2 |
| 123 | 1 | 3 | 1 | 2 | 2 | 2 |
| 124 | 1 | 3 | 1 | 1 | 3 | 1 |
| 125 | 1 | 3 | 1 | 2 | 3 | 2 |

建立数据集“航天飞机着陆控制数据集. xlsx”，学习神经网络拟合工具箱(nftool)的应用。

在 MATLAB 命令窗口输入指令：

```
>> input=xlsread("D:\BP 例题\着陆控制数据集. xlsx","Sheet1","B1:DV5");
>> output=xlsread("D:\BP 例题\着陆控制数据集. xlsx","Sheet1","B6:DV6");
```

在命令行窗口输入“nftool”，按回车键(图 5.18)，或在“APP”选项卡下拉菜单中的机器学习和深度学习模块，打开 MATLAB 自带的神经网络工具箱“Neural Net Fitting”(图 5.19)。图 5.18 所示的网络可以利用“fitnet”函数，实现函数拟合问题。

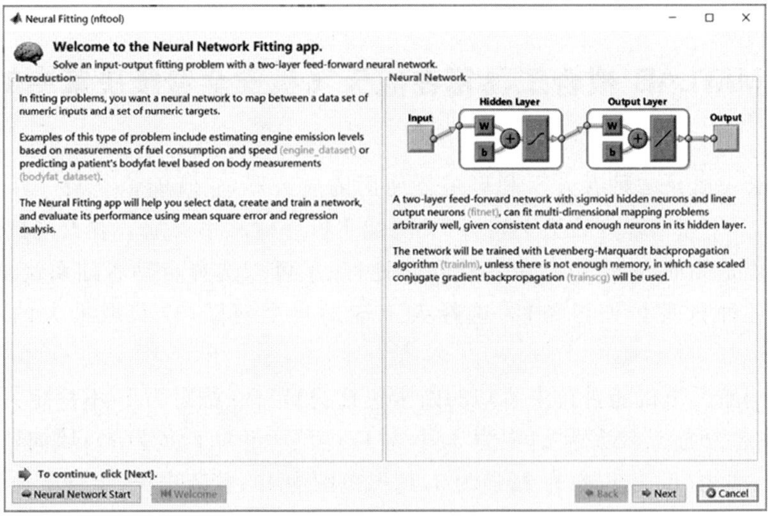


图 5.18　在命令行窗口输入“nftool”后的界面

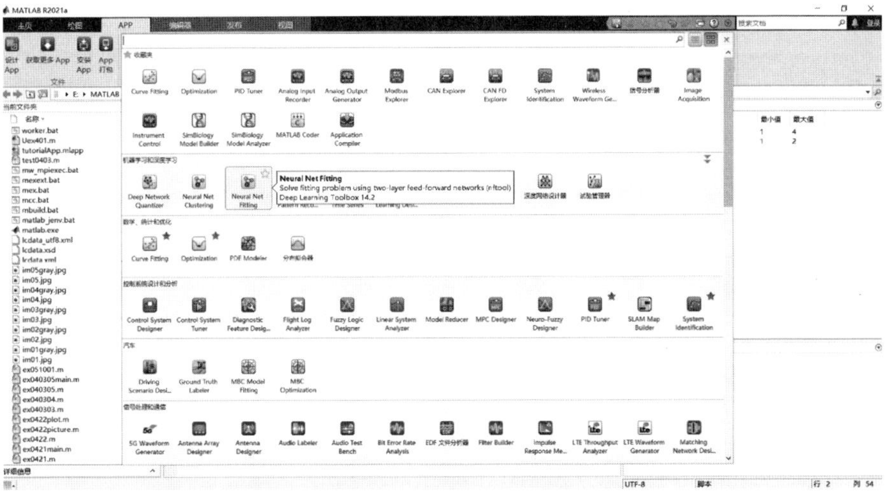


图 5.19 打开“Neural Net Fitting”工具箱

图 5.19 右半部分介绍了神经网络的输入和输出之间的关系，此时网络默认使用 LM 反向传播算法进行训练，除非内存不足，否则将使用量化共轭梯度反向传播算法。单击“Next”按钮进入下一步(图 5.20)，选择输入矩阵“input”与输出矩阵“output”。

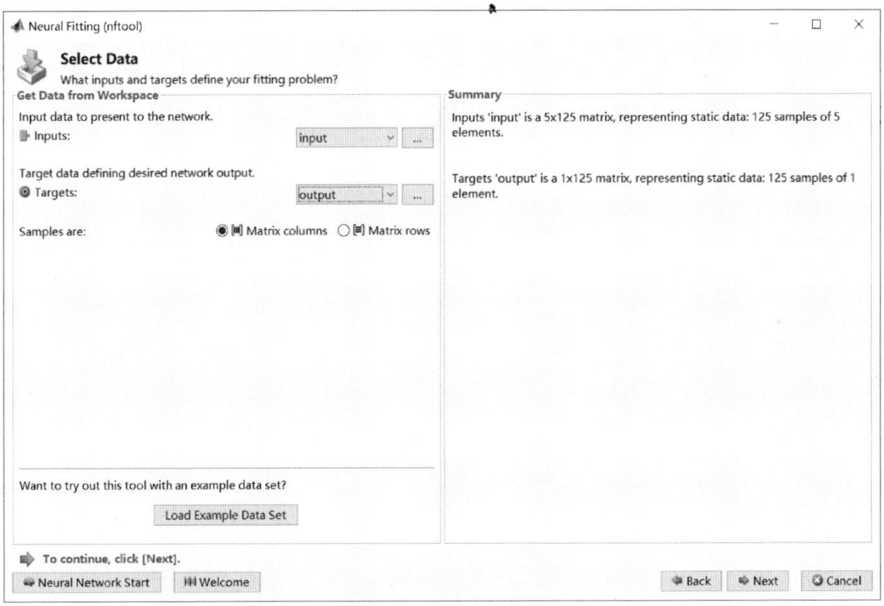


图 5.20 设置网络的输入与输出(拟合工具箱)

单击“Next”按钮，进入图 5.21 所示界面，选择训练集、验证集、测试集的样本比例，通常按照默认设置即可。

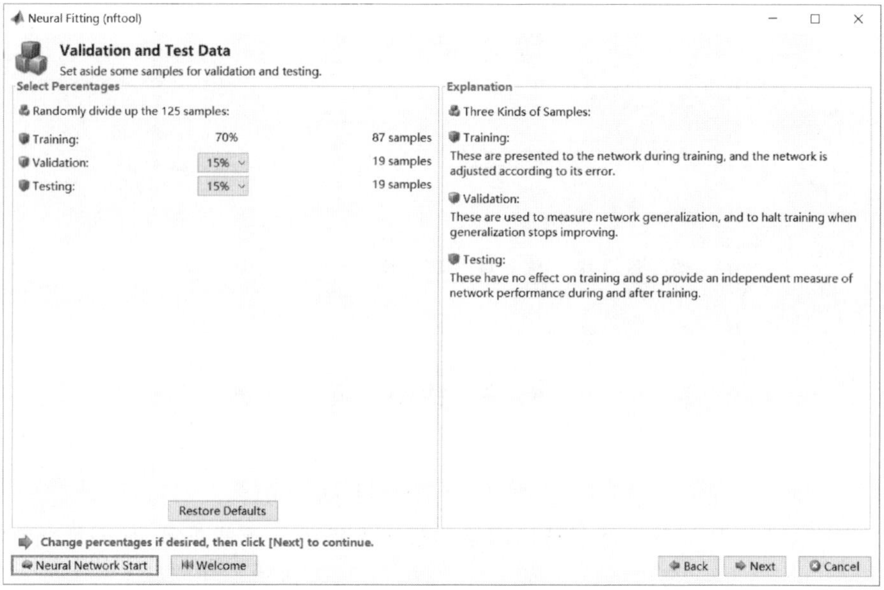


图 5.21　训练集、验证集、测试集的样本比例选择（拟合工具箱）

在 125 个样本中，采用随机选取方式，分成三个集合：70％ 用于训练；15％ 用于验证网络是否正在泛化，并在过拟合前停止训练；15％ 用于独立测试网络泛化。选择完毕后，单击“Next”按钮，进入图 5.22 所示界面，自定义隐藏层的神经元个数，这里根据 kolmogorov 定理，以 8 个神经元为例进行训练。

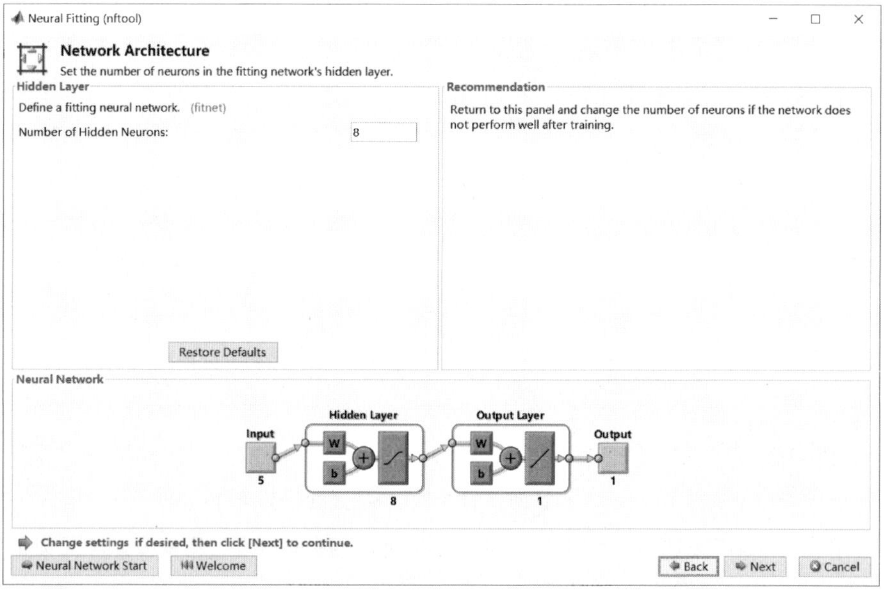


图 5.22　自定义隐藏层的神经元个数（拟合工具箱）

单击“Next”按钮，进入图 5.23 所示界面，选择训练算法，准备训练。

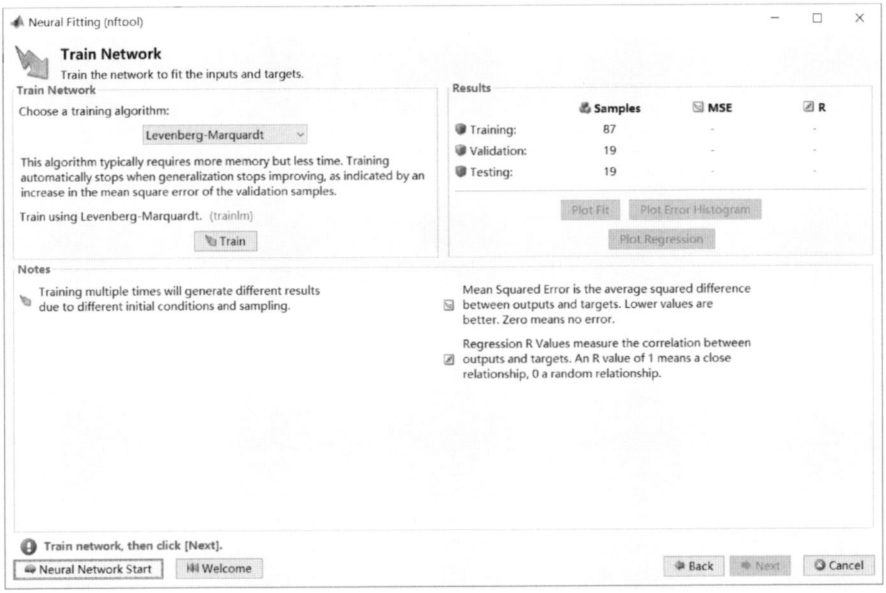


图 5.23　选择训练算法，准备训练(拟合工具箱)

可在图 5.23 中选择训练算法，有 LM 算法(levenberg－marquardt)、贝叶斯正则化算法(Bayesian regularization)、量化共轭梯度算法(scaled conjugate gradient)，默认为 LM 算法，即采用“trainlm”函数进行训练。然后单击“Train”开始训练，得到如图 5.24 所示的航天飞机安全着陆训练界面，可观察此神经网络训练过程具体的各项参数。

在训练界面中，需要注意误差精度“Mu”和泛化性“Validation Checks”。关于误差精度参数的一种理解是，用于给神经网络的权重再加一个调制，这样可以避免在 BP 神经网络训练的过程中陷入局部最小值，其范围为 0～1。泛化性表示 BP 神经网络在训练过程中，如果均方误差(MSE)连续 6 次不降反升，则网络停止训练。在训练界面中，还可获得各种训练图像。

(1)网络性能“Performance”。

航天飞机安全着陆训练网络性能如图 5.25 所示，可得到训练集、验证集、测试集和总体的均方误差随训练次数的变化图像，其中圆圈对应验证集的均方误差。

(2)训练阶段参数变化情况“Training State”。

航天飞机安全着陆训练阶段参数变化情况如图 5.26 所示。

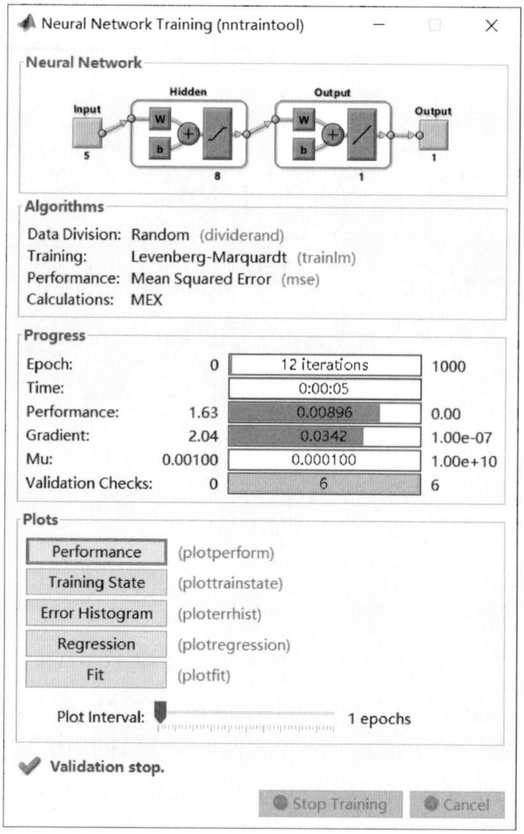


图 5.24　航天飞机安全着陆训练界面(拟合工具箱)

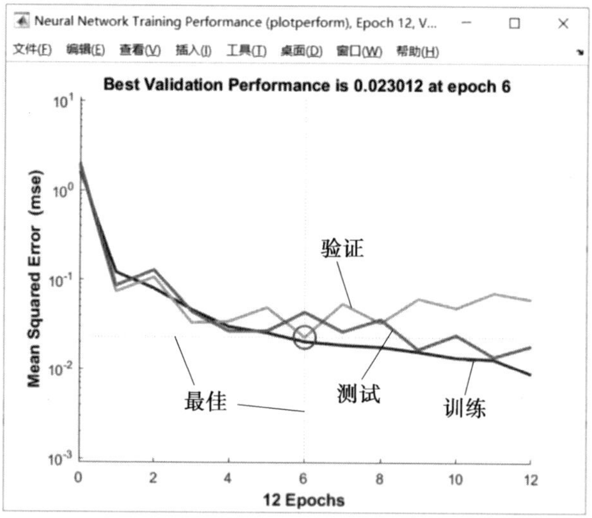


图 5.25　航天飞机安全着陆训练网络性能(拟合工具箱)

一般情况下，经过更多轮数的训练后，误差会减小，但随着网络开始过拟合训练数据，基于验证数据集的误差可能会开始增大。在默认设置中，验证误差连续 6 次增大后，训练将停止，最优性能取自验证误差最低的那一轮训练。

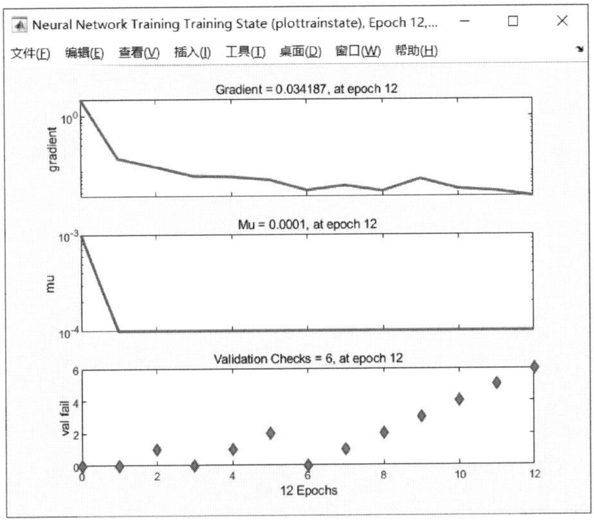


图 5.26　航天飞机安全着陆训练阶段参数变化情况（拟合工具箱）

(3)误差直方图"Error Histogram"。

航天飞机安全着陆训练误差直方图如图 5.27 所示。

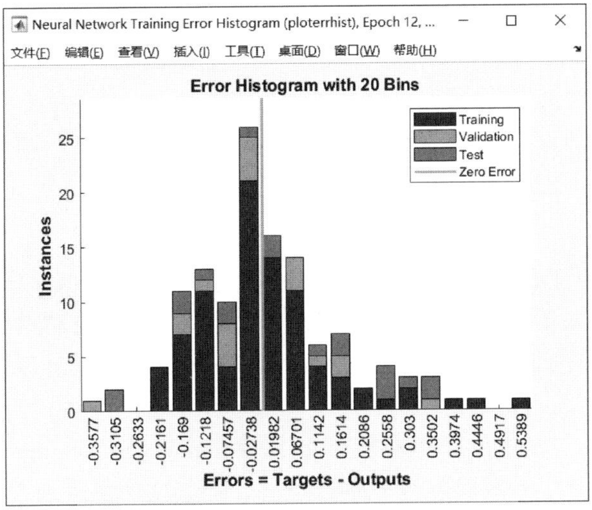


图 5.27　航天飞机安全着陆训练误差直方图（拟合工具箱）

图 5.27 中黑条"Training"表示训练数据，深灰条"Validation"表示验证数据，浅灰条"Test"表示测试数据，灰线"Zero Error"表示零误差。误差直方图可

以指示离群值，这些离群值是拟合明显比大部分数据差的数据点。最好检查离群值以确定数据是否不良，或者这些数据点是否不同于数据集的其余部分。如果离群值是有效的数据点，但不同于其余数据，则网络将对这些点进行外插。可收集更多看起来像离群值数据点的数据，并重新训练网络，再显示训练集、验证集和测试集的误差分布直方图像。

(4)相关性分析“Regression”。

航天飞机安全着陆训练相关性分析如图 5.28 所示。对各个样本集和总体的相关性进行分析，可得到各自的相关系数 $R$。

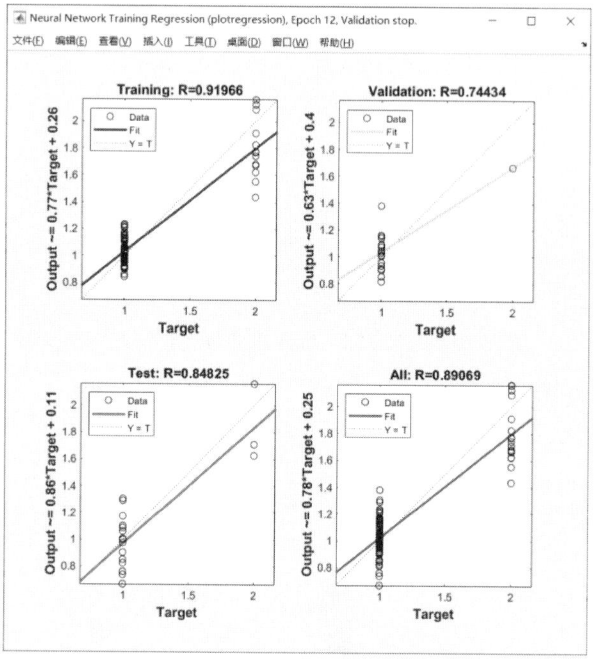


图 5.28　航天飞机安全着陆训练相关性分析

如果是完美拟合，数据应该沿 45°线下降，其中网络输出等于响应。对于本例问题，所有数据集的拟合效果都很不错。如果需要更准确的结果，可以再次单击训练重新训练网络。每次训练都会采用不同网络初始权重和偏置，并且在重新训练后可以产生改进的网络。

通常 MSE 的值越小，$R$ 值越接近 1，则模型拟合越好，可以从训练后的图表或图 5.25 中读出。若对此结果不满意，可在图 5.23 所示界面单击“Next”按钮进入图 5.29 所示界面，添加测试输入和输出后重新训练。

训练结束后连续单击“Next”按钮，直至显示图 5.30 所示界面，单击“Save Results”按钮，即可将训练完成的神经网络保存至 MATLAB 工作区，默认名“net”，可自由更改。之后单击“Finish”按钮结束训练。

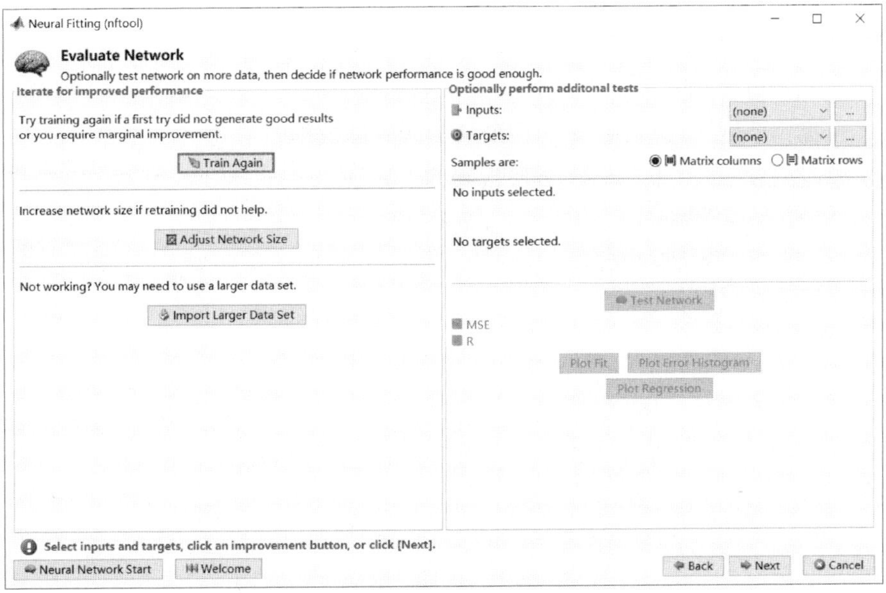


图 5.29　可添加测试数据重新训练

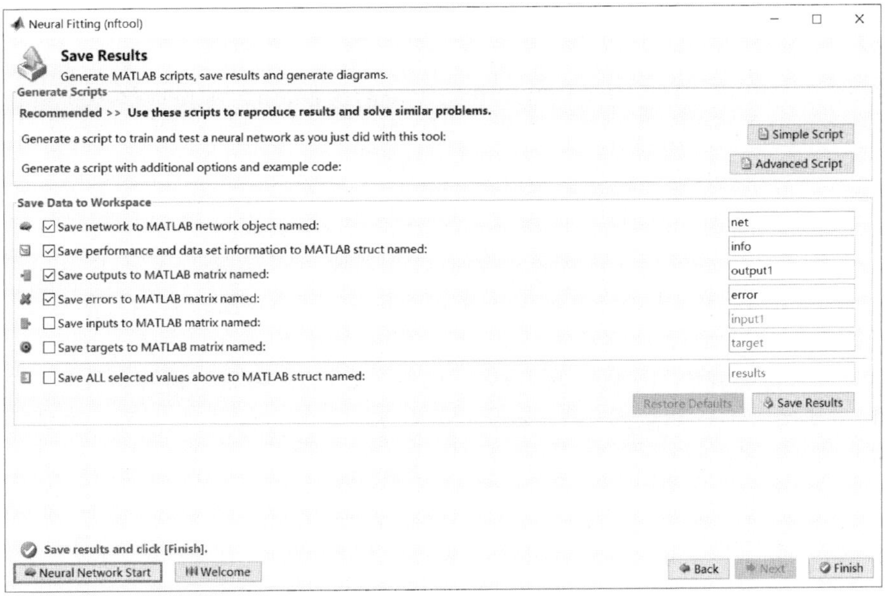


图 5.30　神经网络保存界面

调用时，可使用“sim”函数对输入数据进行预测。

例如输入以下程序代码：

```
>> test = [2 1 1; 3 4 3;2 1 2;2 1 2;1 3 4]
>>predict=sim(net,test)
```

运行结果：

```
predict =
    1.0294    1.9359    0.9738
```

再看一个例子，选取附录A中的第4次着陆数据。

例如，输入为[2 1 1 1 4]，程序代码如下：

```
>> test=[2 1 1 1 4]
>>predict=sim(net,test)
```

运行结果：

```
predict =
    0.9005
```

对应输出为“0.9005”，近似为1。代表当稳定性为“不稳定”、误差大小为“中”、信号为“负”、风向为“尾”、风力为“超出范围”时，建议手动着陆(半自主着陆方式)。

## 5.6 MATLAB模式识别工具箱在航天飞机安全着陆决策中的应用

继续利用5.5节航天飞机自主着陆决策的数据，学习神经网络模式识别工具箱(nprtool)的应用。

在MATLAB命令窗口输入指令：

```
>> input=xlsread("D:\BP例题\着陆控制数据集.xlsx","Sheet1","B1:DV5");
>> output=xlsread("D:\BP例题\着陆控制数据集.xlsx","Sheet1","B6:DV6");
```

需要指出的是，在运用神经网络模式识别工具箱时，输出数据只能包含“0”与“1”矢量，因此需要对输出矩阵output做预处理，因为矩阵output只有一列(或一行)，可以利用如下程序进行简单处理，将output转换为output_1。

输入以下程序代码：

```
output_1 = zeros(max(output),numel(output));
for i = 1:numel(output)
output_1(output(i),i) = 1;
end
```

通过上述程序，矩阵变换后，输出(1 0)代表着陆决策取值“半自主着陆”，输出(0 1)代表着陆决策取值“自主着陆”，满足调用模式识别工具箱的条件。

在命令行窗口输入“nprtool”，按回车键，或在“APP”选项卡下拉菜单中的机器学习和深度学习模块中，打开MATLAB自带的神经网络工具箱“Neural Net Pattern Recognize”(图5.31)。

图 5.31 所示右半部分讲述了神经网络的输入和输出之间的关系。网络将使用量化共轭梯度反向传播算法(trainscg)。

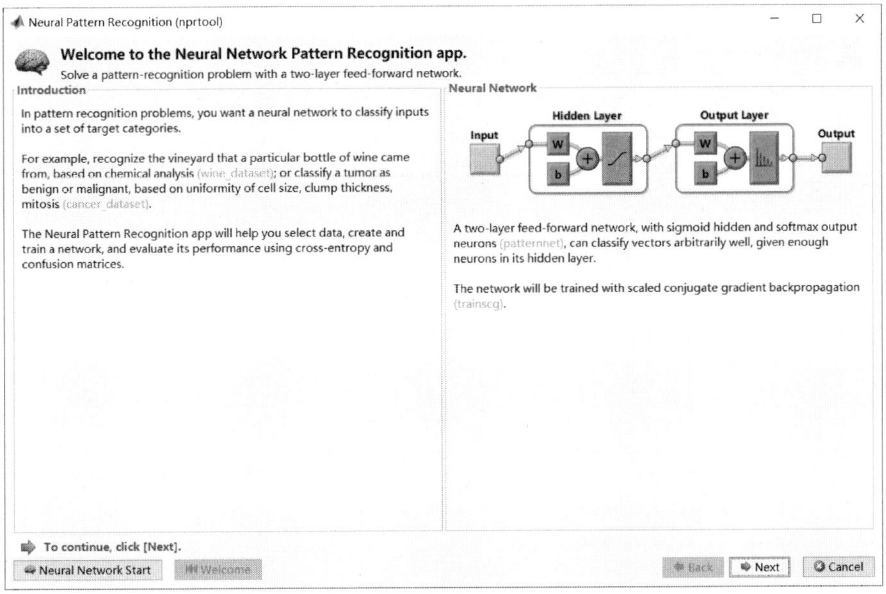


图 5.31　打开“Neural Net Pattern Recognize”工具箱

单击“Next”按钮进入下一步(图 5.32),选择输入矩阵“input”与输出矩阵“output_1”。

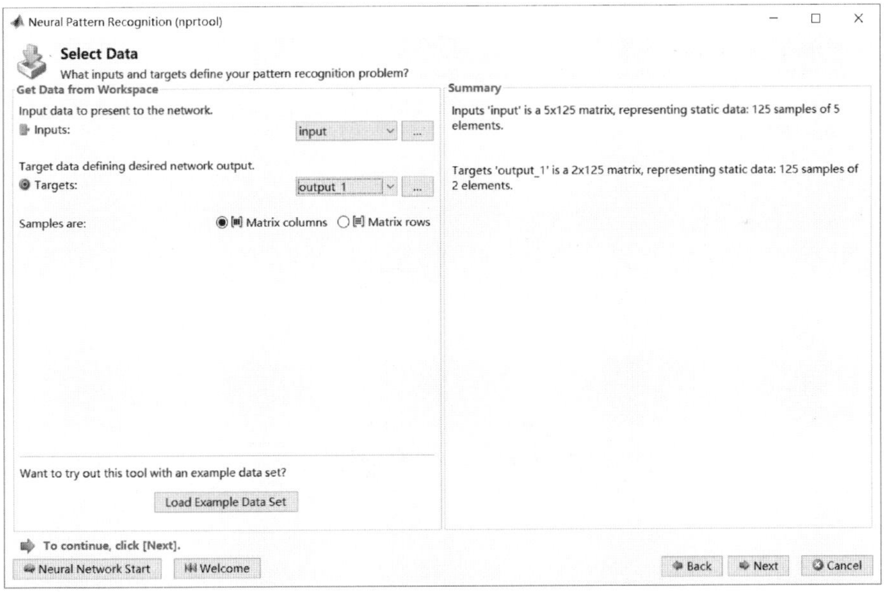


图 5.32　设置网络的输入与输出(模式识别工具箱)

单击“Next”按钮，进入图 5.33 所示界面，选择训练集、验证集、测试集的样本比例，通常按照默认设置即可。

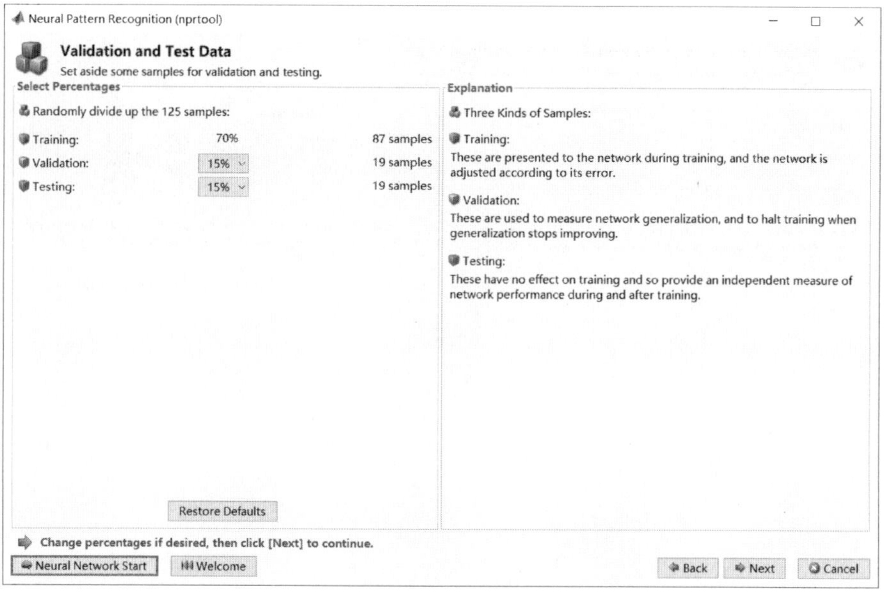


图 5.33　训练集、验证集、测试集的样本比例选择（模式识别工具箱）

单击“Next”按钮，进入图 5.34 所示界面，自定义隐藏层的神经元个数，这里根据 kolmogorov 定理，以 8 个神经元为例进行训练。

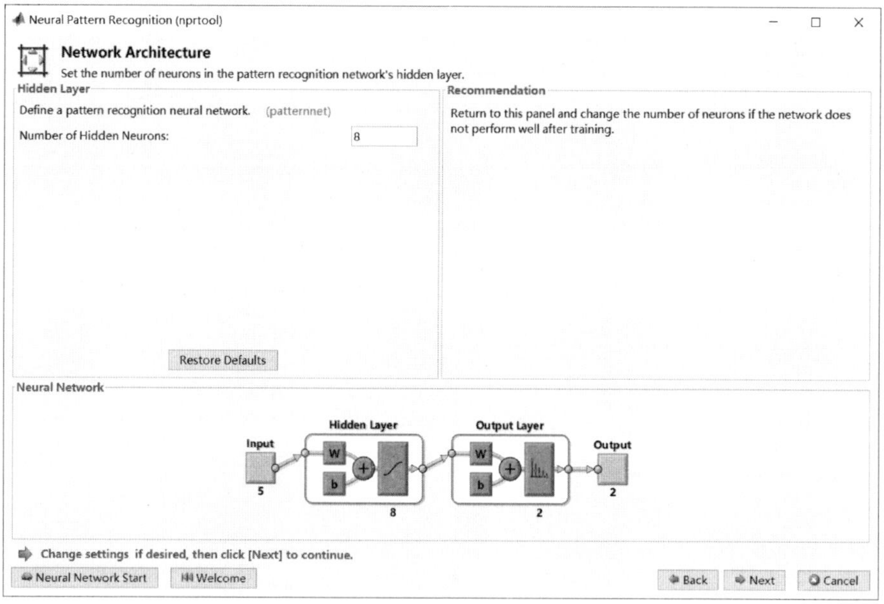


图 5.34　自定义隐藏层的神经元个数（模式识别工具箱）

单击“Next”按钮，进入图 5.35 所示界面，然后单击“Train”按钮开始训练。

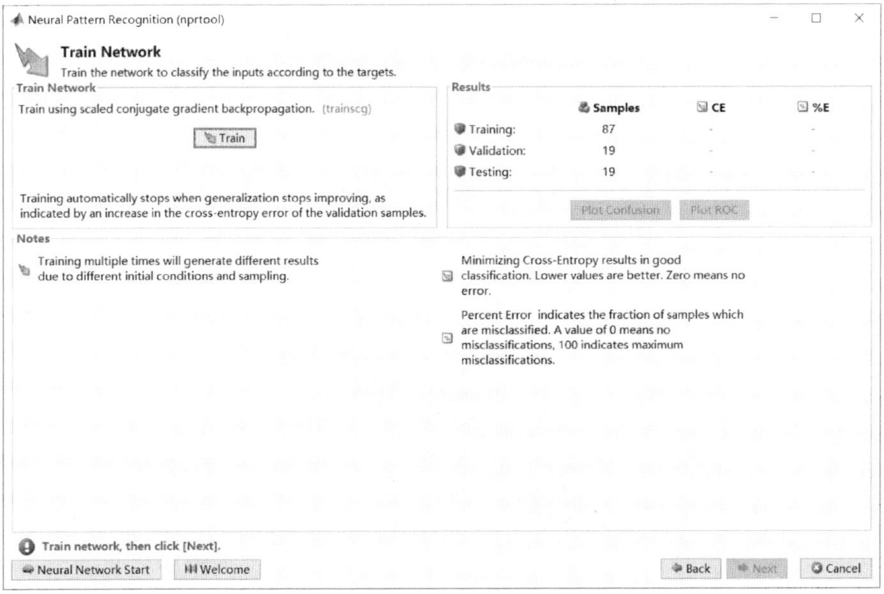


图 5.35　准备训练(模式识别工具箱)

此时也会弹出图 5.36 所示航天飞机自主着陆训练界面，图 5.36 可以观察神经网络训练过程具体的各项参数，还可获得各种训练图像，如网络性能“Performance”(图 5.37)，可得到训练集、验证集、测试集和总体的交叉熵“Cross－Entropy”，随训练次数的变化图像，其中圆圈对应验证集的交叉熵；训练阶段参数变化情况“Training State”(图 5.38)；误差直方图“Error Histogram”(图 5.39)，显示训练集、验证集和测试集的误差分布直方图像；混淆矩阵图“Confusion Matrix”(图 5.40)与 ROC 曲线图“Receiver Operating Characteristic”(图 5.41)。

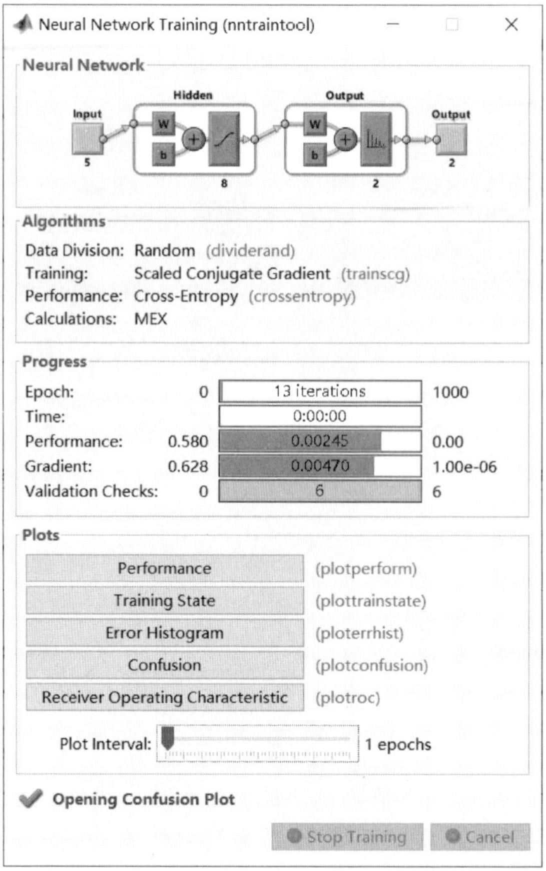


图 5.36　航天飞机自主着陆训练界面(模式识别工具箱)

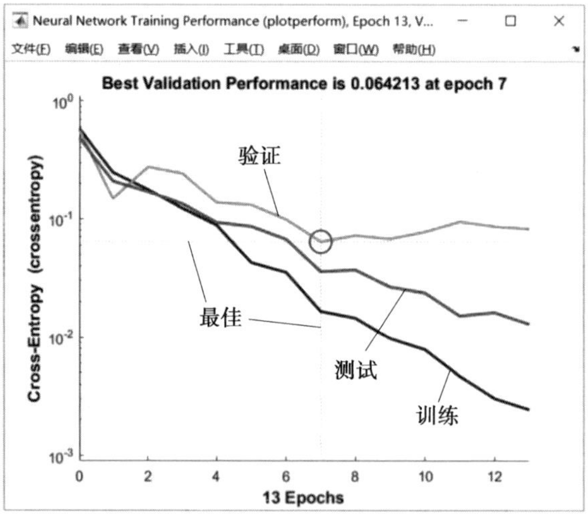


图 5.37　航天飞机自主着陆网络性能(模式识别工具箱)

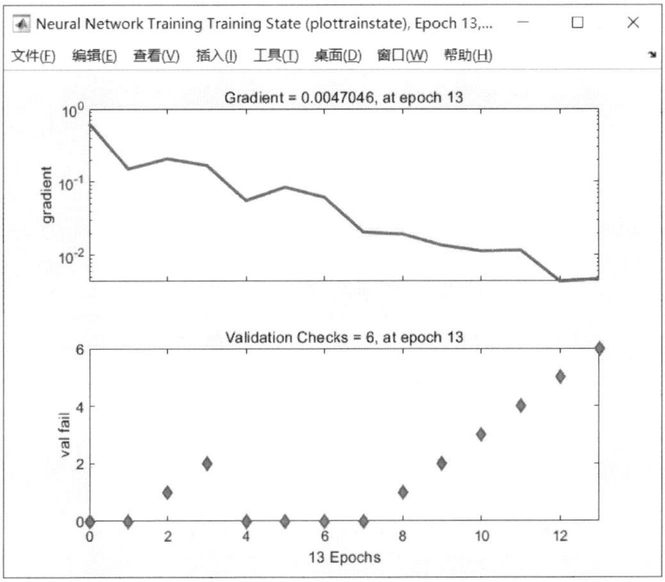


图 5.38　航天飞机自主着陆训练阶段参数变化情况(模式识别工具箱)

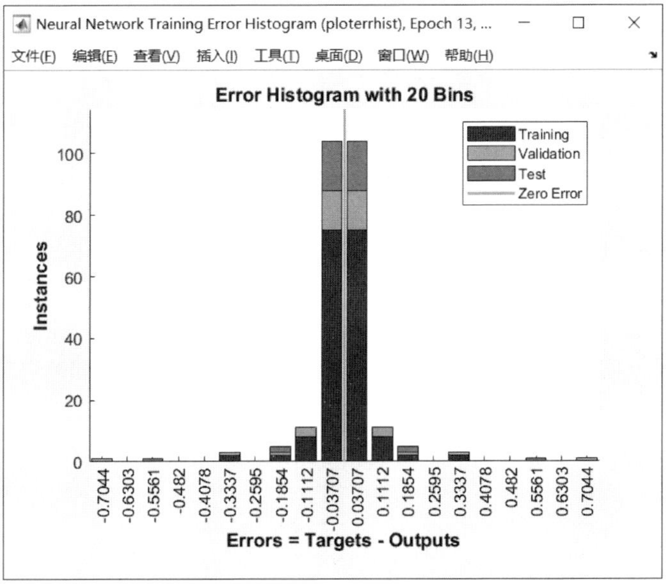


图 5.39　航天飞机自主着陆训练误差直方图(模式识别工具箱)

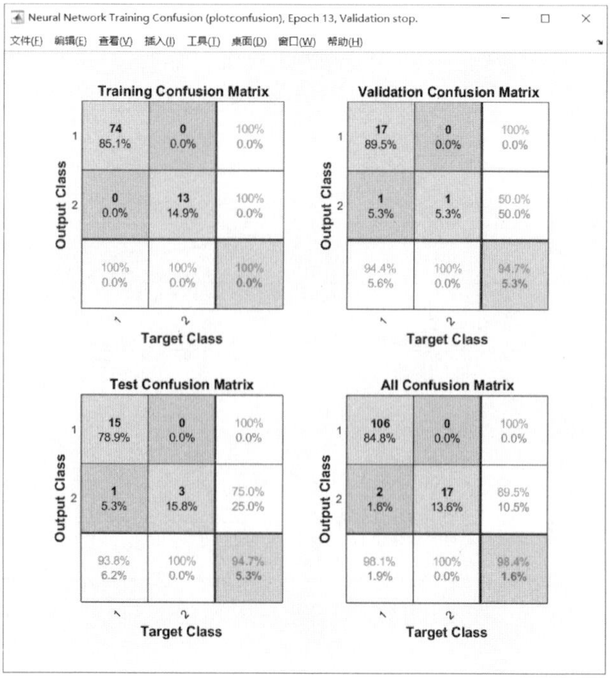


图 5.40 航天飞机自主着陆训练混淆矩阵图

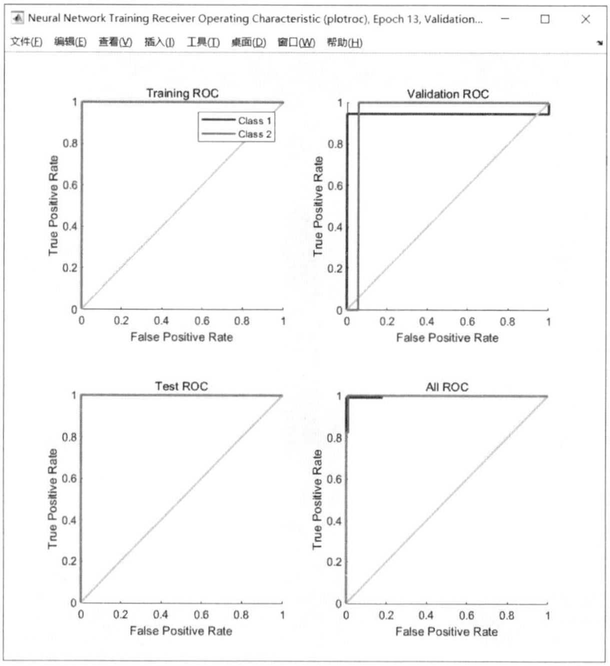


图 5.41 航天飞机自主着陆训练 ROC 曲线图(彩图见附录 B)

混淆矩阵可按表 5.6 理解各部分意义。

表 5.6　混淆矩阵意义

| | | |
|---|---|---|
| 第一类样本被归为第一类集合的个数/占比 | 第一类样本被归为第二类集合的个数/占比 | 所有第一类样本的召回率/未召回率 |
| 第二类样本被归为第一类集合的个数/占比 | 第二类样本被归为第二类集合的个数/占比 | 所有第二类样本的召回率/未召回率 |
| 被归为第一类集合中的样本的正确率/误判率 | 被归为第二类集合中的样本的正确率/误判率 | 总正确率/误判率 |

ROC 曲线能够很好地描述分类器对于不均衡分布的样本的分类性能，以图 5.41 中曲线“Class 1”为例，可以进行如下简单理解。

纵轴“真正率‘true positive rate’( TPR)”，表示第一类样本被归为第一类集合的概率，即正判；横轴“假正率‘false positive rate’(FPR)”，表示第二类样本被归为第一类集合的概率，即误判；曲线上各点代表判决阈值的高低，从左下角(0，0)到右上角(1，1)逐渐降低。在(0，0)处，判决阈值最高，所有样本均不能被归为第一类集合，TPR 与 FPR 均为 0；随着判决阈值逐渐降低，越来越多的第一类样本得到正确判决，TPR 逐渐增加，但同时第二类样本被误判的概率 FPR 也逐渐增加；在(1，1)处，判决阈值最低，所有样本均被归为第一类集合，TPR 与 FPR 均为 1。

因此，判决分类越准确，ROC 曲线应越靠近左上角，ROC 曲线下方的面积也应越大。若对此训练结果不满意，可在图 5.35 所示界面单击 “Train”按钮，重新训练。

## 5.7　本章小结

本章介绍了一般神经网络基本特性，比较了 RNN 的价值。详细给出了基于 RNN 架构的偏差神经网络在故障诊断中的应用过程和 Hopfield 神经网络的应用案例。

另外，本章以两个涉及航空航天的例子，简要展示了 MATLAB 在相关领域的仿真过程与应用价值。读者可自行体会，并通过这些应用实例进一步掌握 MATLAB 程序设计的基本方法。

# 第 6 章

# 基于模糊神经网络的故障诊断

模糊神经网络将模糊逻辑和神经网络技术的优点有机融合，具有进行数据监督学习、处理经验知识和数学符号及基于语言表达的在线学习等功能，并已广泛应用于自动控制、模式识别、图像处理等领域。

本章针对模糊神经网络分别介绍了模糊逻辑、神经网络技术原理以及二者的结合形式；然后设计了两种模糊神经网络用于未建模系统故障诊断和组合导航系统的软故障诊断。

## 6.1 概　述

众所周知，人工神经网络具有巨大的并行计算能力，在处理复杂的人工智能问题上显示出极优越的地位。但是，许多研究者却因为它有黑箱的弱点而拒绝使用，即对神经网络为什么给出一种这样或那样的决策做出恰当的解释是非常困难的。因为神经网络没有能力解释自己的决策，所以在面向现实世界的具体问题时，让人相信网络决策的可靠性也是很难的。

另外，在近二十年里，基于模糊逻辑开发的模糊系统，已成为非常活跃的领域，一些算法已在复杂系统的控制器设计中显示出相当的能力，而且模糊数学理论也为构造知识模型提供了极优越的工具。

如何将模糊逻辑和神经网络技术有机结合起来，取长补短，提高整个系统学习能力和表达能力，是目前最受人瞩目的课题之一。这方面的研究虽然在 20 世纪70年代中期起源于美国和欧洲国家，但它的研究却是在日本于20世纪80年代末期取得相当大的进展。美国早在1988年就召开了由NASA（美国国家航空航天局）支持的“神经网络与模糊系统”的国际研讨会，其后模糊神经网络的研究在美国、日本、法国、加拿大和新加坡等国蓬勃开展起来，成果大量涌现。1992年，IEEE召开了有关模糊神经网络的国际会议，美国南加州大学的Kosko出版了该领域的第一本专著《神经网络与模糊系统》，模糊数学的创始人Zadeh和神经网络的专业人士Anderson分别为该书做了序言，在国际引起了很大的影响。目前，在知识和信息处理领域，它独立于模糊逻辑和神经网络技术，已达到了一种特有的研究阶段。

## 6.2 模糊逻辑、神经网络和人工智能技术的关系

模糊（fuzzy）逻辑、神经网络（ANN）和人工智能（AI）技术已得到越来越多的应用，它们各自具有一定的特征（图6.1）。AI研究的目标是用机器实现人的思维和判断能力，通常以“IF A THEN B”的规则形式采用递归式的叠置方法实现。A为条件，B为结果，满足A为1，否则为0，它实际上是以二值为基础的逻辑运算。只要AI的规则数足够多，便可以实现高度的智能思维。若在上述(0，1)区间上插入连续量，用隶属度函数的形式来表达这个量，就可将AI技术模糊化，实现模糊推理；模糊技术以隶属度运算为中心，由机器通过推理实现类似于人的判断能力。

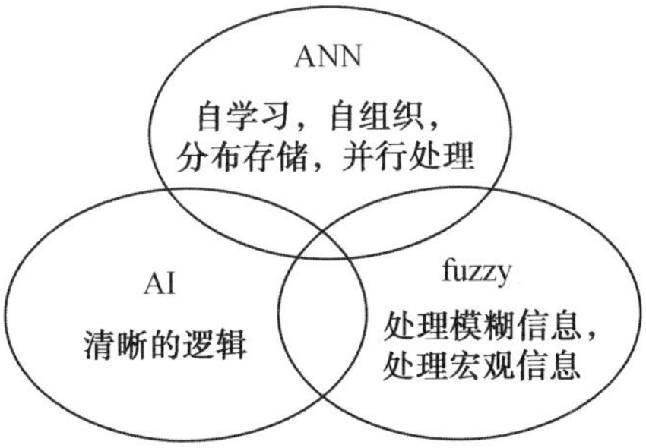


图6.1 模糊逻辑、神经网络和人工智能技术的关系

神经网络是模拟人脑结构的一种数学模型，典型的神经网络模型为

$$y=f(Z-\theta) \tag{6.1a}$$

$$Z=\sum_{i=1}^{n} w_i X_i \tag{6.1b}$$

式中，$X_i$是神经网络的输入；$w_i$是权值系数；$n$是输入量的个数；$\theta$是阈值；$y$是

网络的输出。若将函数 $f(\cdot)$ 看作式(6.2)所示的阶跃函数，则有

$$f(x)=\begin{cases}1, & x>0 \\ 0, & x\leqslant 0\end{cases} \tag{6.2}$$

当 $Z>\theta$ 时，$y$ 为 1，否则为 0，所以适当地设定 $w_i$ 和 $\theta$ 的值，便可进行 AND、OR 和 NOT 等逻辑运算。若将运算结果与 AI 的 IF－THEN 规则的前提条件的 1、0 相对应地选取适当的 $w_i$ 和 $\theta$ 值，使其在条件满足时输出为 1，否则为 0，这样便可使神经网络与 AI 规则相对应。进一步若将上述的阶跃函数用式(6.3)所示的 Sigmoid 函数代替，则输出便为(0,1)之间的中间值，这正好与 AI 规则模糊化相对应，也就是说，神经网络技术和模糊技术有其相似之处。通过以上分析，下述两点相似之处是显然的。

$$f(x)=\frac{1}{1+l^{-cx}},\quad c>0 \tag{6.3}$$

(1)神经网络的输出特性和模糊的隶属度。

(2)神经网络的“积和”运算和模糊推理的“MAX－MIN”运算类似。

在(1)中，当神经元的阈值函数采用 Sigmoid 函数时，能使神经网络的输出变为(0,1)间的连续值，这与模糊的隶属度函数相对应。

在(2)中，模糊推理规则前件各命题的输入和模糊变量的“MIN”运算相当于神经元的各输入与加权系数的“积”，从模糊推理规则的后件得到的最终推理值的“MAX”运算相当于神经元内输入“和”。

综上所述，模糊技术不像人工智能技术，允许模糊表示，并积极地处理模糊知识，但与神经网络技术相比，它能较清楚地表达知识；另外，模糊技术的自学习能力不如人工智能和神经网络技术；此外，人工智能技术较模糊技术更能清晰地表示知识。当神经网络的输出被限定在(0,1)区间上时，就可以将神经网络的输出与模糊逻辑的隶属度相对应。

## 6.3 神经网络和模糊系统的比较

前面已介绍分析过，神经网络和模糊系统在应用方面极为相似，都可以应用在模式识别、分类和函数逼近中，Buckly 指出了模糊系统和神经网络系统的等价性(数学上)，它们是可以互换的(可逆)。但是，因为两种方法的不同，它们各有优缺点(图 6.2)，具体地说，模糊系统试图描述和处理人的语言和思维中存在的模糊性概念，从而模仿人的智能，神经网络则是根据人脑的生理结构和信息处理过程，来创造人工神经网络，其目的也是模仿人的智能。模仿人的智能是它们共同的奋斗目标和合作基础。下面，从知识表示、存储、运用和获取，系统性能(performance)和系统调节(adjustment)方面,对它们进行比较。

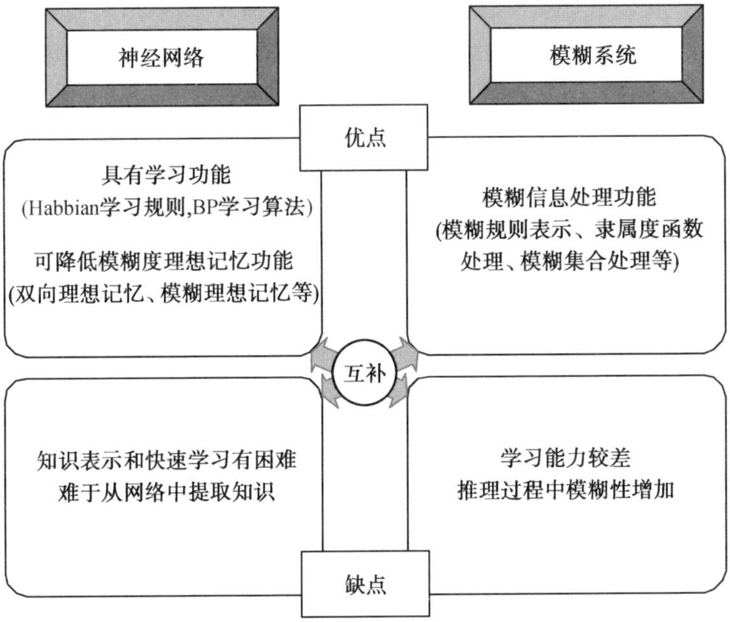


图 6.2　神经网络和模糊系统的比较

**1. 知识表示、存储、运用和获取**

(1)知识表示。从知识的表示方式来看,模糊系统可以表达人的经验性知识,便于理解,而神经网络只能描述大量数据之间的复杂函数关系,难于理解。

(2)知识存储。从知识的存储方式来看,模糊系统将知识存在规则集中,神经网络将知识存在权系数中,都具有分布存储的特点。

(3)知识运用。从知识的运用方式来看,模糊系统和神经网络都具有并行处理的特点,模糊系统同时激活的规则不多,计算量小,而神经网络涉及的神经元很多,计算量大。

(4)知识获取。从知识的获取方式来看,模糊系统的规则靠专家提供或设计,对于复杂系统的专家知识,往往很难由直觉和经验获取知识,表示规则形式也是很困难的,这些知识的获取需要很多时间。而神经网络的权系数可通过对输入输出样本的学习来确定,无须人来设置。

**2. 系统性能**

影响模糊系统和神经网络性能的主要原因是多层神经网络的输入空间可按任意超平面划分,而模糊系统的输入输出空间却只能按平行于超平面之一的输入输出轴划分。例如,在模式分类的应用中,由于上述原因,神经网络处理会比模糊系统处理的精度高很多;在函数逼近应用中,模糊系统对输入空间的划分,对其性能影响并不很敏感，但是如果对输入空间和输出空间进行复杂划分后，用神经网络来进行训练，就可以很容易地逼近期望函数。再有，对模糊系统输入空间的划分，会引起输入变量的增加，进而导致规则数目按指数形式增加，对于多变量输入系统，其系统组织会变得不可能。

**3. 系统调节**

神经网络训练需要用算法来调节它的权系数，所以对网络行为的分析是很困难的。对于模式分类，分析网络还有可能，但对于应用于函数逼近的网络，分析它就不容易了，因此在训练网络权值冻结后，就不能采用分析权系数的方法来调节系统。另外，对于模糊系统，由于人们可以非常容易地对系统规则进行分析，因此系统的调节可由规则的隶属度函数或删除和增加模糊规则来完成。表6.1所示为模糊系统与神经网络的比较。

表 6.1　模糊系统与神经网络的比较

| 技术 | 模糊系统 | 神经网络 |
|---|---|---|
| 知识获取 | 人类专家（交互） | 采样数据集合（算法） |
| 不确定性 | 定性与定量（决策） | 定量（感知） |
| 推理方法 | 启发式搜索（低速） | 并行计算（高速） |
| 适应能力 | 低 | 很高（调整连接权值） |

从上述讨论来看，想实现模糊系统等价于神经网络，应该进行如下两项工作。

（1）直接从数据中提取模糊规则。

（2）定义一种可变的模糊规则的空间，避免规则数目爆炸。

## 6.4　模糊逻辑和神经网络的结合形式

模糊逻辑和神经网络从简单结合到完全融合主要体现在四个方面（图6.3），由于模糊逻辑和神经网络的结合方式目前还处于不断发展的进程当中，所以还没有更科学的分类方法。目前已经提出了许多种模糊神经网络，比较著名的有FAM（模糊联想记忆）、F－ART（模糊自适应谐振理论）、FCM（模糊认知图）、FMLP（模糊多层感知机）等。模糊逻辑与神经网络融合系统的主要优点如图6.4所示。

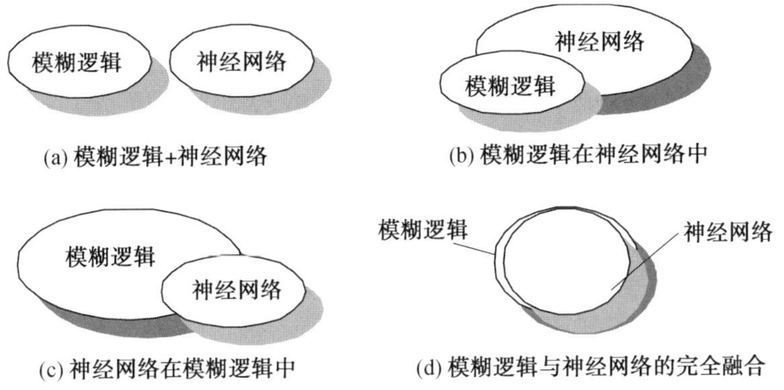


图 6.3 模糊逻辑和神经网络结合形式分类

**模糊逻辑和神经网络融合的优点之一**

神经网络的联想记忆功能和模糊逻辑的语言表达

物理信息 ⟺ 语言表达的信息

模糊传感器,模糊界面

**模糊逻辑和神经网络融合的优点之二**

模糊逻辑的知识表达与神经网络的自学习能力相结合

基于知识表示分类的在线学习

· 知识容易获取
· 快速学习
· 将来还会实现：基于语言表的学习

图 6.4 模糊逻辑与神经网络融合系统的主要优点

## 6.5 模糊推理的残差估计

故障诊断的基本任务是对系统发生的故障进行检测与隔离,给出一些故障源和故障严重程度的信息。故障诊断的整体概念由 3 个子任务组成,分别是故障检测、故障隔离和故障分析。在实际工程应用中,设计故障诊断系统,通常需要按下述 3 步进行。

(1)残差产生。残差是指由被观测数据构成的函数与这些函数的期望值之差,经常被作为反映系统故障的信息。为隔离不同类型的故障,需要设计出适当结构或适当方向的残差矢量。

(2)残差估计(故障分类)。对故障发生的时间或故障的位置进行推理、决策。

(3)故障分析。故障分析即决定故障的类型、大小和原因。

残差产生和残差估计构成了故障诊断系统设计的核心(图 6.5)。其实现方法包括:基于数学模型的方法、统计分析与计算的方法和人工智能的方法。本章试图就模糊逻辑、神经网络和模糊神经网络的故障诊断方法做介绍,并对其做一些简要分析。

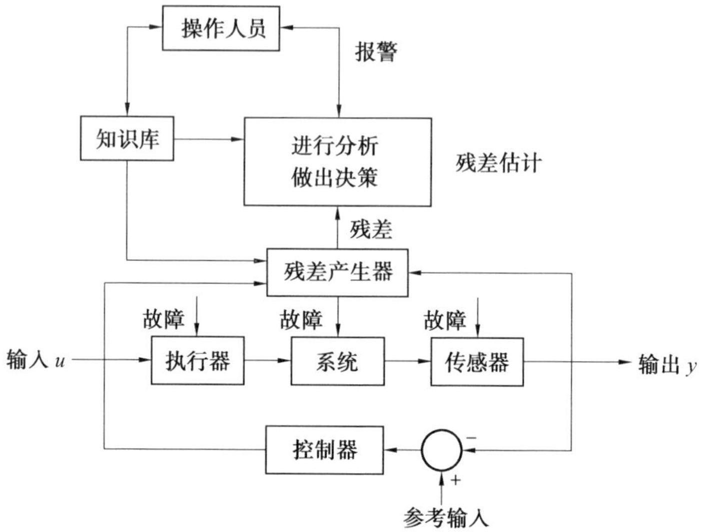


图 6.5 故障诊断的基本原理

残差估计实质上是将定量知识转化为定性叙述(YES－NO)的一个决策过程,也可以看成是分类,是用预先建立的故障类或故障树征兆与征兆矢量的每一个模式进行匹配。基于模糊逻辑的残差估计原理通常由 3 个部分组成(图 6.6),首先,对残差进行模糊化处理,然后应用模糊规则进行推理,最后对推理获得的结果进行反模糊化。

**1. 模糊化**

残差模糊化处理是一种映射过程,把用精确值表达的量映射成用模糊集表达的量。就故障诊断而言,也可以理解为阈值的模糊化,为便于理解,可借助于如下单故障情况的检测来解释其基本原理。

假设由基于数学模型的观测器产生出残差矢量 $\boldsymbol{y}(u,y)$,并设计使它在某一固定的方向上。为了故障检测和隔离,残差必须满足的理想条件是:当无系统故障时,残差为零;当有故障发生时,残差不为零。实际上,由于系统模型的不确定性或测量噪声的干扰,需要选择一个比零大的阈值,达到降低误报警率的目的,

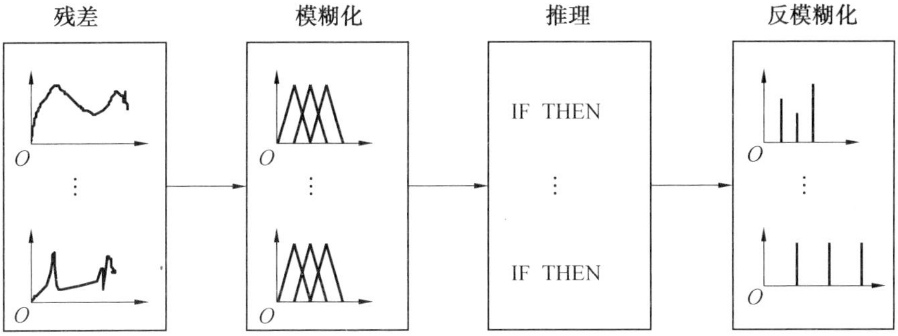


图 6.6　模糊逻辑的残差估计原理

但这样又会影响故障检测系统的灵敏度，因此阈值的选取是在故障决策灵敏度和误报警率中的折中。

为了更好地解决上述问题，可用模糊残差或模糊阈值来估计残差。首先，确定系统没有故障发生，仅有未知输入影响时的残差的大小。模糊集的{0}或{无故障}可用隶属度函数定义，即

$$\mu_{r1}(x): x \in \boldsymbol{X}[0,1]$$

式中，$\boldsymbol{X}=[x_1 \quad x_2 \quad \cdots \quad x_p]$；$\mu_{r1}(x)$表示变量 $x$ 属于模糊子集 $r_1$ 的程度。如果$\mu_{r1}(x)$按图 6.7 所示的形式选取，则参数 $a_0$ 必须与噪声的幅值或模型的不确定性成正比。由于干扰或时变模型误差的影响，因此参数 $\delta$ 可按噪声变化选取。显然，$\mu_{r1}(x)$可以按模糊集解释为{小}或{0}。类似地，可以分配模糊集{1}，即{故障发生}，考虑图 6.8。图 6.8(a)是用精确阈值进行残差估计的常规方法，对最大化的残差赋予特征 1，表示干扰，另一最大化的残差赋予特征 2，表示由故障引起。显然，最大化的 1 不能超出阈值 $T$，但是当干扰增大时，虚报警将会发生，类似地，最大化的 2 围绕着阈值振荡，将会不时地发生故障与无故障报警。

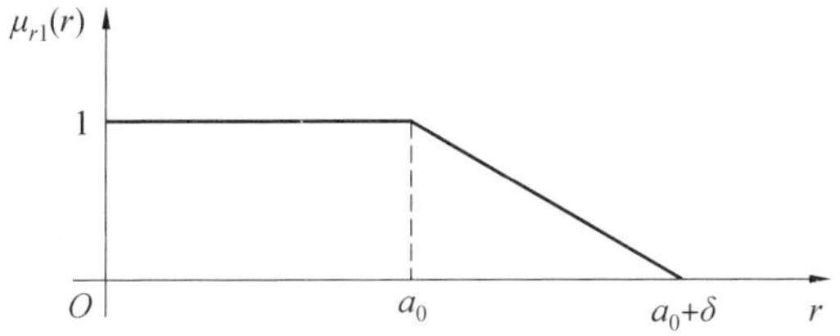


图 6.7　在干扰和模型不确定情况下的模糊集{0}的隶属度函数

假设按下述方式对阈值进行软化，即将有限宽度分成一个区间，如图 6.8(b)所示，由隶属度函数 $\mu_{r2}$ 定义集合{1}，图 6.8(c)意味着最大化的 1 和最大化的 2 围绕 $T$ 方式小的变化将分别引起小的虚报警倾向，而且由于软化了阈值，可以避免故障诊断系统的不稳定性。合成模糊集{1}和{2}(图 6.9)，可以获得残差隶属

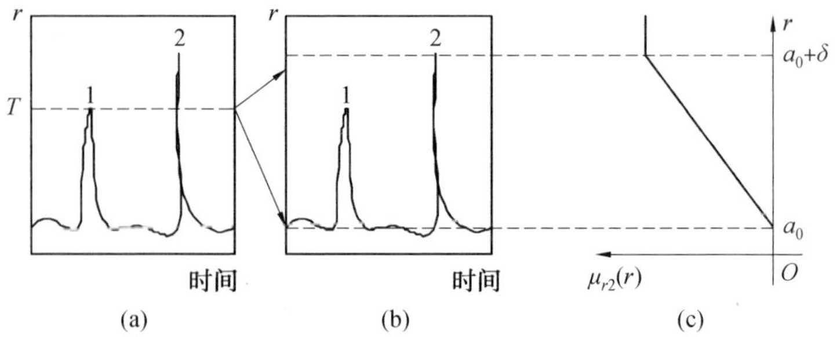


图 6.8　常规和模糊阈值选取

度的解，因此阈值的模糊化可以直接解释为残差的模糊化。

图 6.9 所示的隶属度函数 $\mu_r(r)$ 为残差模糊化的最简单的形式，它由{1}和{0}，或{小}和{大}构成，如果对其进行扩展（如用模糊集{小}{中}和{大}），则其隶属度函数图解方法（残差的模糊化）如图 6.10 所示。

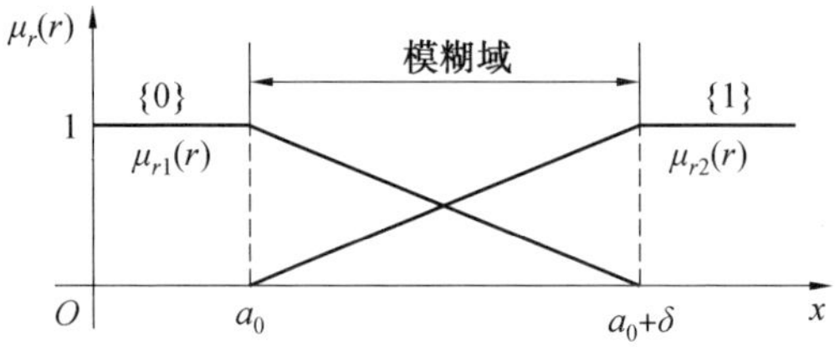


图 6.9　由{0}和{1}组成的模糊集

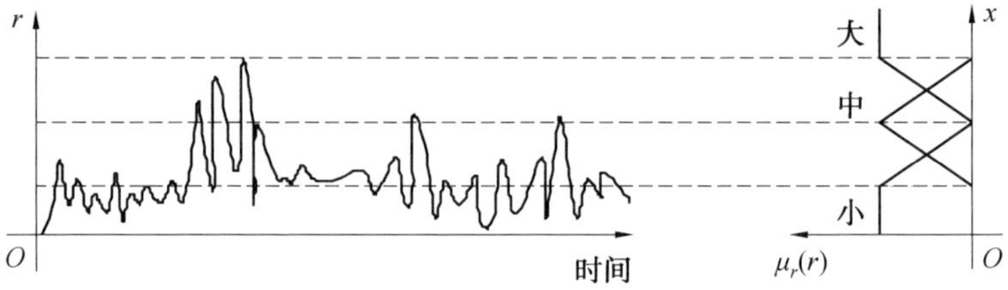


图 6.10　残差的模糊化

就数学观点定义的残差，可以计算如下：假设 $u_r$ 代表第 $i$ 个残差，且由 $s$ 个模糊集 $r_{ik}$ 组成（$k=1,2,\cdots,s$），则

$$r_i = \mathring{r}_{i1}\mathring{r}_{i2}\cdots\mathring{r}_{is}, \quad r_i \to [0,1]$$

式中，$r_i$ 表示模糊合成算子，上标“$\circ$”表示合成算子运算。隶属度的获取可以由下述方式实现：基于基本的启发知识、统计干扰函数、主观知识、借助神经网络的学习。

**2. 推理**

一般地，故障决策的任务是从残差集 $R(r_i \in R)$ 推出可能的故障集 $F(r_i \in$

$F$)。若用模糊集 $r_{ik}$ 定义残差 $r_i$，则残差和故障之间的关系可以用 IF－THEN 规则给出，例如：

IF（传感器 B 故障）THEN（$r_1$ 中或大）AND（$r_2$ 小）AND（$r_3$ 小）…

借助模糊关系 $S$，由模糊逻辑的理论，故障 $F$ 和残差 $R$ 之间的关系可以表示为

$$R = S^\circ F$$

于是有 $F=S^{-1\circ}R$，关系 $S^{-1}$ 可转换模糊集 $R$ 到模糊集 $F$ 上去。

由所有模糊集 $r_{ik}$ 的合成运算：

$$r_i = \overset{\circ}{r}_{i1}\overset{\circ}{r}_{i2}\cdots\overset{\circ}{r}_{is}\ \forall i$$

有下述规则：

IF（影响＝$r_{i1}$）AND IF（影响＝$r_{i2}$）… THEN（原因＝$f_j$）

其中，$f_j$ 为第 $j$ 个故障。上述规则可形成一个诊断专家系统的知识库。模糊推理是借助于知识的规则，映射残差到故障源上，可由有向图或故障树说明（图 6.11）。上述规则具有如下形式：

IF（影响）THEN（原因），所以故障树的路径方向直接指向故障原因，即从下至上。与传统的方法比较，故障原因和残差之间的连接构成了精确的映射，而这里是模糊的。

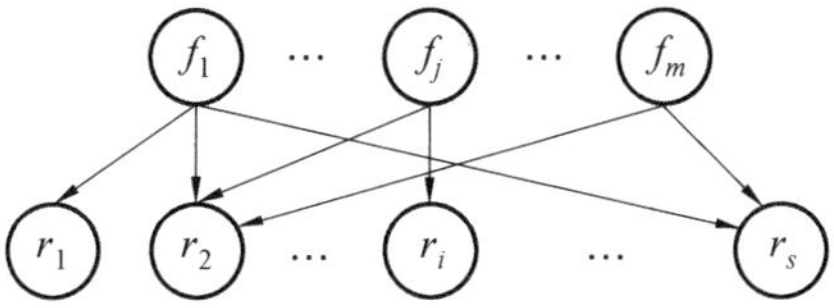


图 6.11　残差与故障的故障树表示方式

### 3. 反模糊化

最后，模糊量还必须转化成精确量，即对不同故障，给出 YES－NO 的描述，这可以由人或计算机来完成。

有时避开反模糊化的计算也是非常必要的，因为故障的状况可能是逐渐的，而不是 YES－NO，所以把 YES－NO 决策留给人来完成，人可以把附加的过程知识与模糊信息结合，利用特有的思维和感觉做出决策。

## 6.6　模糊神经网络的故障诊断原理

假设不同类型的故障将导致残差变化趋势的不同，且具有唯一的残差集。在这种情况下，可以用模糊神经网络对残差进行分析，给出故障决策的结果。

在模糊神经网络中，首先用语言术语对残差进行模糊化，如用隶属度表示正小和负大。然后，下一层的规则节点对这些信息进行处理，实现模糊逻辑的 AND 运算，给出一个线性输出。最后，在输出层，由输出节点给出故障的类型和故障严重性的程度。

### 6.6.1 模糊神经网络的结构

模糊神经网络的结构如图 6.12 所示，FNN 由五层组成，第一层的节点数与残差矢量的维数相同。对残差进行如下处理后，送入 FNN 的第一层(输入层)。

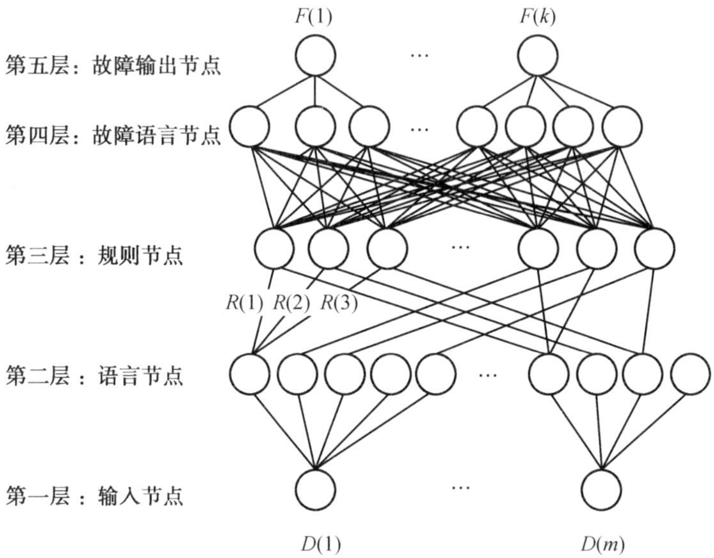


图 6.12 模糊神经网络的结构

$$D(i)=\frac{V(i)_{\text{act}}-V(i)_{\text{est}}}{V(i)_{\text{est}}}\times 100\%$$

式中，$D(i)$是偏差的百分数；$V(i)_{\text{act}}$是测量值；$V(i)_{\text{est}}$是估计值。

第二层的节点称为语言节点，用语言术语对 $D(i)$进行模糊化。图 6.13 给出了模糊化 $D(i)$的隶属度函数，如 $D(i)=38\%$，则 $V(i)$属于 PL 为 0.25，属于 PH 为 0.7。第三层的节点称为规则节点，与第二层的语言节点连接，实现模糊逻辑的 AND 运算。若有 $m$ 个输入量，并且每个输入量都有 $N$ 个规则，则第二层共有 $m\times N$ 个语言节点，第三层共有 $N^m$ 个规则节点，但规则节点并不都与语言节点连接。第四层的节点输出代表故障程度，如正常、轻微故障和严重故障，节点的输出值由[0,1]表示，1 代表有故障发生，0 代表无故障，0 和 1 之间的值表示不同程度的故障和发生故障的可能性。

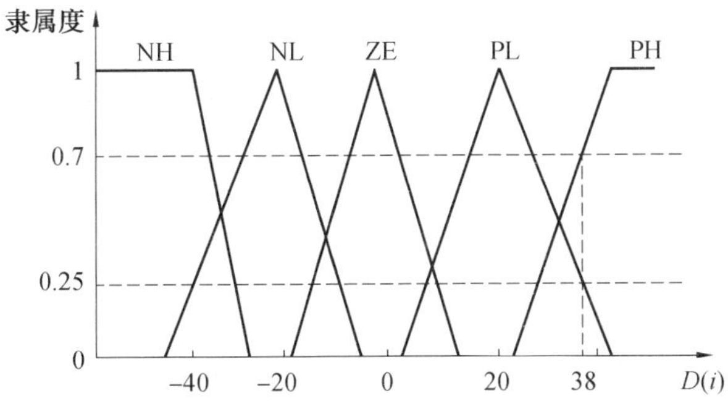


图 6.13　模糊化 $D(i)$ 的隶属度函数

### 6.6.2　模糊神经网络的训练

已有许多训练 FNN 的方法，但在这里仅考虑规则节点和语言节点的连接权值，而隶属度函数是预先给定的，不需要被调节。首先，对已知的偏差 $D$ 和故障 $F$ 的关系数据进行模糊化：

$$D(i)\rightarrow[\mu(i)_{PH},\mu(i)_{PL},\mu(i)_{ZE},\mu(i)_{NL},\mu(i)_{NH}],\quad i=1,\cdots,m$$

其中，$\mu(i)$ 是第 $i$ 个偏差 $D$ 的隶属度函数，下标 PH、PL、ZE、NL、NH 分别代表 "positively high" "positively low" "zero" "negatively low" "negatively high"。

第三层的规则节点实现隶属度的 AND 运算，对所有元素进行 MIN 操作：

$$R(j)=\text{MIN}(\mu(l)_{PH},\cdots,\mu(i)_{PL},\cdots,\mu(m)_{ZE})$$

其中，$R(j)$ 是第三层的第 $j$ 个规则。

另外，对 $F$ 进行模糊化：

$$F(k)\in[0,1]\rightarrow[\lambda(k)_{NO},\lambda(k)_{SL},\lambda(k)_{SI},\lambda(k)_{SE}]$$

其中，$k$ 是故障类型的序号；$\lambda(k)$ 是故障 $k$ 的隶属度函数，下标 NO、SL、SI、SE 分别代表 "no occurrence" "slightly significant" "significant" "serious"。

规则节点和故障语言节点之间的权系数的初值为 0，训练时，$R$ 作为输入，$\lambda$ 作为输出，进行学习。训练后，这些知识被存储在权值中，因此每个权值系数都有其具体意义。

若建立 $R(j')$ 和 $\lambda(k)_{SE}$ 的连接权值，其中 $R(j')=\text{MIN}(\mu(l)_{PH},\cdots,\mu(i)_{NL},\cdots,\mu(m)_{NH})$，则可以写为

IF　　$V(l)$ 是 "positively high"
　　　AND $V(i)$ 是 "negatively low"
　　　AND $V(m)$ 是 "negatively high"
THEN　故障 $k$ 是严重的

# 6.7 基于模糊神经网络的未建模系统的故障诊断

近年来,对模糊逻辑和神经网络的深入认识,使模糊神经网络成了一个热门的研究领域。很多人相信,模糊逻辑和神经网络是探索人脑功能的两种最有希望的途径,模糊逻辑和神经网络相融合可以将人的逻辑思维、经验思维和创造性思维相互有机地结合成为一个整体,控制系统故障诊断技术应该是建立在这种高级智能思维基础上的研究,组合智能故障诊断方案如图 6.14 所示。

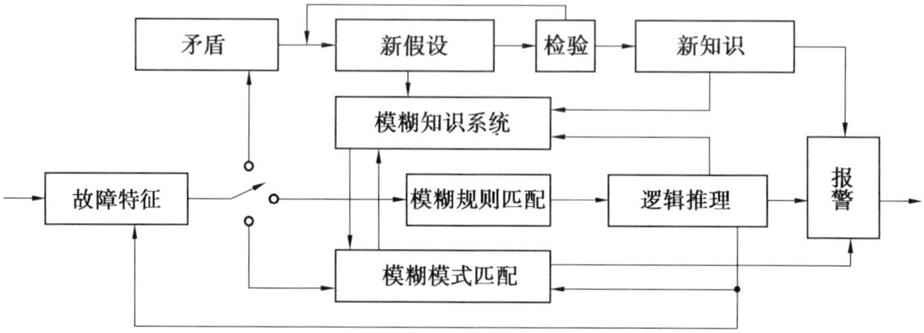


图 6.14 组合智能故障诊断方案

## 6.7.1 模糊神经网络模型

图 6.15 所示为模糊逻辑推理系统的一般结构,它主要由三部分组成,分别是模糊化、模糊推理和反模糊化。

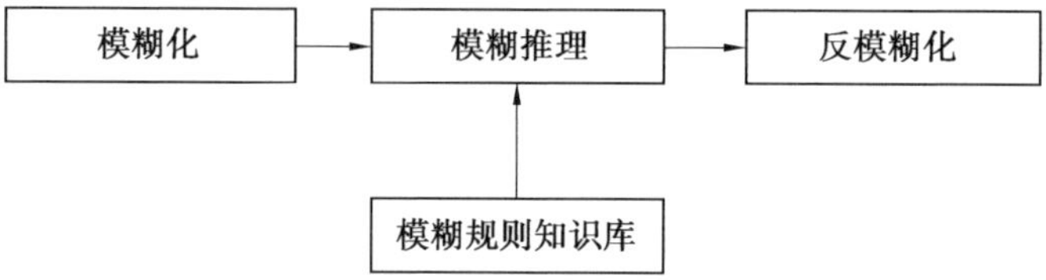


图 6.15 模糊逻辑推理系统的一般结构

模糊化就是把输入的数据转化为模糊量的过程;模糊推理是依据模糊逻辑规则,进行推理;反模糊化是将语言表达的模糊量回复到精确的数值,也就是根据输出模糊子集的隶属度计算出精确的输出值。在设计模糊逻辑系统时,主要的问题就是确定适当的隶属度函数和模糊逻辑规则。

根据上面给出的模糊系统的一般结构,可设计出如图 6.16 所示的 FNN 结构。这种网络与典型的模糊神经网络相比,主要优点是模糊规则 $R$ 可自由分配,不会引起规则随输入数增大而按指数规律增加的现象。

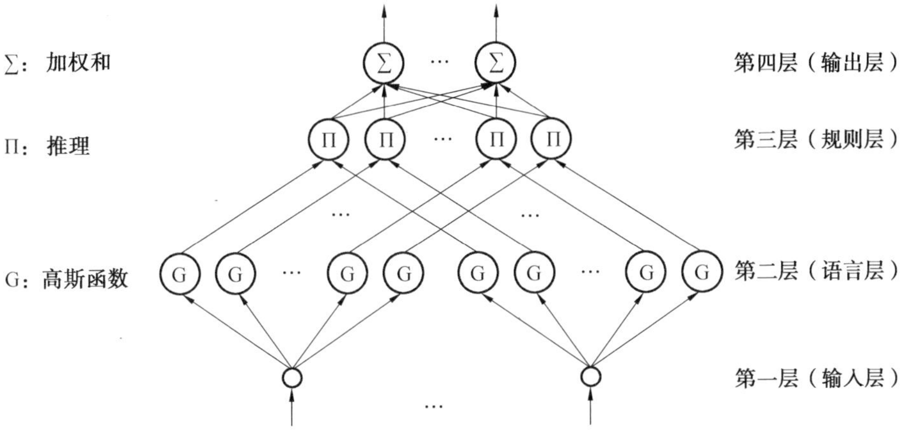


图 6.16　FNN 结构

图 6.16 所示 FNN 结构的功能运算可由下面 3 个方程表示。

(1)模糊化的输出为

$$O_{ij}^2=\exp\left(-\frac{(I_i-m_{ij})^2}{\sigma_{ij}^2}\right) \tag{6.4}$$

式中，$m_{ij}$、$\sigma_{ij}$ 分别为第 $j$ 个节点与第 $i$ 个输入变量 $I_i$ 的均值(中心)和方差(宽度)。

(2)推理层的输出为

$$O_j^3=\prod_{i=1}^{N}O_{ij}^2 \tag{6.5}$$

(3)FNN 的输出为

$$O_k^4=\sum_{j=1}^{k}O_j^3 w_{jk} \tag{6.6}$$

式中，$w_{jk}$ 为第 $j$ 个规则与第 $k$ 个输出的连接权值。

### 6.7.2　FNN 的训练算法

传统的神经网络学习过程由正向传播和反向传播两部分组成，在正向传播过程中，输入模式从输入层经隐藏层逐层处理并传向输出层，每一层神经元的状态只影响下一层神经元的状态。如果在输出层得不到期望的输出，则输入反向传播，此时误差信号从输出层向输入层传播并沿途调整各层间的连接权值以及各层神经元的偏置值，以使误差信号不断减小。在 FNN 中，也可以采用这种学习算法：

$$E=\frac{1}{2}(O-O_t)^2 \tag{6.7}$$

式中，$O_t$ 是期望输出；$O$ 是实际输出。

学习规则如下：

$$w_{ij}(k+1)=w_{ij}(k)+\alpha\left(-\frac{\partial E}{\partial w_{ij}}\right) \tag{6.8}$$

式中，$\alpha$ 是学习率。

$$\frac{\partial E}{\partial w_{ij}}=\frac{\partial E}{\partial(\mathrm{net}-\mathrm{output})}\frac{\partial(\mathrm{net}-\mathrm{output})}{\partial w_{ij}} \tag{6.9}$$

### 6.7.3 基于 FNN 的未建模系统的故障检测

考虑系统：

$$\begin{cases}\boldsymbol{x}(k+1)=\boldsymbol{f}(\boldsymbol{x}(k),\boldsymbol{u}(k),\boldsymbol{w}(k))\\ \boldsymbol{y}(k)=\boldsymbol{g}(\boldsymbol{x}(k),\boldsymbol{v}(k))\end{cases} \tag{6.10}$$

式中，$\boldsymbol{u}(k)\in \boldsymbol{E}^l$；$\boldsymbol{y}(k)\in \mathbf{R}^m$；$\boldsymbol{x}(k)\in \mathbf{R}^n$；$\boldsymbol{f}(\cdot)$、$\boldsymbol{g}(\cdot)$分别为未知非线性函数和已知非线性观测函数；$\boldsymbol{w}(k)$、$\boldsymbol{v}(k)$分别为输入噪声和输出噪声，$\boldsymbol{u}(k)$、$\boldsymbol{x}(k)$、$\boldsymbol{w}(k)$的均值和方差已知。

考虑实时在线应用，动态系统的故障诊断过程一般由两步组成：残差产生和残差估计。残差产生通常是基于比较系统的测量输出和预报输出而得到的，在正常运行的情况下，残差接近于 0，而在故障发生时，残差将偏离 0；残差估计对残差信号进行分析，确定是否发生故障，并对一个特定系统元件故障进行隔离。

图 6.17 所示为基于模糊神经网络模型的故障诊断原理。模糊神经网络模型借助于递归运算，进行长时间的预报，不需要参考实际输出测量，这样可以在训练数据范围内提供系统的外部输入。然后模糊神经网络模型将预报系统的行为，如果故障发生，残差将给出实际传感器测量偏差，于是准确的故障信息将会被获得。

在复杂系统中，将有多个传感器，如果故障发生，故障信息将被传播到每个传感器。不同的故障对于传感器的测量，将有不同的故障模式，因此尽可能地利用传感器输出信息来辨识故障元件。基于这个目的，需要一组递归神经元网络模型预报，并且每一个预报器对应于每一个传感器，其原理如图 6.18 所示。

针对系统式(6.10)，应用 FNN 作为系统模型代替未知的 $\boldsymbol{f}(\cdot)$，定义残差为

$$e(k)=\|\boldsymbol{f}((k-1),\boldsymbol{u}(k-1),\boldsymbol{w}(k-1))-O_k^4\| \tag{6.11}$$

选取故障检测阈值为 $e_f$，于是有下列规则：

$$\begin{cases}e(k)<e_f, & \text{无故障}\\ e(k)\geqslant e_f, & \text{故障发生}\end{cases}$$

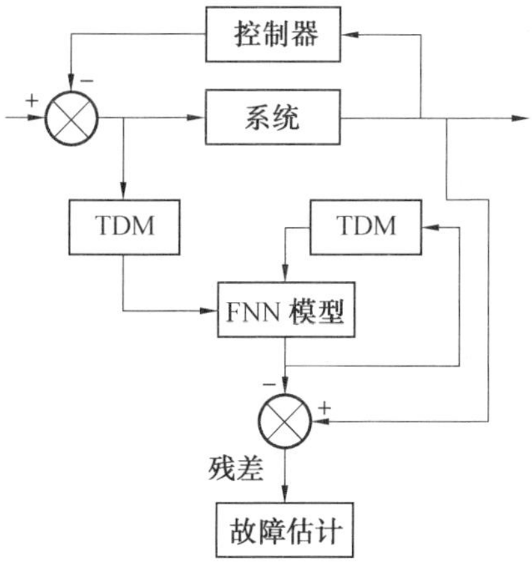


图 6.17　基于模糊神经网络模型的故障诊断原理

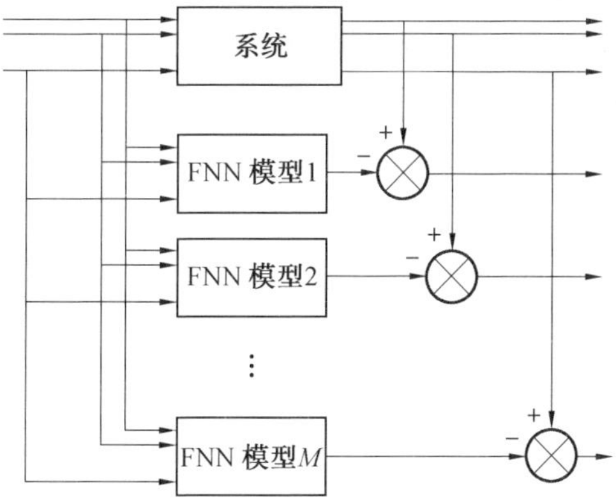


图 6.18　基于多模糊神经网络模型的故障诊断原理

## 6.8　基于泛函模糊神经网络的 GPS/INS 组合导航系统的软故障诊断

随着组合导航系统的规模化和复杂化，故障诊断技术对提高整个系统的可靠性和安全性至关重要。对于硬故障可通过机内自检方法进行检测；而对于软故障则难以进行诊断，如因载体机动、温度变化或陀螺漂移而引起的加速度计漂移以及因模型不准确而引起的滤波器发散等故障。对于软故障，本节采用泛函模糊神经网络(functional neural fuzzy network，FNFN)与状态卡方检验(简称 $\chi^2$ 检验)相结合的方法对组合导航系统进行故障诊断。

### 6.8.1 $\chi^2$ 检验原理

考虑如下带故障的 GPS/INS 组合导航系统的离散系统模型：

$$\boldsymbol{X}(k+1)=\boldsymbol{\Phi}(k+1,k)\boldsymbol{X}(k)+\boldsymbol{\Gamma}(k)\boldsymbol{W}(k)+\boldsymbol{c}(k,\theta) \tag{6.12}$$

$$\boldsymbol{Z}(k)=\boldsymbol{H}(k)\boldsymbol{X}(k)+\boldsymbol{V}(k)+\boldsymbol{d}(k,\varphi) \tag{6.13}$$

式中，$\boldsymbol{X}(k+1)$、$\boldsymbol{X}(k)$分别为 $k+1$ 和 $k$ 时刻的状态矢量，取 15 维的位置、速度、姿态误差以及陀螺仪和加速度计分别在三轴上的漂移误差作为导航系统的状态参数；$\boldsymbol{\Phi}(k+1,k)$为离散化后的状态转移矩阵；$\boldsymbol{\Gamma}(k)$为系统噪声矩阵；$\boldsymbol{W}(k)$、$\boldsymbol{V}(k)$为相互独立的高斯白噪声序列；$\boldsymbol{H}(k)$为测量矩阵；$\boldsymbol{Z}(k)$为 GPS 与惯性导航系统输出的导航参数之差；$\boldsymbol{c}(k,\theta)$、$\boldsymbol{d}(k,\varphi)$为故障函数；$\theta$、$\varphi$ 为故障发生时间。系统初始状态 $\boldsymbol{X}(0)$是统计特性已知的随机矢量，且与系统噪声和量测噪声序列无关。

$\chi^2$ 检验法是通过检验卡尔曼滤波器的状态估计来判断系统是否有故障。该方法利用两个状态估计：一个是由测量值 $\boldsymbol{Z}(k)$经过卡尔曼滤波得到的 $\hat{x}_k^s$，另一个是由一个状态递推器根据先验信息递推得到的 $\hat{x}_k$。前者与测量信息有关，因而会受到故障的影响；而后者与测量信息无关，因而不受故障影响。利用这两者之间的差异便可进行故障诊断。

$\chi^2$ 检验法实现的 MATLAB 程序如下。

```
clc
clear all
global Re f wie h vx vy vz g0 longi
Re=6378137;                              %%地球半径
f=1/298.257;                             %%椭圆度
wie=360/24/3600;                         %%地球自转角速度
h=2000;                                  %%飞机飞行高度
longi=116;                               %%飞机飞行经度
tl=1000;                                 %%时长
g0=9.7536;
wg=g0*10^-6;
ws=2*pi/(84.4*60);
%%飞机飞行速度
vx=0;
vy=300;
vz=0;
%%飞机飞行偏航角、俯仰角、滚动角
```

```
p=0;
q=0;
r=0;
%%飞机飞行轨迹
lati(1)=39;
Rm(1)=Re*(1-2*f+3*f*sin(lati(1))^2);
Rn(1)=Re*(1+f*sin(lati(1))^2);
for i=2:tl
    lati(i)=vy/(Rm(i-1)+h)+lati(i-1);
    Rm(i)=Re*(1-2*f+3*f*sin(lati(i))^2);
Rn(i)=Re*(1+f*sin(lati(i))^2);
end
%%设置初始状态
X=zeros(15,tl+1);
X1=zeros(15,tl+1);
Xerror=zeros(15,tl+1);
Z=zeros(6,tl);
O3=zeros(3,3);
I3=eye(3);
I15=eye(15);
I17=eye(17);
Qw=diag([(0.01/3600)^2 (0.01/3600)^2 (0.01/3600)^2 (50*wg)^2 (50*wg)^2 (50*
wg)^2 0 0 0 (0.001/3600)^2 (0.001/3600)^2 (0.001/3600)^2 (50*wg)^2 (50*wg)^2 (50*
wg)^2]);
Rk=diag([3.5^2 3.5^2 3.5^2 0.25 0.25 0.25]);
P0=Qw;
Ngps=zeros(tl,1);                           %% GPS故障
%%加速度计故障
Nxa=zeros(tl,1);
Nya=zeros(tl,1);
Nza=zeros(tl,1);
kkgps=1;
%%开始滤波
for kgps=1:5
Ngps(300:tl,1)=(40+kgps*20)^2;              %% 5种GPS故障
%% Nxa(300:tl,1)=(0.5+0.5*(kgps-1))/3600;%%X轴加速度计
```

```
%% Nya(300:tl,1)=(500+100*kgps)*wg;          %%Y 轴加速度计
    for kkgps=1:40                            %%各 40 次
for i=1:tl
    Fn=function_F(lati(i),Rm(i),Rn(i));
    Fs=[O3 I3;I3 O3;O3 O3];
    Fm=diag([-1/3600 -1/3600 -1/3600 -1/3600 -1/3600 -1/3600]);
    F=[Fn Fs;zeros(6,9) Fm];
        ph=I15;
for k=11:2
  ph=I15+F/k*ph;
end
Phi=I15+F*ph;
    hh=zeros(3,6);
hhh=diag([(Rm(i)+h) (Rn(i)+h)*cos(lati(i)) 1]);
    Hp=[hh hhh hh];
    Hv=[diag([1 1 1]) zeros(3,12)];
    H=[Hp;Hv];
    Qwt=zeros(15,1);      Qwt(7)=ws^2/(ws^2-wie^2)*(1/wie*sin(wie*i)-
1/ws*sin(ws*i))*Nxg(i)+ws^2*wie*sin(lati(i))/(ws^2-wie^2)*(1/ws^2*cos(ws*
i)-1/wie^2*cos(wie*i))*Nyg(i)+sin(lati(i))/wie*Nyg(i);
    Qwt(7)=Qwt(7)+1/g0*(1-cos(ws*i))*Nya(i);
    Qwt(8)=(tan(lati(i))/wie*(1-cos(wie*i))-wie*tan(lati(i))/(ws^2-
wie^2)*(cos(wie*i)-cos(ws*i)))*Nxg(i);
    Qwt(8)=Qwt(8)+(sec(lati(i))*(ws^2-wie^2*cos(lati(i))^2)/ws*sin(ws*i)/
(ws^2-wie^2)-ws^2*tan(lati(i))*sin(lati(i))/wie*sin(ws*i)/(ws^2-wie^2)-i*
cos(lati(i)))*Nyg(i);
    Qwt(8)=Qwt(8)+sec(lati(i))/g0*(1-cos(ws*i))*Nxa(i);
Xerror(:,i)=X1(:,i)+Qwt;
Xerror(:,i+1)=Phi*(Xerror(:,i))+diag(randn(1,15))*[0 0 0 0 0 0 0 0 0 (0.001/
3600) (0.001/3600) (0.001/3600) (50*wg) (50*wg) (50*wg)]';
    Z(:,i)=H*(Xerror(:,i+1))+[Ngps(i) Ngps(i) Ngps(i) 0 0 0]'+diag(randn(1,
6))*[3.5 3.5 3.5 0.5 0.5 0.5]';
Pk=Phi*P0*Phi';
KK=Pk*H'*inv(H*Pk*H'+ Rk);
X1(:,i+1)=Phi*(X1(:,i));
X(:,i)=X1(:,i+1)+KK*(Z(:,i)-H*X1(:,i+1));
```

```
residual(:,i)=X(:,i)-X1(:,i+1);
P0=(I15-KK*H)*Pk;
for ki=1:15
beta1(kkkgps,ki,i)=residual(ki,i)'*inv(P0(ki,ki))*residual(ki,i);
end
end
beta(kkkgps,:,:)=beta1(kkkgps,:,:)/max(max(beta1(kkkgps,:,:)));
kkkgps=kkkgps+1
    end
end
save Chi2test.mat beta;
```

子程序(function_F):

```
function F=function_F(l,Rm,Rn)
global Re f wie h vx vy vz g0
F=zeros(9,9);
F(1,1)=vy*tan(l)/(Rn+h)-vz/(Rn+h);
F(1,2)=2*wie*sin(l)+vx*tan(l)/(Rn+h);
F(1,3)=-(2*wie*cos(l)+vx/(Rn+h));
F(1,5)=g0;
F(1,6)=0;
F(1,7)=2*wie*vz*sin(l)+2*wie*vy*cos(l)+vx*vy*sec(l)^2/(Rn+h);
F(2,1)=-(2*vx*tan(l)/(Rn+h)+2*wie*sin(l));
F(2,2)=-vz/(Rm+h);
F(2,3)=-vy/(Rm+h);
F(2,4)=-g0;
F(2,6)=0;
F(2,7)=-(2*wie*cos(l)+2*vx*sec(l)^2/(Rn+h))*vx;
F(3,1)=2*wie*cos(l)+2*vx/(Rn+h);
F(3,2)=2*vy/(Rm+h);
F(3,4)=0;
F(3,5)=0;
F(3,7)=-2*wie*vx*sin(l);
F(3,9)=2*g0/Rm;
F(4,2)=-1/(Rm+h);
F(4,5)=wie*sin(l)+vx/(Rn+h)*tan(l);
F(4,6)=-wie*cos(l)-vx/(Rn+h);
```

```
F(5,1)=1/(Rn+h);
F(5,4)=-wie*sin(l)-vx/(Rn+h)*tan(l);
F(5,6)=-vy/(Rm+h);
F(5,7)=-wie*sin(l);
F(6,1)=tan(l)/(Rn+h);
F(6,4)=wie*cos(l)+vx/(Rn+h);
F(6,5)=vy/(Rm+h);
F(6,7)=wie*cos(l)+vx/(Rn+h)*sec(l)^2;
F(7,2)=1/(Rm+h);
F(8,1)=sec(l)/(Rn+h);
F(8,7)=vx/(Rn+h)*sec(l)*tan(l);
F(9,3)=1;
```

图 6.19 和图 6.20 所示分别为归一化 15 维 $X$ 轴、$Y$ 轴加速度计不同幅值故障的 $\chi^2$ 检验归一化结果，图 6.21 所示为归一化 15 维 GPS 不同幅值故障的 $\chi^2$ 检验归一化结果。由图 6.19～6.21 可以看出，当某一故障类型发生时，不管故障幅值大小如何变化，$\chi^2$ 检验都是十分相似的。因此，故障类型与归一化卡方检验结果一一对应。将这些故障状态矢量输入泛函模糊神经网络就可以得到故障的分类，从而判断故障的发生位置，进而准确地隔离故障，保证整个系统的可靠性。

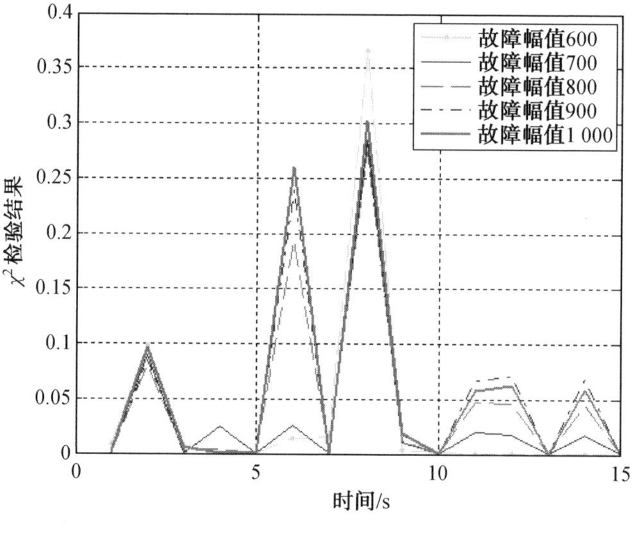


图 6.19　归一化 15 维 $X$ 轴加速度计不同幅值故障的 $\chi^2$ 检验归一化结果（彩图见附录 B）

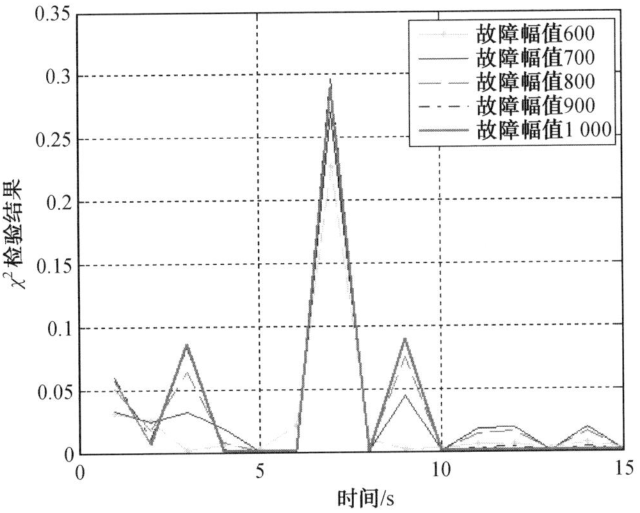


图 6.20　归一化 15 维 $Y$ 轴加速度计不同幅值故障的 $\chi^2$ 检验归一化结果(彩图见附录 B)

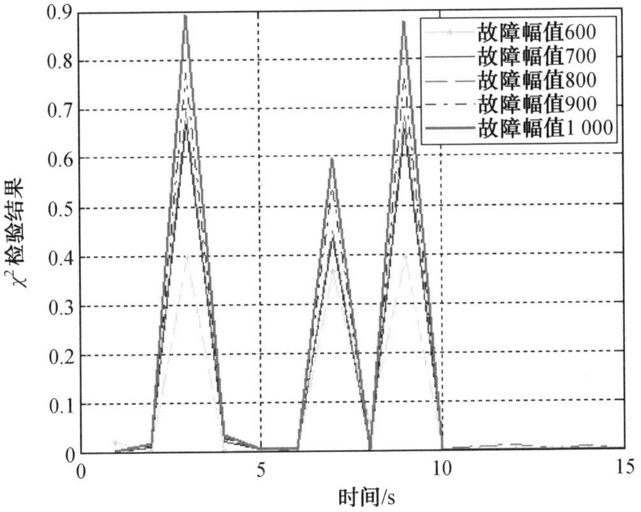


图 6.21　归一化 15 维 GPS 不同幅值故障的 $\chi^2$ 检验归一化结果(彩图见附录 B)

### 6.8.2　泛函模糊神经网络的结构

泛函模糊神经网络是泛函连接网络与模糊神经网络的结合。泛函连接网络只有两层神经网络。第一层为输入层，其输出通过适当的正交多项式实现函数扩展。本节的基函数采用 $x$、$\sin x$、$\cos x$，其中 $x$ 表示输入量。因此，将会有 $3\times N$ 个基函数($\Phi$)，其中 $N$ 为输入量的个数。基函数之所以采用三角函数是因为三角函数比高斯函数表达更为简洁，且计算更快更方便。三角函数的主要作用是提高输入量的维数。

泛函模糊神经网络可分为两部分，即前提部分（前件网络）和结论部分（后件网络），其结构如图 6.22 所示。

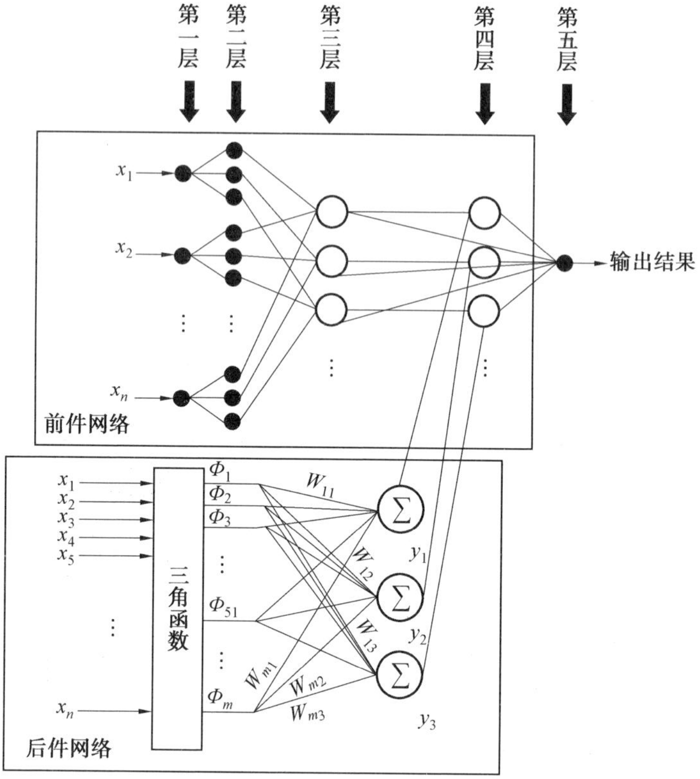


图 6.22　泛函模糊神经网络的结构

泛函模糊神经网络的前件网络由五层组成，下面简要介绍每一层的节点计算函数。

（1）第一层直接将输入变量 $x_i$ 传输到下一层。

（2）第二层中每个节点代表一个语言变量值。第 $j$ 个语言变量值的输入变量 $x_i$ 的隶属度函数值表达式为

$$\mu_i^j = \exp\left(-\frac{(x_i - m_{ij})^2}{\sigma_{ij}^2}\right) \tag{6.14}$$

式中，$\mu_i^j$ 表示第 $j$ 个语言值的第 $i$ 个输入变量的隶属度函数值；$m_{ij}$、$\sigma_{ij}$ 表示第 $j$ 个语言值的第 $i$ 个输入变量的高斯隶属函数的平均值和标准差。

（3）第三层节点接收来自上一层的隶属度函数值 $\mu_i^j$，利用乘法器计算匹配模

糊规则的前件，计算出每条规则的适用度。即

$$a_j = \prod_i \mu_i^j \tag{6.15}$$

式中，$a_j$ 表示第 $j$ 条规则的合适度。

(4)第四层的输出为模糊规则的输出，由第三层的输出节点与泛函连接网络输出节点的乘积得到，即

$$u_i = \sum_{j=1}^{R} a_j y_i^j \tag{6.16}$$

式中，$R$ 表示模糊规则的总数；$u_i$ 表示第四层的输出；$y_i^j$ 表示泛函连接网络第 $i$ 个输入变量对应第 $j$ 条模糊规则的输出。

(5)第五层为输出层，表示泛函模糊神经网络的输出，计算表达式为

$$O_i = \frac{u_i}{\sum_{j=1}^{R} a_j} \tag{6.17}$$

式中，$O_i$ 表示最后一层的输出结果。

泛函模糊神经网络的后件网络，共两层。第一层为输入层，它的作用是利用三角函数实现输入变量的函数扩展，并将输出结果传送到第二层。

第二层的作用是计算每一条规则的后件。模糊规则采用的是 Takagi－Sugeno 模型。因此模糊规则 $R_j$ 的形式如下。

$R_j$：如果 $x_1$ 是 $A_{1j}$，且 $x_2$ 是 $A_{2j}$……且 $x_n$ 是 $A_{nj}$，那么

$$y_i^j = \sum_{k=1}^{m} W_{kj} \Phi_k(x_i) \tag{6.18}$$

其中，$x_i$ 表示第 $i$ 个输入量；$A_{ij}$ 表示输入变量 $x_i$ 第 $j$ 条规则的语言值；$m$ 表示基函数的总数；$W_{kj}$ 表示基函数($\Phi_k$)与泛函连接网络的第 $j$ 个输出节点之间的连接权值；$\Phi_k$ 表示输入变量 $x_i$ 的第 $k$ 个基函数值。

### 6.8.3　仿真结果

仿真数据中分别设置了 INS 和 GPS 故障，见表 6.2。初始地理位置为东经 116°，北纬39°，飞机以 300 m/s 的速度匀速向北飞行，飞行总时间为 1 000 s。GPS 信息的输出频率为 1 Hz，卡尔曼滤波周期为 1 s。

表 6.2　泛函模糊神经网络仿真故障设置类型

| 故障类型 | 故障幅值 | 故障模式 |
|---|---|---|
| $X$ 轴加速度计故障/μg | 600，700，800，900，1 000 | 0 |
| $Y$ 轴加速度计故障/μg | 600，700，800，900，1 000 | －1 |
| GPS 接收机跳变/m | 60，80，100，120，140 | 1 |

泛函模糊神经网络故障诊断方法实现的 MATLAB 程序如下：

```
clc
clear all
Caver=2;
Cupper=2.5;
Clower=0.5;
vmax=0.9;
wmax=2;
wmin=-2;
iterationmax=100;
load Chi2test.mat beta;            %%加载 GPS 故障卡方检验 m 文件
load Chi2test1.mat beta1;          %%加载 X 轴加速度计卡方检验 m 文件
load Chi2test1.mat beta2;          %%加载 Y 轴加速度计卡方检验 m 文件
x=zeros(15,600);
x(:,1:200)=beta(:,:,700)';
x(:,201:400)=beta1(:,:,700)';
x(:,401:600)=beta2(:,:,700)';
y(1:200)=1;                        %%GPS 故障输出结果
y(201:400)=0;                      %%X 轴加速度计故障输出结果
y(401:600)=-1;                     %%Y 轴加速度计故障输出结果
fk=3;                              %%隶属度函数个数——模糊规则个数
[p1,p2]=size(x);
%%随机选取训练样本 400 个,测试样本 200 个
I=randperm(600);
xxa=I(1:400);
xxb=I(401:p2);
x1=x(:,xxa);
x2=x(:,xxb);
y1=y(xxa);
y2=y(xxb);
for i=1:p1;
for j=1:fk;
    m(i,j)=max(x(i,:))/fk*j-max(x(i,:))/fk/2;
    b(i,j)=0.05;
end
end
w=unifrnd(wmin,wmax,p1*3,fk,80);            %%初始化权值
Vw=zeros(15*3,fk,80);
```

```
for iteration=1:iterationmax
    wi(iteration)=0.9-0.005*(iteration-1);
end
eaver1=1;
iteration=1;
%%———开始训练
for q=1:400
        for i=1:p1;
        for j=1:fk;
            u(i,j)=gaussmf(x1(i,q),[m(i,j),b(i,j)]);
        end
    end
%%模糊推理
        for i=1:fk;
        v(i,q)=1;
j=1;
while j<=p1;
    v(i,q)=v(i,q)*u(j,i);
    j=j+1;
end
    end
end
MSEpast=10e4*ones(1,80);
wjpast=w;
MSEgpast=10e4;
wgpast=w(:,:,1);
while eaver1>10e-4 & iteration<=iterationmax
for kParticle=1:80
for q=1:400
        for i=1:fk;
          yj(i)=0;
j=1;
while j<=p1;
  yj(i)=yj(i)+[x1(j,q) sin(x1(j,q))cos(x1(j,q))]*w(3*j-2:3*j,i,kParticle);
    j=j+1;
end
        end
    true1(q)=v(:,q)'*yj'/sum(v(:,q));
```

```
        e(q)=(y1(q)-true1(q));
    end
    eaver(iteration)=sum(abs(e))/400;
    eaver1=eaver(iteration);
    MSE(kParticle)=e*e'/400;
    if MSE(kParticle)<MSEpast(kParticle)
        wjbest(:,:,kParticle)=w(:,:,kParticle);
        wjpast(:,:,kParticle)=wjbest(:,:,kParticle);
        MSEpast(kParticle)=MSE(kParticle);
    else
        wjbest(:,:,kParticle)=wjpast(:,:,kParticle);
    end
    end
    [mi,I]=min(MSE)
    [ma,I2]=max(MSE)
    if MSE(I)<MSEgpast
        wgbest=w(:,:,I);
        wgpast=wgbest;
        MSEgpast=MSE(I);
    else
        wgbest=wgpast;
    end
    %% PSO_BLACK 优化学习
    MSEaver=sum(MSE)/80;
    for kParticle=1:80
        if MSE(kParticle)<MSEaver
        C1(kParticle)=Caver+(Cupper-Caver)*(MSE(kParticle)-mi)/(MSEaver-
mi);
    else
        C1(kParticle)=Clower+(Caver-Clower)*(ma-MSE(kParticle))/(ma-MSEav-
er);
    end
    C2(kParticle)=3-C1(kParticle);
    r1=rand(1);
    r2=rand(1);
    Vw(:,:,kParticle)=wi(iteration)*Vw(:,:,kParticle)+C1(kParticle)*r1*(wjbest
(:,:,kParticle)-w(:,:,kParticle))+C2(kParticle)*r2*(wgbest-w(:,:,kParticle));
    for i=1:15*3
```

```
        for j=1:3
            if Vw(i,j,kParticle)>vmax
        Vw(i,j,kParticle)=vmax;
            else if Vw(i,j,kParticle)<-vmax
        Vw(i,j,kParticle)=-vmax;
      end
            end
        end
end
w(:,:,kParticle)=w(:,:,kParticle)+Vw(:,:,kParticle);
end
for mmm=1:round(iteration/10)
randi=randperm(p1*3);
i=randi(1);
randj=randperm(3);
j=randj(1);
randp=randperm(50);
p=randj(1);
Xmax=max(max(max(w(i,j,:))));
            r1=rand(1);
            r2=rand(1);
        if r2<0.5
          Vw(i,j,p)=0.5*(Xmax)*r1;
        else
            Vw(i,j,p)=-0.5*(Xmax)*r1;
        end
                if Vw(i,j,p)>vmax
        Vw(i,j,p)=vmax;
            else if Vw(i,j,p)<-vmax
        Vw(i,j,p)=-vmax;
                end
                end
end
iteration=iteration+1
end
%%测试段
for q=1:200
            for i=1:p1;
```

```
            for j=1:fk;
                u(i,j)=gaussmf(x2(i,q),[m(i,j),b(i,j)]);
            end
        end
    for i=1:fk;
            v(i,q)=1;
    j=1;
    while j<=p1;
        v(i,q)=v(i,q)*u(j,i);
        j=j+1;
    end
        end
    end
    for kParticle=1:80
    for q=1:200
            for i=1:fk;
              yj(i)=0;
    j=1;
    while j<=p1;
    yj(i)=yj(i)+[x2(j,q) sin(x2(j,q)) cos(x2(j,q))]*w(3*j-2:3*j,i,kParticle);
        j=j+1;
    end
            end
        true2(q)=v(:,q)'*yj'/sum(v(:,q));
        e2(q,kParticle)=(y2(q)-true2(q));
    end
    e3=sum(abs(e2));
    end
    [mi2,I]=min(e3);
    e3(I)/200
    figure(1)
    plot(eaver,'linewidth',2);
    xlabel('迭代次数');
    ylabel('训练误差');
```

泛函模糊神经网络诊断误差结果见表 6.3，网络训练误差随迭代次数变化的曲线如图 6.23 所示。

表 6.3 泛函模糊神经网络诊断误差结果

| 实验次数 | 1 | 2 | 3 | 4 | 5 | 平均 |
| --- | --- | --- | --- | --- | --- | --- |
| 训练段误差 | 0.035 7 | 0.038 7 | 0.056 3 | 0.045 2 | 0.035 7 | 0.042 3 |
| 测试段误差 | 0.035 9 | 0.034 7 | 0.050 0 | 0.045 3 | 0.035 8 | 0.040 3 |

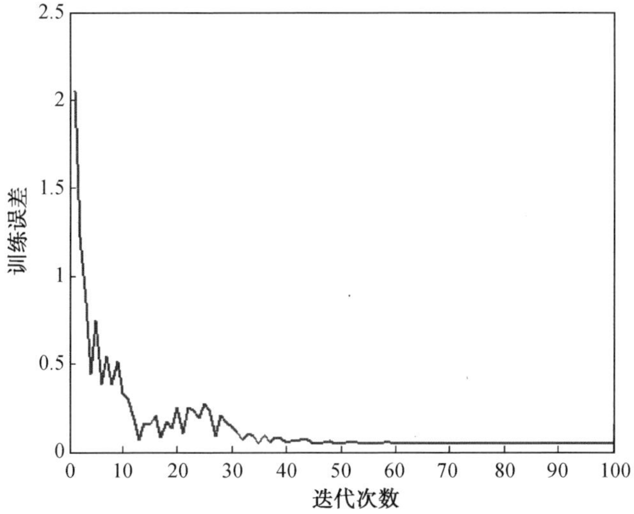


图 6.23 泛函模糊神经网络训练误差随迭代次数变化的曲线

仿真结果表明，基于泛函模糊神经网络与 $\chi^2$ 检验相结合的故障诊断方法在故障幅值不同的情况下，保持着较高的故障诊断准确率，体现了该方法具有令人满意的故障诊断能力。

## 6.9 本章小结

在模糊神经网络设计中，模糊规则的建立是系统设计的瓶颈问题，所以有关神经网络与模糊系统相结合的研究大多集中在模糊神经网络的建模中。随着模糊神经网络结构和算法的研究成果不断涌现，模糊神经网络在故障诊断中的应用研究也成了热点问题。

本章首先分析了模糊逻辑、神经网络和人工智能技术的关系，比较了模糊系统和神经网络的优缺点，在此基础上，介绍了模糊神经网络应用于未建模系统的故障诊断方法。与此同时，还给出了一个特定模糊神经网络应用于组合导航系统的软故障诊断，包括仿真结果和完整的实现程序。

# 第 7 章

# 基于径向基函数网络的故障诊断

径向基函数(RBF)网络能够逼近任意的非线性函数,可以处理系统内的难以解析的规律性,具有良好的泛化能力,并有很快的学习收敛速度,目前已成功应用于非线性函数逼近、时间序列分析、数据分类、模式识别、信息处理、图像处理、系统建模、控制和故障诊断等。本章介绍了径向基函数网络基本原理,并将其应用于航天器执行机构的故障重构和敏感器的故障检测。

## 7.1 模糊－径向基函数网络的故障诊断

### 7.1.1 径向基函数网络和模糊推理系统的功能等价关系

**1. 模糊“IF－THEN”规则和模糊推理系统**

考虑用模糊“IF－THEN”规则表示的一个例子:

IF　压力高　THEN　容量小

其中,“压力”和“容量”都是语言术语,“高”和“小”是由适当的隶属度函数特征化的语言术语(或语言表)。采用 Takagi 和 Sugeno 提出的模糊模型表示方式,给出另一个例子,模糊集仅包含在前件部分,如空气阻力 $F$ 与运动物体的速度 $v$ 的关系:

IF　$v$ 大　THEN　$F=k\cdot v^2$

其中,前件部分的“大”是用语言表达的,后件部分是输入变量速度 $v$ 的非模糊方程。

模糊推理系统，也是众所周知的模糊规则基系统、模糊模型、模糊联想记忆或模糊控制(在控制系统中应用时)。模糊推理系统是由模糊“IF－THEN”规则的集合和语言表隶属度函数的数据库组成的，且推论机制称作模糊推理。按 Takagi 和 Sugeno 提出的推理形式，假设规则库由两个模糊“IF－THEN”规则组成：

规则 1：IF $x_1$ is $A_1$ AND $x_2$ is $B_1$　THEN　$f_1=a_1x_1+b_1x_2+c_1$

规则 2：IF $x_1$ is $A_2$ AND $x_2$ is $B_2$　THEN　$f_2=a_2x_1+b_2x_2+c_2$

则对其模糊推理过程可由图 7.1(a)给出，这里的第 $i$ 个规则的起动强度可按前件部分隶属度值的 T－norm 获得

$$w_i=\mu_{A_i}(x_1)\mu_{B_i}(x_2),\quad w_i=\min\{\mu_{A_i}(x_1),\mu_{B_i}(x_2)\} \tag{7.1}$$

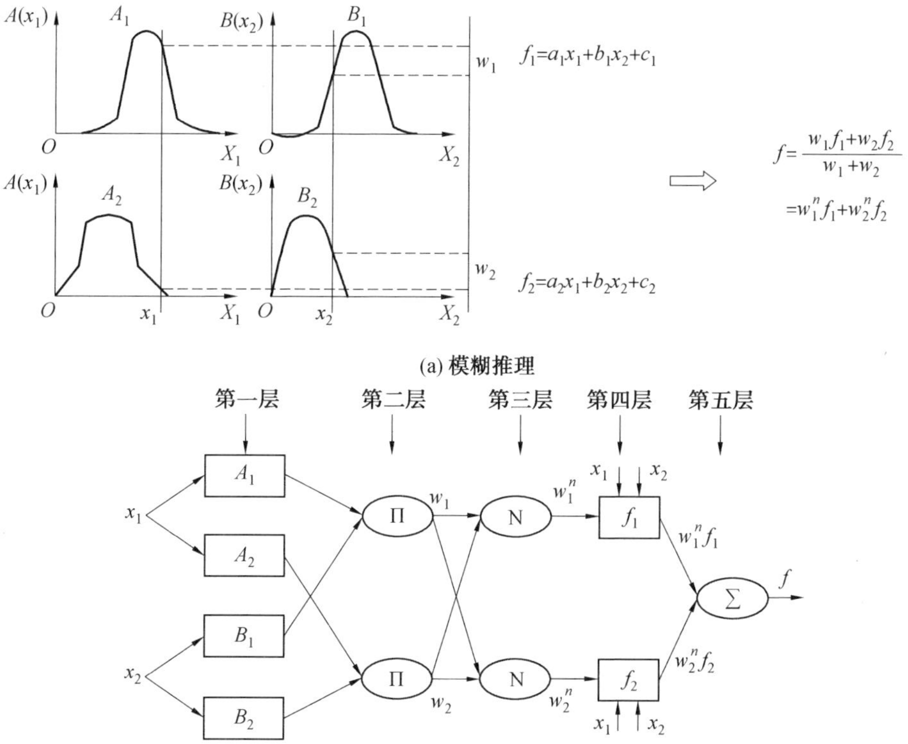


(a) 模糊推理

(b) 自适应网络

图 7.1　模糊推理系统

整个系统最后输出可以用每个规则的加权和表示

$$f(x)=\sum_{i=1}^{R}w_if_i(x) \tag{7.2}$$

或更常规地，用加权平均表示(图 7.1(a))

$$f(x)=\frac{\sum_{i=1}^{R} w_i f_i(x)}{\sum_{i=1}^{R} w_i} \tag{7.3}$$

式中，$R$ 是模糊"IF－THEN"规则的个数。

也可以直接转换模糊推理系统成为等价的自适应网络，如图 7.1(b)所示。

**2. 功能等价和实现**

从式(7.1)～(7.3)中，显然可以看出如果下面条件成立，则 RBF 网络和模糊推理系统的功能是等价的。

(1)接收域单元的个数等于模糊"IF－THEN"规则的个数。

(2)每个模糊"IF－THEN"规则的输出是一个常值(即在图 7.1 中 $a_1$、$b_1$、$a_2$、$b_2$ 都为 0)。

(3)每个规则的隶属度函数都选择具有与高斯函数相同的形式。

(4)计算每个规则起动强度的 T－norm 算子是乘积。

(5)RBF 网络和模糊推理系统使用相同的方法(加权平均或加权和)推导输出。

在这些条件下，语言表 $A_1$ 和 $B_1$ 的隶属度函数可以表示为

$$\mu_{A_1}(x_1)=\exp\left(-\frac{(x_1-c_{A_1})^2}{\sigma_1^2}\right) \tag{7.4}$$

$$\mu_{B_1}(x_2)=\exp\left(-\frac{(x_2-c_{B_1})^2}{\sigma_1^2}\right) \tag{7.5}$$

因此，规则 1 的起动强度为

$$\omega_1(x_1x_2)=\mu_{A_1}(x_1)\mu_{B_1}(x_2)=\exp\left(-\frac{(\boldsymbol{x}-\boldsymbol{c}_1)^2}{\sigma_1^2}\right)=R_1(\boldsymbol{x}) \tag{7.6}$$

式中，$\boldsymbol{c}_1$ 为相应接收域的中心，$\boldsymbol{c}_1=c_{A_1}c_{B_1}$。

类似地，$\omega_2$ 可以用同样的方法得出。因此，在上面的条件下，RBF 网络(具有两个接收域单元)与图 7.1(a)在功能上完全相同。如果没有上面的限制，RBF 网络的功能仅仅是模糊推理系统的一个特例。

### 7.1.2 基于自适应模糊系统的径向基高斯函数网络

基于自适应模糊系统(adaptive fuzzy system，AFS)的径向基高斯函数网络的基本特征是由前提和结论两部分构成的，且每一部分都包含有关可调整的参数集。下面，给出 3 种基于 AFS 的 RBF 网络类型，在这 3 种类型中，有一个共同点是在已知输入和被存储前提事件之间，用和、积复合运算给出匹配关系：

$$R_i(x)=\exp\left(-\sum_{j=1}^{n}\frac{|x_j-c_{ji}|^2}{2\sigma_{ji}^2}\right)$$

$$=\prod_{j} A_{ji}(x) \tag{7.7}$$

**1. 类型Ⅰ:结论是常值**

假设有 $m$ 个模糊规则,每个规则有 $n$ 个输入和 $p$ 个输出,第 $i$ 个规则的形式如下:

Rule $i$: IF ($x_1$ is $A_{1i}$) AND ⋯ AND ($x_n$ is $A_{ni}$)
THEN ($y_1$ is $a_{i1}$) AND ⋯ AND ($y_p$ is $a_{ip}$)

其中,$a_{ik}$ 是常数。

由前面给出的等价推理结论,得其推理输出 $y_k$ 为

$$y_k=\frac{\sum_{i=1}^{m} R_i(x) a_{ik}}{\sum_{i=1}^{m} R_i(x)}=\sum_{i=1}^{m} \hat{R}_i(x) \tag{7.8}$$

图 7.2 所示为基于 AFS 的 RBF 网络(式(7.8)的实现),值得注意的是式(7.7)的类型属于类型Ⅰ,很容易由简单的 RBF 网络实现。

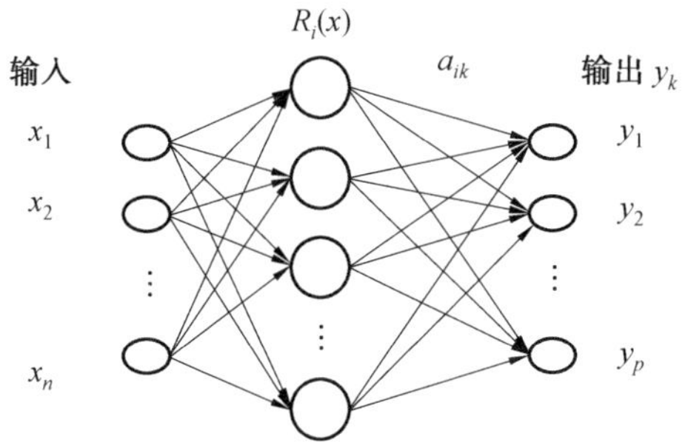


图 7.2　基于 AFS 的 RBF 网络(结构:类型Ⅰ)

**2. 类型Ⅱ:后件是一阶线性方程**

考虑 Sugeno 模糊模型:

Rule $i$: IF ($x_1$ is $A_{1i}$) AND ⋯ AND ($x_n$ is $A_{ni}$)
THEN ($y_1$ is $f_{i1}$) AND ⋯ AND ($y_p$ is $f_{ip}$)

其中,$f_{ik}=a_{ik0}+a_{ik1}x_1+a_{ik2}x_2+\cdots+a_{ikn}x_n$。

由上述的结论可知,其模糊推理输出为

$$y_k=\frac{\sum_{i=1}^{m} R_i(x) f_{ik}}{\sum_{i=1}^{m} R_i(x)}$$

$$
\begin{aligned}
&= \sum_{i=1}^{m} \hat{R}_i(x) f_{ik} \\
&= \sum_{i=1}^{m} \hat{R}_i(x) a_{ik0} + \sum_{i=1}^{m} \hat{R}_i(x) \left( \sum_{l=1}^{n} a_{ikl} x_l \right) \qquad (7.9)
\end{aligned}
$$

式(7.9)可由图 7.3 所示的基于 AFS 的 RBF 网络实现。

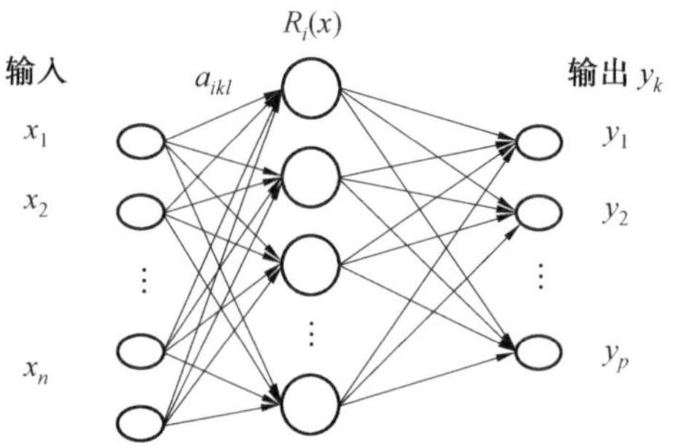


图 7.3　基于 AFS 的 RBF 网络(结构:类型Ⅱ)

### 3. 类型Ⅲ:后件是模糊变量

考虑模糊规则:

$$
\text{Rule } i:\quad \begin{array}{l} \text{IF } (x_1 \text{ is } A_{1i}) \text{ AND } \cdots \text{ AND } (x_n \text{ is } A_{ni}) \\ \text{THEN } (y_1 \text{ is } B_{i1}) \text{ AND } \cdots \text{ AND } (y_p \text{ is } B_{ip}) \end{array}
$$

其中,$B_{ik}$ 是模糊集。

一般情况,模糊隶属度函数是正规凸函数,可由参数函数形式表示为

$$
B_{ik} = f(w_{ik}, y_{ik}^*)
$$

其中,$w_{ik}$ 是宽度矢量;$y_{ik}^*$ 是使 $\mu_{B_{ik}}(y_{ik}^*)=1$ 的元素。如含有 3 个隶属度函数的模糊集(图 7.4(a))可表示为

$$
B_{ik} = f(w_{ik1}, w_{ik2}, y_{ik}^*)
$$

其中,$w_{ik1} = |y_{ik}^* - y_{ik}^l|$,$w_{ik2} = |y_{ik}^* - y_{ik}^r|$。

不规则几何形状的隶属度函数的模糊集(图 7.4(b)),可用 5 个参数唯一地表示为

$$
B_{ik} = f(w_{ik1}, w_{ik2}, w_{ik3}, w_{ik4}, y_{ik}^*)
$$

模糊隶属度值可按下述方法计算。

(1)等腰三角形的隶属度函数为

$$
\mu_i(w_{ik}) = R_i(x) \frac{w_{ik}}{2}
$$

式中,$w_{ik} = w_{ik1} + w_{ik2}$。

(2)一般三角形的隶属度函数为

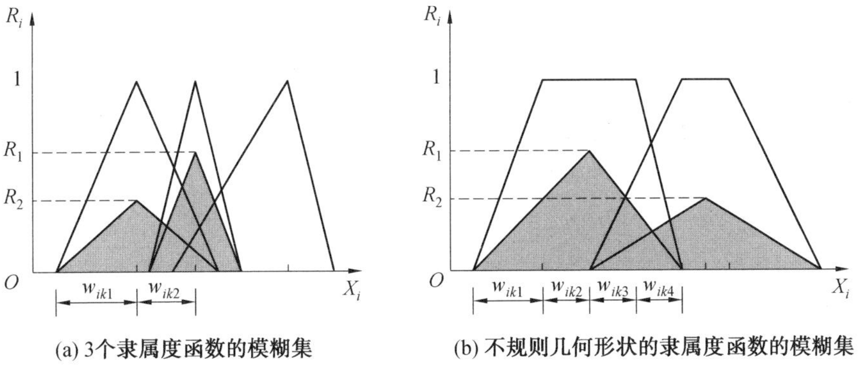


图 7.4　不同隶属度函数的模糊集

$$\mu_i(w_{ik}) = R_i(x)\frac{w_{ik1} + w_{ik2}}{2}$$

(3)不规则几何形状的隶属度函数为

$$\mu_i(w_{ik}) = R_i(x)\frac{w_{ik1} + w_{ik2} + w_{ik3} + w_{ik4}}{2}$$

应用重心法进行反模糊化计算,第 $k$ 个元素的输出为

$$y_k = \frac{\sum_{i=1}^{m} \mu_i(w_{ik}) y_{ik}^*}{\sum_{i=1}^{m} \mu_i(w_{ik})} \tag{7.10}$$

由上述可知,式(7.10)可由图 7.5 所示的其于 AFS 的 RBF 网络实现。

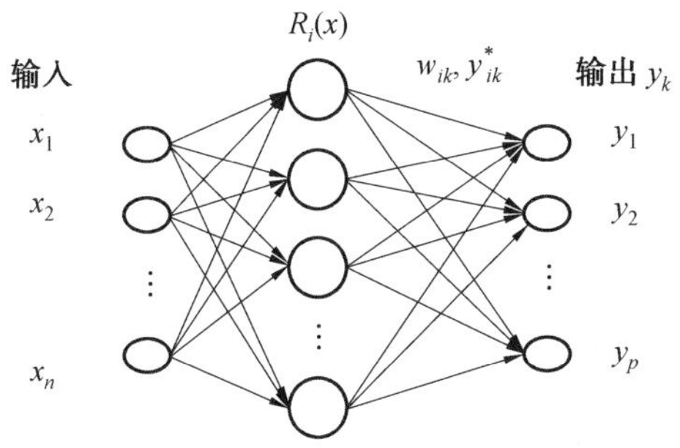


图 7.5　基于 AFS 的 RBF 网络(结构:类型Ⅲ)

### 7.1.3　学习算法

基于模糊系统的径向基函数网络的学习过程是由确定最小知识规则数(隐藏层节点数)和调节隐藏层参数矢量所构成的,算法使网络从样本数据中估计出未知的规则,网络是否产生新的径向基节点,由有效半径的大小来确定,第 $i$ 个隐

藏层节点的有效半径 $r_i$ 可用一个超球面 $H$ 表达，即

$$H(r_i)=\left\{x\ \middle|\ d(x,c,\sigma)=\frac{(x-c)^2}{\sigma^2}\leqslant r_i^2\right\} \tag{7.11}$$

**1. 递阶自组织学习算法**

网络递阶算法学习过程如下。

(1)设 $i=1,n=1$，其中 $i$ 和 $n$ 分别代表隐藏层节点个数和第 $n$ 个训练样本。

(2)用第 $n$ 个训练样本估计 $|y_n-t_n|$，这里 $y_n$ 和 $t_n$ 分别为第 $n$ 个样本的网络输出值和期望值。

(3)如果 $|y_n-t_n|>E$，$E$ 为误差界，则转向第(4)步，否则转向第(7)步。

(4)如果有一个隐藏层节点使训练样本落入超球体 $H$ 内，则转向第(5)步，否则，产生新的隐藏层节点，转向第(6)步。新的隐藏层节点的参数按下述方法确定：

设 $i=i+1$；

均值矢量 $\boldsymbol{c}_i=$训练样本的输入；

标准偏差 $\sigma_i=\sigma_{\text{init}}$。

(5)应用下节给出的修正方法调节参数矢量。

(6)转向第(2)步。

(7)等待新的数据样本，然后转向第(1)步。

**2. 参数矢量修正方法**

基于训练模式，学习算法按照误差函数的负梯度下降方法，不断地更新网络参数。第 $n$ 个训练模式的误差参数 $E_n$，可定义为

$$E_n=\frac{1}{2}\sum_{k=1}^{p}(t_{nk}-y_{nk})^2 \tag{7.12}$$

式中，$p$ 为输出单元的个数。

按照基于 AFS 的 RBF 网络的结构，可定义网络参数矢量：

基于 AFSⅠ的 RBF 网络：$\boldsymbol{v}_i=[\boldsymbol{c}_{ji}^{\mathrm{T}}\quad \boldsymbol{\sigma}_{ji}^{\mathrm{T}}\quad \boldsymbol{a}_{ik}^{\mathrm{T}}]^{\mathrm{T}}$；

基于 AFSⅡ的 RBF 网络：$\boldsymbol{v}_i=[\boldsymbol{c}_{ji}^{\mathrm{T}}\quad \boldsymbol{\sigma}_{ji}^{\mathrm{T}}\quad \boldsymbol{a}_{ikj}^{\mathrm{T}}]^{\mathrm{T}}$；

基于 AFSⅢ的 RBF 网络：$\boldsymbol{v}_i=[\boldsymbol{c}_{ji}^{\mathrm{T}}\quad \boldsymbol{\sigma}_{ji}^{\mathrm{T}}\quad \boldsymbol{y}_{ik}^{*\mathrm{T}}\quad \boldsymbol{w}_{ik}^{\mathrm{T}}]^{\mathrm{T}}$；

参数更新修正规则：

$$\boldsymbol{v}_i^{\text{new}}=\boldsymbol{v}_i^{\text{old}}+\eta\Delta\boldsymbol{v}_i=\boldsymbol{v}_i^{\text{old}}-\eta\frac{\partial E_n}{\partial \boldsymbol{v}_i} \tag{7.13}$$

式中，$\eta$ 为学习率。

下面，给出式(7.13)中$\dfrac{\partial E_n}{\partial \boldsymbol{v}_i}$的详细推导，为了方便起见，下面推导中省略标号中的下标 $n$。

(1)基于 AFSⅠ的 RBF 网络。在这种情况下,第 $k$ 个元素的输出为

$$y_k = \frac{\sum_{i=1}^{m} R_i(x) a_{ik}}{\sum_{i=1}^{m} R_i(x)} = \frac{u(c_{ji}, \sigma_{ji}, a_{ik})}{z(c_{ji}, \sigma_{ji})} \tag{7.14}$$

对于每个参数,$E$ 的负梯度可进一步计算为

$$\Delta c_{ji} = -\frac{\partial E}{\partial c_{ji}} = -\frac{\partial E}{\partial y_k}\frac{\partial y_k}{\partial R_i}\frac{\partial R_i}{\partial c_{ji}} = (t_k - y_k)\frac{a_{ik} - y_k}{z} R_i \frac{x_j - c_{ji}}{\sigma_{ji}^2} \tag{7.15}$$

$$\Delta \sigma_{ji} = -\frac{\partial E}{\partial \sigma_{ji}} = -\frac{\partial E}{\partial y_k}\frac{\partial y_k}{\partial R_i}\frac{\partial R_i}{\partial \sigma_{ji}} = (t_k - y_k)\frac{a_{ik} - y_k}{z} R_i \frac{(x_j - c_{ji})^2}{\sigma_{ji}^3} \tag{7.16}$$

$$\Delta a_i = -\frac{\partial E}{\partial a_{ij}} = -\frac{\partial E}{\partial y_k}\frac{\partial y_k}{\partial u}\frac{\partial u}{\partial a_{ik}} = (t_k - y_k)\frac{1}{z} R_i \tag{7.17}$$

(2)基于 AFSⅡ的 RBF 网络。在这种情况下,第 $k$ 个元素的输出为

$$y_k = \frac{\sum_{i=1}^{m} R_i(x) f_{ik}}{\sum_{i=1}^{m} R_i(x)} = \frac{u(c_{ji}, \sigma_{ji}, a_{ikj})}{z(c_{ji}, \sigma_{ji})} \tag{7.18}$$

对于每个参数,$E$ 的负梯度可进一步计算为

$$\Delta c_{ji} = -\frac{\partial E}{\partial c_{ji}} = -\frac{\partial E}{\partial y_k}\frac{\partial y_k}{\partial R_i}\frac{\partial R_i}{\partial c_{ji}} = (t_k - y_k)\frac{a_{ik} - y_k}{z} R_i \frac{x_j - c_{ji}}{\sigma_{ji}^2} \tag{7.19}$$

$$\Delta \sigma_{ji} = -\frac{\partial E}{\partial \sigma_{ji}} = -\frac{\partial E}{\partial y_k}\frac{\partial y_k}{\partial R_i}\frac{\partial R_i}{\partial \sigma_{ji}} = (t_k - y_k)\frac{a_{ik} - y_k}{z} R_i \frac{(x_j - c_{ji})^2}{\sigma_{ji}^3} \tag{7.20}$$

$$\Delta a_i = -\frac{\partial E}{\partial a_{ij}} = -\frac{\partial E}{\partial y_k}\frac{\partial y_k}{\partial u}\frac{\partial u}{\partial f_{ik}}\frac{\partial f_{ik}}{\partial a_{ikj}} = (t_k - y_k)\frac{1}{z} R_i x_j \tag{7.21}$$

(3)基于 AFSⅢ的 RBF 网络。在这种情况下,第 $k$ 个元素的输出为

$$y_k = \frac{\sum_{i=1}^{m} \mu_i(w_{ik}) y_{ik}^*}{\sum_{i=1}^{m} \mu_i(w_{ik})} = \frac{u(c_{ji}, \sigma_{ji}, y_{ik}^*, w_{ik})}{z(c_{ji}, \sigma_{ji}, w_{ik})} \tag{7.22}$$

式中,$\mu_i(w_{ik}) = R_i(x) w_{ik}/2$

对于每个参数,$E$ 的负梯度可进一步计算为

$$\Delta c_{ji} = -\frac{\partial E}{\partial c_{ji}} = -\frac{\partial E}{\partial y_k}\frac{\partial y_k}{\partial R_i}\frac{\partial R_i}{\partial c_{ji}} = (t_k - y_k)\frac{y_{ik}^* - y_k}{z}\frac{w_{ik}}{2} R_i \frac{x_j - c_{ji}}{\sigma_{ji}^2} \tag{7.23}$$

$$\Delta \sigma_{ji} = -\frac{\partial E}{\partial \sigma_{ji}} = -\frac{\partial E}{\partial y_k}\frac{\partial y_k}{\partial R_i}\frac{\partial R_i}{\partial \sigma_{ji}} = (t_k - y_k)\frac{y_{ik}^* - y_k}{z}\frac{w_{ik}}{2} R_i \frac{(x_j - c_{ji})^2}{\sigma_{ji}^3} \tag{7.24}$$

$$\Delta w_{ik} = -\frac{\partial E}{\partial w_{ik}} = -\frac{\partial E}{\partial y_k}\frac{\partial y_k}{\partial \mu_i}\frac{\partial \mu_i}{\partial w_{ik}} = (t_k - y_k)\frac{y_{ik}^* - y_k}{z}\frac{R_i}{2} \tag{7.25}$$

$$\Delta y_{ik}^{*}=-\frac{\partial E}{\partial y_{ik}^{*}}=-\frac{\partial E}{\partial y_k}\frac{\partial y_k}{\partial u}\frac{\partial u}{\partial y_{ik}^{*}}=(t_k-y_k)\frac{1}{z}\mu_i \tag{7.26}$$

### 7.1.4 非线性系统的故障诊断

#### 1. 自适应状态观测器设计

考虑非线性时变系统，有

$$\begin{cases}\boldsymbol{x}(k)=\boldsymbol{f}(\boldsymbol{x}(k),\boldsymbol{u}(k),\beta(k))\\ \boldsymbol{y}(k)=\boldsymbol{g}(\boldsymbol{x}(k))\end{cases} \tag{7.27}$$

式中，$\boldsymbol{u}\in \boldsymbol{E}^l$；$\boldsymbol{y}\in \mathbf{R}^m$；$\boldsymbol{x}\in \mathbf{R}^n$；$\boldsymbol{f}(\cdot)$为非线性函数；$\boldsymbol{g}(\cdot)$为已知的非线性观测函数；$\beta(\cdot)$为系统随时间变化的参数，它是一个随时间慢变的非线性函数。

为了从非线性时变系统的输入 $\boldsymbol{u}(k)$ 和输出 $\boldsymbol{y}(k)$ 估计出系统的状态，用图 7.6 所示结构的基于模糊规则的径向基网络动态系统构成状态观测器，用系统的输出作为估计器的一个输入。动态方程式如下：

$$\begin{cases}\boldsymbol{Z}(k)=\boldsymbol{r}(\boldsymbol{Z}(k),\boldsymbol{u}(k),\boldsymbol{y}(k))\\ \hat{\boldsymbol{y}}(k)=\boldsymbol{g}(\boldsymbol{Z}(k))\end{cases} \tag{7.28}$$

式中，$\boldsymbol{Z}(k)\in \mathbf{R}^n$ 为基于模糊规则的径向基网络动态系统的状态。

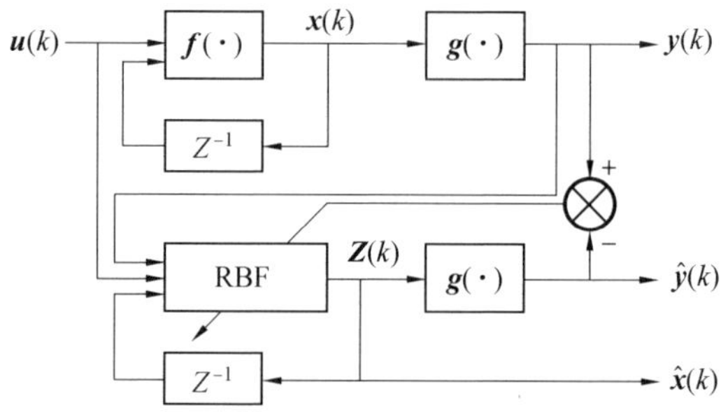


图 7.6 自适应状态观测器结构

**例 7.1** 仿真系统为

$$\begin{cases}\boldsymbol{x}(k+1)=[1+\beta(k)]\sin \boldsymbol{x}(k)-0.1\boldsymbol{x}(k)+u(k)\\ \boldsymbol{y}(k)=1.5\boldsymbol{x}(k)+\boldsymbol{x}(k-1)\\ \beta(k)=\sin 0.035k\end{cases} \tag{7.29}$$

系统的输入采用白噪声，学习速率取为 0.2，按 7.1.3 节的算法分别用基于 AFSⅠ、AFSⅡ和 AFSⅢ的 RBF 网络进行在线学习、估计，仿真观测器的规则节点分别稳定在 $m=20$、$m=17$ 和 $m=5$，图 7.7～7.9 所示为仿真结果。由仿真结果可以看出，系统初始收敛速度快（具体仿真程序这里不再给出）。

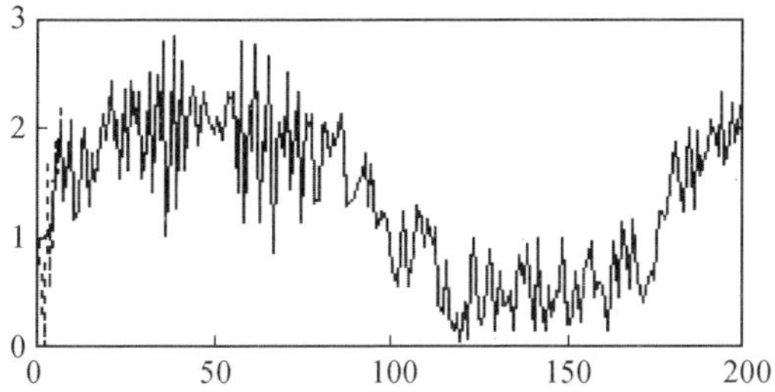


(a) 系统状态(实线)及观测器估计的状态(虚线)

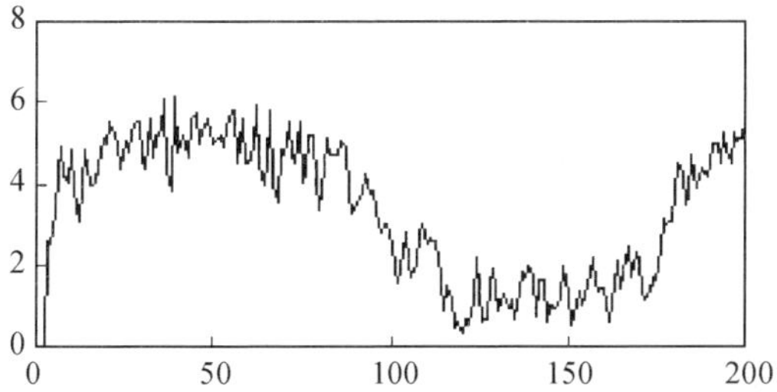


(b) 系统输出(实线)及观测器估计的输出(虚线)

图 7.7　基于 AFSⅠ的 RBF 网络仿真结果

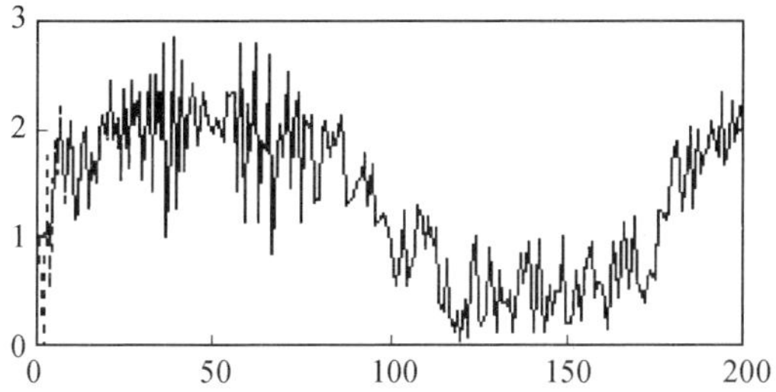


(a) 系统状态(实线)及观测器估计的状态(虚线)

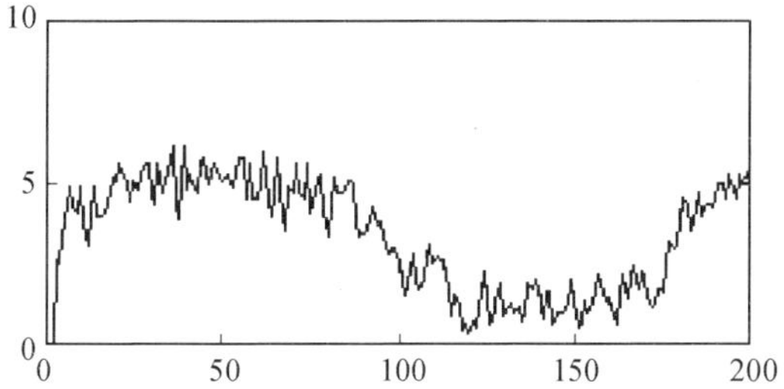


(b) 系统输出(实线)及观测器估计的输出(虚线)

图 7.8　基于 AFSⅡ的 RBF 网络仿真结果

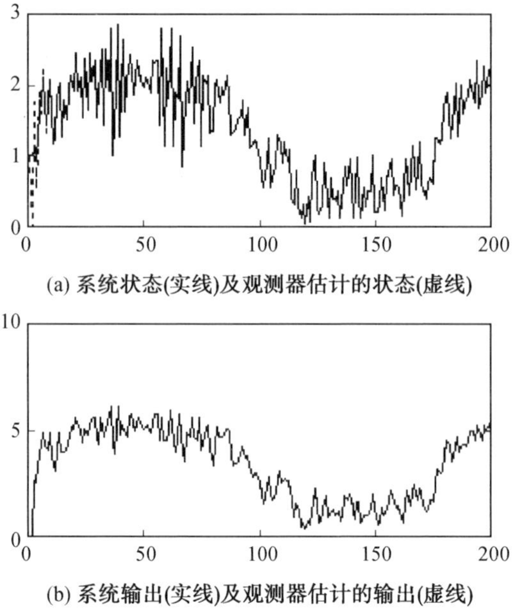


图 7.9 基于 AFSⅢ的 RBF 网络仿真结果

### 2. 非线性系统的故障诊断

对于式(7.27)所示系统，可以利用神经网络获得状态观测器式(7.28)，利用这个状态观测器的输出值，进行下一步的系统的输出预报，便可以实现系统的故障检测，定义如下系统预报输出残差：

$$\boldsymbol{\varepsilon}(k)=\boldsymbol{y}(k)-\hat{\boldsymbol{y}}(k) \tag{7.30}$$

式中，$\boldsymbol{\varepsilon}(k)$为系统的预报输出残差。根据状态观测器设计的特点，$\boldsymbol{\varepsilon}(k)$应很快衰减为 0，从而达到对故障进行预报的目的。但是，当系统存在故障时，相当于系统的物理结构发生了变化，即系统模型发生了变化。由于神经网络的自学习需要一个过程，因此在这一时刻对状态的跟踪能力会下降，从而导致系统的输出预报残差突变，利用这种突变就可以检测故障，设

$$\gamma(k)=\boldsymbol{\varepsilon}(k)^{\mathrm{T}}\boldsymbol{W}\boldsymbol{\varepsilon}(k) \tag{7.31}$$

式中，$\boldsymbol{W}$ 为对角加权矩阵，可根据实际问题的具体特征选取。于是，故障检测规则为

$$\gamma(k)\begin{cases}\leqslant T, & \text{无故障}\\ >T, & \text{故障}\end{cases} \tag{7.32}$$

式中，$T$ 为故障检测的阈值。

考虑例 7.1，设系统在 $k=50$ 时出现故障，这里仅用基于 AFSⅢ的 RBF 网络，采用上述方法进行检测。当输入 $u(k)=1$ 时，仿真结果如图 7.10 所示；当输

入 $u(k)$ 为随机数时，仿真结果如图 7.11 所示。

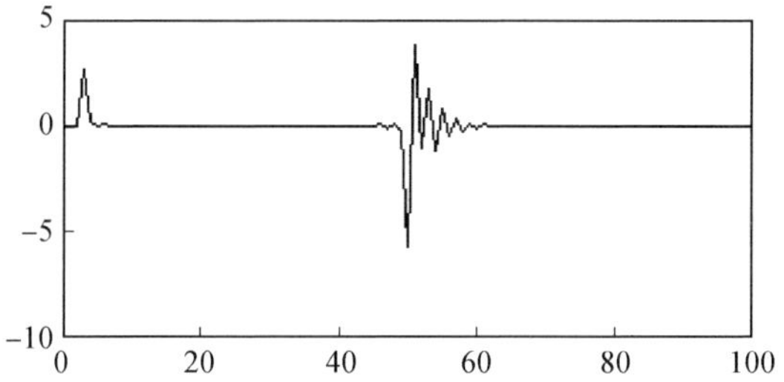


(a) 系统故障时的输出预报残差

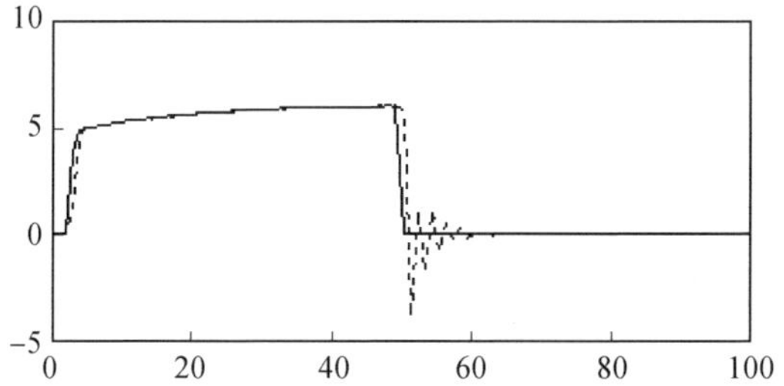


(b) 系统故障时的实际输出(实线)和预报输出(虚线)

图 7.10　系统在 $k=50$ 时发生故障的仿真结果（$u(k)=1$）

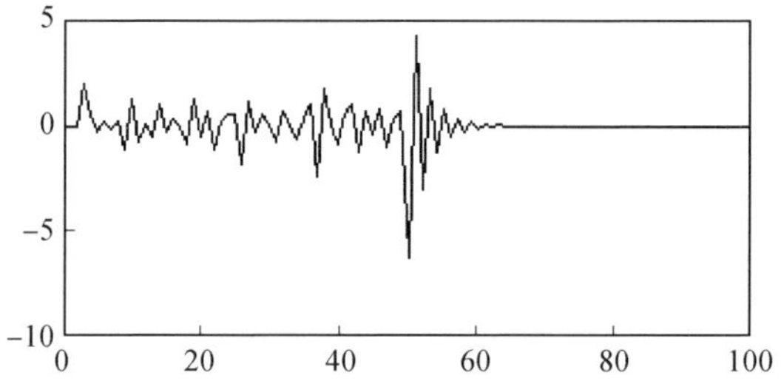


(a) 系统故障时的输出预报残差

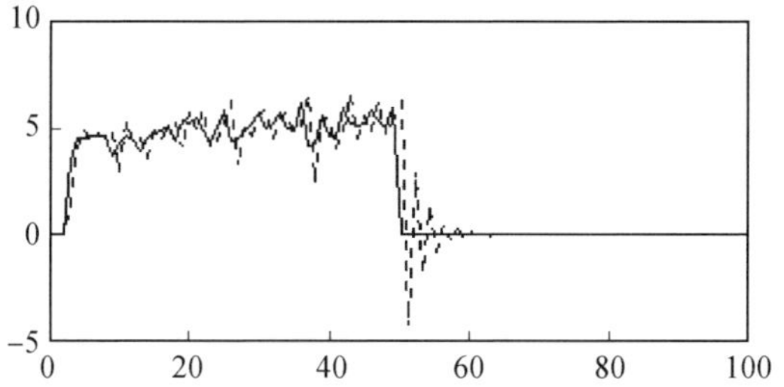


(b) 系统故障时的实际输出(实线)和预报输出(虚线)

图 7.11　系统在 $k=50$ 时发生故障的仿真结果（$u(k)$为随机数）

上述提出的自适应观测器设计方法，由于网络基函数形式简单，即使多变量输入也会增加太多的复杂性，因此很容易扩展到多输入多输出系统中，并且 RBF 网络也能同时处理定性和定量知识，有利于实际应用。

## 7.2 基于 HBF 网络的故障诊断

本节基于 RBF 网络，提出了一种具有较强泛化能力的超径向基函数(hyper basis function，HBF)网络，该网络通过 Mahalanobis－like 距离计算神经元间距离，并引入新的矩阵表示神经元间的相似度，使其能以较高的精度实现复杂非线性函数的逼近。之后构造了基于 HBF 网络的自适应状态观测器，并将其应用于一类非线性系统及航天器执行机构的故障检测中，实现系统的故障诊断与检测。

### 7.2.1 HBF 网络

HBF 网络结构与 RBF 网络结构类似，但 HBF 网络是一种泛化的 RBF 网络，其网络的输出函数为

$$\boldsymbol{y}_i=f(\boldsymbol{x}_i)=\sum_{j=1}^{J}w_j h_j(\boldsymbol{x}_i,\boldsymbol{c}_j,\sigma_j)+b_i \tag{7.33}$$

式中，$\boldsymbol{x}_i\in\mathbf{R}^{n_x}$ 为网络的第 $i$ 个输入($n_x$ 表示最大输入维数)；$w_j$ 为第 $j$ 个基函数的连接权值；$h_j(\cdot)$为第 $j$ 个神经元的基函数；$\sigma_j$ 为第 $j$ 个基函数的中心；$\boldsymbol{c}_j\in\mathbf{R}^1$ 为 $\boldsymbol{x}_i$ 与 $\boldsymbol{c}_j$ 之间的相似度；$b_i$ 为常数。

令 $h_0=1, b_i=w_{i0}$，则式(7.33)可简化为

$$\boldsymbol{y}_i=f(\boldsymbol{x}_i)=\sum_{j=0}^{J}w_{ij}h_j(\boldsymbol{x}_i,\boldsymbol{c}_j,\sigma_j) \tag{7.34}$$

由式(7.34)可见，HBF 网络的径向函数带有加权系数，使得网络具有插值决策功能。

**1. 网络基函数**

在计算输入神经元与中心神经元间距离时，HBF 网络采用 Mahalanobis－like 距离，主要体现在基函数的计算中，即

$$h_j(\boldsymbol{x}_i,\boldsymbol{c}_j,\boldsymbol{\Sigma}_j)=\mathrm{e}^{-0.5(\boldsymbol{x}_i-\boldsymbol{c}_j)^{\mathrm{T}}\boldsymbol{\Sigma}_j(\boldsymbol{x}_i-\boldsymbol{c}_j)} \tag{7.35}$$

式中，$\boldsymbol{\Sigma}_j$ 为正定方阵，在数据进行局部缩放和定向时，其用来表示 $\boldsymbol{x}_i$ 与 $\boldsymbol{c}_j$ 间的相似度，一般有 4 种形式。

(1)形式 1 的网络中所有神经元都呈球状，且有相同的尺寸 $\sigma\in\mathbf{R}^1$，即

$$\boldsymbol{\Sigma}_j=(1/\sigma^2)\boldsymbol{I},\quad j=1,2,\cdots,J \tag{7.36}$$

式中，$\boldsymbol{I}$ 为同维单位矩阵。

(2)形式2的网络中所有神经元都呈球状，但具有不同的尺寸 $\sigma_j \in \mathbf{R}^1$，即

$$\boldsymbol{\Sigma}_j = (1/\sigma_j{}^2)\boldsymbol{I}, \quad j=1,2,\cdots,J \tag{7.37}$$

(3)形式3的网络中每个神经元呈椭球状，具有变化的尺寸，但与初始输入坐标取向一致，即

$$\boldsymbol{\Sigma}_j = \mathrm{diag}[1/\sigma_1^2 \quad 1/\sigma_2^2 \quad \cdots \quad 1/\sigma_{n_x}^2], \quad j=1,2,\cdots,J \tag{7.38}$$

式中，$n_x$ 为输入矢量的最大维数。

(4)形式4的权矩阵 $\boldsymbol{\Sigma}_j$ 为满阵，每个神经元呈椭球状，且具有变化的尺寸，即

$$\boldsymbol{\Sigma}_j = \begin{bmatrix} 1/\sigma_{11}^2 & \cdots & 1/\sigma_{1n_x}^2 \\ \vdots & & \vdots \\ 1/\sigma_{n_x1}^2 & \cdots & 1/\sigma_{n_xn_x}^2 \end{bmatrix} \tag{7.39}$$

形式1所需确定的参数最少，但会导致欠拟合；形式2在RBF网络中使用较多，但其不能对数据进行局部缩放；形式4具有较好的灵活性和较多的优化参数，但模型过高的自由度会导致严重的过拟合；形式3保留了形式4的优点，并且克服了形式4的缺点，所以本章采用形式3作为基函数。

**2. 算法**

HBF网络学习算法有很多，如无监督竞争学习法、LVQ学习法、K－均值聚类法以及决策树法等，本章采用决策树法来确定网络中心。决策树(或分级树)分类的实质是，首先对特征空间进行分割，特征属性及其值构成各类别决策边界，这些边界把空间划分成互斥的决策区域；然后再通过合取和析取功能把各类别的决策区域进行整合。对于二元决策树，可以选用Quinlan's C4.5算法进行计算。

(1)计算网络中心和宽度。用“决策树叶”表示每个决策区域 $\Re_j$，有

$$\Re_j = [\min(x_{1j}), \max(x_{1j})] \times \cdots \times [\min(x_{n_xj}), \max(x_{n_xj})] \tag{7.40}$$

网络中心为

$$\boldsymbol{c}_j = [c_{1j} \quad \cdots \quad c_{n_xj}]$$

$$c_{ij} = [\min(x_{ij}) + \max(x_{ij})]/2, \quad i=1,2,\cdots,n_x \tag{7.41}$$

网络的内核宽度为

$$\sigma_{ij} = [\max(x_{ij}) - \min(x_{ij})]/2, \quad i=1,2,\cdots,n_x \tag{7.42}$$

通过网络中心 $\boldsymbol{c}_j$ 和矩阵 $\boldsymbol{\Sigma}_j$ 所描述的内核位置和形状，可以用EM算法(expectation-maximization)计算求得。

(2)计算权值。假设网络隐藏层共有 $K$ 个神经元，$\boldsymbol{x}^\mu$、$\boldsymbol{y}^\mu$ $(\mu=1,2,\cdots,M)$ 分

别是训练样本集的特征矢量与目标矢量。网络的误差函数为

$$E(\boldsymbol{W}) = \|\boldsymbol{HW}-\boldsymbol{Y}\|^2 \tag{7.43}$$

式中，$\boldsymbol{W}$ 为输出层的权值矩阵；$\boldsymbol{H}=(H_{\mu j})=(h_j(\boldsymbol{x}^\mu,\boldsymbol{c}_j,\sigma_j))$，$H_{\mu j}$ 为第 $\mu$ 个输入矢量 $\boldsymbol{x}^\mu$ 对应的第 $j$ 个基函数的输出；$\boldsymbol{Y}=(Y_{\mu j})$，$Y_{\mu j}$ 为第 $\mu$ 个目标矢量 $\boldsymbol{y}^\mu$ 的第 $j$ 个分量。

求解输出权值矢量：

$$\boldsymbol{W}=\boldsymbol{H}^+\boldsymbol{Y} \tag{7.44}$$

式中，$\boldsymbol{H}^+$ 为矩阵 $\boldsymbol{H}$ 的伪逆（或广义逆），可通过奇异值分解(SVD)得到。

### 7.2.2 HBF 网络的自适应观测器

#### 1. 自适应观测器设计

考虑非线性系统：

$$\begin{cases}\dot{\boldsymbol{x}}(t)=\boldsymbol{Ax}(t)+\boldsymbol{g}(\boldsymbol{x},\boldsymbol{u})\\ \boldsymbol{y}(t)=\boldsymbol{Cx}(t)\end{cases} \tag{7.45}$$

式中，$\boldsymbol{g}(\boldsymbol{x},\boldsymbol{u})$为非线性函数矢量；$\boldsymbol{C}\in\mathbf{R}^{m\times n}$ 为定常矩阵；$\boldsymbol{A}\in\mathbf{R}^{n\times n}$ 且使得$(\boldsymbol{A},\boldsymbol{C})$可观测。

针对式(7.45)的非线性系统，构造图 7.12 所示 HBF 网络观测器模型。

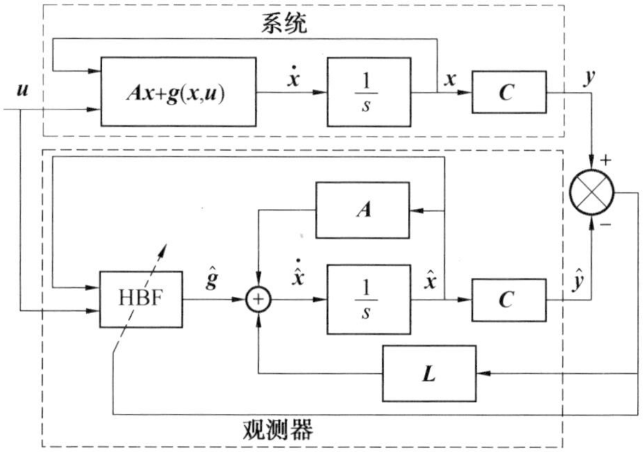


图 7.12　HBF 网络观测器模型

图 7.12 所示的状态观测器可描述为

$$\begin{cases}\dot{\hat{\boldsymbol{x}}}(t)=\boldsymbol{A}\hat{\boldsymbol{x}}(t)+\hat{\boldsymbol{g}}(\hat{\boldsymbol{x}},\boldsymbol{u})+\boldsymbol{L}(\boldsymbol{y}-\hat{\boldsymbol{y}})\\ \hat{\boldsymbol{y}}(t)=\boldsymbol{C}\hat{\boldsymbol{x}}(t)\end{cases} \tag{7.46}$$

式中，$\boldsymbol{L}$ 为观测器增益，它使得 $\boldsymbol{A}-\boldsymbol{LC}$ 为渐进稳定的 Hurwitz 矩阵。

定义状态误差 $\boldsymbol{e}(t)$和残差 $\boldsymbol{e}_y(t)$为

$$\begin{cases} \boldsymbol{e}(t)=\boldsymbol{x}(t)-\hat{\boldsymbol{x}}(t) \\ \boldsymbol{e}_y(t)=\boldsymbol{y}-\hat{\boldsymbol{y}}=\boldsymbol{C}\boldsymbol{e}(t) \end{cases} \tag{7.47}$$

由式(7.46)和式(7.47)可得

$$\dot{\boldsymbol{e}}(t)=\dot{\boldsymbol{x}}(t)-\dot{\hat{\boldsymbol{x}}}(t)=(\boldsymbol{A}-\boldsymbol{L}\boldsymbol{C})\boldsymbol{e}(t)+\boldsymbol{g}(\boldsymbol{x},\boldsymbol{u})-\hat{\boldsymbol{g}}(\hat{\boldsymbol{x}},\boldsymbol{u}) \tag{7.48}$$

**2. 稳定性分析**

根据神经网络逼近性能，在给定逼近误差 $\boldsymbol{\varepsilon}(\boldsymbol{x})>0$ 的情况下，非线性函数 $\boldsymbol{g}(\boldsymbol{x},\boldsymbol{u})$ 可表示为

$$\boldsymbol{g}(\boldsymbol{x},\boldsymbol{u})=\boldsymbol{W}^{\mathrm{T}}\boldsymbol{f}(\boldsymbol{x},\boldsymbol{u})+\boldsymbol{\varepsilon}(\boldsymbol{x}) \tag{7.49}$$

式中，$\|\boldsymbol{W}\|_F\leqslant \boldsymbol{W}_M$，即保证 $\boldsymbol{W}$ 有界。则由网络估计得

$$\hat{\boldsymbol{g}}(\boldsymbol{x},\boldsymbol{u})=\hat{\boldsymbol{W}}^{\mathrm{T}}\boldsymbol{f}(\hat{\boldsymbol{x}},\boldsymbol{u}) \tag{7.50}$$

将式(7.49)和式(7.50)代入式(7.48)可得

$$\dot{\boldsymbol{e}}(t)=\boldsymbol{A}_c\boldsymbol{e}(t)+\boldsymbol{e}_W^{\mathrm{T}}\boldsymbol{f}(\hat{\boldsymbol{x}},\boldsymbol{u})+\boldsymbol{W}^{\mathrm{T}}[\boldsymbol{f}(\boldsymbol{x},\boldsymbol{u})-\boldsymbol{f}(\hat{\boldsymbol{x}},\boldsymbol{u})]+\boldsymbol{\varepsilon}(\boldsymbol{x}) \tag{7.51}$$

式中，$\boldsymbol{e}_W=\boldsymbol{W}-\hat{\boldsymbol{W}}$；$\boldsymbol{A}_c=\boldsymbol{A}-\boldsymbol{L}\boldsymbol{C}$。

根据误差反馈算法可得

$$\dot{\hat{\boldsymbol{W}}}=-\eta\frac{\partial J}{\partial \hat{\boldsymbol{W}}}-\rho\|\boldsymbol{e}_y\|\hat{\boldsymbol{W}} \tag{7.52}$$

式中，$J=\dfrac{1}{2}\boldsymbol{e}_y^{\mathrm{T}}\boldsymbol{e}_y$；$\eta$ 为学习率；$\rho$ 为衰减系数。

修正后的网络权值为

$$\dot{\hat{\boldsymbol{W}}}=-\eta\boldsymbol{f}(\hat{\boldsymbol{x}},\boldsymbol{u})\boldsymbol{e}_y^{\mathrm{T}}\boldsymbol{C}\boldsymbol{A}_c^{-1}-\rho\|\boldsymbol{e}_y\|\hat{\boldsymbol{W}} \tag{7.53}$$

对式 $\boldsymbol{e}_W$ 进行微分得

$$\dot{\boldsymbol{e}}_W=\eta\boldsymbol{f}(\hat{\boldsymbol{x}},\boldsymbol{u})\boldsymbol{e}_y^{\mathrm{T}}\boldsymbol{C}\boldsymbol{A}_c^{-1}+\rho\|\boldsymbol{e}_y\|\hat{\boldsymbol{W}} \tag{7.54}$$

引入正定 Lyapunov 函数，有

$$\boldsymbol{L}=\frac{1}{2}\boldsymbol{e}^{\mathrm{T}}\boldsymbol{P}\boldsymbol{e}+\frac{1}{2}\mathrm{tr}(\boldsymbol{e}_W^{\mathrm{T}}\boldsymbol{e}_W) \tag{7.55}$$

式中，$\boldsymbol{P}$ 为正定矩阵，且对任意正定矩阵 $\boldsymbol{Q}$ 满足 $\boldsymbol{A}_c^{\mathrm{T}}\boldsymbol{P}+\boldsymbol{P}\boldsymbol{A}_c=-\boldsymbol{Q}$。

对式(7.55)进行微分，得

$$\dot{\boldsymbol{L}}=\boldsymbol{e}^{\mathrm{T}}\dot{\boldsymbol{P}}\boldsymbol{e}+\mathrm{tr}(\boldsymbol{e}_W^{\mathrm{T}}\dot{\boldsymbol{e}}_W) \tag{7.56}$$

将式(7.51)和式(7.54)代入式(7.56)可得

$$\begin{aligned}\dot{\boldsymbol{L}}=&\boldsymbol{e}^{\mathrm{T}}\boldsymbol{P}\{\boldsymbol{e}_W^{\mathrm{T}}\boldsymbol{f}(\hat{\boldsymbol{x}},\boldsymbol{u})+\boldsymbol{W}^{\mathrm{T}}[\boldsymbol{f}(\boldsymbol{x},\boldsymbol{u})-\boldsymbol{f}(\hat{\boldsymbol{x}},\boldsymbol{u})]+\boldsymbol{\varepsilon}(\boldsymbol{x})\}\\&+\boldsymbol{e}^{\mathrm{T}}\boldsymbol{P}\boldsymbol{A}_c\boldsymbol{e}+\mathrm{tr}[\boldsymbol{e}_W^{\mathrm{T}}\eta\boldsymbol{f}(\hat{\boldsymbol{x}},\boldsymbol{u})\boldsymbol{e}_y^{\mathrm{T}}\boldsymbol{C}\boldsymbol{A}_c^{-1}+\boldsymbol{e}_W^{\mathrm{T}}\rho\|\boldsymbol{e}_y\|\hat{\boldsymbol{W}}]\end{aligned} \tag{7.57}$$

令 $\boldsymbol{\varphi}=\boldsymbol{W}^{\mathrm{T}}[\boldsymbol{f}(\boldsymbol{x},\boldsymbol{u})-\boldsymbol{f}(\hat{\boldsymbol{x}},\boldsymbol{u})]+\boldsymbol{\varepsilon}(\boldsymbol{x})$，且 $\boldsymbol{\varphi}$ 有界，$\|\boldsymbol{\varphi}\|\leqslant\boldsymbol{\Phi}$，$\boldsymbol{\delta}=\eta\boldsymbol{C}^{\mathrm{T}}\boldsymbol{C}\boldsymbol{A}_c^{-1}$，则式(7.57)可简化为

$$\dot{\boldsymbol{L}}=-\frac{1}{2}\boldsymbol{e}^{\mathrm{T}}\boldsymbol{Q}\boldsymbol{e}+\boldsymbol{e}^{\mathrm{T}}\boldsymbol{P}[\boldsymbol{e}_W^{\mathrm{T}}\boldsymbol{f}(\hat{\boldsymbol{x}},\boldsymbol{u})+\boldsymbol{\varphi}]+\mathrm{tr}[\boldsymbol{e}_W^{\mathrm{T}}\boldsymbol{f}(\hat{\boldsymbol{x}},\boldsymbol{u})\boldsymbol{e}^{\mathrm{T}}\boldsymbol{\delta}+\boldsymbol{e}_W^{\mathrm{T}}\rho\|\boldsymbol{Ce}\|(\boldsymbol{W}-\boldsymbol{e}_W)] \tag{7.58}$$

根据下列不等式

$$\begin{cases}\mathrm{tr}[\boldsymbol{e}_W^{\mathrm{T}}(\boldsymbol{W}-\boldsymbol{e}_W)]\leqslant \boldsymbol{W}_M\|\boldsymbol{e}_W\|-\|\boldsymbol{e}_W\|^2\\ \mathrm{tr}[\boldsymbol{e}_W^{\mathrm{T}}\boldsymbol{f}(\hat{\boldsymbol{x}},\boldsymbol{u})\boldsymbol{e}^{\mathrm{T}}\boldsymbol{\delta}]\leqslant \boldsymbol{f}_M\|\boldsymbol{e}_W\|\ \|\boldsymbol{e}\|\ \|\boldsymbol{\delta}\|\end{cases} \tag{7.59}$$

可得

$$\begin{aligned}\dot{\boldsymbol{L}}\leqslant &-\frac{1}{2}\lambda_{\min}(\boldsymbol{Q})\|\boldsymbol{e}\|^2+\|\boldsymbol{e}\|\ \|\boldsymbol{P}\|[\|\boldsymbol{e}_W\|\boldsymbol{f}(\hat{\boldsymbol{x}},\boldsymbol{u})+\boldsymbol{\Phi}]\\ &+\boldsymbol{f}_M\|\boldsymbol{e}_W\|\ \|\boldsymbol{e}\|\ \|\boldsymbol{\delta}\|+\rho\|\boldsymbol{Ce}\|(\boldsymbol{W}_M\|\boldsymbol{e}_W\|-\|\boldsymbol{e}_W\|^2)\end{aligned} \tag{7.60}$$

式中，$\lambda_{\min}(\boldsymbol{Q})$为矩阵 $\boldsymbol{Q}$ 的最小特征值。

进一步整理得

$$\begin{aligned}\dot{\boldsymbol{L}}\leqslant &-\frac{1}{2}\lambda_{\min}(\boldsymbol{Q})\|\boldsymbol{e}\|^2\\ &+\|\boldsymbol{e}\|[\|\boldsymbol{P}\|\boldsymbol{\Phi}-\rho\|\boldsymbol{C}\|\ \|\boldsymbol{e}_W\|^2\\ &+\|\boldsymbol{e}_W\|(\|\boldsymbol{P}\|\boldsymbol{f}_M+\boldsymbol{f}_M\|\boldsymbol{\delta}\|+\rho\boldsymbol{W}_M\|\boldsymbol{C}\|)]\end{aligned} \tag{7.61}$$

令 $K_1=\dfrac{\|\boldsymbol{\delta}\|}{2}$，$K_2=\dfrac{\|\boldsymbol{P}\|\boldsymbol{f}_M+\boldsymbol{f}_M\|\boldsymbol{\delta}\|+\rho\boldsymbol{W}_M\|\boldsymbol{C}\|}{2(\rho\|\boldsymbol{C}\|-K_1^2)}$，代入式(7.61)并整理得

$$\begin{aligned}\dot{\boldsymbol{L}}\leqslant &-\frac{1}{2}\lambda_{\min}(\boldsymbol{Q})\|\boldsymbol{e}\|^2+[\|\boldsymbol{P}\|\boldsymbol{\Phi}+(\rho\|\boldsymbol{C}\|-K_1^2)K_2^2\\ &-(\rho\|\boldsymbol{C}\|-K_1^2)(K_2-\|\boldsymbol{e}_W\|)^2-K_1^2\ \|\boldsymbol{e}_W\|^2]\|\boldsymbol{e}\|\end{aligned} \tag{7.62}$$

因此，当 $\|\boldsymbol{e}\|>\dfrac{2}{\lambda_{\min}(\boldsymbol{Q})}[\|\boldsymbol{P}\|\boldsymbol{\Phi}+(\rho\|\boldsymbol{C}\|-K_1^2)K_2^2]$且 $\rho\geqslant\dfrac{K_1^2}{\|\boldsymbol{C}\|}$时，可得 $\dot{\boldsymbol{L}}\leqslant 0$，即估计误差、权值误差和输出误差均有界。

### 3. 非线性系统状态估计

考虑非线性系统，其状态方程如式(7.45)所示，则对应参数值为

$$\boldsymbol{A}=\begin{bmatrix}0&1\\0&0\end{bmatrix},\quad \boldsymbol{g}(x,t)=\begin{bmatrix}0.1\cos t\\2\cos t-9.8\sin x_1\end{bmatrix},\quad \boldsymbol{C}=[1\quad 0]$$

按前述算法进行在线训练与预报跟踪，同时将该方法与 RBF 网络进行了对比。图 7.13 所示为 HBF 网络与 RBF 网络状态估计曲线，图 7.14 所示为 HBF 网络观测器与 RBF 网络观测器相对输出误差曲线。

通过仿真结果可知，HBF 网络观测器对非线性系统的状态变量具有较好的跟踪能力，但由于初始值选取是按照经验选取的，因此在开始阶段的跟踪存在较大误差，而在曲线拐点处的跟踪误差是状态量的变化率造成的。

通过比较可以看出，在初始阶段两种网络跟踪估计误差均相对较大，但 HBF

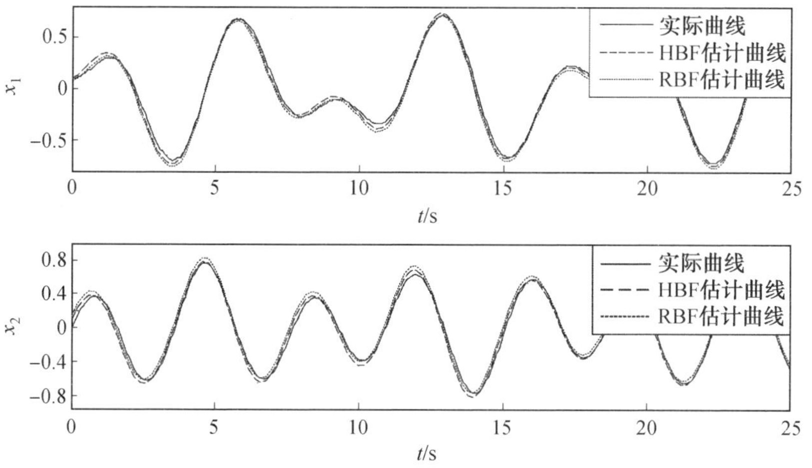


图 7.13　HBF 网络与 RBF 网络状态估计曲线(彩图见附录 B)

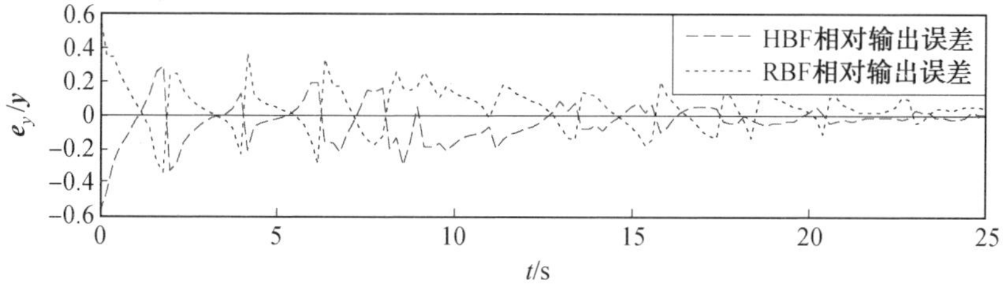


图 7.14　HBF 网络观测器与 RBF 网络观测器相对输出误差曲线

网络跟踪估计性能提高较快,其平均估计误差为 0.083 1,而 RBF 网络的平均估计误差为 0.102 4,这归结为其超级基函数作用的结果。同时,由于采用了该基函数,因此网络泛化能力增强,但也增加了网络的计算度,所以训练时间有所减慢。

### 7.2.3　航天器执行机构故障重构

基于上述方法,建立航天器执行机构故障重构观测器模型:

$$\begin{cases}\hat{\boldsymbol{x}}(t)=\boldsymbol{A}\hat{\boldsymbol{x}}(t)+\hat{\boldsymbol{g}}(\hat{\boldsymbol{x}}(t))+\boldsymbol{B}\boldsymbol{u}(t)+\boldsymbol{L}(\boldsymbol{y}(t)-\hat{\boldsymbol{y}}(t))\\ \hat{\boldsymbol{y}}(t)=\boldsymbol{C}\hat{\boldsymbol{x}}(t)\end{cases} \tag{7.63}$$

式中,$\hat{\boldsymbol{x}}(t)$为状态变量,$\hat{\boldsymbol{x}}(t)=\boldsymbol{\omega}=[\omega_x\quad \omega_y\quad \omega_z]^{\mathrm{T}}$;$\boldsymbol{u}(t)$为控制力矩;$\boldsymbol{y}(t)$为输出角速度;$\boldsymbol{g}(\hat{\boldsymbol{x}}(t))$为非线性函数,表达式为

$$\boldsymbol{g}(\hat{\boldsymbol{x}}(t))=\left[\frac{J_y-J_z}{J_x}x_2(t)x_3(t)\quad \frac{J_z-J_x}{J_y}x_1(t)x_3(t)\quad \frac{J_x-J_y}{J_z}x_1(t)x_2(t)\right]^{\mathrm{T}} \tag{7.64}$$

相应参数为

$$\boldsymbol{A}=\begin{bmatrix}-3 & 0 & 0\\0 & -3 & 0\\0 & 0 & -3\end{bmatrix},\quad \boldsymbol{B}=\begin{bmatrix}1/J_x & 0 & 0\\0 & 1/J_y & 0\\0 & 0 & 1/J_z\end{bmatrix}$$

$$\boldsymbol{C}=\begin{bmatrix}1 & 0 & 0\\0 & 1 & 0\\0 & 0 & 1\end{bmatrix},\quad \boldsymbol{L}=\begin{bmatrix}1 & 0 & 0\\0 & 1 & 0\\0 & 0 & 1\end{bmatrix}$$

现以飞轮卡死及效率降低故障为例。设飞轮 $X$ 轴在 $t=15$ s 时发生卡死故障，$Y$ 轴在 $t=20$ s 时发生效率降低故障($\mu=0.8$)，$Z$ 轴未发生故障，则故障重构曲线如图 7.15 所示，故障重构残差曲线如图 7.16 所示。

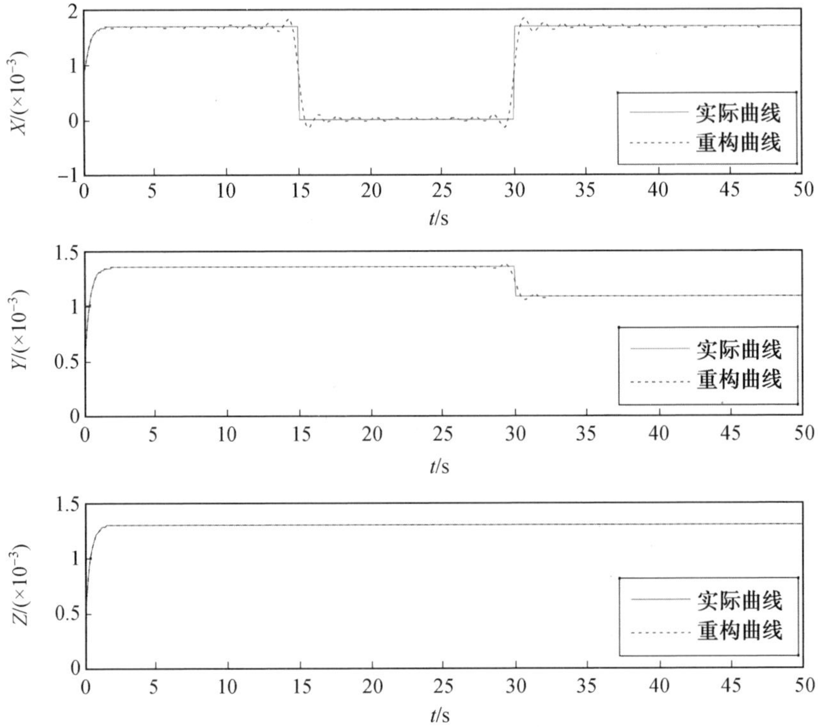


图 7.15　飞轮卡死及效率降低故障重构曲线(彩图见附录 B)

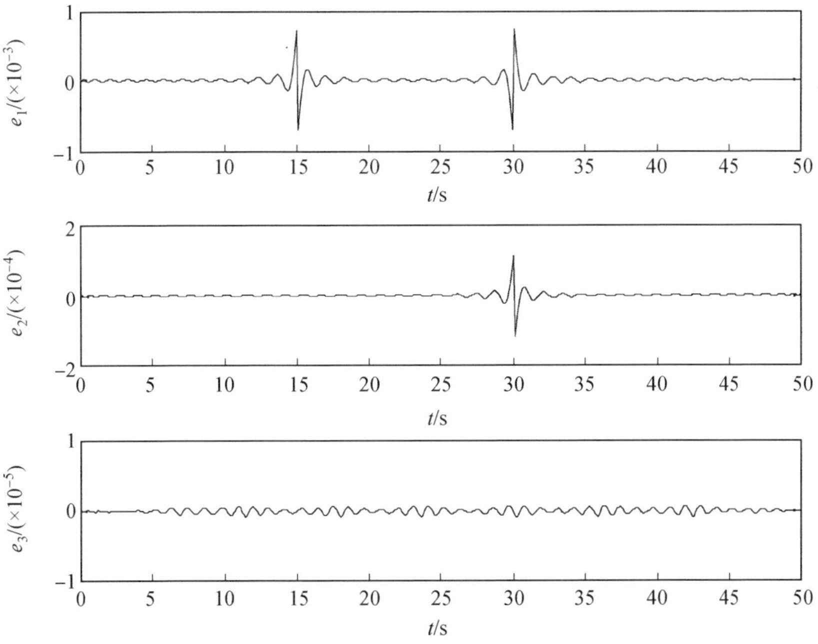


图 7.16　飞轮卡死及效率降低故障重构残差曲线

由仿真结果可知，本章设计的 HBF 网络观测器能够很好地对故障进行重构，同时也能很好地对执行机构的正常状态进行重构。但在跟踪突变故障时，估计曲线会产生一定程度的偏差振荡，可能会影响故障检测效果，而且网络的精确重构速度有待进一步提高。

## 7.3　基于 CCA 优化的前馈神经网络故障诊断及应用

本章介绍凸组合算法（CCA）对单隐藏层前向神经网络进行优化，设计非线性系统的神经网络观测器，并定义一种新的误差函数来计算隐藏层误差，这种方法不是在误差函数中添加动量项或高阶项，而是将权值参数进行解耦，提高了网络计算速度。在此基础上，结合网络非线性建模能力，介绍故障检测与诊断观测器，并介绍如何应用于非线性系统及航天器执行机构的故障诊断中。

### 7.3.1　优化算法

对于单隐藏层前向神经网络，设其输入与期望输出样本对为$(\boldsymbol{x}_i, \boldsymbol{d}_i)$，$\boldsymbol{x}_i \in \mathbf{R}^n$，$\boldsymbol{d}_i \in \mathbf{R}^m$。假设隐藏层神经元个数为 $p$，且 $p > m$。则网络的输出为

$$\boldsymbol{y}_i=\boldsymbol{V}\boldsymbol{h}_i=\boldsymbol{V}\varphi(\boldsymbol{W}\boldsymbol{x}_i+\boldsymbol{b}),\quad i=1,2,\cdots,n \tag{7.65}$$

式中,$\boldsymbol{h}_i$ 为隐藏层输出,$\boldsymbol{h}_i=\varphi(\boldsymbol{W}\boldsymbol{x}_i+\boldsymbol{b})$;$\boldsymbol{W}$ 为输入层到隐藏层的权值矩阵,$\boldsymbol{W}=[w_{ij}]_{p\times n}$;$\boldsymbol{V}$ 为隐藏层到输出层的权值矩阵,$\boldsymbol{V}=[v_{jk}]_{m\times p}$;$\varphi(\cdot)$为激励函数,且 $\varphi(z)=\dfrac{1}{1+e^{-z}}$;$\boldsymbol{b}$ 为偏置或阈值矢量,$\boldsymbol{b}=[b_1\quad b_2\quad\cdots\quad b_n]$。

令 $\boldsymbol{x}_{n+1}=1$, $w_{i(n+1)}=b_i$,则式(7.65)可简化为

$$\boldsymbol{y}_i=\boldsymbol{V}\boldsymbol{h}_i=\boldsymbol{V}\varphi\left(\sum_{j=1}^{n+1}w_{ij}\boldsymbol{x}_j\right)=\boldsymbol{V}\varphi(\boldsymbol{W}\boldsymbol{x}_i),\quad i=1,2,\cdots,n \tag{7.66}$$

## 1. 误差函数

定义一个新的误差函数 $E$ 来判断隐藏层的误差,为了容易求解权值,没有引入动量项或高阶项,而是将权值进行解耦,从而求得权值。

定义的误差函数为

$$E(\boldsymbol{V}^+,\boldsymbol{W})=\frac{1}{2}\sum_{i=1}^{n}\|\boldsymbol{V}^+\boldsymbol{d}_i-\boldsymbol{h}_i\|^2=\frac{1}{2}\sum_{i=1}^{n}\|\boldsymbol{V}^+\boldsymbol{d}_i-\varphi(\boldsymbol{W}\boldsymbol{x}_i)\|^2 \tag{7.67}$$

式中,$\boldsymbol{V}^+$ 为矩阵 $\boldsymbol{V}$ 的伪逆。

为了找到合适的 $\boldsymbol{V}^{+*}$、$\boldsymbol{W}^*$ 使得 $E(\boldsymbol{V}^{+*},\boldsymbol{W}^*)=0$,求误差函数对权值矩阵的偏导数,即

$$\frac{\partial E}{\partial \boldsymbol{V}^+}=\sum_{i=1}^{n}(\boldsymbol{V}^+\boldsymbol{d}_i-\boldsymbol{h}_i)\boldsymbol{d}_i^{\mathrm{T}} \tag{7.68}$$

令$\partial E/\partial\boldsymbol{V}^+=0$,可得

$$\boldsymbol{V}^{+*}=\boldsymbol{H}\boldsymbol{D}^{\mathrm{T}}(\boldsymbol{D}\boldsymbol{D}^{\mathrm{T}})^{-1} \tag{7.69}$$

式中,$\boldsymbol{H}=[\boldsymbol{h}_1\quad\boldsymbol{h}_2\quad\cdots\quad\boldsymbol{h}_n]_{p\times n}$,$\boldsymbol{D}=[\boldsymbol{d}_1\quad\boldsymbol{d}_2\quad\cdots\quad\boldsymbol{d}_n]_{m\times n}$

## 2. 凸组合优化算法

对于给定的输入与期望输出样本对$(\boldsymbol{x}_i,\boldsymbol{d}_i)$及任意初始权值矩阵$(\boldsymbol{V}_0^+,\boldsymbol{W}_0)$,$\boldsymbol{X}$ 为输入矢量矩阵,则

$$\boldsymbol{H}_0=\varphi(\boldsymbol{W}_0\boldsymbol{X}) \tag{7.70}$$

定义 $\boldsymbol{Z}_k=\boldsymbol{V}_k^+\boldsymbol{D}$,则

$$\boldsymbol{Z}_0=\boldsymbol{V}_0^+\boldsymbol{D} \tag{7.71}$$

如果 $\boldsymbol{Z}_0=\boldsymbol{H}_0$,则误差为 0。否则,按式(7.72)和式(7.73)调整权值矩阵使得误差函数最小。

$$\boldsymbol{V}_{k+1}^+=[\alpha\boldsymbol{H}_k+(1-\alpha)\boldsymbol{Z}_k]\boldsymbol{D}^+ \tag{7.72}$$

$$\boldsymbol{W}_{k+1}\boldsymbol{X}=\varphi^{-1}([\beta\boldsymbol{H}_k+(1-\beta)\boldsymbol{Z}_k]) \tag{7.73}$$

式中,$0<\alpha,\beta<1$。

通过上述迭代,就可获得合适的权值矩阵。在学习过程中,该方法不用求解

计算函数的梯度，而且只要误差函数 $E(\boldsymbol{V}_k^+, \boldsymbol{W}_k)$ 为有界单调递减序列，该算法就会收敛。

### 7.3.2　网络观测器设计与分析

考虑非线性系统：

$$\begin{cases}\dot{\boldsymbol{x}}(t)=\boldsymbol{A}\boldsymbol{x}+\boldsymbol{g}(\boldsymbol{x},\boldsymbol{u})\\ \boldsymbol{y}(t)=\boldsymbol{C}\boldsymbol{x}(t)\end{cases} \tag{7.74}$$

式中，$\boldsymbol{g}(\boldsymbol{x},\boldsymbol{u})$ 为非线性函数矢量；$\boldsymbol{C}\in\mathbf{R}^{m\times n}$ 为定常矩阵；$\boldsymbol{A}\in\mathbf{R}^{n\times n}$ 且使得 $(\boldsymbol{A},\boldsymbol{C})$ 可观测。

针对式(7.74)所示非线性系统，相应的状态观测器可描述为

$$\begin{cases}\dot{\hat{\boldsymbol{x}}}(t)=\boldsymbol{A}\hat{\boldsymbol{x}}+\hat{\boldsymbol{g}}(\hat{\boldsymbol{x}},\boldsymbol{u})+\boldsymbol{K}(\boldsymbol{y}-\hat{\boldsymbol{y}})\\ \hat{\boldsymbol{y}}(t)=\boldsymbol{C}\hat{\boldsymbol{x}}(t)\end{cases} \tag{7.75}$$

式中，$\boldsymbol{K}$ 为观测器增益，可使 $\boldsymbol{A}-\boldsymbol{KC}$ 为渐进稳定的 Hurwitz 矩阵。

定义状态误差 $\boldsymbol{e}(t)$ 和残差 $\boldsymbol{e}_y(t)$ 为

$$\begin{cases}\boldsymbol{e}(t)=\boldsymbol{x}(t)-\hat{\boldsymbol{x}}(t)\\ \boldsymbol{e}_y(t)=\boldsymbol{y}-\hat{\boldsymbol{y}}=\boldsymbol{C}\boldsymbol{e}(t)\end{cases} \tag{7.76}$$

由式(7.74)～(7.76)可得

$$\dot{\boldsymbol{e}}(t)=\dot{\boldsymbol{x}}(t)-\dot{\hat{\boldsymbol{x}}}(t)=(\boldsymbol{A}-\boldsymbol{KC})\boldsymbol{e}(t)+\boldsymbol{g}(\boldsymbol{x},\boldsymbol{u})-\hat{\boldsymbol{g}}(\hat{\boldsymbol{x}},\boldsymbol{u}) \tag{7.77}$$

依据前向神经网络具有任意精度逼近的性能，在给定逼近误差 $\boldsymbol{\varepsilon}(\boldsymbol{x})>0$ 的情况下，非线性函数 $\boldsymbol{g}(\boldsymbol{x},\boldsymbol{u})$ 可表示为

$$\boldsymbol{g}(\boldsymbol{x},\boldsymbol{u})=\boldsymbol{V}^{\mathrm{T}}\varphi(\boldsymbol{W}\boldsymbol{z})+\boldsymbol{\varepsilon}(\boldsymbol{x}) \tag{7.78}$$

式中，$\boldsymbol{z}=[\boldsymbol{x}\quad \boldsymbol{u}]$，$\|\boldsymbol{W}\|_F\leqslant \boldsymbol{W}_M$，$\|\boldsymbol{V}\|_F\leqslant \boldsymbol{V}_M$，即保证 $\boldsymbol{W}$、$\boldsymbol{V}$ 有界。

则由网络估计得

$$\hat{\boldsymbol{g}}(\hat{\boldsymbol{x}},\boldsymbol{u})=\hat{\boldsymbol{V}}^{\mathrm{T}}\varphi(\hat{\boldsymbol{W}}\hat{\boldsymbol{z}}) \tag{7.79}$$

将式(7.79)和式(7.78)代入式(7.77)可得

$$\dot{\boldsymbol{e}}(t)=\boldsymbol{A}_{\mathrm{c}}\boldsymbol{e}(t)+\boldsymbol{e}_V^{\mathrm{T}}\varphi(\hat{\boldsymbol{W}}\hat{\boldsymbol{z}})+\boldsymbol{V}^{\mathrm{T}}[\varphi(\boldsymbol{W}\boldsymbol{z})-\varphi(\hat{\boldsymbol{W}}\hat{\boldsymbol{z}})]+\boldsymbol{\varepsilon}(\boldsymbol{x}) \tag{7.80}$$

式中，$\boldsymbol{e}_V=\boldsymbol{V}-\hat{\boldsymbol{V}}$；$\boldsymbol{A}_{\mathrm{c}}=\boldsymbol{A}-\boldsymbol{KC}$。

稳定性分析与 7.2 节分析类似，此处不再论述。

调整神经网络的权值和阈值，可使网络充分逼近真实系统，使误差满足要求。

### 7.3.3　非线性系统故障检测

考虑非线性系统，其状态方程如式(7.74)所示，则对应参数值为

$$\boldsymbol{A}=\begin{bmatrix}0 & 1\\ 0 & 0\end{bmatrix},\quad \boldsymbol{g}(\boldsymbol{x},\boldsymbol{u})=\begin{bmatrix}0\\ -9.8\sin x_1+2u_1\end{bmatrix},\quad \boldsymbol{C}=[1\quad 0] \tag{7.81}$$

式中，$u_1=\cos t+\sin t$。

设状态观测器初始参数为 $\alpha=\beta=0.001$，$\boldsymbol{x}_0=[0\quad 0.4]^{\mathrm{T}}$，$\hat{\boldsymbol{x}}_0=[0.2\quad 0]^{\mathrm{T}}$，$\boldsymbol{K}=[200\quad 400]$，初始权值矩阵设为零矩阵，则通过该优化神经网络，其状态估计曲线如图 7.17 所示，其平均误差为 0.007 5。

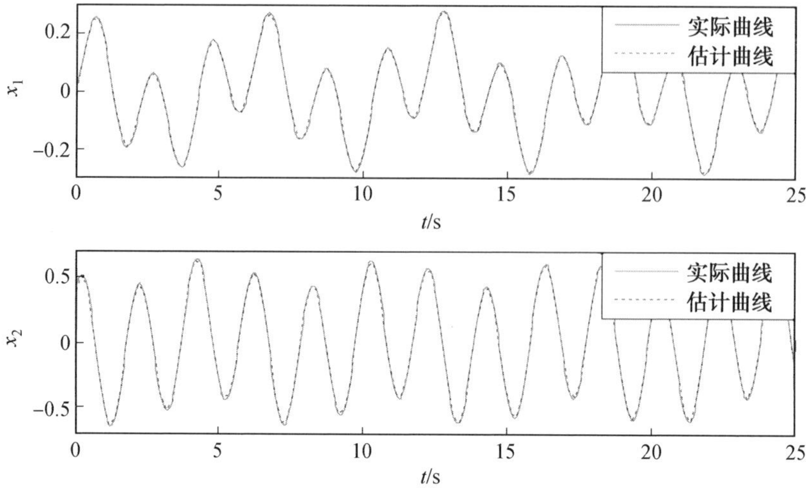


图 7.17　非线性系统故障检测状态估计曲线(彩图见附录 B)

对于式(7.74)所示非线性系统，可利用该网络获得状态观测器及其输出值，来进行系统输出预报，从而实现故障检测，系统输出残差如式(7.76)所示。

由状态观测器特点可得，$\boldsymbol{e}_y(t)$应快速衰减到 0。但当系统发生故障时，系统的物理结构，即系统模型相应发生变化。由于神经网络的自学习需要一个过程，因此对状态的跟踪能力会下降，从而导致输出残差突变，利用这种突变便可检测故障。

按前述算法进行在线训练与预报跟踪，并应用于故障检测。设系统在 $t=15$ s 时发生故障，故障输出曲线如图 7.18 所示，此时残差发生较大的偏差振荡，故障残差曲线如图 7.19 所示。

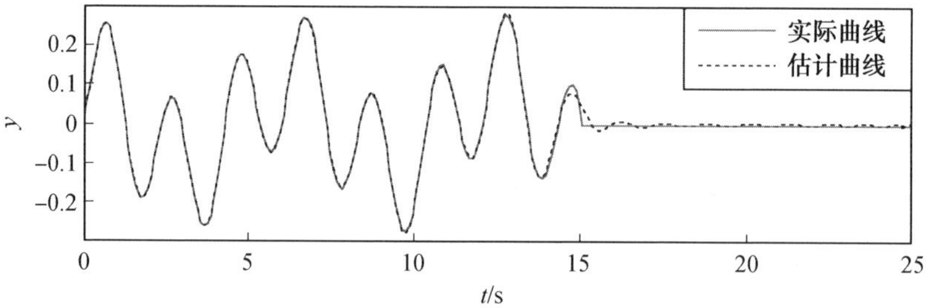


图 7.18　非线性系统故障输出曲线(彩图见附录 B)

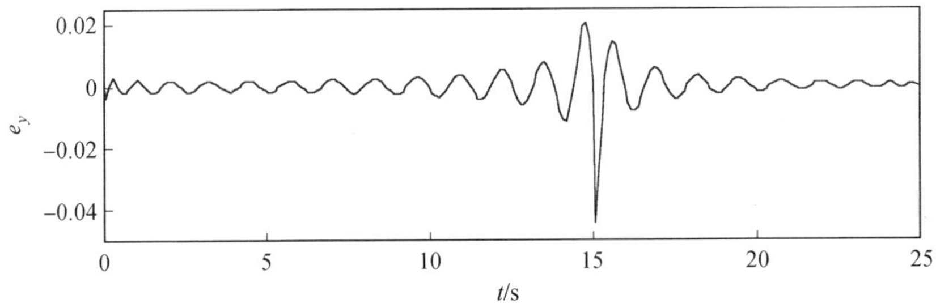


图 7.19　非线性系统故障残差曲线

通过仿真结果可知，CCA 优化的神经网络观测器具有较好的稳定性，对非线性系统状态变量具有较好的逼近能力，且收敛速度较快。其在曲线拐点处的跟踪误差较大，是状态量的变化率造成的。该优化方法提高了神经网络的计算速度和精度。设计的观测器对于故障具有较好的跟踪能力，能够较好地完成故障估计。但该方法对初始参数的选取具有一定的依赖性，对于高频变化且幅值较小的非线性函数，存在收敛到局部最小的问题。同时，该算法目前只适用于单隐藏层前馈神经网络，对多隐藏层网络的优化还有待进一步研究。

### 7.3.4　航天器姿态敏感器的故障诊断

为了检测和分离故障，需要设计 3 个观测器，每个观测器对应一个轴（$X$ 轴、$Y$ 轴或 $Z$ 轴）的检测。其方法是设计观测器使其残差对相应轴的故障不敏感，而对另外两轴的故障敏感。如设计观测器 1、2、3 分别对 $X$ 轴、$Y$ 轴和 $Z$ 轴故障不敏感。

敏感器非线性模型可写为

$$\begin{cases}\dot{\boldsymbol{x}}(t)=\boldsymbol{\varphi}(\boldsymbol{x}(t))+\boldsymbol{B}\boldsymbol{u}(t)+\boldsymbol{B}_f\boldsymbol{d}\\ \boldsymbol{y}(t)=\boldsymbol{C}\boldsymbol{x}(t)\end{cases}\tag{7.82}$$

式中，$\boldsymbol{\varphi}(\boldsymbol{x}(t))$ 为非线性项，$\boldsymbol{\varphi}(\boldsymbol{x}(t))=\boldsymbol{A}\boldsymbol{x}(t)+\boldsymbol{f}(\boldsymbol{x}(t))$；$\boldsymbol{B}_f$ 为故障分布矩阵 $\boldsymbol{B}_f=\boldsymbol{B}=[\boldsymbol{B}_{f1}\quad \boldsymbol{B}_{f2}\quad \boldsymbol{B}_{f3}]$；$\boldsymbol{d}$ 为故障函数，$\boldsymbol{d}=[d_1\quad d_2\quad d_3]^{\mathrm{T}}$；分别代表 $X$ 轴、$Y$ 轴和 $Z$ 轴故障。

以 $X$ 轴故障为例，其对应的故障模型为

$$\begin{cases}\dot{\boldsymbol{x}}(t)=\boldsymbol{\varphi}(\boldsymbol{x}(t))+\boldsymbol{B}\boldsymbol{u}(t)+\boldsymbol{B}_{f1}d_1\\ \boldsymbol{y}(t)=\boldsymbol{C}\boldsymbol{x}(t)\end{cases}\tag{7.83}$$

为使其对 $X$ 轴故障不敏感，需要构造 $\psi(\boldsymbol{x})$，满足

$$\frac{\partial\psi(\boldsymbol{x})}{\partial\boldsymbol{x}}\boldsymbol{B}_{f1}=0\tag{7.84}$$

由于 $\operatorname{rank}\boldsymbol{B}_{f1}=1$，所以 $\psi(\boldsymbol{x})$ 应包括两个独立变量，令

$$\psi(\boldsymbol{x})=[a \quad x_2 \quad x_3]^{\mathrm{T}} \tag{7.85}$$

则相应的故障诊断观测器为

$$\begin{cases}\hat{\boldsymbol{x}}(t)=\dfrac{\partial\psi(\boldsymbol{x})}{\partial\boldsymbol{x}}[\boldsymbol{\varphi}(\boldsymbol{x}(t))+\boldsymbol{Bu}(t)]+\boldsymbol{L}[\boldsymbol{y}(t)-\hat{\boldsymbol{y}}(t)] \\ \hat{\boldsymbol{y}}(t)=\boldsymbol{C}\hat{\boldsymbol{x}}(t)\end{cases} \tag{7.86}$$

同理,可设计 $Y$ 轴与 $Z$ 轴相应的诊断观测器。

设 3 个轴对应的残差为 $\boldsymbol{e}_i(i=1,2,3)$,故障检测阈值为 $T_i(i=1,2,3)$,则故障诊断的判断规则为

$$\begin{cases}\|\boldsymbol{e}_i\|\leqslant T_i \\ \|\boldsymbol{e}_j\|>T_i, \quad j\neq i\end{cases} \tag{7.87}$$

当观测器所对应的残差突然增大,超过检测阈值并可维持一段时间时,则判断 $i(i,j=1,2,3)$ 对应轴的敏感器发生故障,从而完成故障的检测与分离。

下面以 $X$ 轴发生恒偏差故障、$Y$ 轴发生斜坡故障、$Z$ 轴发生恒增益故障为例进行介绍。

**1. X 轴发生恒偏差故障**

考虑 $X$ 轴敏感器在 $t=30$ s 时发生恒偏差故障,即

$$y_r(t)=\begin{cases}y_{\mathrm{d}}(t), & t<30\ \mathrm{s} \\ y_{\mathrm{d}}(t)+0.005, & t\geqslant 30\ \mathrm{s}\end{cases}$$

则对应的故障函数为

$$d_1=\begin{cases}0, & t<30\ \mathrm{s} \\ 0.005, & t\geqslant 30\ \mathrm{s}\end{cases}$$

$X$ 轴敏感器发生故障时 3 个观测器对应的残差曲线如图 7.20 所示,此时对应的检测阈值为 $1.5\times10^{-4}$。

由图 7.20 可以看出,当 $X$ 轴敏感器发生故障时,由于第 2、3 个观测器对 $X$ 轴故障不敏感,因此故障发生后,其不能跟踪故障,导致残差增大超过检测阈值,并最终保持不变。而与 $X$ 轴对应的观测器在故障发生后会快速跟踪变化,所以其残差相对较小,而且很快下降到阈值以下,从而完成故障诊断。其中,与 $X$ 轴对应的观测器在故障发生时会产生一个较大的瞬时峰值,这是由故障突变所导致的。同时,由于突变,在跟踪故障时曲线会产生一定程度的偏差振荡,因此可能会影响故障检测效果。

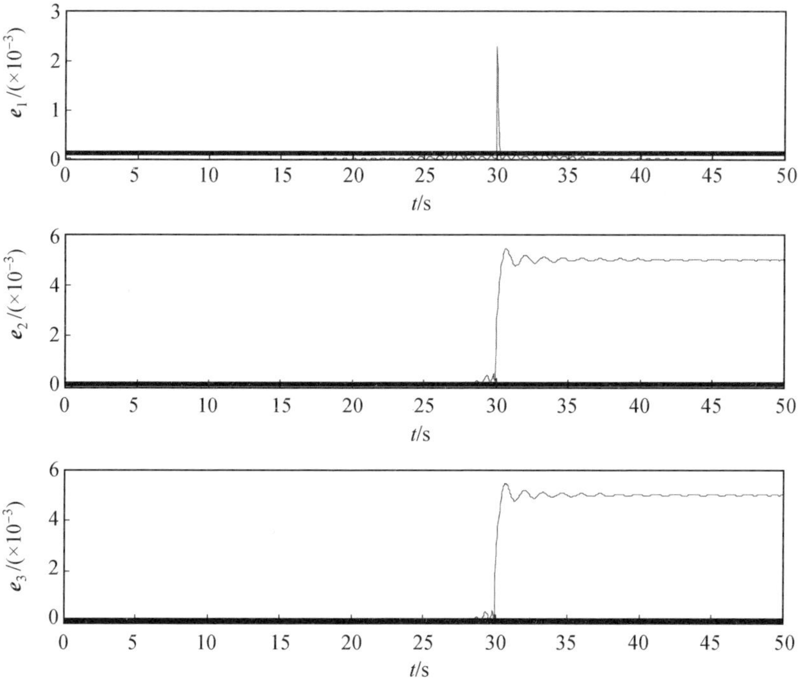


图 7.20　X 轴敏感器发生故障时 3 个观测器对应的残差曲线

## 2. Y 轴发生斜坡故障

考虑 Y 轴敏感器在 $t=15$ s 时发生斜坡故障，而后在 $t=35$ s 时变为恒偏差故障，即

$$y_r(t)=\begin{cases} y_d(t), & t<15\text{ s} \\ y_d(t)+0.000\,05(t-15), & 15\text{ s}\leqslant t<35\text{ s} \\ y_d(t)+0.001, & t\geqslant 35\text{ s} \end{cases}$$

则对应的故障函数为

$$d_2=\begin{cases} 0, & t<15\text{ s} \\ 0.000\,05(t-15), & 15\text{ s}\leqslant t<35\text{ s} \\ 0.001, & t\geqslant 35\text{ s} \end{cases}$$

Y 轴敏感器发生故障时 3 个观测器对应的残差曲线如图 7.21 所示，此时对应的检测阈值为 $1.0\times 10^{-5}$。

由图 7.21 可以看出，所设计的观测器能够很好地检测与分离 Y 轴所发生的斜坡故障，而且由于故障的缓变性，故障时的残差并未像 X 轴突变故障时产生较大的残差峰值，因此对缓变故障具有较好的诊断能力。但应注意的是，在阈值选定后，这种方法对斜坡斜率较小的变化具有一定的延迟，此时检测灵敏度稍低。

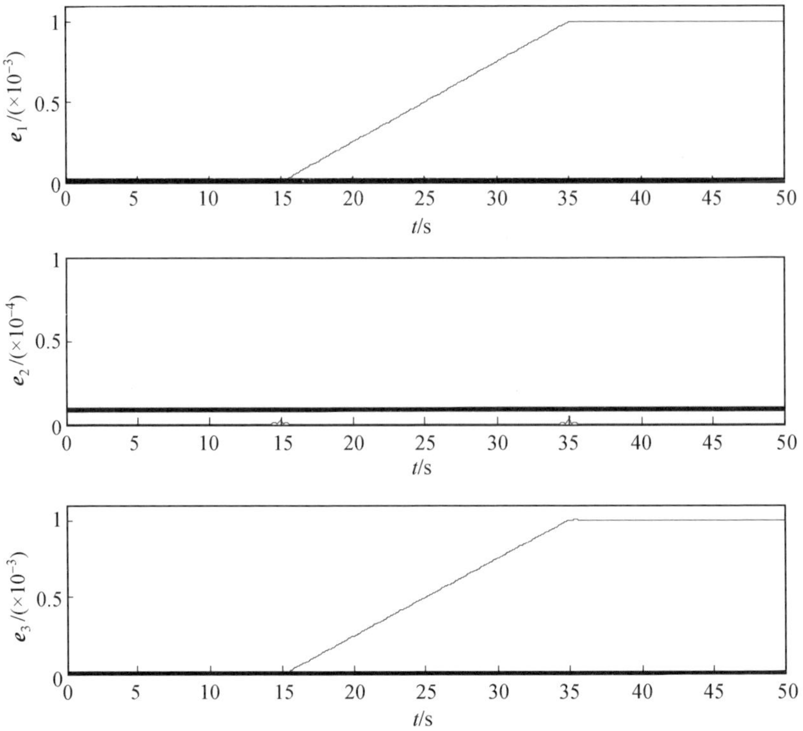


图 7.21　$Y$ 轴敏感器发生故障时 3 个观测器对应的残差曲线

### 3. $Z$ 轴发生恒增益故障

考虑 $Z$ 轴敏感器在 $t=30$ s 时发生恒增益故障，即

$$y_r(t)=\begin{cases} y_{\mathrm{d}}(t), & t<30 \text{ s} \\ 0.6y_{\mathrm{d}}(t), & t\geqslant 30 \text{ s} \end{cases}$$

$Z$ 轴敏感器发生故障时 3 个观测器对应的残差曲线如图 7.22 所示，此时对应的检测阈值为 $3.0\times 10^{-5}$。

由图 7.22 可以看出，所设计的观测器能够很好地检测与分离 $Z$ 轴所发生的恒增益故障，与 $X$ 轴敏感器故障类似，其也为突变故障，所以残差曲线出现了瞬时峰值，但很快降到阈值以下。

通过仿真结果可知，设计的观测器能够较为快速地对航天器敏感器故障进行检测与分离。这种方法对突变故障具有较高的灵敏度，且诊断速度较快，一般在 1 s 左右便可实现故障的检测与分离。同时其对缓变故障具有较好的诊断准确度，但对于斜率较小的缓变故障，应选取合适的检测阈值，使得故障的检测与分离速度满足要求。

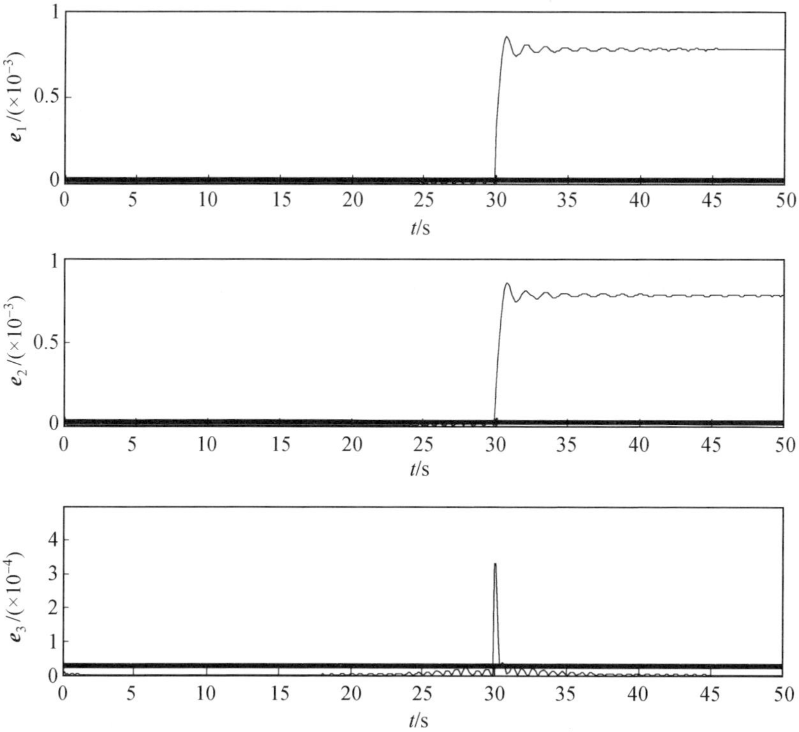


图 7.22　$Z$ 轴敏感器发生故障时 3 个观测器对应的残差曲线

## 7.4　本章小结

RBF 网络能够逼近任意的非线性函数，可以处理系统内的难以解析的规律性，具有良好的泛化能力，并有很快的学习收敛速度，目前已成功应用于非线性函数逼近、时间序列分析、数据分类、模式识别、信息处理、图像处理、系统建模、控制和故障诊断等。

本章首先介绍了模糊推理和 RBF 网络推理的功能等价性；然后介绍了一种自适应模糊系统的 RBF 网络，并给出该网络在故障诊断方面的应用方案；接下来又给出了一种泛化能力较强的 HBF 网络及其故障诊断应用策略；最后，为帮助读者举一反三，介绍了一种类似于 RBF 网络的故障诊断应用模式，引入一种凸组合算法，定义误差函数来计算隐藏层误差，设计网络观测器，进而实现非线性动态系统的故障诊断。

# 第8章

# 基于小波神经网络的故障诊断与应用

小波神经网络精度高，网络训练速度快，在航天器故障诊断方面有着良好的应用。本章将小波神经网络应用于航天器的电源和控制方面。

## 8.1 小波神经网络应用于航天器故障诊断

随着科学技术的迅速发展及自动化水平的提高，现代系统及设备的功能越来越多，结构和信息变得越来越复杂，工作强度越来越重，其可能出现故障的概率也相对变得越来越大。但同时人们对系统的安全性、可靠性和有效性的要求却也越来越高，因此系统的故障诊断技术已经成为研究的焦点。1984 年法国理论物理学家 Grossmann 和数学家 Morlet 首次提出小波这一概念，它是一种全新的时频两维信号分析技术，而神经网络具有自学习、自适应、强鲁棒性等特点。把小波和神经网络结合构成小波神经网络(wavelet neural networks)是近年来研究的热点问题。

小波神经网络是一种连续的非线性映射。小波与神经网络的结合主要有两种方式：一种是辅助式结合方式，用得最多的就是利用小波分析对信号进行预处理，然后用神经网络进行学习与判别；另一种是嵌套式结合方式，通过内嵌的方式将小波变换融入神经网络，具有较好的自适应分辨性，良好的逼近能力和容错能力，有效避免局部最小值等优点。采用嵌套式结合方式，隐藏层节点的激励函数采用 Morlet 小波函数代替，仿真结果表明了小波神经网络用于航天器故障诊断的有效性。

### 8.1.1 BP 神经网络简介

BP 神经网络是 1986 年由 Rumelhart 和 McClelland 为首的科学家提出的，是一种按照误差逆向传播算法训练的多层前馈神经网络，也是目前应用最广泛的神经网络模型之一。图 8.1 所示为三层前馈 BP 神经网络模型，它由输入层、隐藏层、输出层组成，同层神经元互不连接，相邻层神经元之间通过权值连接。

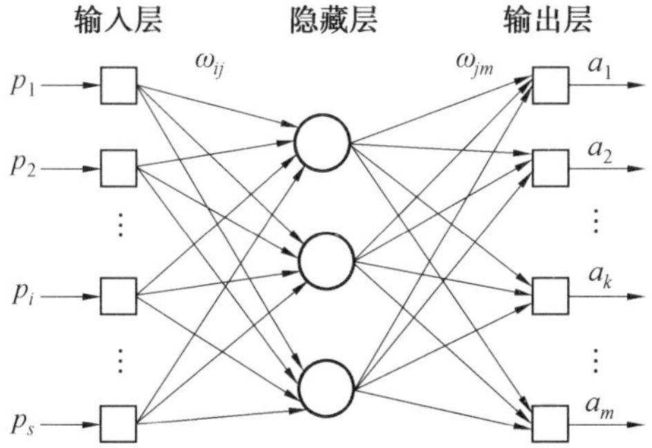


图 8.1　三层前馈 BP 神经网络模型

BP 神经网络在训练时首先要计算每个节点的输出，然后根据实际输出结果计算误差，再根据 BP 训练规则依次修正输出层和隐藏层之间、各隐藏层之间以及隐藏层与输入层之间的权值，从而减少误差，使网络的输出达到期望值。在进行 BP 神经网络训练时，必须规定隐藏层的数目、每层的节点数、激励函数、输入/输出样本对，这些参数将会影响 BP 神经网络的收敛速度和有效性。BP 神经网络算法流程图如图 8.2 所示。

### 8.1.2 小波变换及小波神经网络

#### 1. 小波变换

小波变换是一种信号的时间尺度分析方法，它的基本思想类似于傅里叶变换，但又优于傅里叶变换。小波变换能够实现时域和频域的局部分析，即通过伸缩和平移等运算功能对函数或信号进行多尺度细化分析，所以被誉为分析信号的显微镜。

设 $\psi(t)\in L^2(R)$，其傅里叶变换为 $\hat{\psi}(\bar{\omega})$，若 $\hat{\psi}(\bar{\omega})$ 满足允许条件(完全重构条件或恒等分辨条件)：

$$C_\psi=\int_R \frac{|\hat{\psi}(\bar{\omega})|^2}{|\bar{\omega}|}\mathrm{d}\bar{\omega}<\infty \tag{8.1}$$

则称 $\psi(t)$ 为一个基本小波或母小波。将母函数 $\psi(t)$ 经过伸缩和平移后得

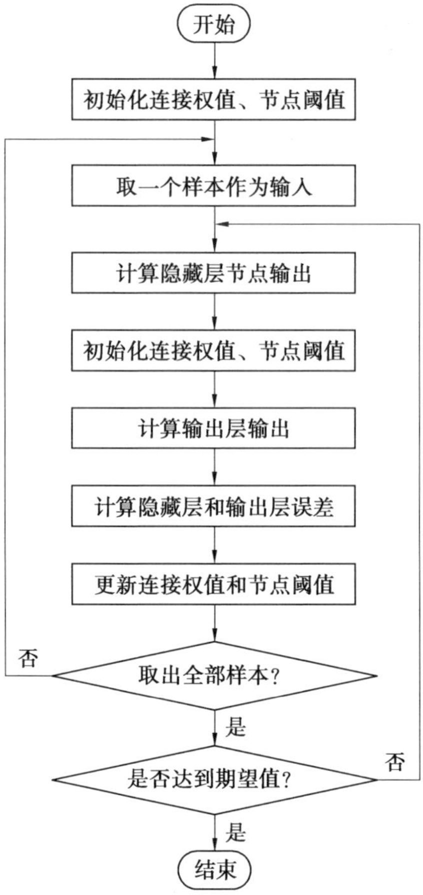


图 8.2　BP 神经网络算法流程图

$$\psi_{a,b}(t)=\frac{1}{\sqrt{|a|}}\psi\left(\frac{t-b}{a}\right),\quad a\neq 0 \tag{8.2}$$

式(8.2)称为一个小波序列,其中,$a$ 为伸缩因子,$b$ 为平移因子。对于任意的函数 $f(t)\in L^2(R)$的连续小波变换为

$$W_f(a,b)=(f,\psi_{a,b})=\frac{1}{\sqrt{|a|}}\int_R f(t)\,\overline{\psi\left(\frac{t-b}{a}\right)}\,\mathrm{d}t \tag{8.3}$$

其重构公式(逆变换)为

$$f(t)=\frac{1}{C_\psi}\int_{-\infty}^{+\infty}\int_{-\infty}^{+\infty}\frac{1}{a^2}W_f(a,b)\psi\left(\frac{t-b}{a}\right)\mathrm{d}a\mathrm{d}b \tag{8.4}$$

基于小波 $\psi(t)$生成的 $\psi_{a,b}(t)$在小波变换中对被分析的信号起着观测窗的作用,所以 $\psi(t)$还应该满足一般函数的约束条件,即

$$\int_{-\infty}^{+\infty} |\psi(t)| \mathrm{d}t < \infty \tag{8.5}$$

所以 $\hat{\psi}(\bar{\omega})$ 是一个连续函数，这就意味着，为了满足完全重构条件，$\hat{\psi}(\bar{\omega})$ 在原点必须等于 0，即

$$\hat{\psi}(0) = \int_{-\infty}^{+\infty} \psi(t) \mathrm{d}t = 0 \tag{8.6}$$

**2. 小波神经网络**

小波神经网络是在 BP 神经网络的基础上，将神经网络隐藏层节点的 S 型函数由小波函数来代替，相应的输入层到隐藏层的权值及隐藏层的阈值分别由小波函数的尺度伸缩因子和时间平移因子所代替，并考虑和分析了 BP 神经网络的激励函数的特点，以及 BP 神经网络的结构，结合了小波变换的知识而构造的。典型的三层前馈小波神经网络结构如图 8.3 所示。

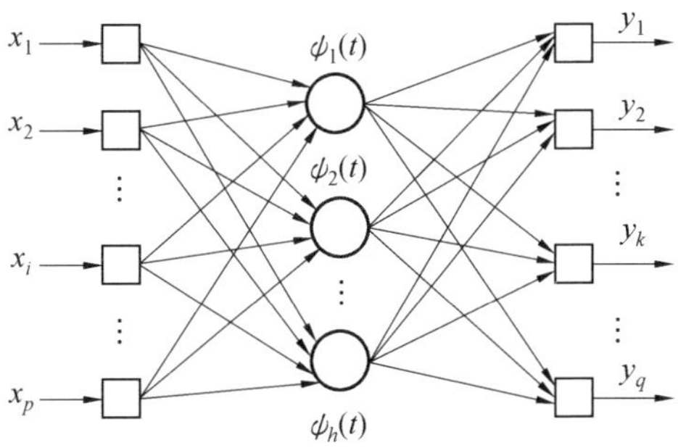


图 8.3　典型的三层前馈小波神经网络结构

### 8.1.3　小波神经网络在航天器电源故障中的应用

现采集到航天器电源系统的故障数据，分别采用 BP 神经网络和小波神经网络对设备故障进行诊断分析。5 个神经元对应 5 个测试点，输出层有 5 个神经元，训练样本见表 8.1，以测试编码作为网络输入，以故障编码作为网络输出。

**表 8.1　航天器电源系统的故障数据训练样本**

| 故障序号 | 测试编码 | 故障编码 |
| --- | --- | --- |
| 1 | 11111 | 00000 |
| 2 | 01000 | 10000 |
| 3 | 10000 | 01000 |
| 4 | 11000 | 00100 |
| 5 | 11100 | 00010 |
| 6 | 11110 | 00001 |

本章利用三层前馈神经网络对样本数据进行诊断，即分为输入层、隐藏层和输出层。表 8.1 中样本输入采用五维矢量模式，因而神经网络输入节点为 5 个，隐藏层有 10 个神经元。

在隐藏层节点数的选择上，目前还没有一套确定的标准进行选择，隐藏层节点数目过多，会使训练时间增加，从而导致诊断速率降低；隐藏层节点数目过少，又有可能导致训练不充分，降低诊断正确率。实践中，经常使用一些经验公式计算隐藏层节点数目，即

$$\begin{cases} n_1=\sqrt{n+m}+a \\ n_1=\log n \\ n_1=2n+1 \end{cases}$$

式中，$n_1$、$n$、$m$ 分别为隐藏层、输入层、输出层节点数；$a$ 为常数。

结合上面的经验公式，本章确定隐藏层数目为 14，先用 BP 神经网络对样本进行训练，取学习率 $\eta=0.90$，动量因子 $\lambda=0.35$，精度 $\varepsilon=0.001$。然后使用小波神经网络对同样的样本进行训练，采用同样的结构、学习率、动量因子和精度。BP 神经网络和小波神经网络对样本的训练误差与步数之间的关系如图 8.4 和图 8.5 所示。

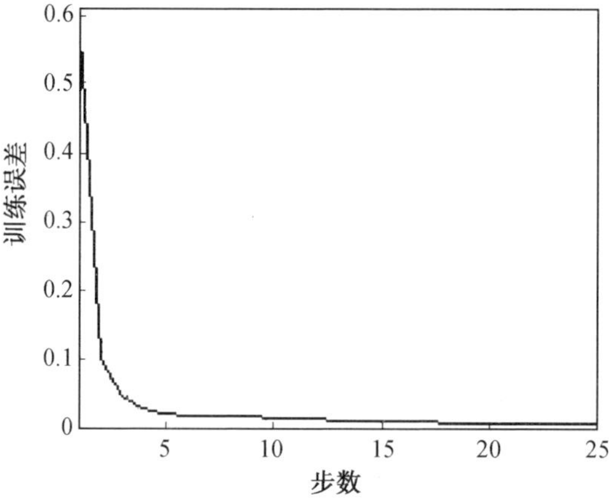


图 8.4　BP 神经网络训练结果

图 8.4 的训练结果表明，用 BP 神经网络对该样本进行训练至少需要 25 次才能达到精度要求；图 8.5 的训练结果表明，用小波神经网络对该样本进行训练需要 12 次就能达到精度要求。从仿真结果可以看出，对于同样的结构，小波神经网络的收敛速度要优于 BP 神经网络的收敛速度，因而更适用于故障诊断。

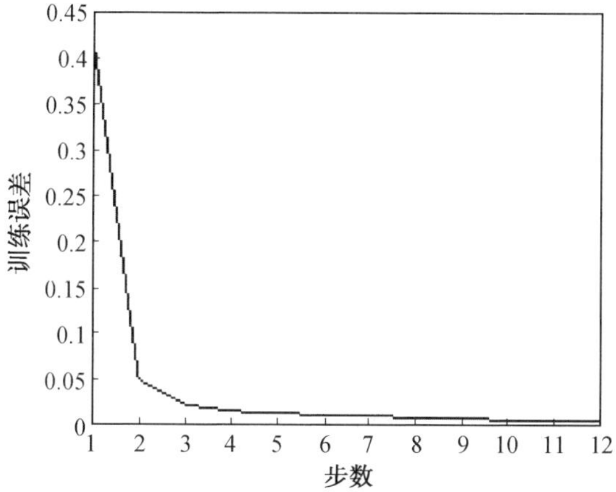


图 8.5　小波神经网络训练结果

## 8.2　单隐藏层模糊递归小波神经网络的观测器设计

在复杂的系统工程中，系统存在诸多不确定因素和难以描述的非线性特性，为了解决这些问题，便出现了神经网络。凭借神经网络在控制系统中的优势和发展潜力，以神经网络为基础的状态观测器得到了进一步的发展，相比于控制系统状态观测器，神经网络状态观测器具有很强的容错性，利用神经网络对非线性系统进行观测和识别是一种非常重要的方法。

神经网络状态观测器已经在过程监控、故障检测及故障诊断等领域得到了广泛的应用，如高立娥利用已知的余度对动力学的影响形成残差，构建了水下航行器故障诊断观测器；Wen－Shyong Yu 利用自适应小波神经网络观测器的跟踪控制方案对机器人的运行状态进行了全面的分析；贾鹤鸣等使用神经网络状态观测器设计了一种吊重防摇晃的控制系统。但在设计或构造神经网络状态观测器时，必须遵守一些限定性条件，如要求非线性系统的状态完全可观等，因此对于复杂的非线性动态系统的观测器设计面临许多复杂的计算问题。因为神经网络在学习过程中存在收敛速率慢等问题，所以用神经网络设计非线性系统观测器的研究还有待进一步完善。

单隐藏层模糊递归小波神经网络（single-hidden-layer fuzzy recurrent wavelet neural network optimized by genetic algorithm，SLFRWNN）具有较强的泛化能力，因此它能够以较高的精度实现函数逼近和系统识别。本节提出了一种基于 SLFRWNN 的自适应状态观测器设计方法，理论分析和仿真结果表明了该种观测器设计的有效性和合理性，并对其他非线性动态系统也有一定的推广意义。

### 8.2.1 单隐藏层模糊递归小波神经网络

考虑如下 $N_r$ 个模糊规则：

$R_1$:IF $x_1$ is $A_{11}$ AND $x_2$ is $A_{21}$ AND⋯$x_{N_{\text{in}}}$ is $A_{N_{\text{in}}1}$ THEN $\mu_1$ is $\upsilon_1=w_1\psi_1$

$R_2$:IF $x_1$ is $A_{12}$ AND $x_2$ is $A_{22}$ AND⋯$x_{N_{\text{in}}}$ is $A_{N_{\text{in}}2}$ THEN $\mu_2$ is $\upsilon_2=w_2\psi_2$

$R_3$:IF $x_1$ is $A_{13}$ AND $x_2$ is $A_{23}$ AND⋯$x_{N_{\text{in}}}$ is $A_{N_{\text{in}}3}$ THEN $\mu_3$ is $\upsilon_3=w_3\psi_1$

⋮

$R_{N_r}$:IF $x_1$ is $A_{1N_r}$ AND $x_2$ is $A_{2N_r}$ AND ⋯ $x_{N_{\text{in}}}$ is $A_{N_{\text{in}}N_r}$ THEN $\mu_{N_r}$ is $\upsilon_{N_r}=w_{N_r}\psi_{N_r}$

(8.7)

其中，$x_i$ 为系统第 $i$ 个输入变量，即 $i=1:N_{\text{in}}$；$\boldsymbol{A}_{ij}$ 为模糊子集；$\mu_i$、$\upsilon_i$ 为输出；$w_i$ 为连接权；$\psi_i$ 为子波函数。

本章采用具有五层神经元的单隐藏层模糊递归小波神经网络，其模型如图 8.6 所示。

在图 8.6 中，网络第一层的输入直接到第二层，第二层的输入隶属度函数 $u_{A_{ij}}(x_i)$ 和每个节点的输出为

$$\mu_{A_{ij}}(x_i)=\exp(-(x_i-c_{ij})^2/\sigma_{ij}^2),\quad \forall i=1:N_{\text{in}};\ j=1:N_r \tag{8.8}$$

式中，$c_{ij}$ 为中心参数；$\sigma_{ij}$ 为宽度参数。

第三层的每个节点表示模糊规则 $R$，每个节点的输出为

$$\mu_j(x)=\prod_i\mu_{A_{ij}}(x_i),\quad i=1:N_{\text{in}};\ j=1:N_r;\ 0<\mu_j\leqslant 1 \tag{8.9}$$

第四层是网络的单隐藏层，使用小波函数作为激活函数，三种小波函数如下。

(1)高斯小波为

$$\varphi(x)=x\exp\left(-\frac{x^2}{2}\right) \tag{8.10}$$

(2)墨西哥帽小波为

$$\varphi(x)=(1-x^2)\exp\left(-\frac{x^2}{2}\right) \tag{8.11}$$

(3)Morlet 小波为

$$\varphi(x)=(\cos 5x)\exp\left(-\frac{x^2}{2}\right) \tag{8.12}$$

根据所选的激活函数，第四层的每个小波 $\varphi_{ij}$ 为

$$\varphi_{ij}\overset{\Delta}{=}\varphi_{ij}(z_{ij}(k))=(u_{ij}(k)-t_{ij}(k))/d_{ij}(k),\quad \forall i=1:N_{\text{in}};\ j=1:N_r \tag{8.13}$$

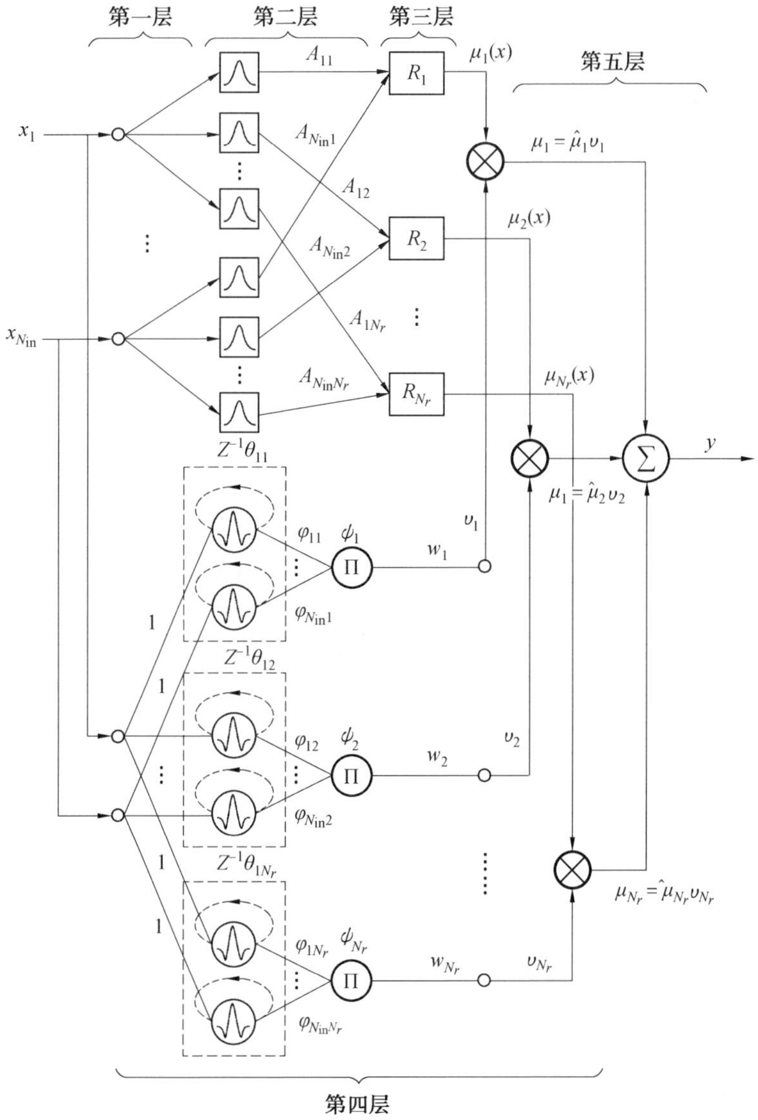


图 8.6　单隐藏层模糊递归小波神经网络模型

式中，$t_{ij}$、$d_{ij}$ 分别为小波变换和扩张参数。

在离散时间 $k$ 时，有

$$u_{ij}(k)=x_i(k)+\varphi_{ij}(k-1)\theta_{ij}(k)\,,\quad i=1:N_{in};j=1:N_r \tag{8.14}$$

式中，$\theta_{ij}$ 为存储系数。

第四层的子波函数计算如下：

$$\psi_j(z_{ij}) = \prod_{i=1}^{N_{\text{in}}} \varphi_{ij}((u_{ij} - t_{ij})/d_{ij}), \quad \forall\, i=1:N_{\text{in}};\ j=1:N_r \tag{8.15}$$

第四层的输出计算如下：

$$v_j(k) = w_j\psi_j, \quad j=1:N_r \tag{8.16}$$

第四层的输出与第三层的输出节点相乘，则该层的每个节点之积如下：

$$u_j(x) = \hat{\mu}_j(x)v_j, \quad j=1:N_r \tag{8.17}$$

式中

$$\hat{\mu}_j(x) = \mu_j(x)/\sum_{j=1}^{N_r}\mu_j(x) \tag{8.18}$$

第五层为网络的输出层。需要注意的是，模糊规则的后件使用式(8.16)计算。第五层的总体输出计算如下：

$$y(k) = \sum_{j=1}^{N_r}\hat{\mu}_j(x)v_j = \sum_{j=1}^{N_r}u_j \tag{8.19}$$

### 8.2.2 使用遗传算法对 SLFRWNN 进行初始化

假设有 $N_s$ 个样本($x(1), x(2), \cdots, x(k), \cdots, x(N_s)$)，时间为 0 到 $t$。SLFRWNN 初始化就是基于期望值和网络输出值之间误差的最小化。$y^d(k)$为期望输出，$y^q(k)$为实际输出，因此在样本为 $k$ 时，第 $q$ 个核函数计算如下：

$$J^q = \sum_{k=1}^{N_s}(y^d(k) - y^q(k))^2 \tag{8.20}$$

式中

$$y^q(k) = \sum_{j=1}^{N_r}\hat{\mu}_j^q(x(k))v_j^q = \frac{\sum_{j=1}^{N_r} v_j^q\left[\prod_i \exp(-(x_i(k) - c_{ij}^q)^2/(\sigma_{ij}^q)^2)\right]}{\sum_{j=1}^{N_r}\left[\prod_i \exp(-(x_i(k) - c_{ij}^q)^2/(\sigma_{ij}^q)^2)\right]}, \quad \forall\ i=1:N_{\text{in}};\ j=1:N_r \tag{8.21}$$

$$v_j^q = w_j\psi_j = w_j\left[\prod_{i=1}^{N_{\text{in}}}((u_{ij} - t_{ij}^q)/d_{ij}^q)\exp(-0.5((u_{ij} - t_{ij}^q)/d_{ij}^q)^2)\right] \tag{8.22}$$

用矢量表示为

$$\boldsymbol{U}^q = [\boldsymbol{c}_{ij}^q \quad \boldsymbol{\sigma}_{ij}^q \quad \boldsymbol{t}_{ij}^q \quad \boldsymbol{d}_{ij}^q \quad \boldsymbol{\theta}_{ij}^q \quad \boldsymbol{w}_{ij}^q], \quad \forall\ i=1:N_{\text{in}};\ j=1:N_r \tag{8.23}$$

式中

$$\boldsymbol{c}_{ij}^{q}=[c_{11}^{q}\quad\cdots\quad c_{N_{\text{in}}1}^{q}\quad\cdots\quad c_{1N_r}^{q}\quad\cdots\quad c_{N_{\text{in}}N_r}^{q}]$$

$$\boldsymbol{\sigma}_{ij}^{q}=[\sigma_{11}^{q}\quad\cdots\quad \sigma_{N_{\text{in}}1}^{q}\quad\cdots\quad \sigma_{1N_r}^{q}\quad\cdots\quad \sigma_{N_{\text{in}}N_r}^{q}]$$

$$\boldsymbol{t}_{ij}^{q}=[t_{11}^{q}\quad\cdots\quad t_{N_{\text{in}}1}^{q}\quad\cdots\quad t_{1N_r}^{q}\quad\cdots\quad t_{N_{\text{in}}N_r}^{q}]$$

$$\boldsymbol{d}_{ij}^{q}=[d_{11}^{q}\quad\cdots\quad d_{N_{\text{in}}1}^{q}\quad\cdots\quad d_{1N_r}^{q}\quad\cdots\quad d_{N_{\text{in}}N_r}^{q}]$$

$$\boldsymbol{w}_{j}^{q}=[w_{1}^{q}\quad\cdots\quad w_{N_r}^{q}]$$

### 8.2.3 SLFRWNN 的训练算法

令 $y^d(k)$ 和 $y(k)$ 分别为网络在离散时间 $k$ 时的期望输出和实际输出，则 $k$ 时刻的网络误差为

$$e(k)=y^d(k)-y(k) \tag{8.24}$$

取代价函数：

$$E(k)=\frac{1}{2}[(y^d(k)-y(k))^2]=\frac{1}{2}e(k)^2 \tag{8.25}$$

设网络从时间步 1 工作到时间步 $N_r$，则每个周期的总误差函数为

$$E=\sum_{i=1}^{N_r}\frac{1}{2}[(y^d(k)-y(k))^2]=\sum_{i=1}^{N_r}\frac{1}{2}(e(t))^2 \tag{8.26}$$

后件参数 $w_j$、$t_{ij}$、$d_{ij}$ 和 $\theta_{ij}$ 使用式(8.27)～(8.30)调整：

$$w_j(k+1)=w_j(k)-\gamma^w(k)\frac{\partial E(k)}{\partial w_j(k)} \tag{8.27}$$

$$t_{ij}(k+1)=t_{ij}(k)-\gamma^t(k)\frac{\partial E(k)}{\partial t_{ij}(k)} \tag{8.28}$$

$$d_{ij}(k+1)=d_{ij}(k)-\gamma^d(k)\frac{\partial E(k)}{\partial d_{ij}(k)},\quad \forall\, i=1:N_{\text{in}};\ j=1:N_r \tag{8.29}$$

$$\theta_{ij}(k+1)=\theta_{ij}(k)-\gamma^\theta(k)\frac{\partial E(k)}{\partial \theta_{ij}(k)} \tag{8.30}$$

式中，$\boldsymbol{\gamma}=[\gamma^w\quad\gamma^t\quad\gamma^d\quad\gamma^\theta]$为学习率，即 $0<\gamma^{(\cdot)}<1$。利用一阶偏导数的链式法则求 $E(K)$ 对式(8.27)～(8.30)的偏导数如下：

$$\frac{\partial E(k)}{\partial w_j(k)}=\frac{\partial E(k)}{\partial y(k)}\frac{\partial y(k)}{\partial v_j(k)}\frac{\partial v_j(k)}{\partial w_j(k)}=(y(k)-y^d(k))\,\psi_j(z)\,\frac{\mu_j(x)}{\sum_{j=1}^{N_r}\mu_j(x)} \tag{8.31}$$

$$\begin{aligned}\frac{\partial E(k)}{\partial t_{ij}(k)}&=\frac{\partial E(k)}{\partial y(k)}\frac{\partial y(k)}{\partial v_j(k)}\frac{\partial v_j(k)}{\partial \psi_j(k)}\frac{\partial \psi_j(k)}{\partial z_{ij}(k)}\frac{\partial z_{ij}(k)}{\partial t_{ij}(k)}\\&=[y(k)-y^d(k)]w_j\psi_j\left(\frac{-1}{d_{ij}}\right)\left(\frac{1}{z_{ij}}-z_{ij}\right)\frac{\mu_j(x)}{\sum_{j=1}^{N_r}\mu_j(x)}\end{aligned} \tag{8.32}$$

$$\frac{\partial E(k)}{\partial d_{ij}(k)}=\frac{\partial E(k)}{\partial y(k)}\frac{\partial y(k)}{\partial \upsilon_j(k)}\frac{\partial \upsilon_j(k)}{\partial \psi_j(k)}\frac{\partial \psi_j(k)}{\partial z_{ij}(k)}\frac{\partial z_{ij}(k)}{\partial d_{ij}(k)}=z_{ij}\frac{\partial E(k)}{\partial t_{ij}(k)} \tag{8.33}$$

$$\begin{aligned}\frac{\partial E(k)}{\partial \theta_{ij}(k)}&=\frac{\partial E(k)}{\partial y(k)}\frac{\partial y(k)}{\partial \upsilon_j(k)}\frac{\partial \upsilon_j(k)}{\partial \psi_j(k)}\frac{\partial \psi_j(k)}{\partial z_{ij}(k)}\frac{\partial z_{ij}(k)}{\partial u_{ij}(k)}\frac{\partial u_{ij}(k)}{\partial \theta_{ij}(k)}\\&=-\varphi_{ij}(k-1)\frac{\partial E(k)}{\partial t_{ij}(k)}\end{aligned} \tag{8.34}$$

上述式(8.22)和式(8.27)～(8.30)使用高斯函数作为小波母函数。

## 8.3 SLFRWNN 的自适应观测器

### 8.3.1 观测器的建立

神经网络状态观测器的设计原理就是利用神经网络模型构造出系统的真实状态，也就是利用原系统中可以直接测量的变量重新构造一个新的系统，这种方法称为神经状态重构法。

现给定如下的非线性系统：

$$\begin{cases}\dot{\boldsymbol{x}}(t)=\boldsymbol{A}\boldsymbol{x}(t)+\boldsymbol{f}(\boldsymbol{x}(t),\boldsymbol{u}(t))\\ \boldsymbol{y}(t)=\boldsymbol{C}\boldsymbol{x}(t)\end{cases} \tag{8.35}$$

式中，$\boldsymbol{x}(t)\in\mathbf{R}^n$ 为状态变量；$\boldsymbol{u}(t)\in\mathbf{R}^q$ 为输入变量；$\boldsymbol{f}(\boldsymbol{x}(t),\boldsymbol{u}(t))$ 为非线性函数矢量；$\boldsymbol{A}\in\mathbf{R}^{n\times n}$ 为定常矩阵。在输出方程中 $\boldsymbol{y}(t)\in\mathbf{R}^m$ 为输出变量；$\boldsymbol{C}\in\mathbf{R}^{m\times m}$ 为定常矩阵；$(\boldsymbol{A},\ \boldsymbol{C})$ 是可以观测的。

SLFRWNN 的自适应观测器的设计思路如下。

(1)将系统输入量 $\boldsymbol{u}(t)$、状态量 $\boldsymbol{x}(t)$ 作为 SLFRWNN 的输入，然后对网络进行训练，使其逼近系统中的非线性函数 $\boldsymbol{f}(\boldsymbol{x}(t),\boldsymbol{u}(t))$。

(2)将训练好的网络设计成观测器，并通过神经网络观测器的输出 $\hat{\boldsymbol{y}}(t)$ 和实际系统的输出 $\boldsymbol{y}(t)$ 之间的差值来调整 SLFRWNN 的权值，最终得到想要的 $\hat{\boldsymbol{x}}(t)$。

现针对式(8.35)的非线性系统，构造图 8.7 所示的 SLFRWNN 观测器模型。

式(8.35)所示的非线性系统的状态观测器可描述为

$$\begin{cases}\dot{\hat{\boldsymbol{x}}}(t)=\boldsymbol{A}\hat{\boldsymbol{x}}(t)+\hat{\boldsymbol{f}}(\hat{\boldsymbol{x}}(t),\boldsymbol{u}(t))+\boldsymbol{G}(\boldsymbol{y}(t)-\hat{\boldsymbol{y}}(t))\\ \hat{\boldsymbol{y}}(t)=\boldsymbol{C}\hat{\boldsymbol{x}}(t)\end{cases} \tag{8.36}$$

式中，$\boldsymbol{G}$ 为观测器的增益矩阵，满足 $\boldsymbol{M}=\boldsymbol{A}-\boldsymbol{G}\boldsymbol{C}$ 为渐进稳定的 Hurwitz 矩阵。

令 SLFRWNN 输入输出关系为 $\boldsymbol{y}(t)=\boldsymbol{W}^{\mathrm{T}}\boldsymbol{g}(\boldsymbol{x}(t))$，给定逼近误差 $\boldsymbol{\varepsilon}(\boldsymbol{x}(t))$，

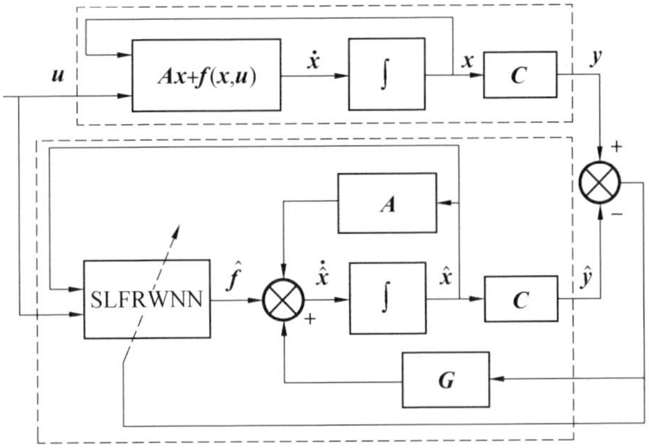


图 8.7　SLFRWNN 观测器模型

由于神经网络具有逼近的性能，因此存在 $\varepsilon_i(\boldsymbol{x}(t)) \in \boldsymbol{\varepsilon}(\boldsymbol{x}(t)) > 0$ 使得 SLFRWNN 能够逼近非线性函数 $\boldsymbol{f}(\boldsymbol{x}(t),\boldsymbol{u}(t))$，表示如下：

$$\boldsymbol{\zeta}(\boldsymbol{x}(t)) = \boldsymbol{W}\boldsymbol{g}(\boldsymbol{x}(t)) + \varepsilon_i(\boldsymbol{x}(t)) \tag{8.37}$$

式中，$\boldsymbol{\zeta}(\cdot)$ 是高斯小波函数作为激活函数；$\boldsymbol{W}$ 为隐藏层的权值矩阵，满足 $\|\varepsilon_i(\boldsymbol{x}(t))\| \leqslant \varepsilon_N$，$\varepsilon_N$ 是它的边界函数，并由隐藏层神经元决定。在这里假设权值矩阵 $\boldsymbol{W}$ 有界，则有 $\|\boldsymbol{W}\|_F \leqslant \boldsymbol{W}_M$。

根据神经网络的逼近性能，利用 $\boldsymbol{f}(\boldsymbol{x}(t),\boldsymbol{u}(t))$ 来替代 $\boldsymbol{\zeta}(\boldsymbol{x}(t))$，则式(8.37)可变形为

$$\boldsymbol{f}(\boldsymbol{x}(t),\boldsymbol{u}(t)) = \boldsymbol{W}\boldsymbol{g}(\boldsymbol{x}(t),\boldsymbol{u}(t)) + \varepsilon_i(\boldsymbol{x}(t)) \tag{8.38}$$

因此网络函数估计如下：

$$\hat{\boldsymbol{f}}(\hat{\boldsymbol{x}}(t),\boldsymbol{u}(t)) = \hat{\boldsymbol{W}}\boldsymbol{g}(\hat{\boldsymbol{x}}(t),\boldsymbol{u}(t)) \tag{8.39}$$

把式(8.39)代入式(8.36)得

$$\begin{cases}\dot{\hat{\boldsymbol{x}}}(t) = \boldsymbol{A}\hat{\boldsymbol{x}}(t) + \hat{\boldsymbol{W}}\boldsymbol{g}(\hat{\boldsymbol{x}}(t),\boldsymbol{u}(t)) + \boldsymbol{G}(\boldsymbol{y}(t) - \hat{\boldsymbol{y}}(t)) \\ \hat{\boldsymbol{y}}(t) = \boldsymbol{C}\hat{\boldsymbol{x}}(t)\end{cases} \tag{8.40}$$

定义状态误差 $\boldsymbol{e}(t)$ 和输出误差 $\boldsymbol{e}_y(t)$ 为

$$\begin{cases}\boldsymbol{e}(t) = \boldsymbol{x}(t) - \hat{\boldsymbol{x}}(t) \\ \boldsymbol{e}_y(t) = \boldsymbol{y}(t) - \hat{\boldsymbol{y}}(t)\end{cases} \tag{8.41}$$

推导误差动态方程如下。

首先用式(8.35)减去式(8.40)，然后根据式(8.41)得

$$\begin{aligned}\dot{\boldsymbol{x}}(t) - \dot{\hat{\boldsymbol{x}}}(t) &= \boldsymbol{A}\boldsymbol{x}(t) + \boldsymbol{f}(\boldsymbol{x}(t),\boldsymbol{u}(t)) - (\boldsymbol{A}\hat{\boldsymbol{x}}(t) + \hat{\boldsymbol{W}}\boldsymbol{g}(\hat{\boldsymbol{x}}(t),\boldsymbol{u}(t)) + \boldsymbol{G}(\boldsymbol{y}(t) - \hat{\boldsymbol{y}}(t))) \\ &= \boldsymbol{A}(\boldsymbol{x}(t) - \hat{\boldsymbol{x}}(t)) + \boldsymbol{f}(\boldsymbol{x}(t),\boldsymbol{u}(t)) - \hat{\boldsymbol{W}}\boldsymbol{g}(\hat{\boldsymbol{x}}(t),\boldsymbol{u}(t)) - \boldsymbol{G}(\boldsymbol{y}(t) - \hat{\boldsymbol{y}}(t))\end{aligned}$$

$$\dot{\boldsymbol{e}}(t) = \boldsymbol{A}\boldsymbol{e}(t) + \boldsymbol{f}(\boldsymbol{x}(t),\boldsymbol{u}(t)) - \hat{\boldsymbol{W}}\boldsymbol{g}(\hat{\boldsymbol{x}}(t),\boldsymbol{u}(t)) - \boldsymbol{G}\boldsymbol{e}_y(t)$$

$$\boldsymbol{y}(t) - \hat{\boldsymbol{y}}(t) = \boldsymbol{C}\boldsymbol{x}(t) - \boldsymbol{C}\hat{\boldsymbol{x}}(t)$$

$$\boldsymbol{e}_y(t) = \boldsymbol{C}(\boldsymbol{x}(t) - \hat{\boldsymbol{x}}(t)) = \boldsymbol{C}\boldsymbol{e}(t)$$

把式(8.38)代入得

$$\begin{aligned}\dot{\boldsymbol{e}}(t)&=\boldsymbol{A}\boldsymbol{e}(t)+\boldsymbol{W}\boldsymbol{g}(\boldsymbol{x}(t),\boldsymbol{u}(t))-\hat{\boldsymbol{W}}\boldsymbol{g}(\hat{\boldsymbol{x}}(t),\boldsymbol{u}(t))-\boldsymbol{G}\boldsymbol{e}_y(t)+\varepsilon_i(\boldsymbol{x}(t))\\&=(\boldsymbol{A}-\boldsymbol{G}\boldsymbol{C})\boldsymbol{e}(t)+\boldsymbol{W}\boldsymbol{g}(\boldsymbol{x}(t),\boldsymbol{u}(t))-\hat{\boldsymbol{W}}\boldsymbol{g}(\hat{\boldsymbol{x}}(t),\boldsymbol{u}(t))+\varepsilon_i(\boldsymbol{x}(t))\end{aligned}$$

则误差动态方程为

$$\begin{cases}\dot{\boldsymbol{e}}(t)=(\boldsymbol{A}-\boldsymbol{G}\boldsymbol{C})\boldsymbol{e}(t)+\boldsymbol{W}\boldsymbol{g}(\boldsymbol{x}(t),\boldsymbol{u}(t))-\hat{\boldsymbol{W}}\boldsymbol{g}(\hat{\boldsymbol{x}}(t),\boldsymbol{u}(t))+\varepsilon_i(\boldsymbol{x}(t))\\\boldsymbol{e}_y(t)=\boldsymbol{C}\boldsymbol{e}(t)\end{cases}\tag{8.42}$$

## 8.3.2 观测器的稳定性分析

在一定的条件下定义一个合适的学习规则，能更好地训练神经网络，这就需要保障观测器的稳定性。要使观测器保持稳定性，一般采用权值校正准则，并引入 Lyapunov 函数证明权值误差的有界性。为了更简洁地证明本章所设观测器的稳定性，需要对式(8.42)中第一个式子进行如下简化：

$$\begin{aligned}\dot{\boldsymbol{e}}(t)&=(\boldsymbol{A}-\boldsymbol{G}\boldsymbol{C})\boldsymbol{e}(t)+\boldsymbol{W}\boldsymbol{g}(\boldsymbol{x}(t),\boldsymbol{u}(t))-\hat{\boldsymbol{W}}\boldsymbol{g}(\hat{\boldsymbol{x}}(t),\boldsymbol{u}(t))+\varepsilon_i(\boldsymbol{x}(t))\\&=(\boldsymbol{A}-\boldsymbol{G}\boldsymbol{C})\boldsymbol{e}(t)+\boldsymbol{W}\boldsymbol{g}(\boldsymbol{x}(t),\boldsymbol{u}(t))-\hat{\boldsymbol{W}}\boldsymbol{g}(\hat{\boldsymbol{x}}(t),\boldsymbol{u}(t))\\&\quad+\varepsilon_i(\boldsymbol{x}(t))+\boldsymbol{W}\boldsymbol{g}(\hat{\boldsymbol{x}}(t),\boldsymbol{u}(t))-\boldsymbol{W}\boldsymbol{g}(\hat{\boldsymbol{x}}(t),\boldsymbol{u}(t))\\&=(\boldsymbol{A}-\boldsymbol{G}\boldsymbol{C})\boldsymbol{e}(t)+\boldsymbol{W}\boldsymbol{g}(\hat{\boldsymbol{x}}(t),\boldsymbol{u}(t))-\hat{\boldsymbol{W}}\boldsymbol{g}(\hat{\boldsymbol{x}}(t),\boldsymbol{u}(t))\\&\quad+\boldsymbol{W}\boldsymbol{g}(\boldsymbol{x}(t),\boldsymbol{u}(t))-\boldsymbol{W}\boldsymbol{g}(\hat{\boldsymbol{x}}(t),\boldsymbol{u}(t)+\varepsilon_i(\boldsymbol{x}(t)))\\&=(\boldsymbol{A}-\boldsymbol{G}\boldsymbol{C})\boldsymbol{e}(t)+(\boldsymbol{W}-\hat{\boldsymbol{W}})\boldsymbol{g}(\hat{\boldsymbol{x}}(t),\boldsymbol{u}(t))\\&\quad+\boldsymbol{W}[\boldsymbol{g}(\boldsymbol{x}(t),\boldsymbol{u}(t))-\boldsymbol{g}(\hat{\boldsymbol{x}}(t),\boldsymbol{u}(t))]+\varepsilon_i(\boldsymbol{x}(t))\end{aligned}$$

则式(8.42)简化为

$$\begin{cases}\dot{\boldsymbol{e}}(t)=\boldsymbol{M}\boldsymbol{e}(t)+\boldsymbol{e}_W\boldsymbol{g}(\hat{\boldsymbol{x}}(t),\boldsymbol{u}(t))+\boldsymbol{\varphi}(t)\\\boldsymbol{e}_y(t)=\boldsymbol{C}\boldsymbol{e}(t)\end{cases}\tag{8.43}$$

式中，$\boldsymbol{\varphi}(t)$ 为一个有界干扰，即满足 $\|\boldsymbol{\varphi}(t)\|\leqslant\bar{\boldsymbol{\varphi}}$，$\boldsymbol{\varphi}(t)=\boldsymbol{W}\cdot[\boldsymbol{g}(\boldsymbol{x}(t),\boldsymbol{u}(t))-\boldsymbol{g}(\hat{\boldsymbol{x}}(t),\boldsymbol{u}(t))]+\varepsilon_i(\boldsymbol{x}(t))$；$\boldsymbol{e}_W$ 为权值估计误差 $\boldsymbol{e}_W=\boldsymbol{W}-\hat{\boldsymbol{W}}$。

根据下式对神经网络权值进行校正：

$$\dot{\hat{\boldsymbol{W}}}=-\eta\left(\frac{\partial J}{\partial\hat{\boldsymbol{W}}}\right)^{\mathrm{T}}-\rho\|\boldsymbol{e}_y(t)\|\hat{\boldsymbol{W}}\tag{8.44}$$

式中，$J=\dfrac{1}{2}\boldsymbol{e}_y^{\mathrm{T}}(t)\boldsymbol{e}_y(t)$；$\eta$ 为学习率；$\rho$ 为衰减系数。

首先将式(8.43)写成一阶非齐次线性微分方程并进行求解：

$$\dot{\boldsymbol{e}}(t)-\boldsymbol{M}\boldsymbol{e}(t)=\boldsymbol{e}_W\boldsymbol{g}(\hat{\boldsymbol{x}}(t),\boldsymbol{u}(t))+\boldsymbol{\varphi}(t)$$

令 $\boldsymbol{e}(t)=m(t)\mathrm{e}^{-\int\boldsymbol{M}\mathrm{d}t}$，则有

$$m'(t)\mathrm{e}^{-\int\boldsymbol{M}\mathrm{d}t}=\boldsymbol{e}_W\boldsymbol{g}(\hat{\boldsymbol{x}}(t),\boldsymbol{u}(t))+\boldsymbol{\varphi}(t)$$

即

$$\frac{\mathrm{d}m}{\mathrm{d}t}=[\boldsymbol{e}_W\boldsymbol{g}(\hat{\boldsymbol{x}}(t),\boldsymbol{u}(t))+\boldsymbol{\varphi}(t)]\mathrm{e}^{\int \boldsymbol{M}\mathrm{d}t}$$

两端积分得

$$m(t)=\int[\boldsymbol{e}_W\boldsymbol{g}(\hat{\boldsymbol{x}}(t),\boldsymbol{u}(t))+\boldsymbol{\varphi}(t)]\mathrm{e}^{\int \boldsymbol{M}\mathrm{d}t}\mathrm{d}t+k$$

则

$$\begin{aligned}\boldsymbol{e}(t)&=\left[\int[\boldsymbol{e}_W\boldsymbol{g}(\hat{\boldsymbol{x}}(t),\boldsymbol{u}(t))+\boldsymbol{\varphi}(t)]\mathrm{e}^{\int \boldsymbol{M}\mathrm{d}t}\mathrm{d}t+k\right]\mathrm{e}^{-\int \boldsymbol{M}\mathrm{d}t}\\&=-\boldsymbol{M}^{-1}(\boldsymbol{W}-\hat{\boldsymbol{W}})\boldsymbol{g}(\hat{\boldsymbol{x}}(t),\boldsymbol{u}(t))+\xi\end{aligned}\tag{8.45}$$

$$\begin{aligned}\frac{\partial J}{\partial\hat{\boldsymbol{W}}}&=\frac{\partial J}{\partial\boldsymbol{e}(t)}\frac{\partial\boldsymbol{e}(t)}{\partial\hat{\boldsymbol{W}}}=\frac{\partial\left(\dfrac{1}{2}\boldsymbol{e}_y^{\mathrm{T}}(y)\boldsymbol{e}_y(t)\right)}{\partial\boldsymbol{e}(t)}\frac{\partial\boldsymbol{e}(t)}{\partial\hat{\boldsymbol{W}}}\\&=\frac{1}{2}\frac{\partial(\boldsymbol{C}^{\mathrm{T}}\boldsymbol{C}\mathrm{e}^2(t))}{\partial\boldsymbol{e}(t)}\frac{\partial\boldsymbol{e}(t)}{\partial\hat{\boldsymbol{W}}}\\&=\boldsymbol{C}^{\mathrm{T}}\boldsymbol{C}\boldsymbol{e}(t)\boldsymbol{M}^{-1}\boldsymbol{g}(\hat{\boldsymbol{x}}(t),\boldsymbol{u}(t))\end{aligned}\tag{8.46}$$

将式(8.45)和式(8.46)代入式(8.44)，得到修正后的神经网络权值为

$$\begin{aligned}\dot{\hat{\boldsymbol{W}}}&=-\eta\left(\frac{\partial J}{\partial\hat{\boldsymbol{W}}}\right)^{\mathrm{T}}-\rho\|\boldsymbol{e}_y(t)\|\hat{\boldsymbol{W}}\\&=-\eta\boldsymbol{g}(\hat{\boldsymbol{x}}(t),\boldsymbol{u}(t))(\boldsymbol{M}^{-1})^{\mathrm{T}}\boldsymbol{e}_y^{\mathrm{T}}(t)\boldsymbol{C}-\rho\|\boldsymbol{e}_y(t)\|\hat{\boldsymbol{W}}\end{aligned}\tag{8.47}$$

对等式 $\boldsymbol{e}_W=\boldsymbol{W}-\hat{\boldsymbol{W}}$ 两边进行微分得

$$\dot{\boldsymbol{e}}_W=-\dot{\hat{\boldsymbol{W}}}=\eta\boldsymbol{g}(\hat{\boldsymbol{x}}(t),\boldsymbol{u}(t))(\boldsymbol{M}^{-1})^{\mathrm{T}}\boldsymbol{e}_y^{\mathrm{T}}(t)\boldsymbol{C}+\rho\|\boldsymbol{e}_y(t)\|\hat{\boldsymbol{W}}\tag{8.48}$$

引入正定的 Lyapunov 函数：

$$\sigma_{\mathrm{L}}=\frac{1}{2}\boldsymbol{e}^{\mathrm{T}}(t)\boldsymbol{P}\boldsymbol{e}(t)+\frac{1}{2}\mathrm{tr}(\boldsymbol{e}_W^{\mathrm{T}}\boldsymbol{e}_W)\tag{8.49}$$

式中，$\boldsymbol{P}$ 为正定矩阵，$\boldsymbol{P}=\boldsymbol{P}^{\mathrm{T}}>0$，且对任意正定矩阵 $\boldsymbol{Q}$ 满足：

$$\boldsymbol{M}^{\mathrm{T}}\boldsymbol{P}+\boldsymbol{M}\boldsymbol{P}^{\mathrm{T}}=-\boldsymbol{Q}\tag{8.50}$$

对式(8.49)求导得

$$\dot{\sigma}_{\mathrm{L}}=\boldsymbol{e}^{\mathrm{T}}(t)\dot{\boldsymbol{P}}\boldsymbol{e}(t)+\mathrm{tr}(\boldsymbol{e}_W^{\mathrm{T}}\dot{\boldsymbol{e}}_W)\tag{8.51}$$

将式(8.43)、式(8.48)、式(8.50)代入式(8.51)得

$$\begin{aligned}\dot{\sigma}_{\mathrm{L}}&=\boldsymbol{e}^{\mathrm{T}}(t)\boldsymbol{P}(\boldsymbol{M}\boldsymbol{e}(t)+\boldsymbol{e}_W\boldsymbol{g}(\hat{\boldsymbol{x}}(t),\boldsymbol{u}(t))+\boldsymbol{\varphi}(t))\\&\quad+\mathrm{tr}(\boldsymbol{e}_W^{\mathrm{T}}\eta\boldsymbol{g}(\hat{\boldsymbol{x}}(t),\boldsymbol{u}(t))(\boldsymbol{M}^{-1})^{\mathrm{T}}\boldsymbol{e}_y^{\mathrm{T}}(t)\boldsymbol{C}+\boldsymbol{e}_W^{\mathrm{T}}\rho\|\boldsymbol{e}_y(t)\|\hat{\boldsymbol{W}})\\&=\frac{1}{2}(\boldsymbol{e}^{\mathrm{T}}(t)\boldsymbol{M}^{\mathrm{T}}\boldsymbol{P}\boldsymbol{e}(t)+\boldsymbol{e}^{\mathrm{T}}(t)\boldsymbol{M}\boldsymbol{P}^{\mathrm{T}}\boldsymbol{e}(t))+\boldsymbol{e}^{\mathrm{T}}(t)\boldsymbol{P}(\boldsymbol{e}_W\boldsymbol{g}(\hat{\boldsymbol{x}}(t),\boldsymbol{u}(t))+\boldsymbol{\varphi}(t))\\&\quad+\mathrm{tr}(\boldsymbol{e}_W^{\mathrm{T}}\eta\boldsymbol{g}(\hat{\boldsymbol{x}}(t),\boldsymbol{u}(t))(\boldsymbol{M}^{-1})^{\mathrm{T}}\boldsymbol{e}_y^{\mathrm{T}}(t)\boldsymbol{C}+\boldsymbol{e}_W^{\mathrm{T}}\rho\|\boldsymbol{e}_y(t)\|\hat{\boldsymbol{W}})\\&=-\frac{1}{2}\boldsymbol{e}^{\mathrm{T}}(t)\boldsymbol{Q}\boldsymbol{e}(t)+\boldsymbol{e}^{\mathrm{T}}(t)\boldsymbol{P}(\boldsymbol{e}_W\boldsymbol{g}(\hat{\boldsymbol{x}}(t),\boldsymbol{u}(t))+\boldsymbol{\varphi}(t))\\&\quad+\mathrm{tr}(\boldsymbol{e}_W^{\mathrm{T}}\eta\boldsymbol{g}(\hat{\boldsymbol{x}}(t),\boldsymbol{u}(t))(\boldsymbol{M}^{-1})^{\mathrm{T}}\boldsymbol{e}_y^{\mathrm{T}}(t)\boldsymbol{C}+\boldsymbol{e}_W^{\mathrm{T}}\rho\|\boldsymbol{e}_y(t)\|\hat{\boldsymbol{W}})\end{aligned}\tag{8.52}$$

令 $\boldsymbol{\delta}=\eta(\boldsymbol{M}^{-1})^{\mathrm{T}}\boldsymbol{C}^{\mathrm{T}}\boldsymbol{C}$，由 $\hat{\boldsymbol{W}}=\boldsymbol{W}-\boldsymbol{e}_W$，$\boldsymbol{e}_y(t)=\boldsymbol{Ce}(t)$，式(8.52)可化简为

$$\begin{aligned}\dot{\sigma}=&-\frac{1}{2}\boldsymbol{e}^{\mathrm{T}}(t)\boldsymbol{Qe}(t)+\boldsymbol{e}^{\mathrm{T}}(t)\boldsymbol{P}(\boldsymbol{e}_W\boldsymbol{g}(\hat{\boldsymbol{x}}(t),\boldsymbol{u}(t))+\boldsymbol{\varphi}(t))\\&+\mathrm{tr}(\boldsymbol{e}_W^{\mathrm{T}}g(\hat{\boldsymbol{x}}(t),\boldsymbol{u}(t))\boldsymbol{e}(t)\boldsymbol{\delta}+\boldsymbol{e}_W^{\mathrm{T}}\rho\|\boldsymbol{Ce}(t)\|(\boldsymbol{W}-\boldsymbol{e}_W))\end{aligned}\tag{8.53}$$

根据下列不等式：

$$\begin{cases}-\dfrac{1}{2}\boldsymbol{e}^{\mathrm{T}}(t)\boldsymbol{Qe}(t)\leqslant-\dfrac{1}{2}\lambda_{\min}(\boldsymbol{Q})\|\boldsymbol{e}(t)\|^2\\\boldsymbol{e}^{\mathrm{T}}(t)\boldsymbol{P}(\boldsymbol{e}_W\boldsymbol{g}(\hat{\boldsymbol{x}}(t),\boldsymbol{u}(t))+\boldsymbol{\varphi}(t))\leqslant\|\boldsymbol{e}(t)\|\ \|\boldsymbol{P}\|\bar{\varphi}\\\mathrm{tr}(\boldsymbol{e}_W^{\mathrm{T}}(\boldsymbol{W}-\boldsymbol{e}_W))\leqslant\boldsymbol{W}_M\|\boldsymbol{e}_W\|-\|\boldsymbol{e}_W\|^2\\\mathrm{tr}(\boldsymbol{e}_W^{\mathrm{T}}\boldsymbol{e}(t)\boldsymbol{g}(\hat{\boldsymbol{x}}(t),\boldsymbol{u}(t)))\leqslant\boldsymbol{g}_M\|\boldsymbol{e}_W\|\ \|\boldsymbol{e}(t)\|\end{cases}\tag{8.54}$$

可得

$$\begin{aligned}\dot{\sigma}_{\mathrm{L}}\leqslant&-\frac{1}{2}\lambda_{\min}(\boldsymbol{Q})\|\boldsymbol{e}(t)\|^2+\|\boldsymbol{e}(t)\|\ \|\boldsymbol{P}\|\bar{\varphi}\\&+g_M\|\boldsymbol{e}_W\|\ \|\boldsymbol{e}(t)\|\ \|\boldsymbol{\delta}\|+\rho\|\boldsymbol{Ce}(t)\|(W_M\|\boldsymbol{e}_W\|-\|\boldsymbol{e}_W\|^2)\end{aligned}\tag{8.55}$$

式中，$\lambda_{\min}(\boldsymbol{Q})$为矩阵 $\boldsymbol{Q}$ 的最小特征值；$\boldsymbol{W}_M=\sup(\boldsymbol{W})$；$\boldsymbol{g}_M=\sup(\boldsymbol{g})$。进一步整理得

$$\begin{aligned}\dot{\sigma}_{\mathrm{L}}\leqslant&-\frac{1}{2}\lambda_{\min}(\boldsymbol{Q})\|\boldsymbol{e}(t)\|^2+\|\boldsymbol{e}(t)\|[\|\boldsymbol{P}\|\bar{\boldsymbol{\varphi}}-\rho\|\boldsymbol{C}\|\ \|\boldsymbol{e}_W\|^2\\&+\|\boldsymbol{e}_W\|(\boldsymbol{g}_M\|\delta\|+\rho\boldsymbol{W}_M\|\boldsymbol{C}\|)]\end{aligned}\tag{8.56}$$

令 $K_1=\dfrac{1}{2}\|\boldsymbol{\delta}\|$，$K_2=\dfrac{\boldsymbol{g}_M\|\boldsymbol{\delta}\|+\rho\boldsymbol{W}_M\|\boldsymbol{C}\|}{2(\rho\|\boldsymbol{C}\|-K_1^2)}$代入式(8.56)整理得

$$\begin{aligned}\dot{\sigma}_{\mathrm{L}}\leqslant&-\frac{1}{2}\lambda_{\min}(\boldsymbol{Q})\|\boldsymbol{e}(t)\|^2+\|\boldsymbol{e}(t)\|[\|\boldsymbol{P}\|\bar{\boldsymbol{\varphi}}+(\rho\|\boldsymbol{C}\|-K_1^2)K_2^2\\&-(\rho\|\boldsymbol{C}\|-K_1^2)(K_2-\|\boldsymbol{e}_W\|^2)-K_1^2\ \|\boldsymbol{e}_W\|^2]\end{aligned}\tag{8.57}$$

为了保持 $\dot{\sigma}_{\mathrm{L}}\leqslant0$，只需使得

$$\|\boldsymbol{e}(t)\|>\frac{2}{\lambda_{\min}(\boldsymbol{Q})}[\|\boldsymbol{P}\|\bar{\boldsymbol{\varphi}}+(\rho\|\boldsymbol{C}\|-K_1^2)K_2^2]$$

且 $\rho\geqslant\dfrac{K_1^2}{\|\boldsymbol{C}\|}$，因此根据标准的 Lyapunov 定理，说明可观测的误差是一致有界的。

此外，为了表示权值误差的界限，式(8.48)可以表示为

$$\begin{aligned}\dot{\boldsymbol{e}}_W&=\eta\boldsymbol{g}(\hat{\boldsymbol{x}}(t),\boldsymbol{u}(t))(\boldsymbol{M}^{-1})^{\mathrm{T}}\boldsymbol{e}_y^{\mathrm{T}}(t)\boldsymbol{C}+\rho\|\boldsymbol{e}_y(t)\|\hat{\boldsymbol{W}}\\&=\eta\boldsymbol{g}(\hat{\boldsymbol{x}}(t),\boldsymbol{u}(t))(\boldsymbol{M}^{-1})^{\mathrm{T}}\boldsymbol{e}_y^{\mathrm{T}}(t)\boldsymbol{C}+\rho\|\boldsymbol{e}_y(t)\|\boldsymbol{W}-\rho\|\boldsymbol{e}_y(t)\|\boldsymbol{e}_W\end{aligned}\tag{8.58}$$

式中，$\boldsymbol{g}(\hat{\boldsymbol{x}}(t),\boldsymbol{u}(t))$、$\boldsymbol{M}$、$\boldsymbol{e}_y^{\mathrm{T}}(t)$、$\boldsymbol{C}$ 都是有界的；$\rho\|\boldsymbol{e}_y(t)\|$ 为正。因此式(8.58)的系统是稳定的，从而保证了权值误差的有界性。

### 8.3.3 系统仿真试验

考虑太空机械臂系统，状态方程如式(8.35)所示，对应参数值如下：

$$\boldsymbol{A}=\begin{bmatrix}0 & 1\\0 & 0\end{bmatrix},\quad \boldsymbol{f}(\boldsymbol{x}(t),\boldsymbol{u}(t))=\begin{bmatrix}2\sin t\\-9.8\sin x_1\end{bmatrix},\quad \boldsymbol{C}^{\mathrm{T}}=\begin{bmatrix}0\\1\end{bmatrix}$$

由式(8.36)设计 SLFRWNN 的自适应观测器，系统的仿真参数有

$$\boldsymbol{G}^{\mathrm{T}}=\begin{bmatrix}400\\800\end{bmatrix},\quad \boldsymbol{x}^{\mathrm{T}}=\begin{bmatrix}0\\0.5\end{bmatrix},\quad \hat{\boldsymbol{x}}^{\mathrm{T}}=\begin{bmatrix}0.1\\0\end{bmatrix}$$

SLFRWNN 的自适应观测器仿真结果如图 8.8～8.12 所示，图 8.8 所示为 $x_1$ 与 $\hat{x}_1$ 的状态估计曲线，图 8.9 所示为 $x_2$ 与 $\hat{x}_2$ 的状态估计曲线，图 8.10 所示为 $x_1$ 的状态估计误差，图 8.11 所示为 $x_2$ 的状态估计误差，图 8.12 所示为 SLFRWNN 的自适应观测器状态输出误差曲线。

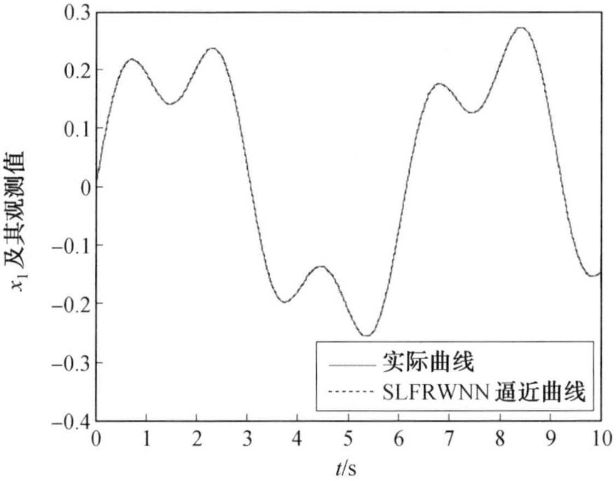


图 8.8　$x_1$ 与 $\hat{x}_1$ 的状态估计曲线(彩图见附录 B)

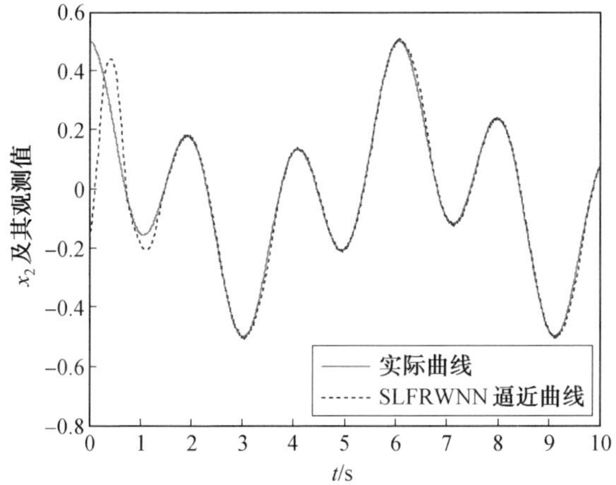


图 8.9　$x_2$ 与 $\hat{x}_2$ 的状态估计曲线(彩图见附录 B)

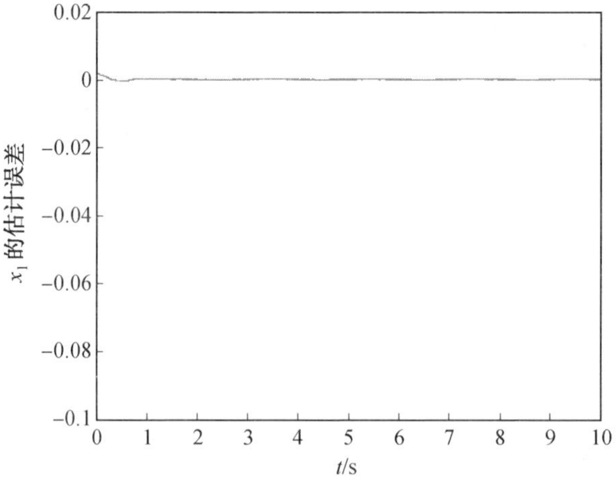


图 8.10　$x_1$ 状态的估计误差

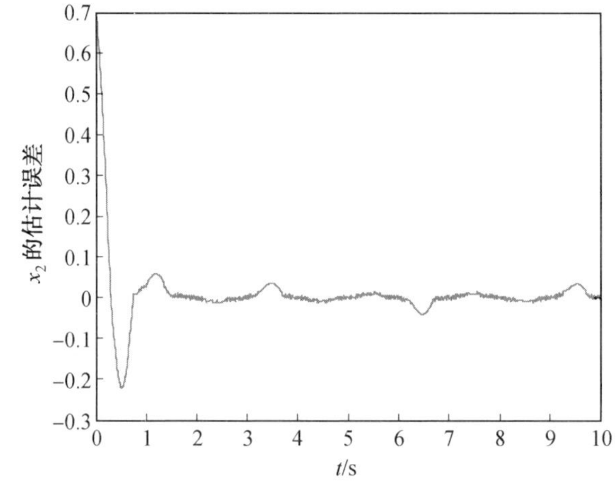


图 8.11　$x_2$ 状态的估计误差

由图 8.8 和图 8.9 的仿真曲线可以看出，SLFRWNN 的自适应观测器对非线性系统的状态变量具有很好的跟踪能力。图 8.9 在开始阶段的逼近效果不是很好，主要是因为状态变量进行初始化时，初始值是按照经验进行选取的，从而造成开始阶段的估计误差相对较大。图 8.11 中 $x_2$ 状态估计误差有微小的波动，主要是由状态变量存在轻微的振荡引起的，振荡周期大约为 1 ms。从图8.12中可以看出，在开始阶段 SLFRWNN 跟踪估计误差相对较大，但随着时间的推移，误差值越来越小，其 SLFRWNN 平均估计误差为 0.041，这归结为高斯函数作用的结果。图 8.8 和图 8.9 的仿真结果最终表明，该自适应观测器可以克服微小的波动，从而实现状态的跟踪。

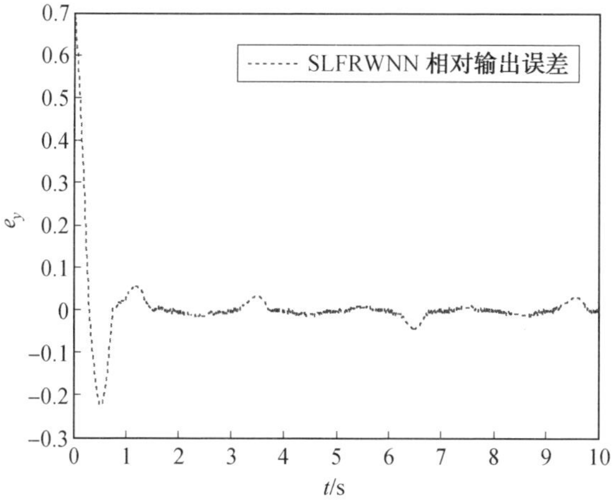


图 8.12 SLFKWNN 的自适应观测器状态输出误差曲线

## 8.4 本章小结

小波神经网络是在 BP 神经网络拓扑结构的基础上发展而来的，与神经网络的结构具有一定的相似性。在小波神经网络中，当整体信号向前传播时，误差却反向传播，但是与神经网络不同的是小波神经网络隐藏层节点的传递函数为小波基函数。

本章针对动态系统故障诊断问题给出了基于遗传算法优化 SLFRWNN 的自适应观测器设计方法，实现了增强自学习能力的目的。该方法采用嵌套式结合方式，隐藏层节点的激励函数采用 Morlet 小波函数代替，用于航天器故障诊断。

第 9 章

# 智能故障诊断技术在姿态测量系统中的应用

本章介绍航天器姿态测量(attitude determination,AD)系统故障检测及诊断(fault diagnosis and detection,FDD)方法,该方法运用卡尔曼滤波器和组合系统的测量信息估计航天器的姿态信息和陀螺偏置,这一方法可以校正敏感器的测量误差并避免误差发散,得到的无偏置数据应用到 FDD 中。FDD 方法基于航天器的动力学和运动学模型,根据敏感器的测量信息进行航天器状态估计,继而通过扩展卡尔曼滤波器(EKF)生成新息序列,通过对新息序列进行一系列的统计实验获得 AD 系统中敏感器的故障程度。FDD 方法的故障隔离包括两个阶段:第一个阶段,设计两个 EKF,通过这两个 EKF 进行系统状态估计并生成残差;第二个阶段,对新息序列进行多个假设实验,根据假设实验的结果完成故障的定位。

本章为提高系统故障诊断的速度和系统的可检验程度,假设实验数目相对较少。该方法的一个重要特点是即使在组合系统中只有一种敏感器正常的情况下,仍能完成对姿态的估计。

## 9.1 概　述

由于系统成本限制,航天器导航主要依赖于地面处理,但在实时性要求较高的太空环境中,这一方法有很大的局限性。无延时通信在系统(如系统控制、参数调整、系统重构和应急机动)故障检测和故障识别中尤为重要。因而,现代航天器在敏感器、执行器故障修复时需要更多的自主性。

本章主要针对航天器姿态测量系统敏感器故障检测及诊断问题进行研究。AD 系统是航天器姿态控制系统的关键部分，其准确性和可靠性直接影响航天任务的成败。AD 系统的处理过程是航天器相对于参考坐标系定位的过程，其任务是为姿态控制系统生成所需的姿态和角速率信息。AD 系统采用多传感器结构，可以在任务的不同阶段，获得姿态测量和控制系统数据。本章采用速率陀螺和矢量传感器分别完成角速度和姿态角的测量。

大量的研究文献表明，AD 系统在容错控制和故障诊断领域已有了深入的研究。本章基于航天器系统的动力学和运动学模型，根据敏感器观测量，采用卡尔曼滤波器进行系统状态的最优估计并生成残差。由于航天器的运动方程是非线性的，因此 AD 系统将涉及非线性滤波问题。本章在完成姿态估计之前，事先设计一个参考轨迹，并围绕标称状态线性化卡尔曼滤波(LKF)，以提高滤波效率、实时性和在线实施能力。

通过矢量传感器和速率陀螺测量数据的融合可以获得更高的精度，但由于速率陀螺的输出存在无边界误差，因此数据融合过程中需要除去速率陀螺的误差。

在本章中，故障诊断采用基于模型的状态估计方法，这一方法主要处理 AD 系统噪声和系统不确定性，滤波器在数据处理过程中主要作为残差生成器。由于系统存在不可预测性、未知性以及可能存在的非线性，因此数据处理过程中采用基于 EKF 的滤波算法。同时，在数据处理的过程中没有先验知识可供参考。

由于敏感器的故障会体现在滤波器残差上，因此在无故障情况下，残差是无偏置(零均值)白噪声。相反，有偏置的残差表示故障发生。由于噪声的存在，因此需要设置阈值。故障检测后，对残差进行进一步处理，以实现故障隔离。通过计算似然函数进行多重假设实验，在这里，通过减少似然函数的数量来解决延迟隔离问题。

## 9.2　航天器 AD 系统模型

AD 系统通常涉及多种敏感器及复杂的数据处理过程，机载传感器的选择依赖于任务结构及姿态控制方式。这里采用组合姿态敏感器进行数据采集，包含三轴速率陀螺和一个辅助系统——矢量传感器(太阳传感器和磁强计)，为处理过程提供角速率和姿态角测量值。AD 系统采用敏感器信息融合方式工作，可以克服速率陀螺输出误差的累积。

### 9.2.1 航天器动力学模型

为分析航天器运动，首先需要定义两套坐标系：惯性坐标系(i 系)，原点在太阳中心，$z_i$ 轴垂直于地球的黄道面，且 $x_i$、$y_i$ 轴位于黄道面内；航天器体坐标系(b 系)，原点在航天器质心，坐标轴与航天器惯量主轴一致。

航天器建模为沿惯量主轴旋转的刚体，惯性矩阵 $\boldsymbol{I}=\mathrm{diag}_{3\times3}[I_x \quad I_y \quad I_z]$。假设 $x_b$、$y_b$、$z_b$ 为惯量主轴。采用欧拉方程，在航天器体坐标系下将系统姿态动力学方程描述为

$$\boldsymbol{I}\dot{\boldsymbol{\omega}}=\boldsymbol{T}-\boldsymbol{\omega}\times(\boldsymbol{I}\boldsymbol{\omega}) \tag{9.1}$$

式中，$\boldsymbol{\omega}$ 表示角速度，可以沿惯量主轴 $x_b$、$y_b$、$z_b$ 分解为 $\omega_x$、$\omega_y$、$\omega_z$；$\dot{\boldsymbol{\omega}}$ 表示角加速度；$\boldsymbol{T}$ 表示沿惯量主轴的外加力矩。

系统姿态运动学方程为

$$\begin{bmatrix}\dot{\psi}\\ \dot{\theta}\\ \dot{\varphi}\end{bmatrix}=\frac{1}{\mathrm{C}\theta}\begin{bmatrix}0 & \mathrm{S}\varphi & \mathrm{C}\varphi\\ 0 & \mathrm{C}\varphi\mathrm{C}\theta & -\mathrm{S}\varphi\mathrm{S}\theta\\ \mathrm{C}\theta & \mathrm{S}\varphi\mathrm{S}\theta & \mathrm{C}\varphi\mathrm{S}\theta\end{bmatrix}\begin{bmatrix}\omega_x\\ \omega_y\\ \omega_z\end{bmatrix} \tag{9.2}$$

式中，$\psi$、$\theta$、$\varphi$ 分别为偏航角、俯仰角和滚动角。在本章中，C 和 S 分别表示三角函数 cos 和 sin。

### 9.2.2 测量误差模型

#### 1. 速率陀螺

假设速率陀螺各敏感轴与航天器惯性主轴重合。陀螺的角速率测量数据可以用来解微分方程(式(9.2))。$\omega_x$、$\omega_y$、$\omega_z$ 代表三个正交分布的速率陀螺输出，分别为滚动角速率、偏航角速率和俯仰角速率。同时，速率陀螺误差模型的输出包含几种偏置的叠加，例如仪器失准和初始倾角。采用 Farrenkopf 提出的模型，考虑主要的误差源。因此，速率陀螺输出包含漂移率偏置 $\boldsymbol{b}$ 和漂移率噪声 $\boldsymbol{\eta}$，可表示为以下形式：

$$\boldsymbol{\omega}_{\mathrm{m}}=\boldsymbol{\omega}+\boldsymbol{b}(t)+\boldsymbol{\eta} \tag{9.3}$$

式中，$\boldsymbol{\omega}_{\mathrm{m}}$ 为速率陀螺输出；$\boldsymbol{\omega}$ 为航天器的真实角速度；$\boldsymbol{\eta}$ 为漂移噪声，表示采样噪声，为零均值高斯白噪声，且方差为 $\boldsymbol{\sigma}_{\omega}^2$，协方差为 $\boldsymbol{Q}_{\omega}$。对绝大多数速率陀螺来说，$\boldsymbol{b}(t)$ 可按以下形式进行精确建模：

$$\frac{\mathrm{d}}{\mathrm{d}t}\boldsymbol{b}(t)=-\boldsymbol{b}(t)/\tau+\boldsymbol{\eta}_b \tag{9.4}$$

式中，$\boldsymbol{\eta}_b$ 表示零均值高斯白噪声，方差为 $\boldsymbol{\sigma}_b^2$，协方差为 $\boldsymbol{Q}_b$；$\tau$ 表示敏感器时间常

数。同时假定噪声信号 $\boldsymbol{\eta}$ 和 $\boldsymbol{\eta}_b$ 在测量过程中互不相关，即

$$E[\boldsymbol{\eta}(t),\boldsymbol{\eta}_b^{\mathrm{T}}(t)]=0 \tag{9.5}$$

**2. 矢量传感器**

矢量传感器中得到的姿态测量误差有界，用于辅助速率陀螺消除姿态漂移误差，在姿态测量过程中定期重置速率陀螺中的姿态误差。在矢量传感器的辅助下可以得到一个噪声干扰下的无偏置姿态测量方案，如下：

$$\theta_{\mathrm{m}}=\theta+n_\theta \tag{9.6}$$

式中，$\theta_{\mathrm{m}}$ 为姿态角测量值；$\theta$ 为航天器真实姿态角；$n_\theta$ 为测量噪声，且为高斯噪声。

## 9.3　组合敏感器

在 AD 系统中长时间使用速率陀螺存在一个主要问题，即输出误差的累积，本节设计组合敏感器用于消除测量误差。对于 FDD 来说，去除偏置很重要，偏置的存在不仅会使航天器产生错误的姿态估计，也会在没有故障时误报警。KF 作为状态估计器，用来获得航天器角位置以及估计陀螺偏置。AD 系统中的 KF(本章中表示为 AD－KF)与 LKF、EKF 稍有不同，它们的差异以及相关的方程在下面介绍的内容中将进行详细讨论。

组合系统的微分方程是非线性方程，状态估计的过程中需要对方程进行线性化，结合系统方程(式(9.2))和误差模型(式(9.4))，得到系统模型为

$$\Delta\dot{\boldsymbol{x}}=\boldsymbol{F}\Delta\boldsymbol{x}+\boldsymbol{G}\boldsymbol{w} \tag{9.7}$$

式中，误差状态为

$$\Delta\boldsymbol{x}=[\Delta\boldsymbol{\psi}\quad \Delta\boldsymbol{\theta}\quad \Delta\boldsymbol{\varphi}\quad \Delta b_p\quad \Delta b_q\quad \Delta b_r]^{\mathrm{T}} \tag{9.8}$$

式(9.7)中，$\boldsymbol{F}$ 为状态方程的系数矩阵；$\boldsymbol{x}$ 为状态矢量；$\boldsymbol{G}$ 为噪声映射矩阵；$\boldsymbol{w}$ 为零均值的随机过程噪声，表示系统的不确定性。通过估计速率陀螺偏置，在迭代的过程中对陀螺测量进行校正并剔除错误的陀螺测量值。这里的 $\boldsymbol{F}$ 为 $6\times6$ 维矩阵，可表示为 4 个 $3\times3$ 子矩阵：

$$\boldsymbol{F}=\begin{bmatrix}\boldsymbol{M}_{3\times3}^1 & \boldsymbol{M}_{3\times3}^2\\ \boldsymbol{0}_{3\times3} & \boldsymbol{M}_{3\times3}^3\end{bmatrix} \tag{9.9}$$

式中，各子矩阵如下：

$$\boldsymbol{M}_{3\times3}^1=\begin{bmatrix}0 & -\dfrac{\mathrm{S}\theta}{\mathrm{C}^2\theta}(q\mathrm{S}\varphi+r\mathrm{C}\varphi) & \dfrac{q\mathrm{C}\varphi-r\mathrm{S}\varphi}{\mathrm{C}\theta}\\ 0 & 0 & -(q\mathrm{S}\varphi+r\mathrm{C}\varphi)\\ 0 & \dfrac{(q\mathrm{S}\varphi+r\mathrm{C}\varphi)}{\mathrm{C}^2\theta} & \dfrac{\mathrm{S}\theta}{\mathrm{C}\theta}(q\mathrm{C}\varphi-r\mathrm{S}\varphi)\end{bmatrix} \tag{9.10}$$

$$M_{3\times3}^{2}=\begin{bmatrix}0 & \dfrac{S\varphi}{C\theta} & \dfrac{C\varphi}{C\theta}\\ 0 & C\varphi & -S\varphi\\ 1 & \dfrac{S\varphi S\theta}{C\theta} & \dfrac{C\varphi S\theta}{C\theta}\end{bmatrix} \tag{9.11}$$

$$M_{3\times3}^{3}=\mathrm{diag}_{3\times3}\left[-\frac{1}{\tau}\right] \tag{9.12}$$

式中，$\tau$ 表示速率陀螺的时间常数。

过程噪声映射矩阵 $\boldsymbol{G}$ 表示为

$$\boldsymbol{G}=\begin{bmatrix}\boldsymbol{M}_{3\times3}^{2} & \boldsymbol{0}_{3\times3}\\ \boldsymbol{0}_{3\times3} & \boldsymbol{I}_{3\times3}\end{bmatrix} \tag{9.13}$$

过程噪声矢量 $\boldsymbol{w}$ 由三个陀螺输出和三个陀螺偏置的测量噪声组成，表示为

$$\boldsymbol{w}=[\eta_p \quad \eta_q \quad \eta_r \quad \eta_{b_p} \quad \eta_{b_q} \quad \eta_{b_r}]^{\mathrm{T}} \tag{9.14}$$

噪声的协方差矩阵为 6×6 的矩阵，可表示为

$$\boldsymbol{Q}_w=\begin{bmatrix}\boldsymbol{Q}_{\eta3\times3} & \boldsymbol{0}_{3\times3}\\ \boldsymbol{0}_{3\times3} & \boldsymbol{Q}_{b3\times3}\end{bmatrix} \tag{9.15}$$

式中，$\boldsymbol{Q}_{\eta3\times3}$、$\boldsymbol{Q}_{b3\times3}$ 都是对角矩阵，对角元素分别为 $\{\sigma_p^2,\sigma_q^2,\sigma_r^2\}$ 和 $\{2\sigma_{bp}^2/\tau_p,2\sigma_{bq}^2/\tau_q,2\sigma_{br}^2/\tau_r\}$。通过初始化状态矢量 $\boldsymbol{x}$ 和协方差矩阵 $\boldsymbol{P}$，可以得到协方差矩阵的传播过程为

$$\boldsymbol{M}_k=\boldsymbol{\Phi}_k\boldsymbol{P}_{k-1}\boldsymbol{\Phi}_k^{\mathrm{T}}+\boldsymbol{Q}_{\omega}^{d} \tag{9.16}$$

式中，$\boldsymbol{\Phi}_k$ 为矩阵 $\boldsymbol{F}$ 在 $k$ 时刻离散化后的值；$\boldsymbol{Q}_{\omega}^{d}$ 为 $\boldsymbol{G}\boldsymbol{Q}_{\omega}\boldsymbol{G}^{\mathrm{T}}$ 的等效离散值。速率陀螺的测量数据 $\boldsymbol{\omega}_{\mathrm{m}}=[p_{\mathrm{m}} \quad q_{\mathrm{m}} \quad r_{\mathrm{m}}]^{\mathrm{T}}$ 直接用于 $\boldsymbol{\Phi}_k$ 的计算，故测量矢量基于矢量传感器测量数据定义为

$$\boldsymbol{z}_k=[\psi \quad \theta \quad \varphi]^{\mathrm{T}} \tag{9.17}$$

其误差测量方程为

$$\Delta\boldsymbol{z}_k=\boldsymbol{H}\Delta\boldsymbol{x}_k+\boldsymbol{v}_k \tag{9.18}$$

式中，$\Delta\boldsymbol{z}_k$ 为矢量传感器测量值和真实值之间的差值；$\boldsymbol{H}$ 可以表示为

$$\boldsymbol{H}=[\boldsymbol{I}_{3\times3} \quad \boldsymbol{0}_{3\times3}] \tag{9.19}$$

式(9.18)中，$\boldsymbol{v}_k$ 表示测量噪声，其协方差矩阵表示为

$$\boldsymbol{R}_v^d=\mathrm{diag}_{3\times3}[\sigma_\psi^2 \quad \sigma_\theta^2 \quad \sigma_\varphi^2] \tag{9.20}$$

KF 的量测方程会在每次量测更新时以如下方式进行更新：

$$\Delta\hat{\boldsymbol{x}}_k=\boldsymbol{\Phi}\Delta\hat{\boldsymbol{x}}_{k-1}+\boldsymbol{K}_k(\Delta\boldsymbol{z}_k-\boldsymbol{H}\boldsymbol{\Phi}\Delta\hat{\boldsymbol{x}}_{k-1}) \tag{9.21}$$

式中，$\Delta\hat{\boldsymbol{x}}_k$ 表示 $k$ 时刻的 3 个欧拉角估计误差，在每个迭代周期内，KF 的增益矩阵 $\boldsymbol{K}$ 和状态协方差矩阵 $\boldsymbol{P}$ 按照如下形式计算：

$$\boldsymbol{K}_k=\boldsymbol{M}_k\boldsymbol{H}^{\mathrm{T}}(\boldsymbol{H}\boldsymbol{M}_k\boldsymbol{H}^{\mathrm{T}}+\boldsymbol{R}_v^d)^{-1} \tag{9.22}$$

$$\boldsymbol{P}_k = (\boldsymbol{I}_{6\times 6} - \boldsymbol{K}_k\boldsymbol{H})\boldsymbol{M}_k \tag{9.23}$$

最终，得到的姿态角和速率陀螺偏置更新为

$$\hat{\boldsymbol{x}}_k = \Delta\hat{\boldsymbol{x}}_k + \bar{\boldsymbol{x}} \tag{9.24}$$

航天器姿态和速率陀螺偏置每个时间步长计算一次，每次估计完成后，将陀螺偏置反馈到系统中以校正陀螺测量值，校正方式为

$$\boldsymbol{\omega}_{\mathrm{c}} = \boldsymbol{\omega}_{\mathrm{m}} - \hat{\boldsymbol{b}} \tag{9.25}$$

式中，$\boldsymbol{\omega}_{\mathrm{m}}$ 为角速率测量值；$\boldsymbol{\omega}_{\mathrm{c}}$ 为校正后的角速率。

## 9.4　FDD 滤波器设计

本章在 FDD 系统中设计了三个 EKF，这三个 EKF 是基于航天器动力学和运动学模型设计的。第一个滤波器接收所有的滤波器测量值，并进行状态估计；第二个滤波器仅接收速率陀螺的测量数据；第三个滤波器接收矢量传感器的测量值进行姿态解算。这三个 EKF 的测量更新矩阵有所不同。在 FDD 的滤波器中，状态矢量 $\boldsymbol{x}$ 由三个角速率和三个姿态角组成，即

$$\boldsymbol{x} = [p \quad q \quad r \quad \psi \quad \theta \quad \varphi]^{\mathrm{T}} \tag{9.26}$$

状态矢量通过一组测量值进行初始化，过程模型的线性状态空间可表示为

$$\dot{\boldsymbol{x}} = \boldsymbol{F}\boldsymbol{x} + \boldsymbol{G}\boldsymbol{w} \tag{9.27}$$

此处的变量与 9.3 的相关描述相同，因此不再赘述。式(9.27)中的状态传递矩阵 $\boldsymbol{F}$ 由四个子空间组成，可表示为

$$\boldsymbol{F} = \begin{bmatrix} \boldsymbol{N}^1_{3\times 3} & \boldsymbol{0}_{3\times 3} \\ \boldsymbol{N}^2_{3\times 3} & \boldsymbol{N}^3_{3\times 3} \end{bmatrix} \tag{9.28}$$

式中，$\boldsymbol{N}^2_{3\times 3}$、$\boldsymbol{N}^3_{3\times 3}$分别为式(9.9)中的 $\boldsymbol{M}^2_{3\times 3}$和 $\boldsymbol{M}^1_{3\times 3}$；$\boldsymbol{N}^1_{3\times 3}$可表示为

$$\boldsymbol{N}^1_{3\times 3} = \begin{bmatrix} 0 & I_x^{-1}(I_y - I_z)r & I_x^{-1}(I_y - I_z)q \\ I_y^{-1}(I_z - I_x)r & 0 & I_x^{-1}(I_z - I_x)p \\ I_z^{-1}(I_x - I_y)q & I_z^{-1}(I_x - I_y)p & 0 \end{bmatrix} \tag{9.29}$$

噪声的协方差矩阵可表示为

$$\boldsymbol{Q}_{\omega 6\times 6} = \boldsymbol{\Phi}_{\mathrm{s}}\,\mathrm{diag}_{6\times 6}\,[\boldsymbol{\sigma}^2_{M_p} \quad \boldsymbol{\sigma}^2_{M_q} \quad \boldsymbol{\sigma}^2_{M_r} \quad 0 \quad 0 \quad 0] \tag{9.30}$$

式中，$\boldsymbol{\sigma}^2_{M_p}$、$\boldsymbol{\sigma}^2_{M_q}$、$\boldsymbol{\sigma}^2_{M_r}$ 表示三个轴向的扰动噪声方差矩阵；调谐参数 $\boldsymbol{\Phi}_{\mathrm{s}}$ 表示系统模型的不确定性。在 FDD 滤波器中，协方差矩阵 $\boldsymbol{R}^d_v$ 由测量噪声的方差构成对角阵，表示测量不精确性。

FDD 子系统包含三个 EKF，其测量数据如以下三点所述。

(1)第一个 EKF(FDD－KF－1)应用所有的传感器测量信息，$\boldsymbol{H}$ 为 6×6 的

单位矩阵，其协方差矩阵 $\boldsymbol{R}_v^d$ 可表示为

$$\boldsymbol{R}_v^d = \mathrm{diag}_{6\times6}[\sigma_p^2 \quad \sigma_q^2 \quad \sigma_r^2 \quad \sigma_\psi^2 \quad \sigma_\theta^2 \quad \sigma_\varphi^2] \tag{9.31}$$

(2)第二个 EKF(FDD－KF－2)仅采用速率陀螺测得的信息对航天器的角速率和姿态进行估计，$\boldsymbol{H}$ 可表示为

$$\boldsymbol{H} = [\boldsymbol{I}_{3\times3} \quad \boldsymbol{0}_{3\times3}] \tag{9.32}$$

FDD－KF－2 的协方差矩阵 $\boldsymbol{R}_v^d$ 可表示为

$$\boldsymbol{R}_v^d = \mathrm{diag}_{3\times3}[\sigma_p^2 \quad \sigma_q^2 \quad \sigma_r^2] \tag{9.33}$$

(3)第三个 EKF(FDD－KF－3)仅采用矢量传感器的信息对航天器的角速率和姿态进行估计，$\boldsymbol{H}$ 可表示为

$$\boldsymbol{H} = [\boldsymbol{0}_{3\times3} \quad \boldsymbol{I}_{3\times3}] \tag{9.34}$$

FDD－KF－3 的协方差矩阵 $\boldsymbol{R}_v^d$ 可表示为

$$\boldsymbol{R}_v^d = \mathrm{diag}_{3\times3}[\sigma_\psi^2 \quad \sigma_\theta^2 \quad \sigma_\varphi^2] \tag{9.35}$$

为了进行测量更新，每个时间步长上都对卡尔曼增益矩阵 $\boldsymbol{K}_k$ 和状态协方差矩阵分别据式(9.22)和式(9.23)进行更新。最终，得出状态测量更新方程为

$$\hat{\boldsymbol{x}}_k = \bar{\boldsymbol{x}}_k + \boldsymbol{K}_k(\boldsymbol{z}_k^* - \bar{\boldsymbol{z}}_k) \tag{9.36}$$

式中，$\boldsymbol{z}_k^*$ 为敏感器的测量值。在仿真过程中，一旦完成状态估计，即进入下一步的计算。

## 9.5 故障模型及残差计算

### 9.5.1 敏感器故障模型

在本章所讲述的 AD 系统中，敏感器故障为加性故障。针对线性时变系统的测量方程，首先定义两个假设：无故障假设 $H_0$ 和故障假设 $H_1$，可表示为如下形式：

$$H_0: \boldsymbol{z}_k = \boldsymbol{H}\boldsymbol{x}_k + \boldsymbol{v}_k \tag{9.37}$$

$$H_1: \boldsymbol{z}_k = \boldsymbol{H}\boldsymbol{x}_k + \boldsymbol{v}_k + \boldsymbol{L}_j\boldsymbol{S}_{k-\tau^*}\boldsymbol{v} \tag{9.38}$$

式中，$k\in[k_0, k_i]$；$j=1,2,\cdots,6$；$\boldsymbol{x}_k$ 表示状态；$\boldsymbol{z}_k$ 表示量测值；$\boldsymbol{v}_k$ 表示扰动值；$\boldsymbol{L}_j$ 表示故障加入系统的形式；$\boldsymbol{S}_k$ 表示故障模型；$\boldsymbol{v}$ 表示未知故障幅值；$\tau^*$ 表示故障出现的时刻。

### 9.5.2 残差生成

本章中，由 KF 产生的残差信息是不可或缺的信息。这一信息将用于 FDD 算法的每一个阶段，通过对残差统计实验进行故障检测，完成故障隔离。

滤波器是故障诊断的关键部分，在 FDD 中进行状态估计并通过估计状态和观测状态对比产生残差：

$$\boldsymbol{r}=\mathrm{Res}\ \boldsymbol{x}=\boldsymbol{z}^{*}-\hat{\boldsymbol{z}} \tag{9.39}$$

残差可用于检测故障是否存在，如根据是否为零均值和白噪声序列判断是否发生故障。残差的这种性质在航天器 AD 系统故障监测中起到了很大的作用。

一般情况下，残差包含噪声和故障信息两部分内容，其中噪声为零均值的随机数，故障值为确定的未知量。这就决定了决策方案是一个零均值的假设检验。

### 9.5.3　统计实验

**1. $\chi^2$ 检验**

$\chi^2$ 检验是一种统计假设检验方法，一般用于检验随机矢量均值的变化。本章将该方法应用于 FDD 方案的故障检测和初级故障隔离中，以及零均值的残差测试，并在 $H_0$ 和 $H_1$ 两个假设间进行判断，判断方式如下：

$$H_0:\beta(k)\leqslant\chi^2_{\alpha,n},\quad \text{系统正常} \tag{9.40}$$

$$H_1:\beta(k)\geqslant\chi^2_{\alpha,n},\quad \text{系统故障} \tag{9.41}$$

统计函数 $\beta(k)$ 服从 $n$ 自由度的 $\chi^2$ 分布，由 $\boldsymbol{R}(k)$ 以如下方式生成：

$$\beta(k)=\boldsymbol{R}^{\mathrm{T}}(k)\boldsymbol{V}_R^{-1}\boldsymbol{R}(k) \tag{9.42}$$

式中，$\boldsymbol{R}(k)$ 为窗口长是 $N$ 的测量矢量；$\boldsymbol{V}_R$ 为由滤波器生成的残差协方差矩阵，可表示为

$$\boldsymbol{V}_R=\boldsymbol{H}\boldsymbol{M}_k\boldsymbol{H}^{\mathrm{T}}+\boldsymbol{R}_v^d \tag{9.43}$$

式(9.43)中，$\boldsymbol{H}$ 和 $\boldsymbol{R}_v^d$ 的计算在 9.4 节中已做介绍。$\chi^2$ 检验的主要目的是产生预警信号但无法进行故障隔离。为防止虚警和漏检，需要设置合理的阈值，本章中提出的故障检测和诊断方法可以最大程度上防止漏检。

**2. 多重假设及基于广义似然比的检验方法**

在故障诊断阶段，需要检测出故障源，通过设置一系列假设实验来完成故障隔离。根据不同的故障情况，对测量数据进行处理，以系统状态假设的最佳匹配作为故障形式。也就是说，故障诊断就是通过处理观测数据，确定哪一个假设最有可能。因此，该系统状态是基于最大似然值决定的。

应用假设实验，需要采用初级故障隔离所用到的残差信号。每个假设 $H_i$ 根据残差的变化情况对应一种特定的故障模式。某种方式下，假定某段区间内存在故障，另一种方式下，假定故障不存在。本章设计的广义似然比(generalized likelihood ratio，GLR)为一种基于残差均值分类故障的技术，分类方式如下：

$$\log L_i=\log L(\boldsymbol{r}(t),\hat{\boldsymbol{m}}_{ri}(t)) \tag{9.44}$$

式中，$L_i$ 表示第 $i$ 个敏感器故障的似然函数(概率密度函数)；$\boldsymbol{r}(t)$ 表示滤波器残差序列；$\hat{\boldsymbol{m}}_{ri}(t)$ 表示第 $i$ 个敏感器故障残差均值的估计。故障大小、残差均值都是未知数，因此在各种假设试验下，基于参数估计的最大似然原理可以得到

$$\hat{\boldsymbol{m}}_r(t)=\arg\max_{\boldsymbol{m}_r(t)}\log L(\boldsymbol{r}(t),\ \boldsymbol{m}_r(t)\mid H_i) \tag{9.45}$$

同时，假设 $H_i$ 有如下约束：

$$\boldsymbol{m}_r(t\mid H_i)=\Pi_{ri}\boldsymbol{r}(t) \tag{9.46}$$

式中，$\Pi_{ri}$ 定义为

$$\Pi_{ri}=\frac{\lambda_i\lambda'_i\boldsymbol{V}^{-1}}{\lambda'_i\boldsymbol{V}^{-1}\lambda_i} \tag{9.47}$$

式中，$\lambda_i$ 表示几何约束系数。从而得到有条件的似然函数为

$$l(t,i)=\log L_i=-\frac{1}{2}\boldsymbol{r}'(t)\Pi'_{ri}\boldsymbol{V}^{-1}\Pi_{ri}\boldsymbol{r}(t) \tag{9.48}$$

最有可能的故障位置 $i^*$，可以采用以下计算得出

$$i^*=\arg\max_i l(t,i) \tag{9.49}$$

式中，$i=1,2,\cdots,M$。同时，测量序列间相互独立。

故障的识别能力可通过定义一个残差空间来评估。每一个故障假设情况下，在残差空间中产生一个特定的子空间，同时残差为任意值。从同一故障收集多个样本，进行平均(平滑)后定义为对应于该故障的一维子空间。如果故障模式是任意的或者滤波器试图补偿故障，这将会导致残差的改变，故障子空间也会随之变得更加复杂，这时就需要另一种处理数据的方法，而不是简单地取平均值。故障子空间之间的角度定义为一个距离测量值，因此可以由故障子空间之间的角度来区分两种故障。角度越大(0°～90°)，这两种故障越容易区分。

## 9.6 FDD 方案

本节对航天器 AD 系统的 FDD 方案进行分析，内容包括 LKF 和 EKF 两种滤波器的设计、残差计算及假设检验。FDD 模块将对航天器敏感器进行在线检测和隔离。在该方案中，敏感器量测值被用于 AD 系统及 FDD 方案。在这种方式下，FDD 模块可提供失效敏感器的信息，用于故障恢复或控制参数的设定。

图 9.1 所示为 AD 系统和 FDD 系统的整体结构。首先，组合敏感器采用敏感器的数据，并提供姿态估计与校正陀螺测量。FDD 方案包括三个主要阶段，分别是故障检测、初级故障隔离和故障隔离。在本章描述的 FDD 方案中，由 KF 产生残差，并应用于该方案的各个阶段。

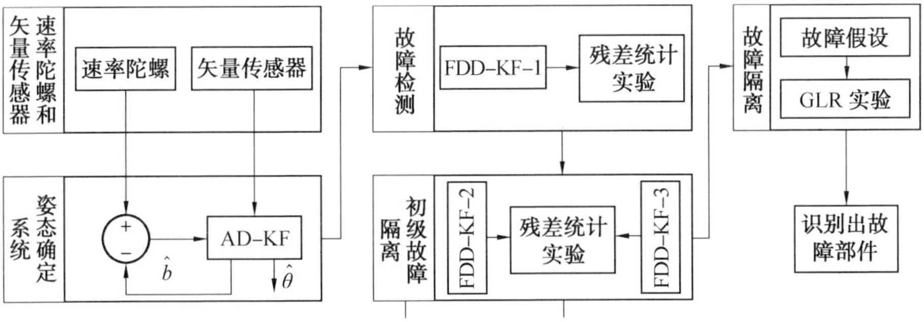


图 9.1　AD 系统和 FDD 系统的整体结构

下面详细介绍 FDD 方案的三个阶段及具体工作过程，并对三个滤波器(FDD－KF－1、FDD－KF－2 和 FDD－KF－3)进行详细说明。

## 9.6.1　故障检测

在 FDD 方案的第一阶段，假设检测到一个或多个敏感器出现未知故障。为了进行故障诊断，需要应用统计阈值实时监测残差和检测故障。如果残差超出设定的阈值，说明发生故障。在故障检测阶段，设计一个 KF 接收所有敏感器的测量值，并生成残差。速率陀螺的输出中包含了几种偏置，其中部分随时间增长，这将导致陀螺在长期运行的过程中产生错误信号。为检测系统故障，并获得准确的角加速度，通过 AD－KF 和姿态角信息对偏置量估计后将其反馈到系统，从而排除陀螺偏置的干扰。

9.3 节对姿态估计的过程进行了描述，AD 系统得到的无偏置量测值将用于 FDD 方案；故障检测阶段采用的滤波器为 9.4 节介绍的 FDD－KF－1，在这一阶段中 KF 残差应用统计阈值实验(即 $\chi^2$ 检验)进行测试。

## 9.6.2　初级故障隔离

FDD 方案第二步操作的目的是完成初级故障隔离。初级故障隔离阶段的目标是确定故障是速率陀螺，还是矢量传感器，或两者同时故障。这一操作是通过并行配置两个滤波器对残差进行统计实验完成的。其中 FDD－KF－2 只接收速率陀螺测量值生成三个角速率的残差，并进行航天器角位置和角速度的估计。FDD－KF－3 负责滚动、俯仰和偏航三个角度的残差生成，以及航天器角速度估计。与 FDD－KF－2 不同的是，FDD－KF－3 仅使用矢量传感器信息。例如，速率陀螺发生故障时，FDD－KF－2 的残差出现错误；由于 FDD－KF－3 不接收陀螺信息，因此残差不变。此时，可以确定故障源为速率陀螺。相反的，当矢量传感器发生故障时，FDD－KF－3 滤波器发出报警信号，从而确定故障源是矢量传感器。然而，这种组合滤波器只能识别出故障源是速率陀螺，还是矢量传感器，或两者同时故障，故障隔离则在FDD方案的第三阶段中完成。

### 9.6.3 故障隔离

从初级隔离阶段获得的信息用于FDD方案下一阶段(故障隔离)，这一阶段通过假设实验检测出故障位置。这一阶段包含多个对应不同故障模型的假设，每个假设的故障信号通过多个EKF并行得到。该诊断方案是基于在每个假设方向上的残差空间设计的。因此，故障隔离通过比较残差观测量和故障假设的残差方向，从而选择最有可能发生的故障。基于GLR测试技术能够获得当前系统状态与假设系统状态的最佳匹配。

## 9.7 AD系统仿真结果

本节内容分析了各种故障情况下的仿真结果，仿真结果表明了在存在不确定性和未知扰动情况下，本章所提出的航天器组合敏感器的故障诊断方案的有效性。航天器惯性矩阵的值为$\boldsymbol{I}=\mathrm{diag}[10 \quad 12 \quad 2]\ \mathrm{kg\cdot m^2}$；敏感器输出包含偏置量及高斯类型的敏感器噪声，敏感器模型参数见表9.1，设置航天器初始姿态角和初始姿态角速率分别为$10°$和0.005 rad/s。在仿真的过程中，除外部扰动力矩外不存在其他外力矩，外部扰动力矩建模为高斯白噪声，其标准差为0.000 1 N·m。

表9.1 敏感器模型参数

| 参数 | 数值 |
|---|---|
| 偏置时间常数 $\tau$/s | 300 |
| 陀螺噪声标准差 $\sigma_\omega/[(°)\cdot s^{-1}]$ | 0.05 |
| 矢量传感器标准差 $\sigma_\theta/(°)$ | 0.5 |
| 偏置标准差 $\sigma_b/[(°)\cdot s^{-1}]$ | 0.3 |

### 9.7.1 方案实施

三个EKF并行完成残差的统计测试，以及初级故障隔离。这三个EKF中，量测值的采样频率为10 Hz。仿真过程中，$\chi^2$检验的观测窗口长度设为30。根据敏感器精度及$\chi^2$检验表，设置$\chi^2$检验时姿态角及姿态角速率的阈值为0.5。为降低漏检率，应设置尽可能小的阈值，同时为避免过高的虚警率，应设定故障检测和故障隔离阶段报警的条件分别为检测函数连续5次和连续10次超过阈值。因此，在诊断出系统故障前，这一操作将使故障从被检测到隔离延迟大约1 s的时间。

诊断环节在初级隔离环节得到故障信号前一直处于待命阶段。一旦收到故障信号，诊断环节会根据合适的假设实验完成故障隔离。对系统当前状态进行残差采样，并根据 1 s 内残差采样的均值定义一个一维子空间。接下来，将得到的子空间与假设实验的子空间进行比较，隔离出故障。

为验证 FDD 方案的性能，设计多种故障发生情景，并进行了仿真。本章针对单个敏感器故障和多个故障并发的情况进行了考虑，故障发生情况见表 9.2。

**表 9.2　单个敏感器故障和多个故障并发的故障发生情况**

| 系统故障 | 故障元件 | 偏差值 | 故障发生时间/s |
|---|---|---|---|
| 情景 1 | 俯仰角速率陀螺 $q/[(°)\cdot s^{-1}]$ | 0.3 | 40 |
| 情景 2 | 滚动角敏感器 $\varphi/(°)$ | 5 | 40 |
| 情景 3 | 偏航角速率陀螺 $r/[(°)\cdot s^{-1}]$ | 0.3 | 40 |
|  | 俯仰角敏感器 $\theta/(°)$ | 3 | 40 |

## 9.7.2　仿真结果

表 9.2 给出了三种故障发生情况。为验证 AD 系统的性能，图 9.2 和图 9.3 分别给出了航天器 AD 系统中姿态角误差和陀螺偏置估计误差。

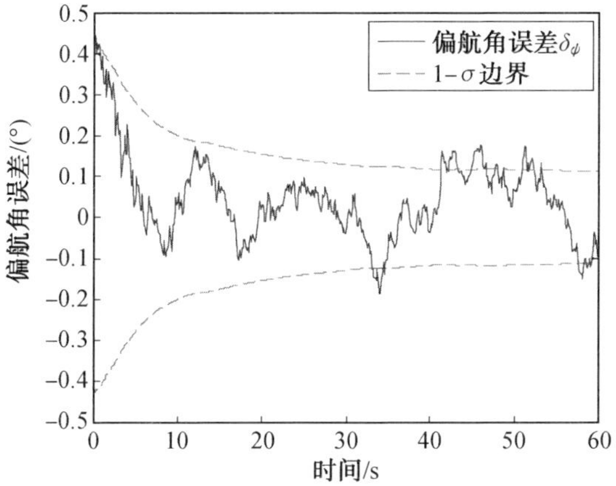


(a) 偏航角误差$\delta_\psi$

图 9.2　航天器 AD 系统中姿态角(偏航角、俯仰角和滚动角)误差

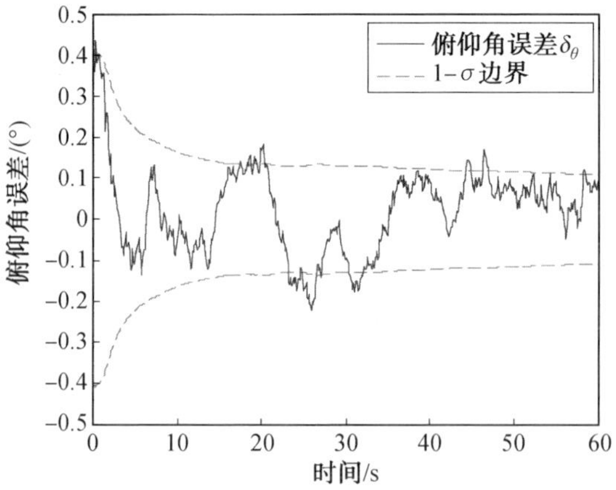


(b) 俯仰角误差$\delta_\theta$

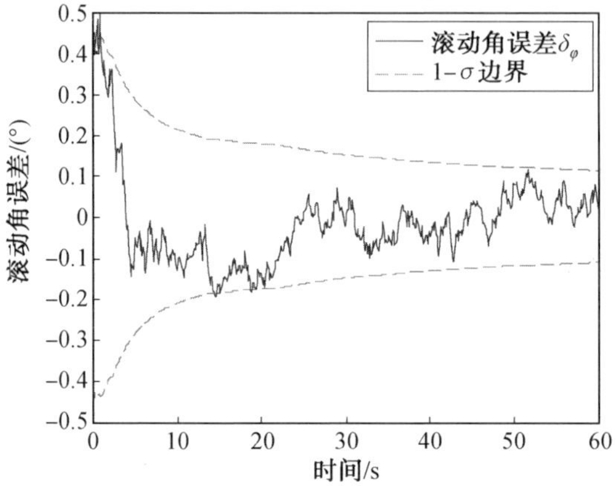


(c) 滚动角误差$\delta_\varphi$

续图 9.2

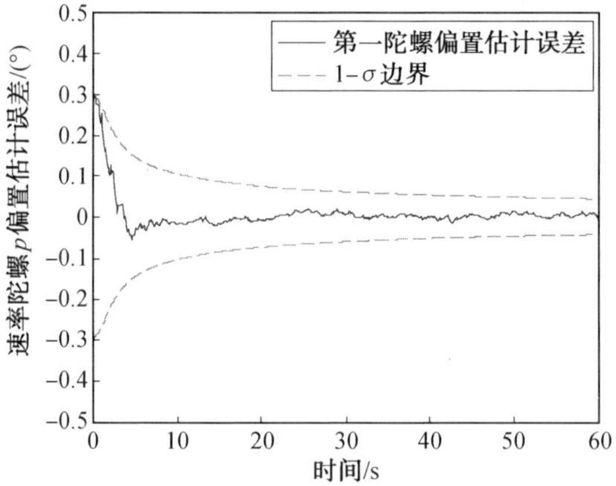


(a) 第一陀螺偏置估计误差

图 9.3　航天器 AD 系统中陀螺偏置估计误差

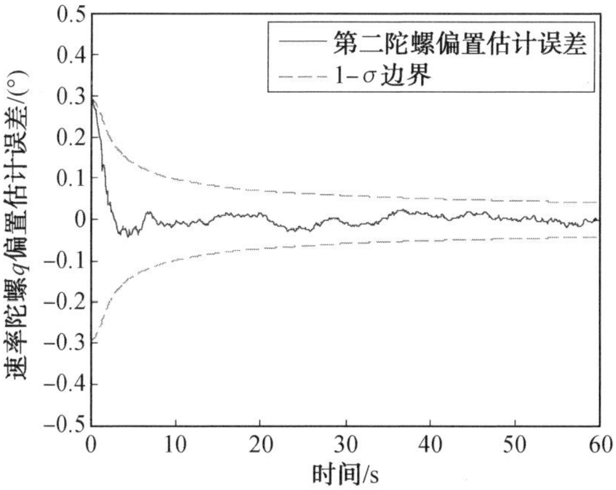


(b) 第二陀螺偏置估计误差

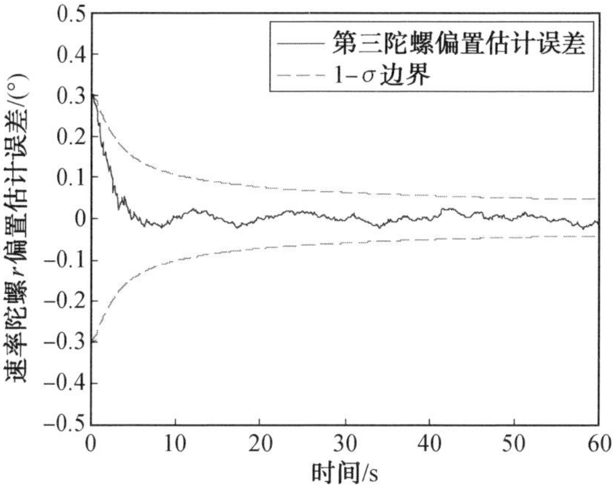


(c) 第三陀螺偏置估计误差

续图 9.3

在对系统进行故障诊断时，将系统正常情况下的滤波器响应曲线作为参考值。简单起见，此处仅给出 FDD－KF－1 的响应曲线。图 9.4 所示为 FDD－KF－1 在系统正常情况下的角度误差和角速率估计误差。可以看出，经 EKF 滤波后，系统残差始终在标准误差界以内。值得注意的是，滚动角、俯仰角和偏航角速率的标准差已从最初的 0.01(°)/s 下降到稳定状态值约 0.001(°)/s。角测量的标准差也已从 0.1° 下降到约 0.01°。无故障时所有的残差均为零均值高斯分布，简单起见，这里不给出其图形。

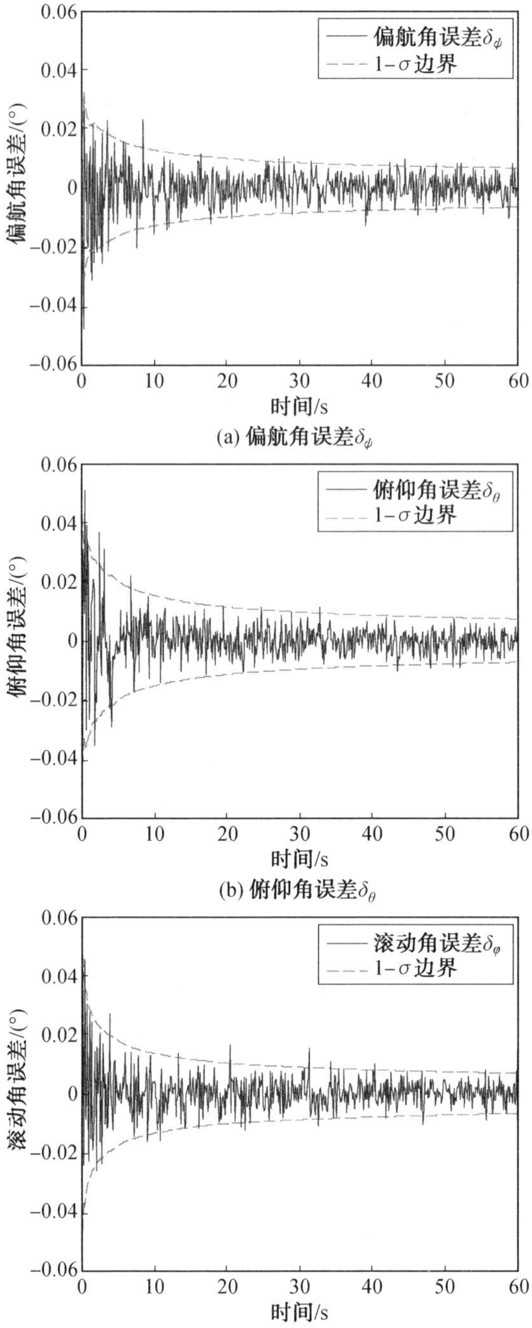


(a) 偏航角误差$\delta_\psi$

(b) 俯仰角误差$\delta_\theta$

(c) 滚动角误差$\delta_\varphi$

图 9.4 FDD－KF－1 在系统正常情况下的角度误差和角速率估计误差

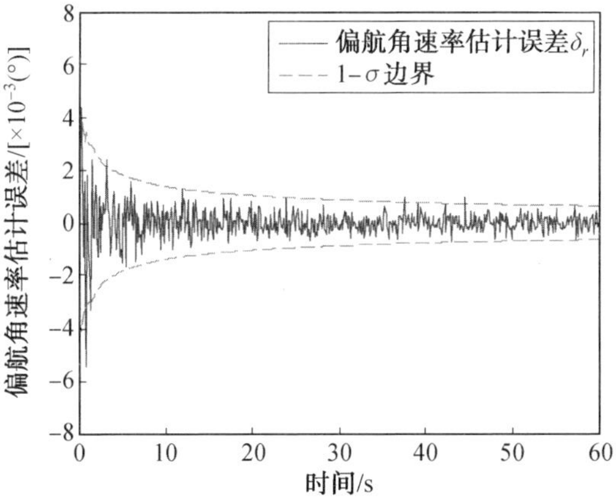


(d) 偏航角速率估计误差$\delta_r$

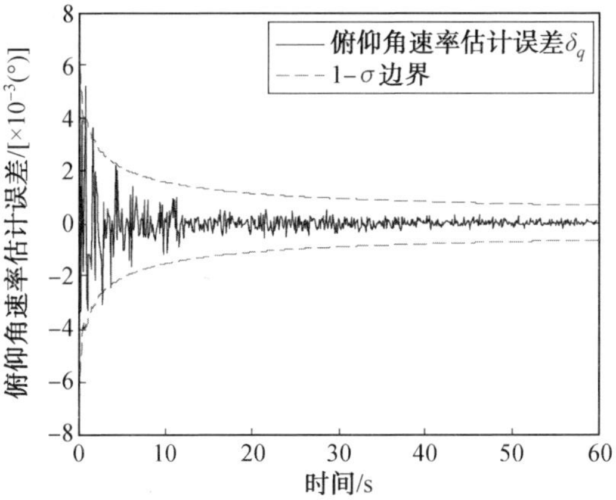


(e) 俯仰角速率估计误差$\delta_q$

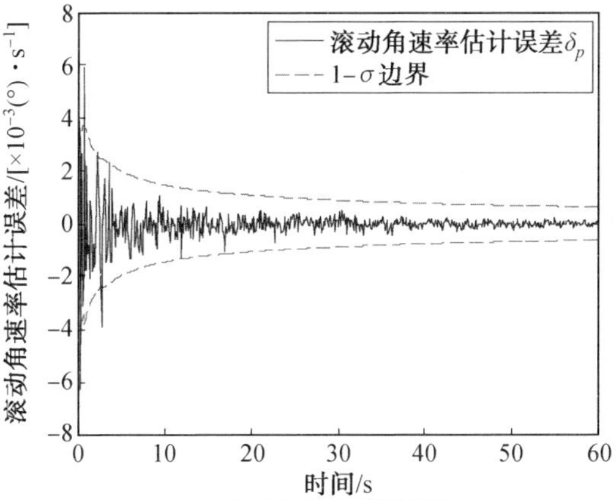


(f) 滚动角速率估计误差$\delta_p$

续图 9.4

### 1. 故障检测

方案一：该方案中假设系统发生俯仰角速率陀螺故障（故障情景 1）。图 9.5 和图 9.6 所示为故障情景 1 下 FDD－KF－1 姿态角速率残差及姿态角残差。故障发生后，偏航角速率残差发生剧烈变化，而俯仰角及滚动角的速率残差没有明显变化。图 9.7 中 $\chi^2$ 检验的结果表明故障出现时，检测函数 $\beta$ 发生剧烈变化，应用 FDD 算法，系统可以在 $t=41.0$ s 检测出该故障。

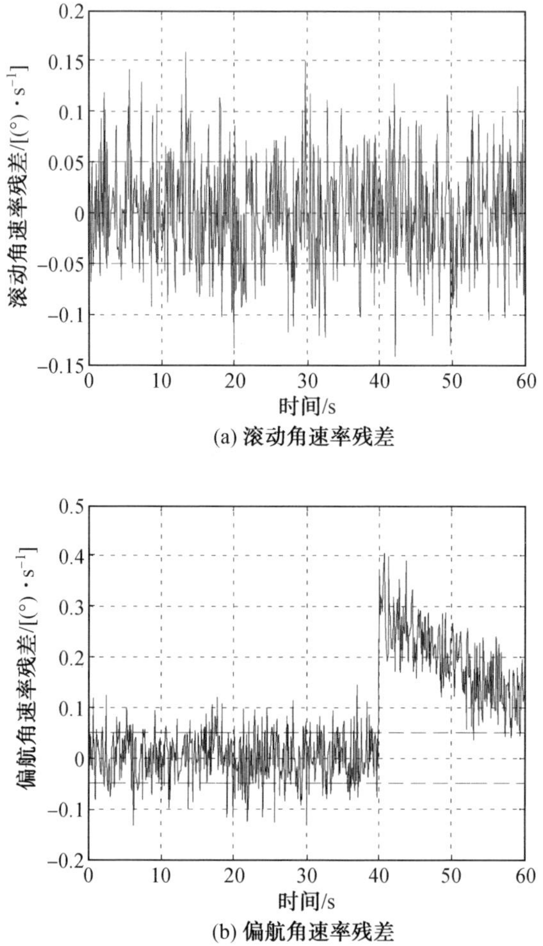


(a) 滚动角速率残差

(b) 偏航角速率残差

图 9.5　故障情景 1 下 FDD－KF－1 姿态角速率残差

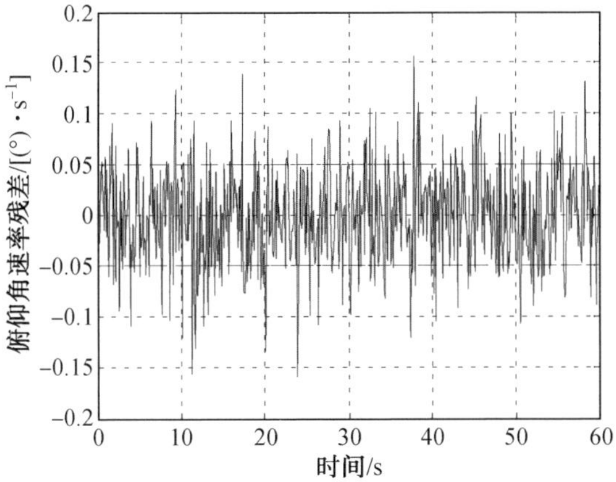


(c) 俯仰角速率残差

续图 9.5

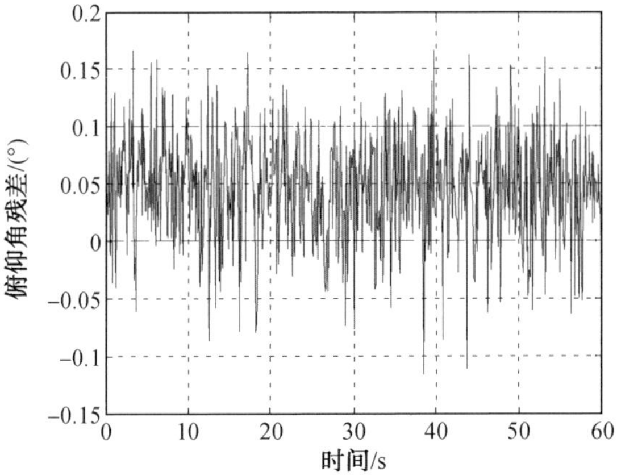


(a) 俯仰角残差

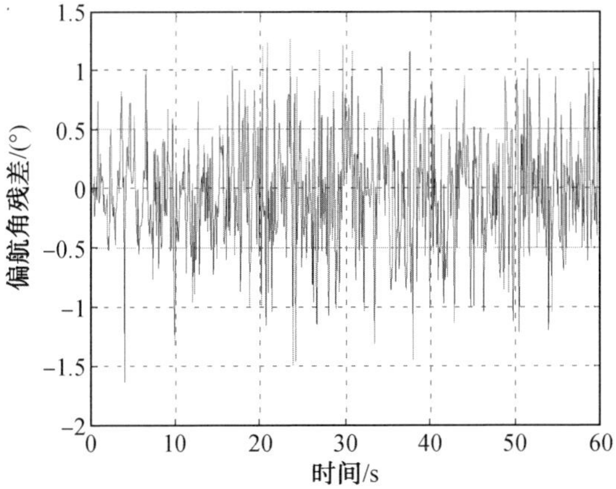


(b) 偏航角残差

图 9.6　故障情景 1 下 FDD－KF－1 姿态角残差

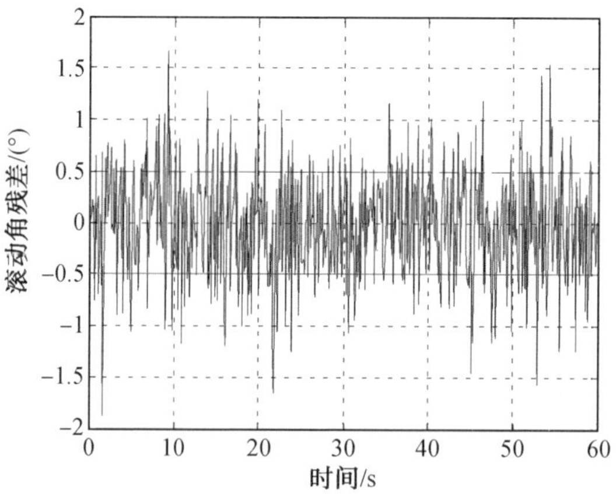


(c) 滚动角残差

续图 9.6

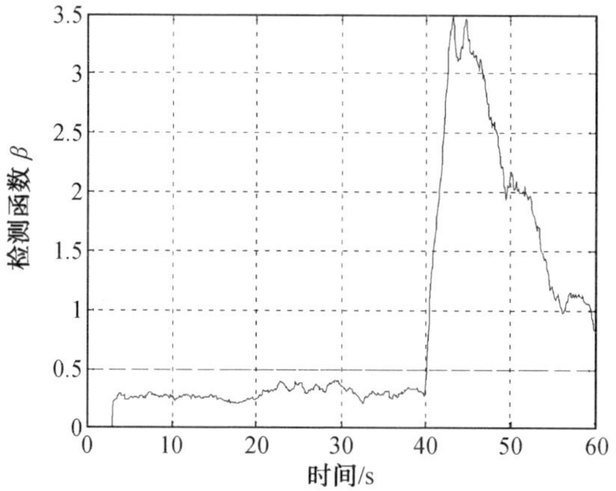


(a) 姿态角速率$\chi^2$检验

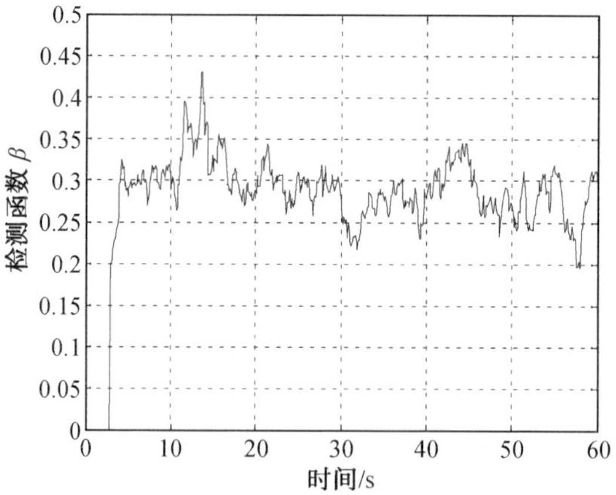


(b) 姿态角$\chi^2$检验

图 9.7 故障情景 1 下 FDD－KF－1 $\chi^2$ 检验

方案二：该方案中假设系统发生滚动角敏感器故障（故障情景 2）。图 9.8 和图 9.9 所示为故障情景 2 下 FDD－KF－1 姿态角速率残差及姿态角残差。仿真结果表明，当滚转姿态测量数据发生变化时，滚动角残差将发生剧烈变化，同时，俯仰角和偏航角残差无明显变化。从图 9.10 中 $\chi^2$ 检验结果可以看出，通过统计实验可以准确地判断出故障位置，检测时间为 $t=41.0$ s。

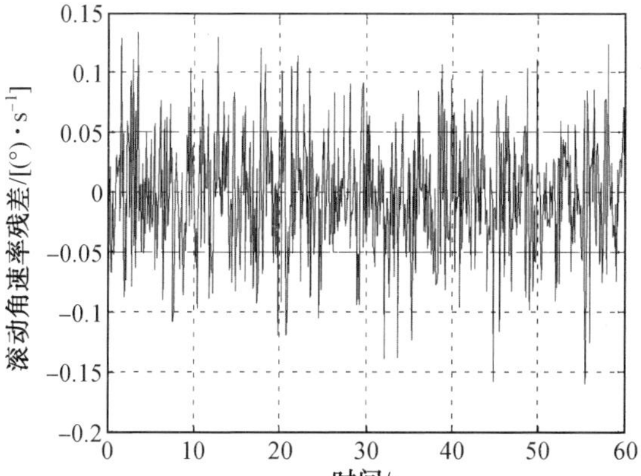


(a) 滚动角速率残差

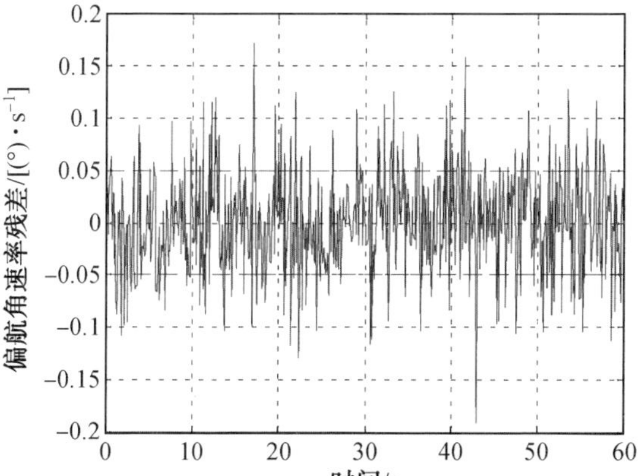


(b) 偏航角速率残差

图 9.8 故障情景 2 下 FDD－KF－1 姿态角速率残差

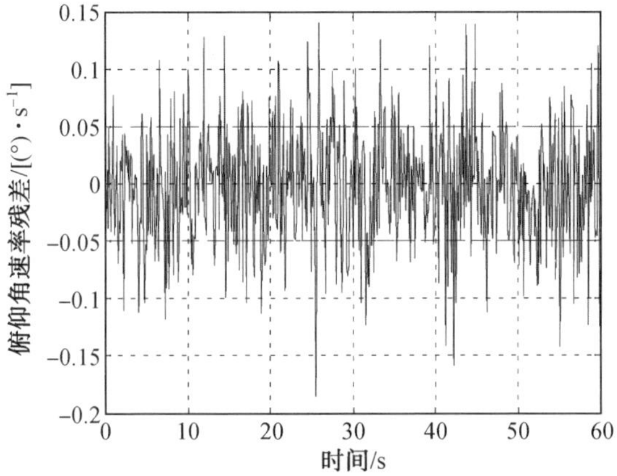


(c) 俯仰角速率残差

续图 9.8

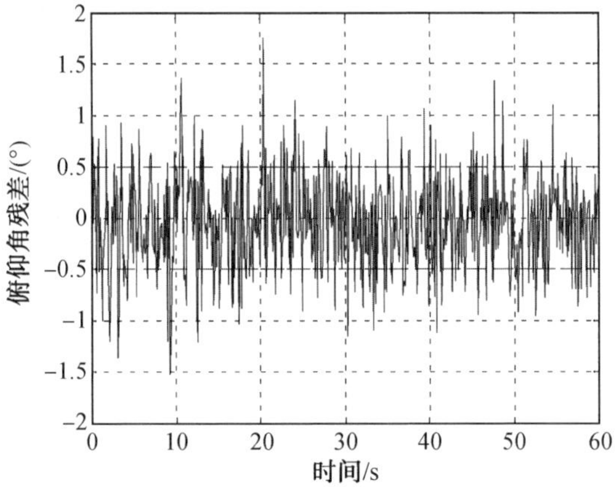


(a) 俯仰角残差

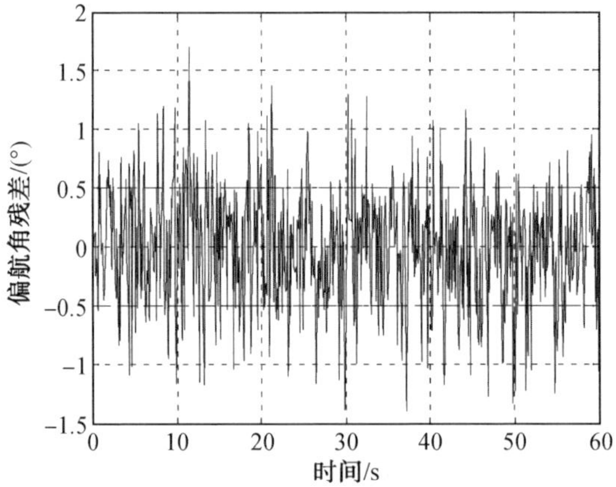


(b) 偏航角残差

图 9.9　故障情景 2 下 FDD—KF—1 姿态角残差

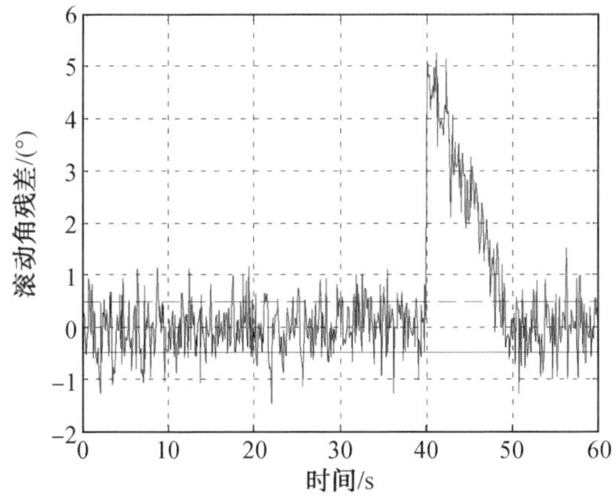


(c) 滚动角残差

续图 9.9

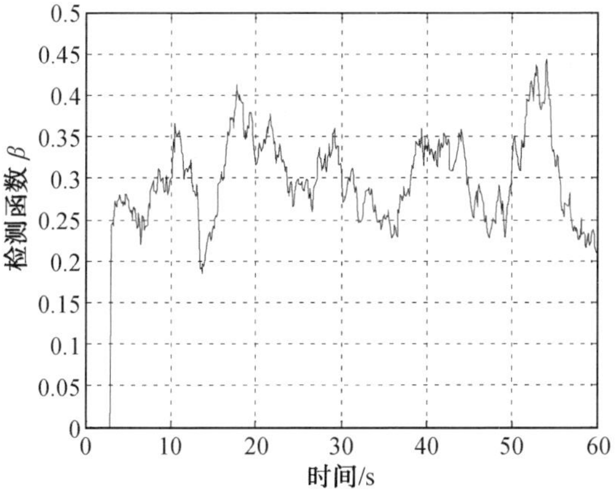


(a) 姿态角速率 $\chi^2$ 检验

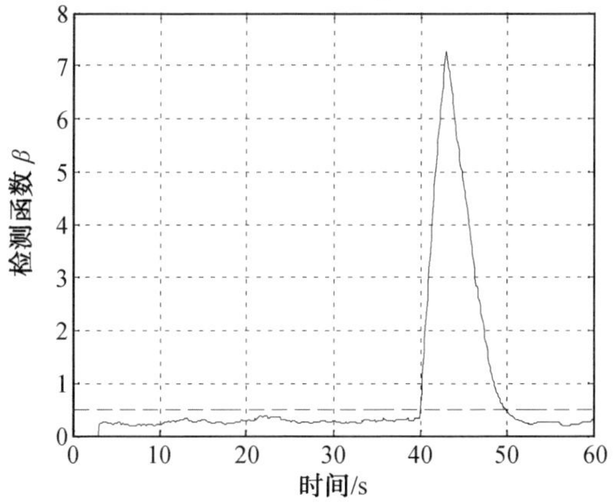


(b) 姿态角 $\chi^2$ 检验

图 9.10　故障情景 2 下 FDD－KF－1 $\chi^2$ 检验

方案三：该方案中假设系统同时并发两种故障，即偏航角速率陀螺故障和滚动角传感器故障(故障情景 3)。图 9.11 和图 9.12 所示为故障情景 3 下 FDD－KF－1 姿态角速率残差及姿态角残差，图 9.13 的结果说明，故障发生后，FDD 算法将在 $t=41.0$ s 时检测出该故障。

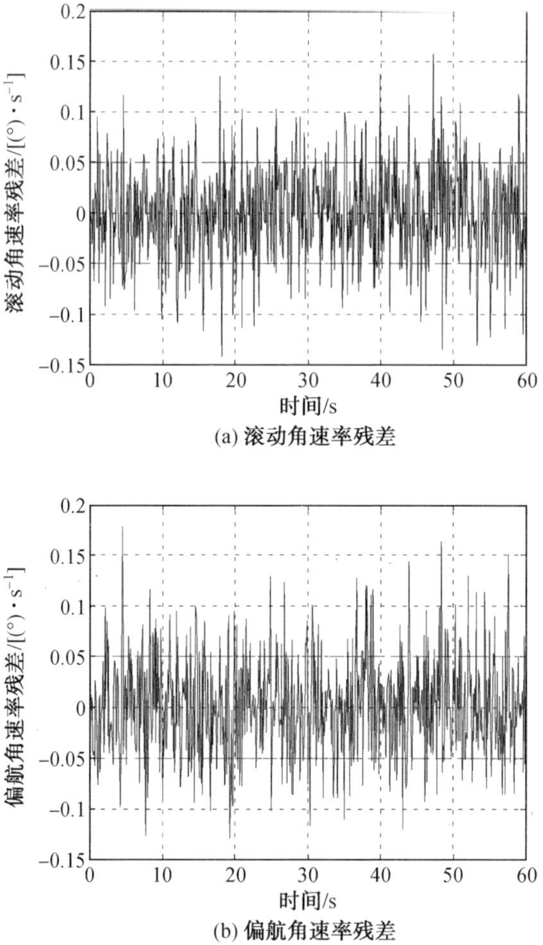


(a) 滚动角速率残差



(b) 偏航角速率残差

图 9.11　故障情景 3 下 FDD－KF－1 姿态角速率残差

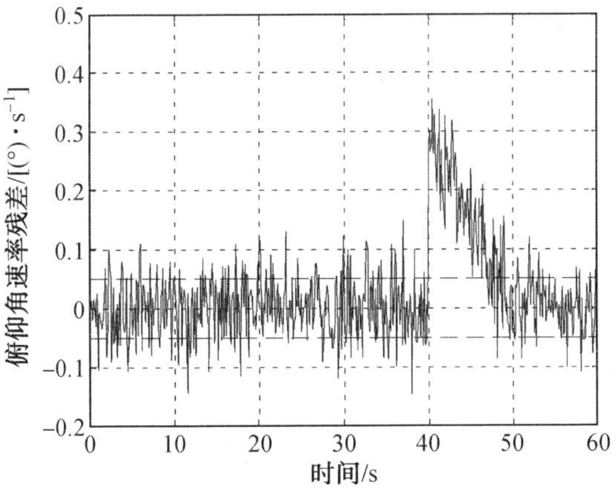


(c) 俯仰角速率残差

续图 9.11

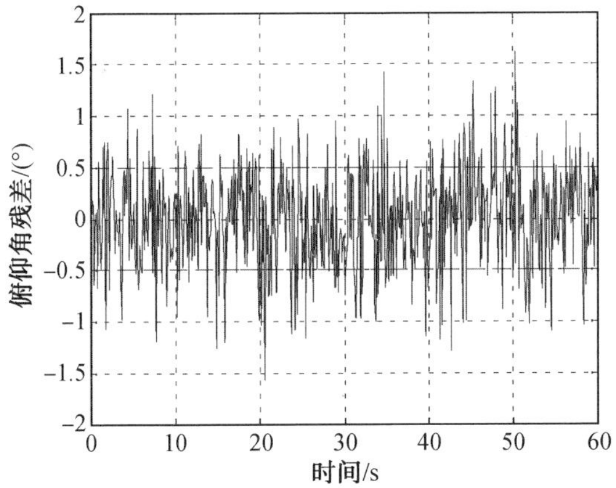


(a) 俯仰角残差

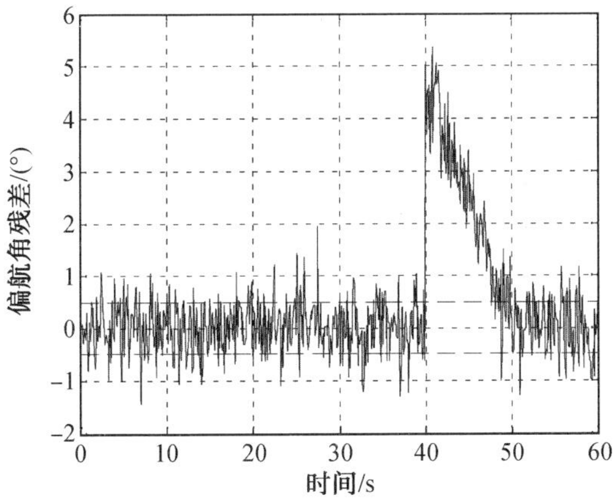


(b) 偏航角残差

图 9.12　故障情景 3 下 FDD−KF−1 姿态角残差

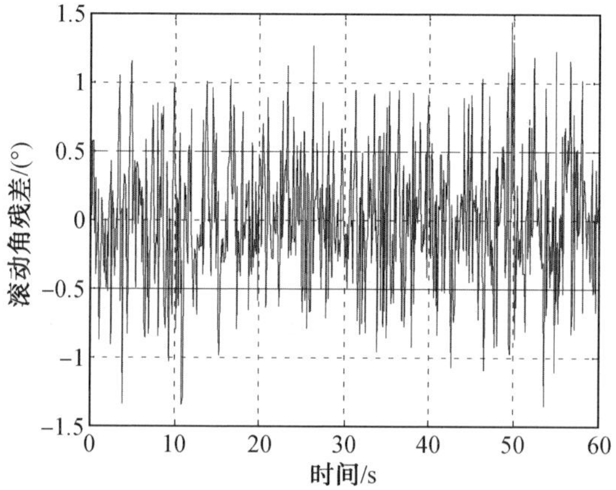


(c) 滚动角残差

续图 9.12

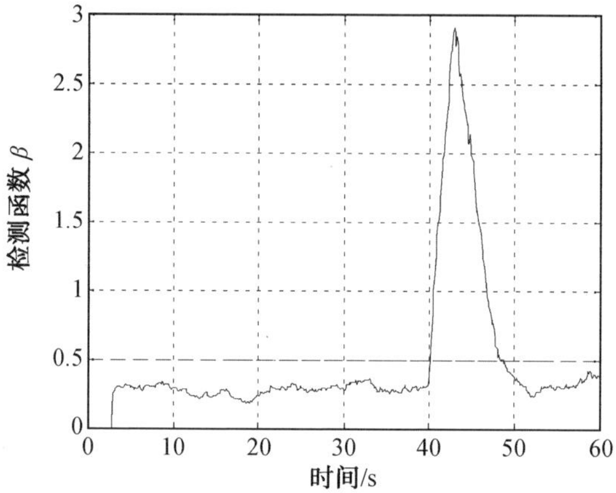


(a) 姿态角速率 $\chi^2$ 检验

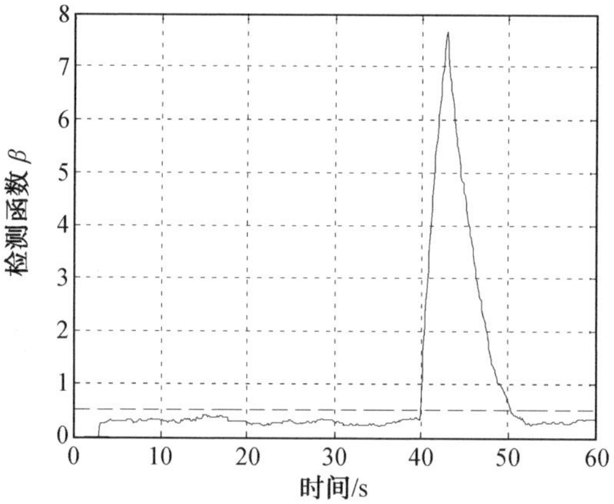


(b) 姿态角 $\chi^2$ 检验

图 9.13　故障情景 3 下 FDD−KF−1 $\chi^2$ 检验

### 2. 初级故障隔离

在这一阶段，FDD 方法对航天器姿态测量系统发生故障的子系统进行定位，从而判断出系统是速率陀螺故障、矢量传感器故障还是两个子系统并发故障，图 9.14～9.16 所示为该模块对残差进行 $\chi^2$ 检验的结论，其中故障情景 1 指方案一，故障情景 2 指方案二，故障情景 3 指方案三。

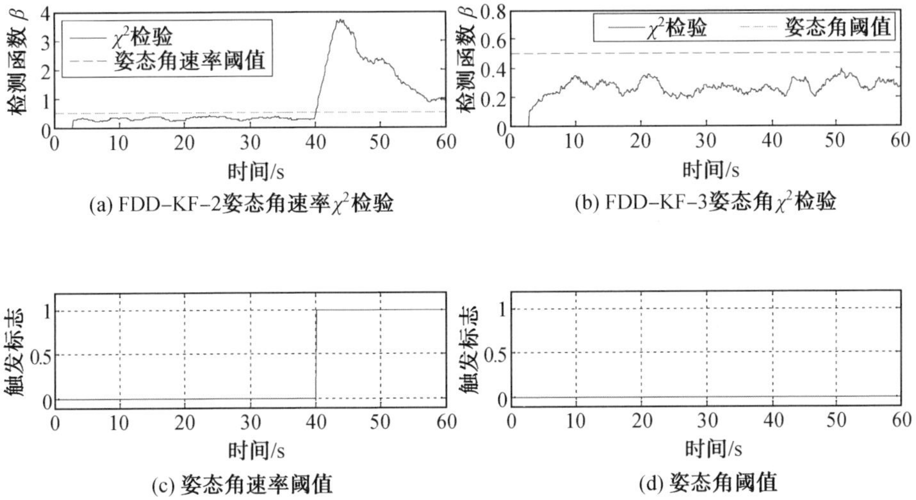


图 9.14　故障情景 1 下初级故障隔离

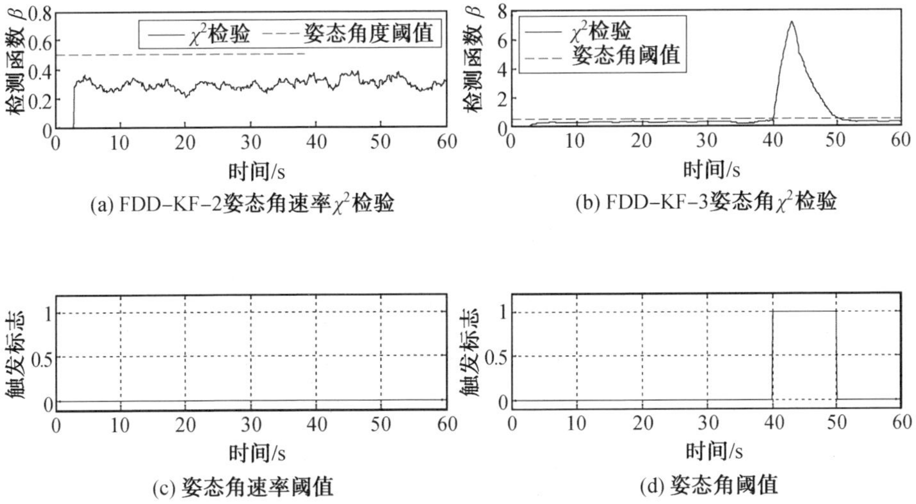


图 9.15　故障情景 2 下初级故障隔离

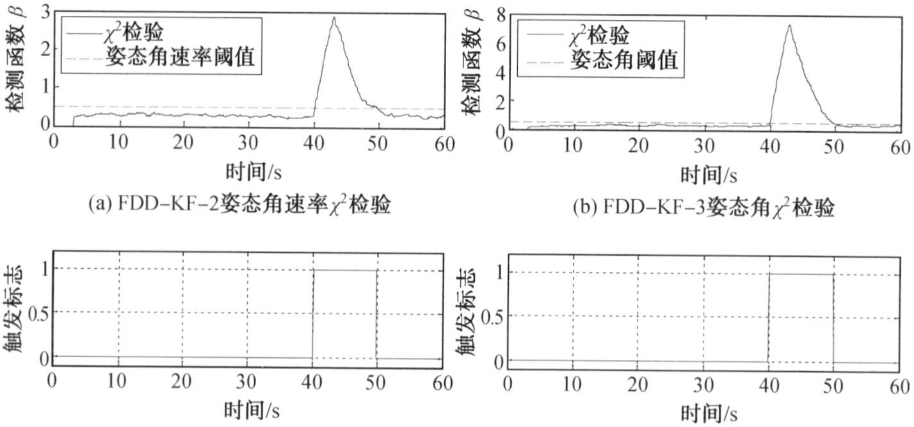


(a) FDD-KF-2姿态角速率$\chi^2$检验　(b) FDD-KF-3姿态角$\chi^2$检验

(c) 姿态角速率阈值　(d) 姿态角阈值

图 9.16　故障情景 3 下初级故障隔离

在方案一中，只有速率陀螺的检测函数 $\beta$ 受到了影响，这说明只有速率陀螺发生了故障。同理，从方案二和方案三中的检测函数可以看出，方案 2 中矢量传感器发生了故障，方案三中两个子系统同时发生了故障。

### 3. 故障隔离

图 9.17 所示为方案一和方案二中的所有假设似然函数。根据初级故障隔离模块的结果，在故障隔离阶段中相应的故障假设将被激活。图 9.17 分别表示姿态角速率假设实验和姿态角假设实验条件被激活的似然函数，根据 FDD－KF－2中得到的姿态角速率残差和 FDD－KF－3 中得出的姿态角残差进行广义似然比假设实验。图 9.18 所示假设被激活的似然函数，此时最有可能的假设会被激活。

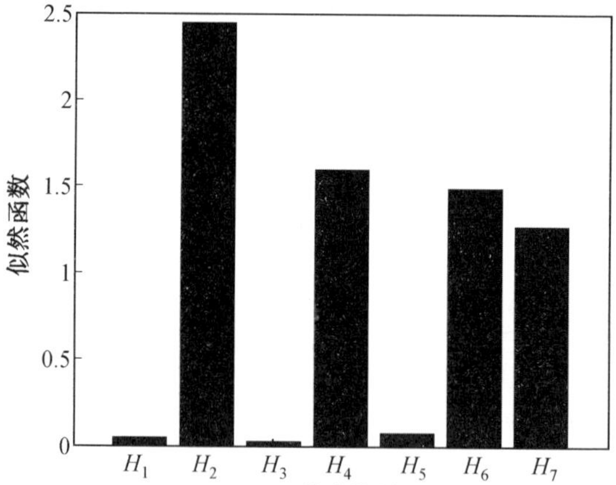


(a) 故障情景1

图 9.17　似然函数假设实验

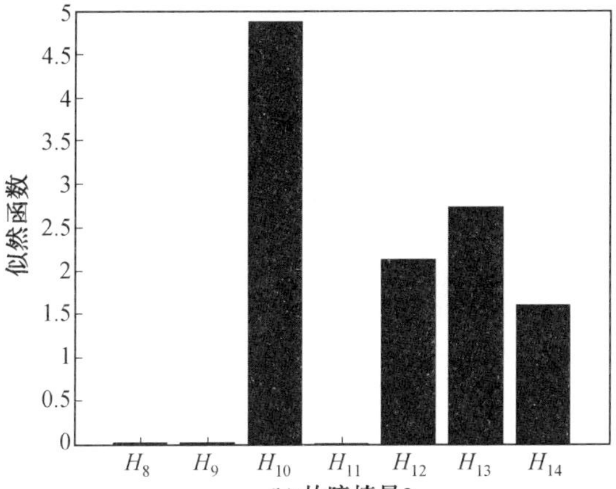


(b) 故障情景2

续图 9.17

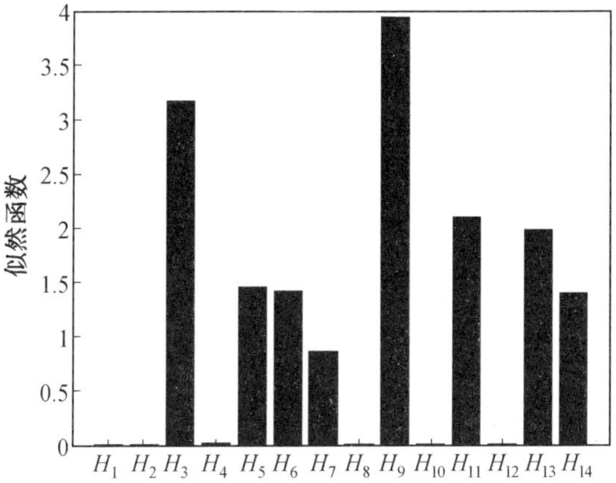


图 9.18 故障情景 3 下所有似然函数假设实验

在图 9.17 和 9.18 中，$H_1$ 表示滚动角速率陀螺 $p$ 故障，$H_2$ 表示俯仰角速率陀螺 $q$ 故障，$H_3$ 表示偏航角速率陀螺 $r$ 故障，$H_4$ 表示 $p$、$q$ 同时故障，$H_5$ 表示 $p$、$r$ 同时故障，$H_6$ 表示 $q$、$r$ 同时故障；$H_7$ 表示 $p$、$q$、$r$ 同时故障；$H_8$ 表示俯仰角姿态敏感器故障，$H_9$ 表示偏航角姿态敏感器故障，$H_{10}$ 表示滚动角姿态敏感器故障，$H_{11}$ 表示俯仰偏航故障，$H_{12}$ 表示俯仰滚动故障，$H_{13}$ 表示偏航滚动故障，$H_{14}$ 表示俯仰偏航滚动故障。

为评估 FDD 方案在不同故障情景下的性能，这里研究了故障识别能力。案例中残差空间故障子空间的偏角越大，故障的可识别度越高。表 9.3 和表 9.4 所示为各种条件下故障识别能力的结果分析，表中黑体字表明了残差空间的故障子空间的最小偏差角度。

表 9.3　速率陀螺的故障识别能力

| $H_i$ | | 滚动角速率 $p$ | 俯仰角速率 $q$ | 偏航角速率 $r$ | $p$、$q$ | $p$、$r$ | $q$、$r$ | $r$、$q$、$r$ |
|---|---|---|---|---|---|---|---|---|
| $H_1$ | 滚动角速率 $p$ | 0 | 85 | 88 | 48 | 88 | **44** | 56 |
| $H_2$ | 俯仰角速率 $q$ | 85 | 0 | 88 | 48 | 46 | 88 | 56 |
| $H_3$ | 偏航角速率 $r$ | 88 | 88 | 0 | 88 | 47 | 45 | 57 |
| $H_4$ | $p$、$q$ | 48 | 48 | 88 | 0 | 62 | 61 | **36** |
| $H_5$ | $p$、$r$ | **44** | 88 | 45 | 61 | 61 | 0 | **36** |
| $H_6$ | $q$、$r$ | 88 | 46 | 47 | 62 | 0 | 61 | **36** |
| $H_7$ | $r$、$q$、$r$ | 56 | 56 | 57 | **36** | **36** | **36** | 0 |

表 9.4　矢量传感器的故障识别能力

| $H_i$ | | 偏航角 $\psi$ | 俯仰角 $\theta$ | 滚动角 $\varphi$ | $\psi$、$\theta$ | $\psi$、$\varphi$ | $\theta$、$\varphi$ | $\psi$、$\theta$、$\varphi$ |
|---|---|---|---|---|---|---|---|---|
| $H_8$ | 偏航角 $\psi$ | 0 | 74 | 85 | **38** | 88 | 47 | 54 |
| $H_9$ | 俯仰角 $\theta$ | 74 | 0 | 86 | **38** | 47 | 88 | 54 |
| $H_{10}$ | 滚动角 $\varphi$ | 85 | 86 | 0 | 87 | 48 | 48 | 53 |
| $H_{11}$ | $\psi$、$\theta$ | **38** | **38** | 87 | 0 | 56 | 57 | **35** |
| $H_{12}$ | $\psi$、$\varphi$ | 47 | 88 | 48 | 57 | 64 | 0 | **35** |
| $H_{13}$ | $\theta$、$\varphi$ | 88 | 47 | 48 | 56 | 0 | 64 | **35** |
| $H_{14}$ | $\psi$、$\theta$、$\varphi$ | 54 | 54 | 53 | **35** | **35** | **35** | 0 |

这些偏差角度表明，6 个组件的故障是可以进行隔离的。即使是速率陀螺和矢量传感器同时故障，故障初步隔离也可以实现较快的故障隔离。表 9.3 和表 9.4 说明为了能够实现速率陀螺故障隔离，故障子空间的偏角最小要达到36°，而矢量传感器故障隔离的子空间偏角为35°。但是，如果故障没有进行初步隔离，在最低限度故障假设实验时，故障的分辨能力会下降为12°～13°，这时速率陀螺和矢量传感器的故障分辨能力较差。同时，如果故障分辨率为12°，当并发滚动和俯仰轴故障时，系统会出现误判。

需要强调的是，如果 FDD 方案不存在故障隔离阶段，将很难隔离出组件故障。若同时并发 6 个故障，则会有 6 个传感器分别与其他部件进行比较，此时，需要计算 63 个似然函数。除了大量的计算外，在完全隔离时还存在较大的延迟，将导致许多难以分辨的情况。

图 9.19 表明 FDD－KF－1 俯仰角速率陀螺在 40 s 时发生故障。由于初级诊断对角速率和角度残差进行了解耦，因此 FDD－KF－3 不受故障的影响，可实现对状态的精确估计，仿真结果如图 9.20 所示。此时，姿态控制系统可以在有故障的情况下正常工作。图 9.21 比较了在不同故障等级情况下 FDD－KF－1 的俯仰角速率残差，图 9.22 给出了相应的 $\chi^2$ 检验结果。

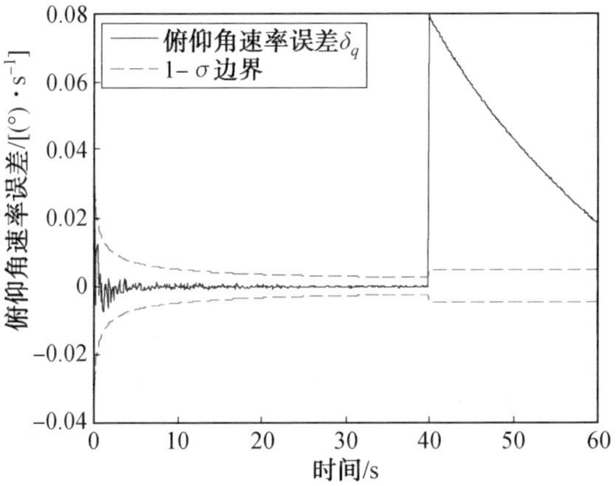


图 9.19　存在故障时 FDD－KF－1 俯仰角速率估计误差

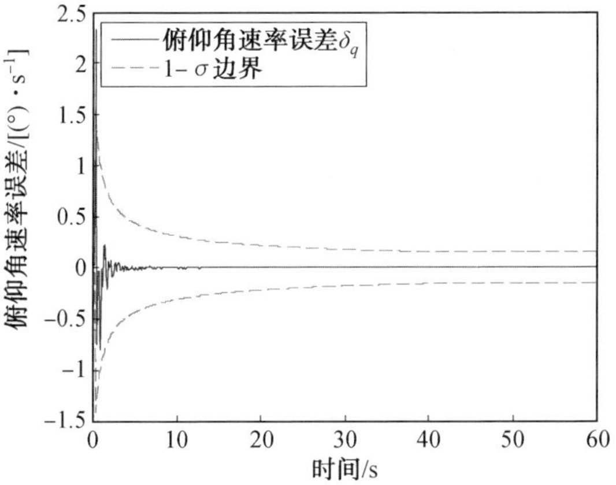


图 9.20　存在故障时 FDD－KF－3 俯仰角速率估计误差

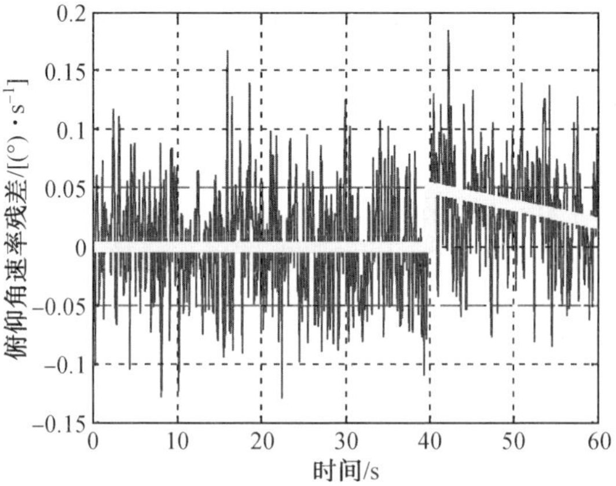


(a) 检测无故障

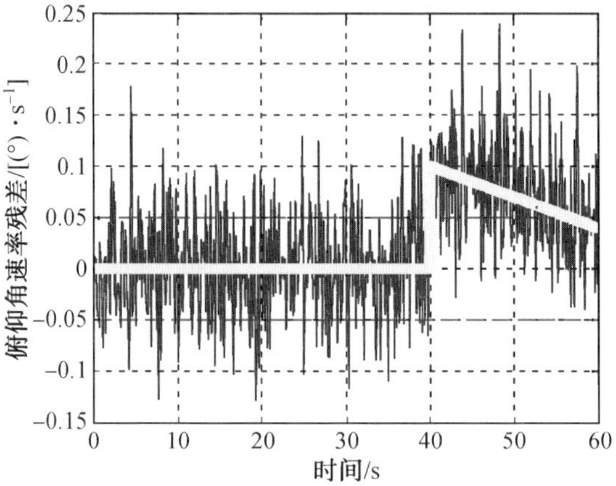


(b) 可检测的最小故障

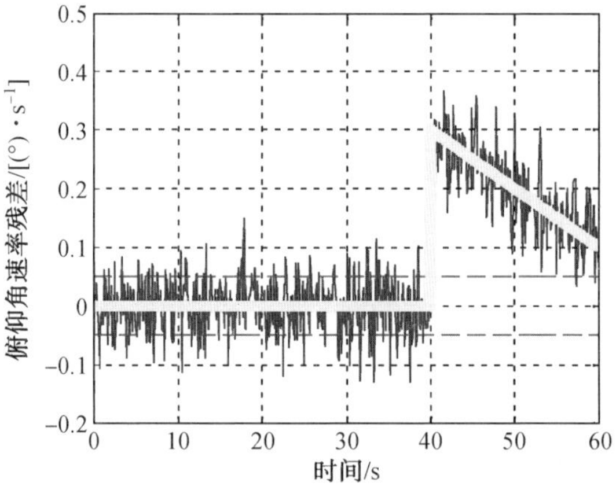


(c) 检测有故障

图 9.21　在不同的故障等级情况下 FDD−KF−1 的俯仰角速率残差

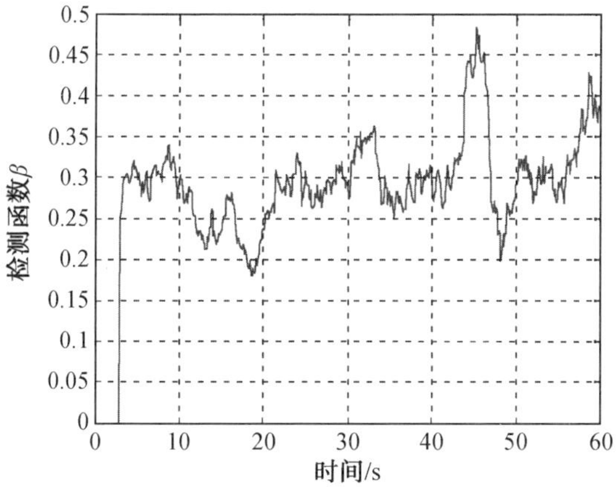


(a) 检测无故障

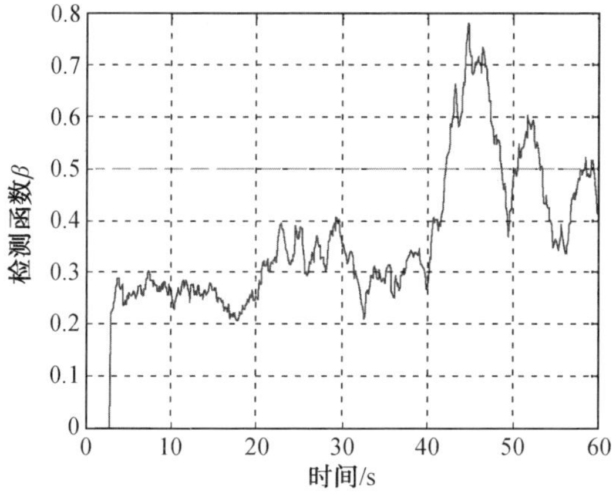


(b) 可检测的最小故障

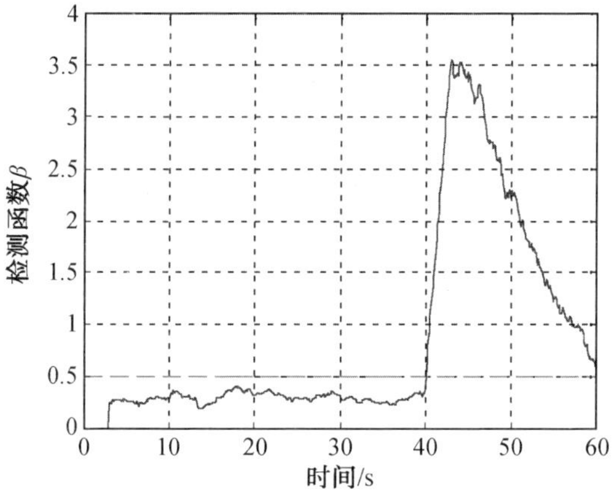


(c) 检测有故障

图 9.22　在不同的故障等级情况下 FDD－KF－1 对俯仰角速率残差的 $\chi^2$ 检验

图 9.23(a)(b)所示为当滚动角速率陀螺和俯仰角速率陀螺同时发生故障，故障幅值分别为 0.3(°)/s 和 0.5(°)/s 时的 $\chi^2$ 检验和似然函数。图 9.23(c)(d)所示为故障幅值分别增加到 4 (°)/s 和 2 (°)/s 时的 $\chi^2$ 检验和似然函数。图 9.23 的结果说明，GLR 技术可以正确估计未知故障的幅值。通过仿真结果可以看出，似然函数中与假设实验最接近的结果是事件 $H_5$，说明故障组件为滚动角和俯仰角速率陀螺。

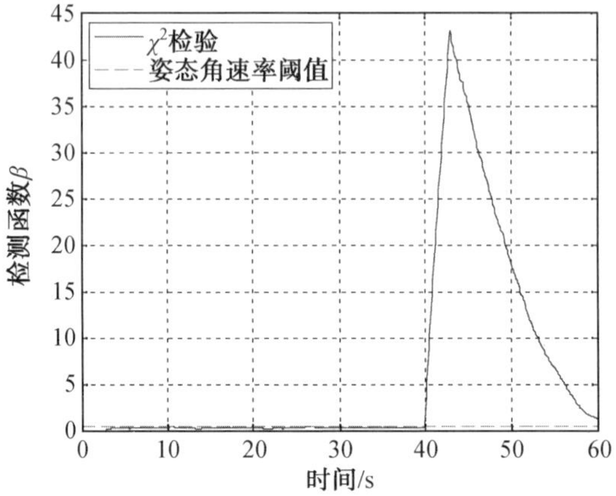


(a) 故障幅值为 0.3 (°)/s 和 0.5 (°)/s 时 $\chi^2$ 检验（彩图见附录 B）

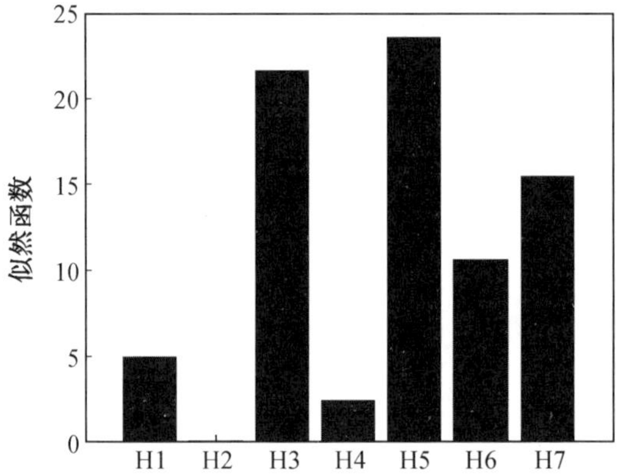


(b) 故障幅值为 0.3 (°)/s 和 0.5 (°)/s 时似然函数

图 9.23　不同故障幅值时的 $\chi^2$ 检验和 GLR 结果

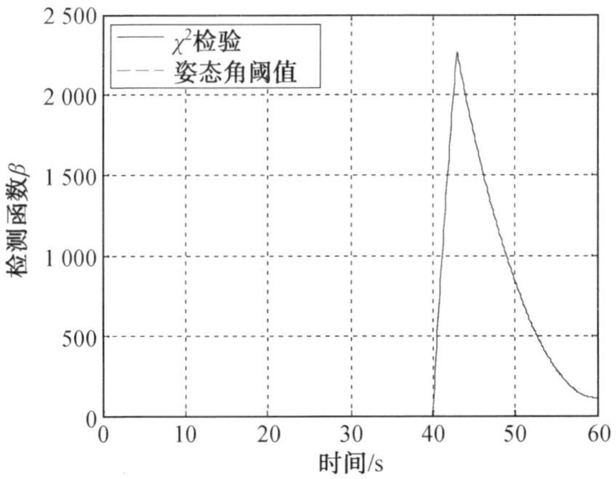


(c) 故障幅值为 4 (°)/s 和 2 (°)/s 时$\chi^2$检验（彩图见附录 B）

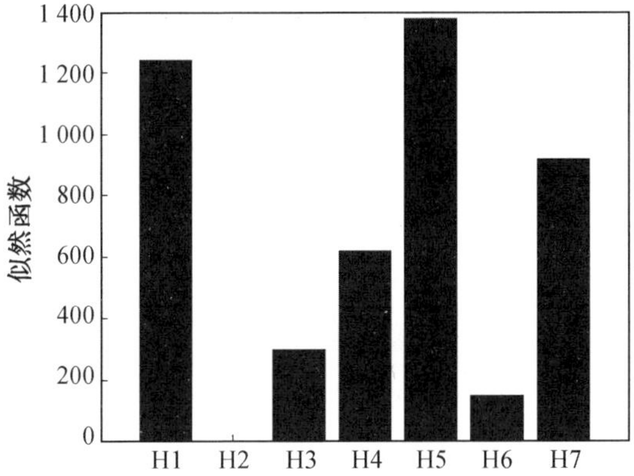


(d) 故障幅值为 4 (°)/s 和 2 (°)/s 时似然函数

续图 9.23

本章所提出的方案中，如果存在至少一组敏感器正常运行（速率陀螺或矢量传感器），系统仍可以进行状态估计。由于动态方程中的状态是耦合的，因此 FDD－KF－1 中的所有滤波残差都会受到故障的影响。这时，状态估计的正确性会受到影响。而采用分级故障诊断的方法时，初级隔离模块对角速率和角度进行了解耦，并在存在故障的情况下得到了正确的状态估计值。

## 9.8　本章小结

航天器需要在系统出现故障时实现更加自主的在线故障诊断。因此，本章提出了一种故障诊断方法，对航天器 AD 系统进行故障检测和隔离，并设计了一种基于速率陀螺和矢量传感器（太阳敏感器或磁强计）的 AD 组合系统进行数据采集。

组合系统通过 LKF 进行数据融合，用以估计速率陀螺的偏置及状态值，并在结果中去除陀螺偏置量。从而在 FDD 方法中应用无偏估计量进行故障诊断，以防止错误信息的累积。

在 FDD 方法中，采用统计方法检验残差，以实现 AD 系统敏感器的故障检测。FDD 方法的故障隔离阶段分为两个阶段：第一个阶段对故障源进行系统级验证，在该阶段，设计两个 EKF，应用子系统的测量数据分别对系统进行状态估计，根据两个子系统的输出判断发生故障的子系统；第二个阶段对状态残差进行多假设实验测试，此时，并行运行多个 EKF 生成故障信号用于多个假设实验。本章采用 GLR 进行故障隔离，仿真结果表明，在不同的故障情况下，本章所提出的 FDD 方法均能很好地实现系统的故障检测和隔离。

本章提出的 FDD 方法的优点是，可以将假设实验的个数减少到原有假设个数的四分之一，并且可实现更快更准确的故障隔离。通过残差解耦，该方法即使在只有一组敏感器正常的情况下，仍然能够实现状态估计。实验结果表明，即使故障信号的幅值仅有噪声信号幅值的两倍，该方法仍能诊断出该系统故障，同时，这一方法能够适用于故障并发情况。

# 第 10 章

# 航天器姿控系统执行器故障诊断

本章针对航天器姿控系统存在模型不确定性、外部干扰和测量噪声的情况，介绍一种基于多层自适应高斯循环神经网络(multilayer adaptive Gaussian recurrent neural network, MAGRNN)与 $H_-$ 未知输入观测器相组合的故障诊断方案，用以检测和隔离与干扰集总项相同数量级的执行器故障。首先将系统解耦成多个独立的通道，使得残差只对应相应通道的执行器故障。为了提高故障诊断的准确性，设计了一个由 MAGRNN 和鲁棒项构成的逼近器来估计干扰集总项，并将估计值作为补偿值传递给观测器。然后考虑有限频域中的执行器故障和故障敏感指标，设计了一组未知输入观测器，并证明了逼近器和观测器的存在条件。最后通过三个案例的故障诊断结果验证了所提方法可用于小故障的检测和隔离。

## 10.1 执行器故障诊断框架

航天器执行器故障通常可建模为加性故障，因此具有模型不确定性、外部干扰、测量不确定性以及执行器故障的航天器姿控动力学子系统状态空间方程可以表示为

$$\begin{cases}\dot{\boldsymbol{x}}(t)=(\boldsymbol{A}+\Delta\boldsymbol{A})\boldsymbol{x}(t)+(\boldsymbol{B}+\Delta\boldsymbol{B})\boldsymbol{u}(t)+\boldsymbol{\Phi}(x,t)+\boldsymbol{L}\boldsymbol{f}(t)+\boldsymbol{E}\boldsymbol{d}_x(t)\\ \boldsymbol{y}(t)=\boldsymbol{C}\boldsymbol{x}(t)+\boldsymbol{d}_y(t)\end{cases}\tag{10.1}$$

式中，$\boldsymbol{x}\in\mathbf{R}^{n_x}$、$\boldsymbol{u}\in\mathbf{R}^{n_u}$、$\boldsymbol{y}\in\mathbf{R}^{n_y}$、$\boldsymbol{f}\in\mathbf{R}^{n_f}$、$\boldsymbol{d}_x\in\mathbf{R}^{n_d}$、$\boldsymbol{d}_y\in\mathbf{R}^{n_y}$ 分别表示系统的状态矢量、输入矢量、输出矢量、执行器故障矢量、干扰矢量和测量不确定性；$\boldsymbol{A}$、$\boldsymbol{B}$、$\boldsymbol{C}$、$\boldsymbol{E}$、

$\boldsymbol{L}$ 是已知的适维矩阵；$\Delta\boldsymbol{A}$、$\Delta\boldsymbol{B}$ 表示系统矩阵 $\boldsymbol{A}$ 和 $\boldsymbol{B}$ 的不确定性。并且非线性函数 $\boldsymbol{\Phi}(x,t)$满足

$$\|\boldsymbol{\Phi}(x_1,t)-\boldsymbol{\Phi}(x_2,t)\|\leqslant\mu\|x_1-x_2\| \tag{10.2}$$

式中，$\mu$ 表示 Lipschitz 常数。

将模型不确定性和外部干扰用一个干扰集总项 $\boldsymbol{\Gamma}(\boldsymbol{x},\boldsymbol{u},t)$来表示，系统状态空间方程(10.1)可以改写为如下形式：

$$\begin{cases}\dot{\boldsymbol{x}}(t)=\boldsymbol{A}\boldsymbol{x}(t)+\boldsymbol{B}\boldsymbol{u}(t)+\boldsymbol{\Phi}(\boldsymbol{x},t)+\boldsymbol{L}\boldsymbol{f}(t)+\boldsymbol{\Gamma}(\boldsymbol{x},\boldsymbol{u},t)\\ \boldsymbol{y}(t)=\boldsymbol{C}\boldsymbol{x}(t)+\boldsymbol{d}_y(t)\end{cases} \tag{10.3}$$

式中，$\boldsymbol{\Gamma}(\boldsymbol{x},\boldsymbol{u},t)=\Delta\boldsymbol{A}\boldsymbol{x}(t)+\Delta\boldsymbol{B}\boldsymbol{u}(t)+\boldsymbol{E}\boldsymbol{d}_x(t)$且为有界。

考虑航天器姿控系统存在干扰集总项和测量噪声，为了有效地检测和隔离发生的微小故障，本节设计了如图 10.1 所示的组合式故障检测框架。

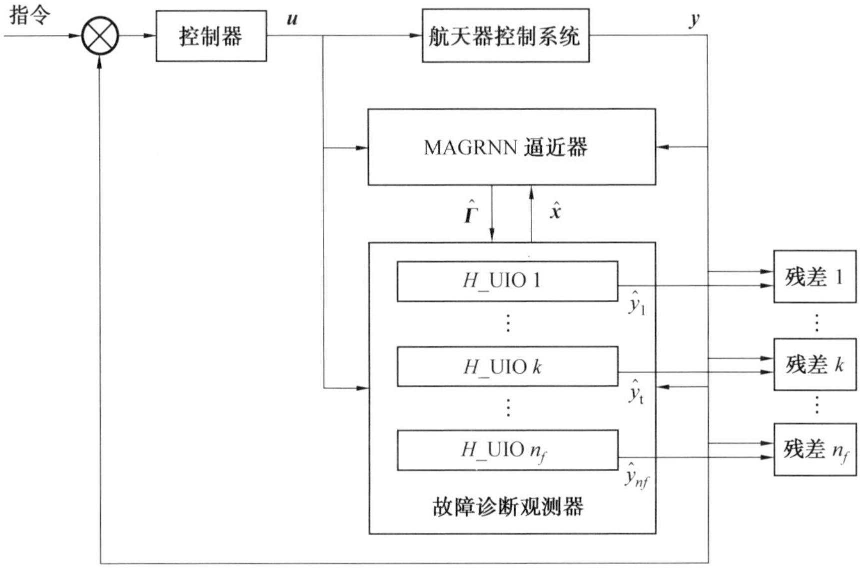


图 10.1　航天器姿控系统执行器组合式故障检测框架

图 10.1 中，第 $k$ 个带有 $H_-$ 指标的非线性未知输入观测器设计为

$$\begin{cases}\dot{\boldsymbol{z}}(t)=\boldsymbol{F}_k\hat{\boldsymbol{x}}(t)+\boldsymbol{T}_k\boldsymbol{B}\boldsymbol{u}(t)+\boldsymbol{T}_k\boldsymbol{\Phi}(\hat{\boldsymbol{x}},t)+\boldsymbol{G}_k\boldsymbol{y}(t)+\boldsymbol{T}_k\hat{\boldsymbol{\Gamma}}(\hat{\boldsymbol{x}},\boldsymbol{u},t)\\ \hat{\boldsymbol{x}}(t)=\boldsymbol{z}(t)+\boldsymbol{N}_k\boldsymbol{y}(t)\end{cases} \tag{10.4}$$

式中，$\hat{\boldsymbol{x}}$ 是原系统式(10.3)的状态估计矢量；$\boldsymbol{z}$ 是未知输入观测器的状态矢量；$\boldsymbol{G}_k$ 是对应第 $k$ 个观测器的增益矩阵；$\hat{\boldsymbol{\Gamma}}(\hat{\boldsymbol{x}},\boldsymbol{u},t)$是对干扰集总项 $\boldsymbol{\Gamma}(\boldsymbol{x},\boldsymbol{u},t)$的估计，具体计算方式将在 10.2.3 节详细介绍。适维矩阵 $\boldsymbol{F}_k$、$\boldsymbol{T}_k$ 和 $\boldsymbol{N}_k$ 满足如下条件：

$$\begin{cases}\boldsymbol{T}_k=\boldsymbol{I}-\boldsymbol{N}_k\boldsymbol{C}\\ \boldsymbol{F}_k=\boldsymbol{T}_k\boldsymbol{A}-\boldsymbol{G}_k\boldsymbol{C}\end{cases} \tag{10.5}$$

定义系统状态估计误差为 $\boldsymbol{e}(t)=\boldsymbol{x}(t)-\hat{\boldsymbol{x}}(t)$，根据式(10.3)和式(10.4)得到观测器的状态估计误差动态可以表示为

$$\begin{aligned}\dot{\boldsymbol{e}}(t)&=\dot{\boldsymbol{x}}(t)-\dot{\hat{\boldsymbol{x}}}(t)\\&=\boldsymbol{T}_k\dot{\boldsymbol{x}}(t)-\dot{\boldsymbol{z}}(t)-\boldsymbol{N}_k\dot{\boldsymbol{b}}(t)\\&=\boldsymbol{F}_k\boldsymbol{e}(t)+\boldsymbol{T}_k\Delta\boldsymbol{\Phi}(\boldsymbol{x},\hat{\boldsymbol{x}},t)+\boldsymbol{T}_k\boldsymbol{L}\boldsymbol{f}(t)+\boldsymbol{T}_k\widetilde{\boldsymbol{\Gamma}}(\boldsymbol{x},\boldsymbol{u},t)-\boldsymbol{G}_k\boldsymbol{d}_y(t)-\boldsymbol{N}_k\dot{\boldsymbol{d}}_y(t)\end{aligned}\tag{10.6}$$

式中，$\Delta\boldsymbol{\Phi}(\boldsymbol{x},\hat{\boldsymbol{x}},t)=\boldsymbol{\Phi}(\boldsymbol{x},t)-\boldsymbol{\Phi}(\hat{\boldsymbol{x}},t)$，且满足 $\|\Delta\boldsymbol{\Phi}(\boldsymbol{x},\hat{\boldsymbol{x}},t)\|\leqslant\mu\|\boldsymbol{e}(t)\|$。当满足 $\boldsymbol{T}_k\boldsymbol{L}_k\neq0$，且 $\boldsymbol{T}_k\boldsymbol{L}_{\neq k}=0$ 时，其中 $\boldsymbol{L}_k$ 表示矩阵的第 $k$ 列，$\boldsymbol{L}_{\neq k}$ 表示矩阵中除第 $k$ 列以外的其他所有列。状态估计误差动态式(10.6)只受对应执行器通道故障的影响，从而可将系统解耦为 $n_f$ 个独立通道。

现在，就可以将基于 MAGRNN 的逼近器用于在线估计干扰集总项 $\widetilde{\boldsymbol{\Gamma}}$ 并将其传递给各个通道独立设计的未知输入观测器，以补偿实际系统存在的不确定性和外部扰动，并且每个带有 $H_-$ 性能指标的观测器响应特定通道的故障，通过综合分析所有观测器产生的残差结果，可以检测和隔离不同通道执行器的微小故障。

## 10.2　多层自适应高斯循环神经网络

循环神经网络为非线性系统提供了一种有效的识别方法，它可以将过去的状态存储到延迟单元中来进行记忆。因此，循环神经网络可以用来处理与时间相关的对象。凭借这些优点，本节对传统 RNN 进行了改进，设计了具有自适应结构的 MAGRNN 作为逼近器的重要组成部分用来估计干扰集总项。本节分为三部分详细介绍 MAGRNN 结构、MAGRNN 学习算法及 MAGRNN 逼近器设计。

### 10.2.1　MAGRNN 结构

MAGRNN 结构如图 10.2 所示，该神经网络是一个自适应结构，包括一个输入层、一个高斯隐藏层、一个自适应调节层和一个输出层。循环反馈通过连接输入和输出层中的神经元的权重嵌入到网络中。从而 MAGRNN 的输出能够被存储并用作反馈信号输入到输入层中。选择高斯函数作为隐藏层的激活函数，可以有效提高神经网络收敛速度，避免过拟合，增强泛化能力。自适应调节层使 MAGRNN 成为一个动态结构，可以自适应地处理和匹配在线学习中的系统动态特性。因而与传统的 RNN 相比，所设计的神经网络结构对动态系统有更快速

的响应和更强的逼近性能。对于神经网络输入的前向传播和各层的基本功能介绍如下：

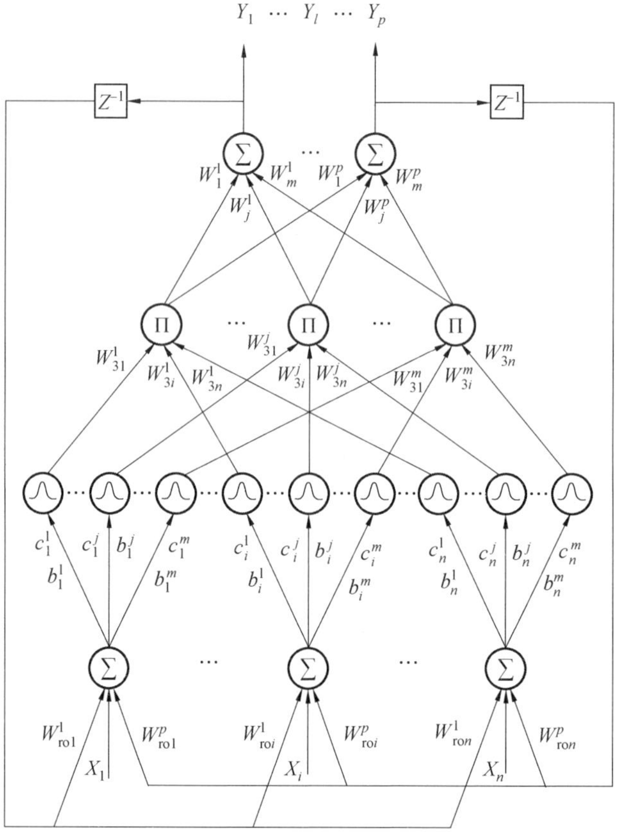


图 10.2　MAGRNN 结构

(1)输入层。该层中的神经元将输入信号和来自神经网络上一时刻输出的反馈信号传输到第二层。其中，输入信号是航天器姿态控制方程状态矢量的估计和控制输入量，$\boldsymbol{X}=[\hat{\boldsymbol{x}}\quad \boldsymbol{u}\quad \boldsymbol{y}]\in\mathbf{R}^n$。对于该层中的每个神经元，输出 $\theta_i(t)$ $(i=1,2,\cdots,n)$ 表示为

$$\theta_i(t)=\sum_{l}^{p}X_i(t)W_{roi}^{l}Y_l(t-1) \tag{10.7}$$

式中，$X_i(t)$表示 $t$ 时刻第一层第 $i$ 个神经元的输入信号；$Y_l(t-1)$表示 $t-1$ 时刻 MAGRNN 输出层的第 $l$ 个输出信号；$W_{roi}^{l}$ 表示输出层和输入层之间的权值连接，$\boldsymbol{W}_{ro}=[W_{ro1}^1\quad W_{ro2}^1\quad\cdots\quad W_{ron}^1\quad W_{ro1}^2\quad W_{ro2}^2\quad\cdots\quad W_{ron}^p]^{\mathrm{T}}$。

(2)高斯隐藏层。输入层的输出通过神经元间的连接传递到神经网络第二层的每个神经元。选择高斯函数作为第一个隐藏层的激活函数，将该层的输入

信号从输入空间映射到更高维的隐藏空间。在图 10.2 中，第二层的神经元数为 $nm(t)$。为方便叙述，将神经网络第二层与第三层第 $j$ 个神经元相连接的 $n$ 个神经元归纳为第二层的第 $j$ 组神经元。则第二层中第 $j$ 组的第 $i$ 个神经元的输出 $h_{1i}^{j}(i=1,2,\cdots,n;j=1,2,\cdots,m(t))$ 可以表示为

$$\begin{cases} h_{1i}^{j}(t)=\mathrm{e}^{-\mathrm{net}_i^j(t)} \\ \mathrm{net}_i^j(t)=\dfrac{(\theta_i(t)-c_i^j)^2}{b_i^{j\ 2}} \end{cases} \tag{10.8}$$

式中，$m(t)$ 表示神经网络自适应调节层的神经元数量，且随着网络的学习过程自适应调节，详细内容将在 10.2.2 节中介绍。

$\boldsymbol{c}$、$\boldsymbol{b}$ 表示高斯函数的中心参数和宽度参数，可分别表示为

$$\boldsymbol{c}=\begin{bmatrix} c_1^1 & c_2^1 & \cdots & c_n^1 & c_1^2 & c_2^2 & \cdots & c_n^m \end{bmatrix}^{\mathrm{T}}$$
$$\boldsymbol{b}=\begin{bmatrix} b_1^1 & b_2^1 & \cdots & b_n^1 & b_1^2 & b_2^2 & \cdots & b_n^m \end{bmatrix}^{\mathrm{T}}$$

(3) 自适应调节层。该层中的第 $j$ 个神经元将与和它相连的高斯隐藏层第 $j$ 组中的 $n$ 个神经元输出相乘。乘积结果作为自适应调节层第 $j$ 个节点的输出，可将其作为神经网络结构调整的触发强度。则该层第 $j$ 个神经元的输出可以表示为

$$h_{2j}(t)=\prod_{i=1}^{n} W_{3i}^{j} h_{1i}^{j}(t)=\boldsymbol{\Psi}_j \tag{10.9}$$

式中，$W_{3i}^{j}$ 表示神经网络自适应层和高斯隐藏层之间的连接权值，$\boldsymbol{W}_3=\begin{bmatrix} W_{31}^1 & W_{32}^1 & \cdots & W_{3n}^1 & W_{31}^2 & W_{32}^2 & \cdots & W_{3n}^m \end{bmatrix}^{\mathrm{T}}$。为了提高神经网络在线学习的速度，达到实时逼近的目的，可将 $W_{3i}^{j}$ 简化为单位值。

(4) 输出层。神经网络输出层中的每个神经元通过权值与自适应调节层中的每一个神经元连接，即两层之间为全连接形式。则该层第 $l$ 个神经元的输出可以表示为

$$y_l=\sum_{j=1}^{m} W_j^l \boldsymbol{\Psi}_j \tag{10.10}$$

式中，$l=1,2,\cdots,p$，$p$ 是输出信号的维度；$W_j^l$ 表示输出层和自适应调节层连接权值 $W$ 第 $j$ 行第 $l$ 列的元素。

### 10.2.2　MAGRNN 学习算法

神经网络学习算法包括网络结构学习和网络权值学习。网络结构学习基于触发强度的数值比较，用于确定自适应调节层和高斯隐藏层的神经元个数。网络权值学习相关的研究将在 10.3.1 节中详细讨论。

神经网络结构学习算法负责在线生成一组新的高斯函数中心参数值和宽度参数值。当第三层增加一个新神经元时，则第二层将增加 $n$ 个神经元并初始化

每个新神经元对应的连接权值。在网络结构的学习过程中，可将神经网络第二层神经元的输出看作一个指标，用来表示网络输入隶属于相应高斯函数的程度。如果输出的值 $h_{1i}^{j}$ 越大，则表示输入的空间位置越接近高斯函数的中心。因此，可以将第三层神经元与之对应相连的第二层神经元输出的乘积，即第三层每个神经元的输出作为度量指标：

$$D_j=\psi_j,\quad j=1,2,\cdots,m(t) \tag{10.11}$$

设置一个比较参数 $D_{\text{th}}\in(0,1)$ 来决定何时调整网络结构，同时引入一个常数 $M$ 来限制网络的最大神经元数，可以得到以下决策条件：

$$\max_{1\leqslant j\leqslant m(t)} D_j\leqslant D_{\text{th}},\quad m(t)\leqslant M \tag{10.12}$$

如果满足式(10.12)，则触发网络结构调整机制。将初始中心、宽度和权值分配给新的高斯函数和相应的输出权值，利用权值学习算法在线更新权值。MAGRNN 的在线结构学习和权值学习过程如图 10.3 所示。在图 10.3 中，$b_{\text{init}}$ 是预先指定的常数，$r$ 是从 $-1$ 到 1 的随机变量。

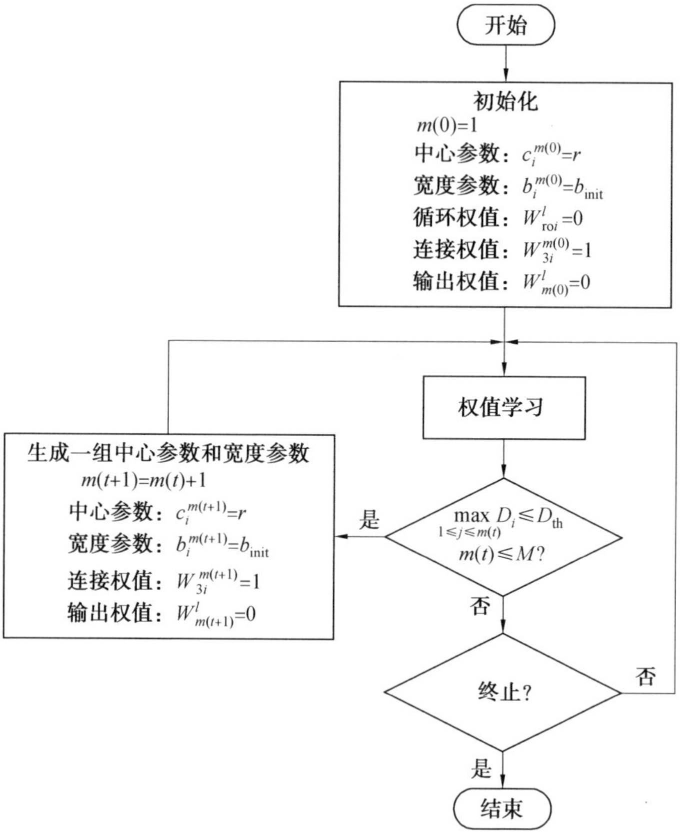


图 10.3 MAGRNN 的在线结构学习和权值学习过程

### 10.2.3 MAGRNN 逼近器设计

根据神经网络万能逼近定理，MAGRNN 存在最优权值 $\boldsymbol{W}^*$、$\boldsymbol{c}^*$、$\boldsymbol{b}^*$、$\boldsymbol{W}_{\mathrm{ro}}^*$，可以无限逼近干扰集总项 $\boldsymbol{\Gamma}(\boldsymbol{x},\boldsymbol{u},t)$ 并且满足

$$\boldsymbol{\Gamma}(\boldsymbol{x},\boldsymbol{u},t)=\boldsymbol{W}^{*\mathrm{T}}\boldsymbol{\Psi}^*+\boldsymbol{\varepsilon} \tag{10.13}$$

式中，$\boldsymbol{\Psi}^*=\boldsymbol{\Psi}^*(\boldsymbol{X},\boldsymbol{c}^*,\boldsymbol{b}^*,\boldsymbol{W}_{\mathrm{ro}}^*)$，$\boldsymbol{X}$ 代表输入；$\boldsymbol{\varepsilon}$ 表示最小逼近误差满足有界条件 $|\boldsymbol{\varepsilon}|\leqslant\varepsilon_{\mathrm{b}}$，其中 $\varepsilon_{\mathrm{b}}$ 是一个正常数。为了减小最小逼近误差以及学习过程中权值误差对逼近准确度的影响，引入一个鲁棒补偿项 $\boldsymbol{u}_{\mathrm{rc}}$ 和 MAGRNN 共同构成干扰逼近器。因此，基于 MAGRNN 逼近器的实际输出可以表示为

$$\hat{\boldsymbol{\Gamma}}(\hat{\boldsymbol{x}},\boldsymbol{u},t)=\hat{\boldsymbol{W}}^{\mathrm{T}}\hat{\boldsymbol{\Psi}}+\boldsymbol{u}_{\mathrm{rc}} \tag{10.14}$$

逼近误差由下式得出

$$\begin{aligned}\tilde{\boldsymbol{\Gamma}}&=\boldsymbol{\Gamma}(\boldsymbol{x},\boldsymbol{u},t)-\hat{\boldsymbol{\Gamma}}(\hat{\boldsymbol{x}},\boldsymbol{u},t)\\&=\tilde{\boldsymbol{W}}^{\mathrm{T}}\boldsymbol{\Psi}^*+\hat{\boldsymbol{W}}^{\mathrm{T}}\tilde{\boldsymbol{\Psi}}+\boldsymbol{\varepsilon}-\boldsymbol{u}_{\mathrm{rc}}\end{aligned} \tag{10.15}$$

式中，$\tilde{\boldsymbol{W}}=\boldsymbol{W}^*-\hat{\boldsymbol{W}}$；$\tilde{\boldsymbol{\Psi}}=\boldsymbol{\Psi}^*-\hat{\boldsymbol{\Psi}}$。

为了得到自适应学习算法来在线更新 MAGRNN 的权值，使用泰勒级数展开线性化技术将 MAGRNN 的非线性输出转换为部分线性的形式。从而 $\tilde{\boldsymbol{\Psi}}$ 的展开式可以表示为

$$\begin{aligned}\tilde{\boldsymbol{\Psi}}&=\frac{\partial\tilde{\boldsymbol{\Psi}}}{\partial\boldsymbol{c}}\Big|_{c=\hat{c}}(\boldsymbol{c}^*-\hat{\boldsymbol{c}})+\frac{\partial\tilde{\boldsymbol{\Psi}}}{\partial\boldsymbol{b}}\Big|_{b=\hat{b}}(\boldsymbol{b}^*-\hat{\boldsymbol{b}})+\frac{\partial\tilde{\boldsymbol{\Psi}}}{\partial\boldsymbol{W}_{\mathrm{ro}}}\Big|_{W_{\mathrm{ro}}=\hat{W}_{\mathrm{ro}}}(\boldsymbol{W}_{\mathrm{ro}}^*-\hat{\boldsymbol{W}}_{\mathrm{ro}})+\boldsymbol{O}_{\mathrm{h}}\\&=\tilde{\boldsymbol{\Psi}}_c\tilde{\boldsymbol{c}}+\tilde{\boldsymbol{\Psi}}_b\tilde{\boldsymbol{b}}+\tilde{\boldsymbol{\Psi}}_{W_{\mathrm{ro}}}\tilde{\boldsymbol{W}}_{\mathrm{ro}}+\boldsymbol{O}_{\mathrm{h}}\end{aligned} \tag{10.16}$$

式中，$\boldsymbol{O}_{\mathrm{h}}$ 表示高阶项；$\tilde{\boldsymbol{\Psi}}_c$、$\tilde{\boldsymbol{\Psi}}_b$、$\tilde{\boldsymbol{\Psi}}_{W_{\mathrm{ro}}}$ 的表达式分别如下：

$$\tilde{\boldsymbol{\Psi}}_c=\left[\left(\frac{\partial\tilde{\Psi}_1}{\partial\boldsymbol{c}}\right)^{\mathrm{T}}\quad\left(\frac{\partial\tilde{\Psi}_2}{\partial\boldsymbol{c}}\right)^{\mathrm{T}}\quad\cdots\quad\left(\frac{\partial\tilde{\Psi}_m}{\partial\boldsymbol{c}}\right)^{\mathrm{T}}\right]^{\mathrm{T}} \tag{10.17}$$

$$\tilde{\boldsymbol{\Psi}}_b=\left[\left(\frac{\partial\tilde{\Psi}_1}{\partial\boldsymbol{b}}\right)^{\mathrm{T}}\quad\left(\frac{\partial\tilde{\Psi}_2}{\partial\boldsymbol{b}}\right)^{\mathrm{T}}\quad\cdots\quad\left(\frac{\partial\tilde{\Psi}_m}{\partial\boldsymbol{b}}\right)^{\mathrm{T}}\right]^{\mathrm{T}} \tag{10.18}$$

$$\tilde{\boldsymbol{\Psi}}_{W_{\mathrm{ro}}}=\left[\left(\frac{\partial\tilde{\Psi}_1}{\partial\boldsymbol{W}_{\mathrm{ro}}}\right)^{\mathrm{T}}\quad\left(\frac{\partial\tilde{\Psi}_2}{\partial\boldsymbol{W}_{\mathrm{ro}}}\right)^{\mathrm{T}}\quad\cdots\quad\left(\frac{\partial\tilde{\Psi}_m}{\partial\boldsymbol{W}_{\mathrm{ro}}}\right)^{\mathrm{T}}\right]^{\mathrm{T}} \tag{10.19}$$

其中

$$\frac{\partial\tilde{\Psi}_j}{\partial\boldsymbol{c}}=\left[\underbrace{0\cdots0}_{(j-1)n}\quad\frac{\partial\tilde{\Psi}_j}{\partial c_1^j}\quad\cdots\quad\frac{\partial\tilde{\Psi}_j}{\partial c_n^j}\quad\underbrace{0\cdots0}_{(m-j)n}\right]$$

$$\frac{\partial\tilde{\Psi}_j}{\partial\boldsymbol{b}}=\left[\underbrace{0\cdots0}_{(j-1)n}\quad\frac{\partial\tilde{\Psi}_j}{\partial b_1^j}\quad\cdots\quad\frac{\partial\tilde{\Psi}_j}{\partial b_n^j}\quad\underbrace{0\cdots0}_{(m-j)n}\right]$$

$$\frac{\partial \widetilde{\Psi}_j}{\partial \boldsymbol{W}_{\mathrm{ro}}} = \left[ \frac{\partial \widetilde{\Psi}_j}{\partial W_{\mathrm{ro}\,1}^{1}} \quad \cdots \quad \frac{\partial \widetilde{\Psi}_j}{\partial W_{\mathrm{ro}n}^{1}} \quad \frac{\partial \widetilde{\Psi}_j}{\partial W_{\mathrm{ro}1}^{2}} \quad \cdots \quad \frac{\partial \widetilde{\Psi}_j}{\partial W_{\mathrm{ro}n}^{p}} \right]$$

使用链式法则求导，可以得到

$$\frac{\partial \widetilde{\Psi}_j}{\partial c_i^j} = \frac{\partial(\Psi_j^* - \hat{\Psi}_j)}{\partial h_{1i}^j} \frac{\partial h_{1i}^j}{\partial \mathrm{net}_i^j} \frac{\partial \mathrm{net}_i^j}{\partial c_i^j} = -\hat{\Psi}_j \frac{2(\theta_i - c_i^j)}{b_i^{j2}} \tag{10.20}$$

$$\frac{\partial \widetilde{\Psi}_j}{\partial b_i^j} = \frac{\partial(\widetilde{\Psi}_j^* - \hat{\Psi}_j)}{\partial h_{1i}^j} \frac{\partial h_{1i}^j}{\partial \mathrm{net}_i^j} \frac{\partial \mathrm{net}_i^j}{\partial b_i^j} = -\hat{\Psi}_j \frac{2\,(\theta_i - c_i^j)^2}{b_i^{j3}} \tag{10.21}$$

$$\frac{\partial \widetilde{\Psi}_j}{\partial W_{\mathrm{ro}i}^{l}} = \frac{\partial(\Psi_j^* - \hat{\Psi}_j)}{\partial h_{1i}^j} \frac{\partial h_{1i}^j}{\partial \mathrm{net}_i^j} \frac{\partial \mathrm{net}_i^j}{\partial \theta_i} \frac{\partial \theta}{\partial W_{\mathrm{ro}i}^{l}} = \hat{\Psi}_j \frac{2(\theta_i - c_i^j)}{b_i^{j2}} X_i Y_l(t-1) \tag{10.22}$$

将式(10.20)～(10.22)代入便可得到 $\widetilde{\boldsymbol{\Psi}}_c$、$\widetilde{\boldsymbol{\Psi}}_b$ 和 $\widetilde{\boldsymbol{\Psi}}_{W_{\mathrm{ro}}}$ 的数值。进一步将式(10.16)代入逼近误差式(10.15)，可以得到

$$\widetilde{\boldsymbol{\Gamma}}(\boldsymbol{x},\boldsymbol{u},t) = \widetilde{\boldsymbol{W}}^{\mathrm{T}} \hat{\boldsymbol{\Psi}} + \hat{\boldsymbol{W}}^{\mathrm{T}} \widetilde{\boldsymbol{\Psi}}_c \tilde{\boldsymbol{c}} + \hat{\boldsymbol{W}}^{\mathrm{T}} \widetilde{\boldsymbol{\Psi}}_b \tilde{\boldsymbol{b}} + \hat{\boldsymbol{W}}^{\mathrm{T}} \widetilde{\boldsymbol{\Psi}}_{W_{\mathrm{ro}}} \widetilde{\boldsymbol{W}}_{\mathrm{ro}} + \boldsymbol{\varepsilon}_0 - \boldsymbol{u}_{\mathrm{rc}} \tag{10.23}$$

式中，$\boldsymbol{\varepsilon}_0$ 为误差集总项，表达式为

$$\boldsymbol{\varepsilon}_0 = \widetilde{\boldsymbol{W}}^{\mathrm{T}} (\boldsymbol{\Psi}_c \tilde{\boldsymbol{c}} + \boldsymbol{\Psi}_b \tilde{\boldsymbol{b}} + \boldsymbol{\Psi}_{W_{\mathrm{ro}}} \widetilde{\boldsymbol{W}}_{\mathrm{ro}}) + \boldsymbol{W}^{*\mathrm{T}} \boldsymbol{O}_{\mathrm{h}} + \boldsymbol{\varepsilon} \tag{10.24}$$

## 10.3 执行器故障诊断方案

### 10.3.1 观测器设计与稳定性分析

假设航天器执行器故障发生在有限频域，则有限频域条件可以表示为

$$\Omega := \{\omega \in \mathbf{R} \,|\, \tau(\omega - \omega_1)(\omega - \omega_2) \leqslant 0\} \tag{10.25}$$

式中，$\omega_1$、$\omega_2$ 为已知常数；$\omega$ 为执行器故障频率。

令 $\bar{\omega}$ 表示低频率的上界，对应 $\underline{\omega}$ 表示高频率的下界。存在如下三种情况：

$$\begin{cases} \text{IF } \tau=1, -\omega_1=\omega_2=\bar{\omega}, \text{ THEN } |\omega| \leqslant \bar{\omega} & \text{低频} \\ \text{IF } \tau=1, \omega_1<\omega_2, \text{ THEN } \omega_1 \leqslant \omega \leqslant \omega_2 & \text{中频} \\ \text{IF } \tau=-1, -\omega_1=\omega_2=\underline{\omega}, \text{ THEN } \underline{\omega} \leqslant |\omega| & \text{高频} \end{cases} \tag{10.26}$$

本章所提出的故障检测框架具备三个功能：隔离出不同通道的执行器的故障；消除模型不确定性和外部干扰对检测结果的影响；对发生在有限频域的小故障进行有效诊断。因此，所设计的观测器(10.4)必须满足以下条件。

(1)为了使得残差信号只对相应执行器故障响应而对其他执行器故障不响应，定义观测器残差为 $\boldsymbol{r}_k(t)=\boldsymbol{T}_k\boldsymbol{L}\cdot\boldsymbol{\varepsilon}_y(t)$，其中 $\boldsymbol{\varepsilon}_y(t)=\boldsymbol{C}\boldsymbol{e}(t)+\boldsymbol{d}_y(t)$。根据10.1节的描述，当满足约束条件 $\boldsymbol{T}_k\boldsymbol{L}_k \neq 0$，$\boldsymbol{T}_k\boldsymbol{L}_{\neq k}=0$ 时，残差只受对应执行器通道故

障的影响，从而实现故障隔离的功能。

(2)状态估计误差动态式(10.6)是渐近稳定的。

(3)执行器故障发生在有限频域(式(10.25))，满足

$$\int_0^{\infty} \tau[\omega_1 \boldsymbol{e}(t) + \mathrm{j}\dot{\boldsymbol{e}}(t)][\omega_2 \boldsymbol{e}(t) + \mathrm{j}\dot{\boldsymbol{e}}(t)]^* \, \mathrm{d}t \leqslant 0 \tag{10.27}$$

式中，* 表示共轭转置。若要观测器残差 $\boldsymbol{r}_k(t)$ 对执行器故障敏感，则还需进一步满足

$$\int_0^{\infty} \boldsymbol{r}_k^{\mathrm{T}}(t)\boldsymbol{r}_k(t)\mathrm{d}t > \beta^2 \int_0^{\infty} \boldsymbol{f}^{\mathrm{T}}(t)\boldsymbol{f}(t)\mathrm{d}t \tag{10.28}$$

条件(1)可以通过计算合适的矩阵 $\boldsymbol{T}_k$ 来满足，条件(2)和(3)将转化为求解定理 10.1 的不等式来满足。

**定理** 10.1　考虑式(10.2)描述的卫星姿控系统，MAGRNN 的权值学习算法设计为

$$\dot{\tilde{\boldsymbol{W}}} = -\dot{\hat{\boldsymbol{W}}} = \eta_1 \hat{\boldsymbol{\Psi}} \boldsymbol{\varepsilon}^{\mathrm{T}}(t)\boldsymbol{R}^{\mathrm{T}} \tag{10.29}$$

$$\dot{\tilde{\boldsymbol{c}}}^{\mathrm{T}} = -\dot{\hat{\boldsymbol{c}}}_1^{\mathrm{T}} = \eta_2 \boldsymbol{\varepsilon}^{\mathrm{T}}(t)\boldsymbol{R}^{\mathrm{T}}\hat{\boldsymbol{W}}^{\mathrm{T}}\hat{\boldsymbol{\Psi}}_c \tag{10.30}$$

$$\dot{\tilde{\boldsymbol{b}}}^{\mathrm{T}} = -\dot{\hat{\boldsymbol{b}}}^{\mathrm{T}} = \eta_3 \boldsymbol{\varepsilon}^{\mathrm{T}}(t)\boldsymbol{R}^{\mathrm{T}}\hat{\boldsymbol{W}}^{\mathrm{T}}\hat{\boldsymbol{\Psi}}_b \tag{10.31}$$

$$\dot{\tilde{\boldsymbol{W}}}_{\mathrm{ro}}^{\mathrm{T}} = -\dot{\hat{\boldsymbol{W}}}_{\mathrm{ro}}^{\mathrm{T}} = \eta_4 \boldsymbol{\varepsilon}^{\mathrm{T}}(t)\boldsymbol{R}^{\mathrm{T}}\hat{\boldsymbol{W}}^{\mathrm{T}}\hat{\boldsymbol{\Psi}}_{W_{\mathrm{ro}}} \tag{10.32}$$

鲁棒项 $\boldsymbol{u}_{\mathrm{rc}}$ 的自适应学习律设计为

$$\dot{\boldsymbol{u}}_{\mathrm{rc}} = -\eta_5 \boldsymbol{\varepsilon}^{\mathrm{T}}(t)\boldsymbol{R}^{\mathrm{T}} \tag{10.33}$$

给定以下标量 $\gamma_1>0$、$\gamma_2>0$、$\sigma_1>0$、$\sigma_2>0$、$\beta>0$ 和矩阵 $\boldsymbol{H}$，如果存在矩阵 $\boldsymbol{P}_{\mathrm{d}}$、$\boldsymbol{P}_{\mathrm{f}}$、$\boldsymbol{Q}$、$\boldsymbol{W}$ 和 $\boldsymbol{U}$，满足 $\boldsymbol{P}_{\mathrm{d}}=\boldsymbol{P}_{\mathrm{d}}^{\mathrm{T}}>0$、$\boldsymbol{P}_{\mathrm{f}}=\boldsymbol{P}_{\mathrm{f}}^{\mathrm{T}}>0$、$\tau\boldsymbol{Q}/2>0$，并且使得线性矩阵不等式(10.34)和式(10.35)成立，则可以保证具有 $H_-$ 指标的 UIO 的稳定性。

$$\begin{bmatrix} \boldsymbol{O}_{11} & \sigma_1\boldsymbol{U}\boldsymbol{T}_k & \boldsymbol{C}^{\mathrm{T}}-\sigma_1\boldsymbol{W}_k & -\sigma_1\boldsymbol{U}\boldsymbol{N}_k & \boldsymbol{0} & \boldsymbol{O}_{14} \\ * & -\gamma_1\boldsymbol{I} & \boldsymbol{0} & \boldsymbol{0} & \boldsymbol{0} & \boldsymbol{T}_k^{\mathrm{T}}\boldsymbol{U}^{\mathrm{T}} \\ * & * & (1-\alpha^2)\boldsymbol{I} & \boldsymbol{0} & \boldsymbol{R}^{\mathrm{T}} & -\boldsymbol{W}_k^{\mathrm{T}} \\ * & * & * & -\alpha^2\boldsymbol{I} & \boldsymbol{0} & -\boldsymbol{N}_k^{\mathrm{T}}\boldsymbol{U}^{\mathrm{T}} \\ * & * & * & * & -\alpha^2\boldsymbol{I} & \boldsymbol{0} \\ * & * & * & * & * & -\boldsymbol{U}-\boldsymbol{U}^{\mathrm{T}} \end{bmatrix} < 0 \tag{10.34}$$

式中

$$\boldsymbol{O}_{11} = \gamma_1\mu^2\boldsymbol{I} + \boldsymbol{C}^{\mathrm{T}}\boldsymbol{C} + \mathrm{He}\{\sigma_1(\boldsymbol{U}\boldsymbol{T}_k\boldsymbol{A} - \boldsymbol{W}_k\boldsymbol{C})\}$$

$$\boldsymbol{O}_{14} = -\sigma_1\boldsymbol{U} + \boldsymbol{P}_{\mathrm{d}} + \boldsymbol{A}^{\mathrm{T}}\boldsymbol{T}_k^{\mathrm{T}}\boldsymbol{U}^{\mathrm{T}} - \boldsymbol{C}^{\mathrm{T}}\boldsymbol{W}_k^{\mathrm{T}}$$

$$\begin{bmatrix} \boldsymbol{\Omega}_{\mathrm{R}} & \boldsymbol{\Omega}_{\mathrm{I}} \\ -\boldsymbol{\Omega}_{\mathrm{I}} & \boldsymbol{\Omega}_{\mathrm{R}} \end{bmatrix} < 0 \tag{10.35}$$

式中

$$\boldsymbol{\Omega}_{\mathrm{R}}=\begin{bmatrix}\boldsymbol{\Omega}_{11} & \sigma_2\boldsymbol{U}\boldsymbol{T}_k & \sigma_2\boldsymbol{U}\boldsymbol{T}_k\boldsymbol{L} & -\sigma_2\boldsymbol{U}+\boldsymbol{P}_{\mathrm{f}}+\boldsymbol{A}^{\mathrm{T}}\boldsymbol{T}_k^{\mathrm{T}}\boldsymbol{U}^{\mathrm{T}}-\boldsymbol{C}^{\mathrm{T}}\boldsymbol{W}_k^{\mathrm{T}}\\ * & -\gamma_2\boldsymbol{I} & \boldsymbol{T}_k^{\mathrm{T}}\boldsymbol{U}^{\mathrm{T}}\boldsymbol{H} & \boldsymbol{T}_k^{\mathrm{T}}\boldsymbol{U}^{\mathrm{T}}\\ * & * & \beta^2\boldsymbol{I}+\mathrm{He}\{\boldsymbol{H}^{\mathrm{T}}\boldsymbol{U}\boldsymbol{T}_k\boldsymbol{L}\} & -\boldsymbol{H}^{\mathrm{T}}\boldsymbol{U}+\boldsymbol{L}^{\mathrm{T}}\boldsymbol{T}_k^{\mathrm{T}}\boldsymbol{U}^{\mathrm{T}}\\ * & * & * & -\boldsymbol{Q}-\boldsymbol{U}-\boldsymbol{U}^{\mathrm{T}}\end{bmatrix}$$

$$\boldsymbol{\Omega}_{\mathrm{I}}=\begin{bmatrix}\boldsymbol{0} & \boldsymbol{0} & \boldsymbol{0} & -\omega_0\boldsymbol{Q}\\ * & \boldsymbol{0} & \boldsymbol{0} & \boldsymbol{0}\\ * & * & \boldsymbol{0} & \boldsymbol{0}\\ \omega_0\boldsymbol{Q} & * & * & \boldsymbol{0}\end{bmatrix}$$

$$\boldsymbol{\Omega}_{11}=-\omega_1\omega_2\boldsymbol{Q}-\boldsymbol{C}^{\mathrm{T}}\boldsymbol{L}^{\mathrm{T}}\boldsymbol{T}_k^{\mathrm{T}}\boldsymbol{T}_k\boldsymbol{L}\boldsymbol{C}+\gamma_2\mu^2\boldsymbol{I}+\mathrm{He}\{\sigma_2(\boldsymbol{U}\boldsymbol{T}_k\boldsymbol{A}-\boldsymbol{W}\boldsymbol{C})\}$$

增益矩阵 $\boldsymbol{G}_k=\boldsymbol{W}_k\boldsymbol{U}^{-1}$，$\boldsymbol{R}\boldsymbol{C}=\boldsymbol{T}_k^{\mathrm{T}}\boldsymbol{P}_{\mathrm{d}}$，参数 $\eta_1$、$\eta_2$、$\eta_3$、$\eta_4$ 和 $\eta_5$ 为大于 0 的学习率。符号 $\mathrm{He}\{\boldsymbol{A}\}=\boldsymbol{A}+\boldsymbol{A}^*$ 表示矩阵与其自身共轭转置的求和运算。

**证明**

(1)鲁棒稳定性分析。仅考虑模型不确定性，以及外部干扰和测量噪声的影响，可令执行器故障为 0。状态估计误差动态方程重新改写为

$$\dot{\boldsymbol{e}}(t)=\boldsymbol{F}_k\boldsymbol{e}(t)+\boldsymbol{T}_k\Delta\boldsymbol{\Phi}+\boldsymbol{T}_k\tilde{\boldsymbol{\Gamma}}(\boldsymbol{x},\boldsymbol{u},t)-\boldsymbol{G}_k\boldsymbol{d}_y(t)-\boldsymbol{N}_k\dot{\boldsymbol{d}}_y(t) \tag{10.36}$$

针对式(10.36)，定义 Lyapunov 函数为

$$V(t)=V_{\mathrm{d}}(t)+V_{\mathrm{n}}(t) \tag{10.37}$$

式中，$V_{\mathrm{d}}=\boldsymbol{e}^{\mathrm{T}}P_{\mathrm{d}}\boldsymbol{e}$；$V_{\mathrm{n}}=\frac{1}{\eta_1}\mathrm{tr}(\tilde{\boldsymbol{W}}^{\mathrm{T}}\tilde{\boldsymbol{W}})+\frac{1}{\eta_2}\mathrm{tr}(\tilde{\boldsymbol{c}}^{\mathrm{T}}\tilde{\boldsymbol{c}})+\frac{1}{\eta_3}\mathrm{tr}(\tilde{\boldsymbol{b}}^{\mathrm{T}}\tilde{\boldsymbol{b}})+\frac{1}{\eta_4}\mathrm{tr}(\tilde{\boldsymbol{W}}_{\mathrm{ro}}^{\mathrm{T}}\tilde{\boldsymbol{W}}_{\mathrm{ro}})+\frac{1}{\eta_5}\mathrm{tr}(\tilde{\boldsymbol{W}}_{\mathrm{rh}}^{\mathrm{T}}\tilde{\boldsymbol{W}}_{\mathrm{rh}})+\frac{1}{\eta_5}\mathrm{tr}(\tilde{\boldsymbol{\varepsilon}}_0^{\mathrm{T}}\tilde{\boldsymbol{\varepsilon}}_0)$，$\tilde{\boldsymbol{\varepsilon}}_0=\boldsymbol{\varepsilon}_0-\hat{\boldsymbol{\varepsilon}}_0$ 是估计误差，其中 $\boldsymbol{u}_{\mathrm{rc}}=\hat{\boldsymbol{\varepsilon}}_0$。

将 Lyapunov 函数对时间求导数，并代入式(10.36)和式(10.29)～(10.33)，可以得到

$$\begin{aligned}\dot{V}(t)&=\dot{\boldsymbol{e}}^{\mathrm{T}}(t)\boldsymbol{P}_{\mathrm{d}}\boldsymbol{e}(t)+\boldsymbol{e}^{\mathrm{T}}(t)\boldsymbol{P}_{\mathrm{d}}\dot{\boldsymbol{e}}(t)+\dot{V}_{\mathrm{n}}(t)\\
&=\boldsymbol{e}^{\mathrm{T}}(t)(\boldsymbol{F}_k^{\mathrm{T}}\boldsymbol{P}_{\mathrm{d}}+\boldsymbol{P}_{\mathrm{d}}\boldsymbol{F}_k)\boldsymbol{e}(t)+2\boldsymbol{e}^{\mathrm{T}}(t)\boldsymbol{P}_{\mathrm{d}}\boldsymbol{T}_k\Delta\boldsymbol{\Phi}\\
&\quad+2\boldsymbol{e}^{\mathrm{T}}(t)\boldsymbol{P}_{\mathrm{d}}\tilde{\boldsymbol{\Gamma}}(\boldsymbol{x},\boldsymbol{u},t)-2\boldsymbol{e}^{\mathrm{T}}(t)\boldsymbol{P}_{\mathrm{d}}[\boldsymbol{G}_k\boldsymbol{d}_y(t)+\boldsymbol{N}_k\dot{\boldsymbol{d}}_y(t)]+\dot{V}_{\mathrm{n}}(t)\\
&=\boldsymbol{e}^{\mathrm{T}}(t)(\boldsymbol{F}_k^{\mathrm{T}}\boldsymbol{P}_{\mathrm{d}}+\boldsymbol{P}_{\mathrm{d}}\boldsymbol{F}_k)\boldsymbol{e}(t)+2\boldsymbol{e}^{\mathrm{T}}(t)\boldsymbol{P}_{\mathrm{d}}\boldsymbol{T}_k\Delta\boldsymbol{\Phi}-2\boldsymbol{e}^{\mathrm{T}}(t)\boldsymbol{P}_{\mathrm{d}}[\boldsymbol{G}_k\boldsymbol{d}_y(t)+\boldsymbol{N}_k\dot{\boldsymbol{d}}_y(t)]\\
&\quad+2\boldsymbol{e}^{\mathrm{T}}(t)\boldsymbol{P}_{\mathrm{d}}\boldsymbol{T}_k\tilde{\boldsymbol{W}}^{\mathrm{T}}\hat{\boldsymbol{\Psi}}+2\boldsymbol{e}^{\mathrm{T}}(t)\boldsymbol{P}_{\mathrm{d}}\boldsymbol{T}_k(\hat{\boldsymbol{W}}^{\mathrm{T}}\tilde{\boldsymbol{\Psi}}_c\tilde{\boldsymbol{c}}+\hat{\boldsymbol{W}}^{\mathrm{T}}\tilde{\boldsymbol{\Psi}}_b\tilde{\boldsymbol{b}}+\hat{\boldsymbol{W}}^{\mathrm{T}}\tilde{\boldsymbol{\Psi}}_{W_{\mathrm{ro}}}\tilde{\boldsymbol{W}}_{\mathrm{ro}})\\
&\quad+2\boldsymbol{e}^{\mathrm{T}}(t)\boldsymbol{P}_{\mathrm{d}}\boldsymbol{T}_k(\boldsymbol{\varepsilon}_0-\boldsymbol{u}_{\mathrm{rc}})+\frac{2}{\eta_1}\mathrm{tr}(\tilde{\boldsymbol{W}}^{\mathrm{T}}\dot{\tilde{\boldsymbol{W}}})+\frac{2}{\eta_2}\mathrm{tr}(\dot{\tilde{\boldsymbol{c}}}^{\mathrm{T}}\tilde{\boldsymbol{c}})+\frac{2}{\eta_3}\mathrm{tr}(\dot{\tilde{\boldsymbol{b}}}^{\mathrm{T}}\tilde{\boldsymbol{b}})\\
&\quad+\frac{2}{\eta_4}\mathrm{tr}(\dot{\tilde{\boldsymbol{W}}}_{\mathrm{ro}}^{\mathrm{T}}\tilde{\boldsymbol{W}}_{\mathrm{ro}})+\frac{2}{\eta_5}\mathrm{tr}(\dot{\tilde{\boldsymbol{\varepsilon}}}_0^{\mathrm{T}}\tilde{\boldsymbol{\varepsilon}}_0)\\
&=\boldsymbol{e}^{\mathrm{T}}(t)(\boldsymbol{F}_k^{\mathrm{T}}\boldsymbol{P}_{\mathrm{d}}+\boldsymbol{P}_{\mathrm{d}}\boldsymbol{F}_k)\boldsymbol{e}(t)+2\boldsymbol{e}^{\mathrm{T}}(t)\boldsymbol{P}_{\mathrm{d}}\boldsymbol{T}_k\Delta\boldsymbol{\Phi}-2\boldsymbol{e}^{\mathrm{T}}(t)\boldsymbol{P}_{\mathrm{d}}[\boldsymbol{G}_k\boldsymbol{d}_y(t)+\boldsymbol{N}_k\dot{\boldsymbol{d}}_y(t)]\end{aligned}$$

$$
\begin{aligned}
&-2\boldsymbol{d}_y^{\mathrm{T}}(t)\boldsymbol{R}^{\mathrm{T}}(\widetilde{\boldsymbol{W}}^{\mathrm{T}}\hat{\boldsymbol{\Psi}}+\hat{\boldsymbol{W}}^{\mathrm{T}}\widetilde{\boldsymbol{\Psi}}_c\tilde{\boldsymbol{c}}+\hat{\boldsymbol{W}}^{\mathrm{T}}\widetilde{\boldsymbol{\Psi}}_b\tilde{\boldsymbol{b}}+\hat{\boldsymbol{W}}^{\mathrm{T}}\widetilde{\boldsymbol{\Psi}}_{W_{\mathrm{ro}}}\widetilde{\boldsymbol{W}}_{\mathrm{ro}}+\tilde{\boldsymbol{\varepsilon}}_0)\\
=&\boldsymbol{e}^{\mathrm{T}}(t)(\boldsymbol{F}_k^{\mathrm{T}}\boldsymbol{P}_{\mathrm{d}}+\boldsymbol{P}_{\mathrm{d}}\boldsymbol{F}_k)\boldsymbol{e}(t)+2\boldsymbol{e}^{\mathrm{T}}(t)\boldsymbol{P}_{\mathrm{d}}\boldsymbol{T}_k\Delta\boldsymbol{\Phi}\\
&-2\boldsymbol{e}^{\mathrm{T}}(t)\boldsymbol{P}_{\mathrm{d}}[\boldsymbol{G}_k\boldsymbol{d}_y(t)+\boldsymbol{N}_k\dot{\boldsymbol{d}}_y(t)]-2\boldsymbol{d}_y^{\mathrm{T}}(t)\boldsymbol{R}^{\mathrm{T}}\boldsymbol{W}_1(t)
\end{aligned}
\tag{10.38}
$$

已知 Lipschitz 非线性项满足 $\gamma_1\Delta\boldsymbol{\Phi}^{\mathrm{T}}\Delta\boldsymbol{\Phi}\leqslant\gamma_1\mu^2\boldsymbol{e}^{\mathrm{T}}(t)\boldsymbol{e}(t)$，其中 $\gamma_1>0$ 为预设的常数。可将式(10.38)改写为如下不等式关系：

$$
\begin{aligned}
\dot{V}(t)\leqslant&\boldsymbol{e}^{\mathrm{T}}(t)(\boldsymbol{F}_k^{\mathrm{T}}\boldsymbol{P}_{\mathrm{d}}+\boldsymbol{P}_{\mathrm{d}}\boldsymbol{F}+\gamma_1\mu^2\boldsymbol{I})\boldsymbol{e}(t)+2\boldsymbol{e}^{\mathrm{T}}(t)\boldsymbol{P}_{\mathrm{d}}\boldsymbol{T}_k\Delta\boldsymbol{\Phi}-\gamma_1\Delta\boldsymbol{\Phi}^{\mathrm{T}}\Delta\boldsymbol{\Phi}\\
&-2\boldsymbol{e}^{\mathrm{T}}(t)\boldsymbol{P}_{\mathrm{d}}[\boldsymbol{G}_k\boldsymbol{d}_y(t)+\boldsymbol{N}_k\dot{\boldsymbol{d}}_y(t)]-2\boldsymbol{d}_y^{\mathrm{T}}(t)\boldsymbol{R}^{\mathrm{T}}\boldsymbol{W}_1(t)
\end{aligned}
\tag{10.39}
$$

定义一个新的矢量 $\boldsymbol{v}(t)=\begin{bmatrix}\boldsymbol{b}(t) & \dot{\boldsymbol{b}}(t) & \boldsymbol{W}_1(t)\end{bmatrix}^{\mathrm{T}}$，引入性能指标函数为

$$
J_1=\int_0^t[\dot{V}(t)+\boldsymbol{\varepsilon}_y^{\mathrm{T}}(t)\boldsymbol{\varepsilon}_y(t)-\alpha^2\boldsymbol{v}^{\mathrm{T}}(t)\boldsymbol{v}(t)]\mathrm{d}t \tag{10.40}
$$

将式(10.39)和 $\boldsymbol{\varepsilon}_y(t)=\boldsymbol{C}\boldsymbol{e}(t)+\boldsymbol{d}_y(t)$，$\boldsymbol{v}(t)=\begin{bmatrix}\boldsymbol{b}(t) & \dot{\boldsymbol{b}}(t) & \boldsymbol{W}_1(t)\end{bmatrix}^{\mathrm{T}}$ 代入式(10.40)，得到

$$
\begin{aligned}
J_1\leqslant\int_0^t\{&\boldsymbol{e}^{\mathrm{T}}(t)(\boldsymbol{F}_k^{\mathrm{T}}\boldsymbol{P}_{\mathrm{d}}+\boldsymbol{P}_{\mathrm{d}}\boldsymbol{F}_k+\gamma_1\mu^2\boldsymbol{I})\boldsymbol{e}(t)+2\boldsymbol{e}^{\mathrm{T}}(t)\boldsymbol{P}_{\mathrm{d}}\boldsymbol{T}_k\Delta\boldsymbol{\Phi}-\gamma_1\Delta\boldsymbol{\Phi}^{\mathrm{T}}\Delta\boldsymbol{\Phi}\\
&-2\boldsymbol{e}^{\mathrm{T}}(t)\boldsymbol{P}_{\mathrm{d}}[\boldsymbol{G}_k\boldsymbol{d}_y(t)+\boldsymbol{N}_k\dot{\boldsymbol{d}}_y(t)]-2\boldsymbol{d}_y^{\mathrm{T}}(t)\boldsymbol{R}^{\mathrm{T}}\boldsymbol{W}_1(t)\\
&+\boldsymbol{e}^{\mathrm{T}}(t)\boldsymbol{C}^{\mathrm{T}}\boldsymbol{C}\boldsymbol{e}(t)+2\boldsymbol{e}^{\mathrm{T}}(t)\boldsymbol{C}^{\mathrm{T}}\boldsymbol{d}_y(t)\\
&+\boldsymbol{d}_y^{\mathrm{T}}(t)\boldsymbol{d}_y(t)-\alpha^2\boldsymbol{d}_y^{\mathrm{T}}(t)\boldsymbol{d}_y(t)-\alpha^2\dot{\boldsymbol{d}}_y^{\mathrm{T}}(t)\dot{\boldsymbol{d}}_y(t)-\alpha^2\boldsymbol{W}_1^{\mathrm{T}}(t)\boldsymbol{W}_1(t)\}\,\mathrm{d}t
\end{aligned}
\tag{10.41}
$$

将不等式(10.41)进一步改写为

$$
\begin{aligned}
J_1\leqslant\int_0^t&\begin{bmatrix}\boldsymbol{e}^{\mathrm{T}}(t) & \Delta\boldsymbol{\Phi}^{\mathrm{T}} & \boldsymbol{d}_y^{\mathrm{T}}(t) & \dot{\boldsymbol{d}}_y^{\mathrm{T}}(t) & \boldsymbol{W}_1(t)\end{bmatrix}\boldsymbol{\Xi}_1\\
&\begin{bmatrix}\boldsymbol{e}^{\mathrm{T}}(t) & \Delta\boldsymbol{\Phi}^{\mathrm{T}} & \boldsymbol{d}_y^{\mathrm{T}}(t) & \dot{\boldsymbol{d}}_y^{\mathrm{T}}(t) & \boldsymbol{W}_1(t)\end{bmatrix}^{\mathrm{T}}\mathrm{d}t
\end{aligned}
\tag{10.42}
$$

式中

$$
\boldsymbol{\Xi}_1=\begin{bmatrix}
\boldsymbol{F}_k^{\mathrm{T}}\boldsymbol{P}_{\mathrm{d}}+\boldsymbol{P}_{\mathrm{d}}\boldsymbol{F}_k+\gamma_1\mu^2\boldsymbol{I}+\boldsymbol{C}^{\mathrm{T}}\boldsymbol{C} & \boldsymbol{P}_{\mathrm{d}}\boldsymbol{T}_k & \boldsymbol{C}^{\mathrm{T}}-\boldsymbol{P}_{\mathrm{d}}\boldsymbol{G}_k & -\boldsymbol{P}_{\mathrm{d}}\boldsymbol{N}_k & \boldsymbol{0}\\
* & -\alpha_1\boldsymbol{I} & \boldsymbol{0} & \boldsymbol{0} & \boldsymbol{0}\\
* & * & (1-\alpha^2)\boldsymbol{I} & \boldsymbol{0} & \boldsymbol{R}^{\mathrm{T}}\\
* & * & * & -\alpha^2\boldsymbol{I} & \boldsymbol{0}\\
* & * & * & * & -\alpha^2\boldsymbol{I}
\end{bmatrix}
$$

当 $\boldsymbol{\Xi}_1<0$ 时，在零初始条件下满足 $\int_0^t\boldsymbol{\varepsilon}_y^{\mathrm{T}}(t)\boldsymbol{\varepsilon}_y(t)\mathrm{d}t\leqslant\alpha^2\int_0^t\boldsymbol{v}^{\mathrm{T}}(t)\boldsymbol{v}(t)\mathrm{d}t$，所设计观测器是鲁棒稳定的。

令

$$\boldsymbol{M}_1=\begin{bmatrix}\gamma_1\mu^2\boldsymbol{I}+\boldsymbol{C}^{\mathrm{T}}\boldsymbol{C} & \boldsymbol{0} & \boldsymbol{C}^{\mathrm{T}} & \boldsymbol{0} & \boldsymbol{0}\\ * & -\gamma_1 & \boldsymbol{0} & \boldsymbol{0} & \boldsymbol{0}\\ * & * & \boldsymbol{I}-(1-\delta^2) & \boldsymbol{0} & \boldsymbol{R}^{\mathrm{T}}\\ * & * & * & -\delta^2 & \boldsymbol{0}\\ * & * & * & * & -\delta^2\end{bmatrix}$$

$$\boldsymbol{S}_1=[\boldsymbol{F}_k\quad \boldsymbol{T}_k\quad -\boldsymbol{G}_k\quad -\boldsymbol{N}_k\quad \boldsymbol{0}],\quad \boldsymbol{R}_1=\begin{bmatrix}\boldsymbol{P}_{\mathrm{d}}\\ \boldsymbol{0}\\ \boldsymbol{0}\\ \boldsymbol{0}\\ \boldsymbol{0}\end{bmatrix}$$

不等式关系 $\boldsymbol{\Xi}_1<0$ 可以改写为

$$\boldsymbol{\Xi}_1=\boldsymbol{M}_1+\boldsymbol{S}_1^{\mathrm{T}}\boldsymbol{R}_1^{\mathrm{T}}+\boldsymbol{R}_1\boldsymbol{S}_1<0 \tag{10.43}$$

进一步,有

$$\boldsymbol{\Xi}_1=[\boldsymbol{I}\quad \boldsymbol{S}_1^{\mathrm{T}}]\begin{bmatrix}\boldsymbol{M}_1+\boldsymbol{\xi}_1\boldsymbol{S}_1+\boldsymbol{S}_1^{\mathrm{T}}\boldsymbol{\xi}_1^{\mathrm{T}} & -\boldsymbol{\xi}_1+\boldsymbol{R}_1+\boldsymbol{S}_1^{\mathrm{T}}\boldsymbol{U}^{\mathrm{T}}\\ * & -\boldsymbol{U}-\boldsymbol{U}^{\mathrm{T}}\end{bmatrix}\begin{bmatrix}\boldsymbol{I}\\ \boldsymbol{S}_1\end{bmatrix} \tag{10.44}$$

则 $\boldsymbol{\Xi}_1<0$ 可以等价于:

$$\begin{bmatrix}\boldsymbol{M}_1+\boldsymbol{\xi}_1\boldsymbol{S}_1+\boldsymbol{S}_1^{\mathrm{T}}\boldsymbol{\xi}_1^{\mathrm{T}} & -\boldsymbol{\xi}_1+\boldsymbol{R}_1+\boldsymbol{S}_1^{\mathrm{T}}\boldsymbol{U}^{\mathrm{T}}\\ * & -\boldsymbol{U}-\boldsymbol{U}^{\mathrm{T}}\end{bmatrix}<0 \tag{10.45}$$

为消除耦合影响,可令 $\boldsymbol{\xi}_1=[\sigma_1\boldsymbol{U}^{\mathrm{T}}\quad \boldsymbol{0}\quad \boldsymbol{0}\quad \boldsymbol{0}\quad \boldsymbol{0}]^{\mathrm{T}}$,$\boldsymbol{W}_k=\boldsymbol{U}\boldsymbol{G}_k$。将 $\boldsymbol{M}_1$、$\boldsymbol{S}_1$ 及 $\boldsymbol{R}_1$ 代入式(10.45),得到如式(10.34)所示的线性矩阵不等式。

(2)$H_-$ 故障敏感指标。仅考虑执行器故障对残差的影响时,令模型不确定性、外部干扰和测量噪声为 0。状态估计误差动态方程可以重写为

$$\dot{\boldsymbol{e}}(t)=\boldsymbol{F}_k\boldsymbol{e}(t)+\boldsymbol{T}_k\Delta\boldsymbol{\Phi}+\boldsymbol{T}_k\boldsymbol{L}\boldsymbol{f}(t) \tag{10.46}$$

$$V_{\mathrm{f}}=\boldsymbol{e}^{\mathrm{T}}(t)\boldsymbol{P}_{\mathrm{f}}\boldsymbol{e}(t) \tag{10.47}$$

将式(10.47)函数对时间求导,并代入式(10.46)中,可以得到

$$\dot{V}_{\mathrm{f}}=\boldsymbol{e}^{\mathrm{T}}(t)(\boldsymbol{F}_k^{\mathrm{T}}\boldsymbol{P}_{\mathrm{f}}+\boldsymbol{P}_{\mathrm{f}}\boldsymbol{F}_k)\boldsymbol{e}(t)+2\boldsymbol{e}^{\mathrm{T}}(t)\boldsymbol{P}_{\mathrm{f}}\boldsymbol{T}_k\Delta\boldsymbol{\Phi}+2\boldsymbol{e}^{\mathrm{T}}(t)\boldsymbol{P}_{\mathrm{f}}\boldsymbol{T}_k\boldsymbol{L}\boldsymbol{f}(t) \tag{10.48}$$

同理,选取一个大于零的常数 $\gamma_2$,Lipschitz 非线性项满足 $\gamma_2\Delta\boldsymbol{\Phi}^{\mathrm{T}}\Delta\boldsymbol{\Phi}\leqslant\gamma_2\mu^2\boldsymbol{e}^{\mathrm{T}}(t)\boldsymbol{e}(t)$。基于式(10.25)描述的有限频域条件,引入一个新的性能指标:

$$\begin{aligned}J_2=\int_0^{\infty}\Big\{&\dot{V}_{\mathrm{f}}+\beta^2\boldsymbol{f}^{\mathrm{T}}(t)\boldsymbol{f}(t)-\boldsymbol{r}_k^{\mathrm{T}}(t)\boldsymbol{r}_k(t)-\mathrm{tr}\left[\mathrm{He}(\boldsymbol{M})\frac{\boldsymbol{Q}}{2}\right]\\&+[\gamma_2\mu^2\boldsymbol{e}^{\mathrm{T}}(t)\boldsymbol{e}(t)-\gamma_2\Delta\boldsymbol{\Phi}^{\mathrm{T}}\Delta\boldsymbol{\Phi}]\Big\}\mathrm{d}t\end{aligned} \tag{10.49}$$

式中,$\boldsymbol{M}=[\omega_1\boldsymbol{e}(t)+\mathrm{j}\dot{\boldsymbol{e}}(t)][\omega_2\boldsymbol{e}(t)+\mathrm{j}\dot{\boldsymbol{e}}(t)]^*$;$\boldsymbol{Q}$ 为对称矩阵;$\boldsymbol{r}_k(t)=\boldsymbol{T}_k\boldsymbol{L}\cdot\boldsymbol{C}\boldsymbol{e}(t)$。

根据 Parseval 定理，$\boldsymbol{M}$ 对时间的积分可以表示为

$$\int_0^{\infty}\boldsymbol{M}\mathrm{d}t=\frac{1}{2\pi}\int_{-\infty}^{+\infty}[(\omega_1-\omega)(\omega_2-\omega)\check{\boldsymbol{e}}(\omega)\check{\boldsymbol{e}}^{\mathrm{T}}(\omega)]\mathrm{d}\omega \tag{10.50}$$

式中，$\check{\boldsymbol{e}}(\omega)$ 表示对 $\boldsymbol{e}(t)$ 的傅里叶变换。根据前面的假设，航天器姿控系统执行器故障发生在有限频域，满足式(10.25)的约束，因此可以得到如下不等式关系：

$$\tau\int_0^{\infty}\boldsymbol{M}\mathrm{d}t\leqslant 0 \tag{10.51}$$

当 $\tau\boldsymbol{Q}/2\geqslant 0$ 时，将式(10.51)与之相乘得到

$$\tau^2\int_0^{\infty}\boldsymbol{M}\mathrm{d}t\cdot\frac{\boldsymbol{Q}}{2}\leqslant 0 \tag{10.52}$$

计算式(10.52)的迹，并消去 $\tau^2$，如下不等式关系依然成立：

$$\mathrm{tr}\left(\int_0^{\infty}\boldsymbol{M}\mathrm{d}t\cdot\frac{\boldsymbol{Q}}{2}\right)\leqslant 0 \tag{10.53}$$

由于 $\boldsymbol{Q}$ 是一个对称矩阵，根据矩阵迹的性质，可以得到

$$\mathrm{tr}\left(\int_0^{\infty}\boldsymbol{M}\mathrm{d}t\cdot\frac{\boldsymbol{Q}}{2}\right)=\mathrm{tr}\left(\frac{\boldsymbol{Q}}{2}\cdot\int_0^{\infty}\boldsymbol{M}^*\mathrm{d}t\right)=\mathrm{tr}\left(\int_0^{\infty}\boldsymbol{M}^*\mathrm{d}t\cdot\frac{\boldsymbol{Q}}{2}\right)\leqslant 0 \tag{10.54}$$

即

$$\int_0^{\infty}\mathrm{tr}\left[\mathrm{He}(\boldsymbol{M})\frac{\boldsymbol{Q}}{2}\right]\mathrm{d}t\leqslant 0 \tag{10.55}$$

在零初始条件下考虑式(10.48)和式(10.49)，如果 $J_2<0$，可以得到

$$\int_0^{\infty}\beta^2\boldsymbol{f}^{\mathrm{T}}(t)\boldsymbol{f}(t)-\boldsymbol{r}_k^{\mathrm{T}}(t)\boldsymbol{r}_k(t)\mathrm{d}t<\int_0^{\infty}\mathrm{tr}\left[\mathrm{He}(\boldsymbol{M})\frac{\boldsymbol{Q}}{2}\right]\mathrm{d}t\leqslant 0 \tag{10.56}$$

因此，UIO 满足有限频域条件下 $H_-$ 故障敏感性指标式(10.28)。

进一步，根据矩阵迹的性质，$\mathrm{tr}\left[\mathrm{He}(\boldsymbol{M})\frac{\boldsymbol{Q}}{2}\right]$ 可以改写为

$$\begin{aligned}
\mathrm{tr}\left[\mathrm{He}(\boldsymbol{M})\frac{\boldsymbol{Q}}{2}\right]=&\mathrm{tr}[\omega_1\omega_2\boldsymbol{e}(t)\boldsymbol{e}^{\mathrm{T}}(t)\boldsymbol{Q}+\dot{\boldsymbol{e}}(t)\dot{\boldsymbol{e}}^{\mathrm{T}}(t)\boldsymbol{Q}+\dot{\boldsymbol{e}}(t)\mathrm{j}(\omega_1+\omega_2)\boldsymbol{e}^{\mathrm{T}}(t)\frac{\boldsymbol{Q}}{2}\\
&-\boldsymbol{e}(t)\mathrm{j}(\omega_1+\omega_2)\dot{\boldsymbol{e}}^{\mathrm{T}}(t)\frac{\boldsymbol{Q}}{2}]\\
=&\boldsymbol{e}^{\mathrm{T}}(t)\omega_1\omega_2\boldsymbol{Q}\boldsymbol{e}(t)+\dot{\boldsymbol{e}}^{\mathrm{T}}(t)\dot{\boldsymbol{Q}}\boldsymbol{e}(t)+\boldsymbol{e}^{\mathrm{T}}(t)\mathrm{j}\omega_0\dot{\boldsymbol{Q}}\boldsymbol{e}-\dot{\boldsymbol{e}}^{\mathrm{T}}(t)\mathrm{j}\omega_0\boldsymbol{Q}\boldsymbol{e}(t)\\
=&\boldsymbol{e}^{\mathrm{T}}(t)\omega_1\omega_2\boldsymbol{Q}\boldsymbol{e}(t)+[\boldsymbol{F}_k\boldsymbol{e}(t)+\boldsymbol{T}_k\Delta\boldsymbol{\Phi}+\boldsymbol{T}_k\boldsymbol{L}\boldsymbol{f}(t)]^{\mathrm{T}}\boldsymbol{Q}[\boldsymbol{F}\boldsymbol{e}(t)\\
&+\boldsymbol{T}_k\Delta\boldsymbol{\Phi}+\boldsymbol{T}_k\boldsymbol{L}\boldsymbol{f}(t)]+\boldsymbol{e}^{\mathrm{T}}(t)\mathrm{j}\omega_0\boldsymbol{Q}[\boldsymbol{F}_k\boldsymbol{e}(t)+\boldsymbol{T}_k\Delta\boldsymbol{\Phi}+\boldsymbol{T}_k\boldsymbol{L}\boldsymbol{f}(t)]\\
&-[\boldsymbol{F}_k\boldsymbol{e}(t)+\boldsymbol{T}_k\Delta\boldsymbol{\Phi}+\boldsymbol{T}_k\boldsymbol{L}\boldsymbol{f}(t)]^{\mathrm{T}}\mathrm{j}\omega_0\boldsymbol{Q}\boldsymbol{e}(t)\\
=&\boldsymbol{e}^{\mathrm{T}}(t)\omega_1\omega_2\boldsymbol{Q}\boldsymbol{e}(t)+\boldsymbol{e}^{\mathrm{T}}(t)\boldsymbol{F}_k^{\mathrm{T}}\boldsymbol{Q}\boldsymbol{F}_k\boldsymbol{e}(t)+2\boldsymbol{e}^{\mathrm{T}}(t)\boldsymbol{F}_k^{\mathrm{T}}\boldsymbol{Q}\boldsymbol{T}_k\Delta\boldsymbol{\Phi}\\
&+2\boldsymbol{e}^{\mathrm{T}}(t)\boldsymbol{F}_k^{\mathrm{T}}\boldsymbol{Q}\boldsymbol{T}_k\boldsymbol{L}\boldsymbol{f}(t)+\Delta\boldsymbol{\Phi}^{\mathrm{T}}\boldsymbol{T}_k^{\mathrm{T}}\boldsymbol{Q}\boldsymbol{T}_k\Delta\boldsymbol{\Phi}+2\Delta\boldsymbol{\Phi}^{\mathrm{T}}\boldsymbol{T}_k^{\mathrm{T}}\boldsymbol{Q}\boldsymbol{T}_k\boldsymbol{L}\boldsymbol{f}(t)\\
&+\boldsymbol{f}^{\mathrm{T}}(t)\boldsymbol{L}^{\mathrm{T}}\boldsymbol{T}_k^{\mathrm{T}}\boldsymbol{Q}\boldsymbol{T}_k\boldsymbol{L}\boldsymbol{f}(t)+\boldsymbol{e}^{\mathrm{T}}(t)\mathrm{j}\omega_0\boldsymbol{Q}\boldsymbol{F}_k\boldsymbol{e}(t)+\boldsymbol{e}^{\mathrm{T}}(t)\mathrm{j}\omega_0\boldsymbol{Q}\boldsymbol{T}_k\Delta\boldsymbol{\Phi}\\
&+\boldsymbol{e}^{\mathrm{T}}(t)\mathrm{j}\omega_0\boldsymbol{Q}\boldsymbol{T}_k\boldsymbol{L}\boldsymbol{f}(t)-\boldsymbol{e}^{\mathrm{T}}(t)\boldsymbol{F}_k^{\mathrm{T}}\mathrm{j}\omega_0\boldsymbol{Q}\boldsymbol{e}(t)-\Delta\boldsymbol{\Phi}^{\mathrm{T}}\boldsymbol{T}_k^{\mathrm{T}}\mathrm{j}\omega_0\boldsymbol{Q}\boldsymbol{e}(t)
\end{aligned}$$

$$-\boldsymbol{f}^{\mathrm{T}}(t)\boldsymbol{L}^{\mathrm{T}}\boldsymbol{T}_k^{\mathrm{T}}\mathrm{j}\omega_0\boldsymbol{Q}\boldsymbol{e}(t) \tag{10.57}$$

式中，$\omega_0=\dfrac{\omega_1+\omega_2}{2}$。

如果如下不等式成立：

$$\dot{V}_{\mathrm{f}}+[\beta^2\boldsymbol{f}^{\mathrm{T}}(t)\boldsymbol{f}(t)-\boldsymbol{r}_k^{\mathrm{T}}(t)\boldsymbol{r}_k(t)]-\mathrm{tr}\left[\mathrm{He}(\boldsymbol{M})\frac{\boldsymbol{Q}}{2}\right]+[\gamma_2\mu^2\boldsymbol{e}^{\mathrm{T}}(t)\boldsymbol{e}(t)-\gamma_2\Delta\boldsymbol{\Phi}^{\mathrm{T}}\Delta\boldsymbol{\Phi}]<0 \tag{10.58}$$

可以推出 $J_2<0$。

将式(10.48)和式(10.57)代入至式(10.58)，可以得到

$$\begin{aligned}
&\dot{V}_{\mathrm{f}}+[\beta^2\boldsymbol{f}^{\mathrm{T}}(t)\boldsymbol{f}(t)-\boldsymbol{r}_k^{\mathrm{T}}(t)\boldsymbol{r}_k(t)]-\mathrm{tr}\left[\mathrm{He}(\boldsymbol{M})\frac{\boldsymbol{Q}}{2}\right]+[\gamma_2\mu^2\boldsymbol{e}^{\mathrm{T}}(t)\boldsymbol{e}(t)-\gamma_2\Delta\boldsymbol{\Phi}^{\mathrm{T}}\Delta\boldsymbol{\Phi}]\\
=&\boldsymbol{e}^{\mathrm{T}}(t)(\boldsymbol{F}_k^{\mathrm{T}}\boldsymbol{P}_{\mathrm{f}}+\boldsymbol{P}_{\mathrm{f}}\boldsymbol{F}_k-\omega_1\omega_2\boldsymbol{Q}-\boldsymbol{F}_k^{\mathrm{T}}\boldsymbol{Q}\boldsymbol{F}_k-\mathrm{j}\omega_0\boldsymbol{Q}\boldsymbol{F}_k+\mathrm{j}\omega_0\boldsymbol{F}_k^{\mathrm{T}}\boldsymbol{Q}-\boldsymbol{C}^{\mathrm{T}}\boldsymbol{L}^{\mathrm{T}}\boldsymbol{T}_k^{\mathrm{T}}\boldsymbol{T}_k\boldsymbol{L}\boldsymbol{C}\\
&+\gamma_2\mu^2\boldsymbol{I})\boldsymbol{e}(t)+2\boldsymbol{e}^{\mathrm{T}}(t)(\boldsymbol{P}_{\mathrm{f}}\boldsymbol{T}_k-\boldsymbol{F}_k^{\mathrm{T}}\boldsymbol{Q}\boldsymbol{T}_k-\mathrm{j}\omega_0\boldsymbol{Q}\boldsymbol{T}_k)\Delta\boldsymbol{\Phi}+2\boldsymbol{e}^{\mathrm{T}}(t)(\boldsymbol{P}_{\mathrm{f}}\boldsymbol{T}_k\boldsymbol{L}-\boldsymbol{F}_k^{\mathrm{T}}\boldsymbol{Q}\boldsymbol{T}_k\boldsymbol{L}\\
&-\mathrm{j}\omega_0\boldsymbol{Q}\boldsymbol{T}_k\boldsymbol{L})\boldsymbol{f}(t)+\Delta\boldsymbol{\Phi}^{\mathrm{T}}(-\boldsymbol{T}_k^{\mathrm{T}}\boldsymbol{Q}\boldsymbol{T}_k-\gamma_2\boldsymbol{I})\Delta\boldsymbol{\Phi}+2\Delta\boldsymbol{\Phi}^{\mathrm{T}}(-\boldsymbol{T}_k^{\mathrm{T}}\boldsymbol{Q}\boldsymbol{T}_k\boldsymbol{L})\boldsymbol{f}(t)\\
&+\boldsymbol{f}^{\mathrm{T}}(t)(-\boldsymbol{L}^{\mathrm{T}}\boldsymbol{T}_k^{\mathrm{T}}\boldsymbol{Q}\boldsymbol{T}_k\boldsymbol{L}+\beta^2\boldsymbol{I})\boldsymbol{f}(t)\\
=&[\boldsymbol{e}^{\mathrm{T}}(t)\quad\Delta\boldsymbol{\Phi}^{\mathrm{T}}\quad\boldsymbol{f}^{\mathrm{T}}(t)]\boldsymbol{\Xi}_2\,[\boldsymbol{e}^{\mathrm{T}}(t)\quad\Delta\boldsymbol{\Phi}^{\mathrm{T}}\quad\boldsymbol{f}^{\mathrm{T}}(t)]^{\mathrm{T}}<0
\end{aligned} \tag{10.59}$$

式中

$$\boldsymbol{\Xi}_2=\begin{bmatrix}\boldsymbol{\Xi}_2^{11} & \boldsymbol{P}_{\mathrm{f}}\boldsymbol{T}_k-\boldsymbol{F}_k^{\mathrm{T}}\boldsymbol{Q}\boldsymbol{T}_k-\mathrm{j}\omega_0\boldsymbol{Q}\boldsymbol{T}_k & \boldsymbol{P}_{\mathrm{f}}\boldsymbol{T}_k\boldsymbol{L}-\boldsymbol{F}_k^{\mathrm{T}}\boldsymbol{Q}\boldsymbol{T}_k\boldsymbol{L}-\mathrm{j}\omega_0\boldsymbol{Q}\boldsymbol{T}_k\boldsymbol{L}\\ * & -\boldsymbol{T}_k^{\mathrm{T}}\boldsymbol{Q}\boldsymbol{T}_k-\eta_2\boldsymbol{I} & -\boldsymbol{T}_k^{\mathrm{T}}\boldsymbol{Q}\boldsymbol{T}_k\boldsymbol{L}\\ * & * & -\boldsymbol{L}^{\mathrm{T}}\boldsymbol{T}_k^{\mathrm{T}}\boldsymbol{Q}\boldsymbol{T}_k\boldsymbol{L}+\beta^2\boldsymbol{I}\end{bmatrix}$$

$$\boldsymbol{\Xi}_2^{11}=\boldsymbol{F}_k^{\mathrm{T}}\boldsymbol{P}_{\mathrm{f}}+\boldsymbol{P}_{\mathrm{f}}\boldsymbol{F}_k-\omega_1\omega_2\boldsymbol{Q}-\boldsymbol{F}_k^{\mathrm{T}}\boldsymbol{Q}\boldsymbol{F}_k-\mathrm{j}\omega_0\boldsymbol{Q}\boldsymbol{F}_k+\mathrm{j}\omega_0\boldsymbol{F}_k^{\mathrm{T}}\boldsymbol{Q}-\boldsymbol{C}^{\mathrm{T}}\boldsymbol{L}^{\mathrm{T}}\boldsymbol{T}_k^{\mathrm{T}}\boldsymbol{T}_k\boldsymbol{L}\boldsymbol{C}+\eta_2\mu^2\boldsymbol{I}$$

因此，当 $\boldsymbol{\Xi}_2<0$ 时，所设计 UIO 产生的残差可以对小故障的发生更敏感。

为了进一步将不等式 $\boldsymbol{\Xi}_2<0$ 转换为线性矩阵不等式求解，可令

$$\boldsymbol{M}_2=\begin{bmatrix}-\omega_1\omega_2\boldsymbol{Q}-\boldsymbol{C}^{\mathrm{T}}\boldsymbol{L}^{\mathrm{T}}\boldsymbol{T}_k^{\mathrm{T}}\boldsymbol{T}_k\boldsymbol{L}\boldsymbol{C}+\eta_2\mu^2\boldsymbol{I} & \boldsymbol{0} & \boldsymbol{0}\\ * & -\eta_2\boldsymbol{I} & \boldsymbol{0}\\ * & * & \beta^2\boldsymbol{I}\end{bmatrix}$$

$$\boldsymbol{S}_2=[\boldsymbol{F}_k\quad\boldsymbol{T}_k\quad\boldsymbol{T}_k\boldsymbol{L}]$$

$$\boldsymbol{R}_2=\begin{bmatrix}\boldsymbol{P}_{\mathrm{f}}-\mathrm{j}\omega_0\boldsymbol{Q}\\ \boldsymbol{0}\\ \boldsymbol{0}\end{bmatrix}$$

从而，$\boldsymbol{\Xi}_2<0$ 可以重新改写为

$$\boldsymbol{\Xi}_2=\boldsymbol{M}_2+\boldsymbol{S}_2^{\mathrm{T}}\boldsymbol{R}^{\mathrm{T}}+\boldsymbol{R}_2\boldsymbol{S}_2-\boldsymbol{S}_2^{\mathrm{T}}\boldsymbol{Q}\boldsymbol{S}_2<0 \tag{10.60}$$

同理，不等式(10.59)等价为

$$\begin{bmatrix}\boldsymbol{M}_2+\boldsymbol{\xi}_2\boldsymbol{S}_2+\boldsymbol{S}_2^{\mathrm{T}}\boldsymbol{\xi}_2^{\mathrm{T}} & -\boldsymbol{\xi}_2+\boldsymbol{R}_2+\boldsymbol{S}_2^{\mathrm{T}}\boldsymbol{U}_2^{\mathrm{T}}\\ * & -\boldsymbol{Q}-\boldsymbol{U}-\boldsymbol{U}^{\mathrm{T}}\end{bmatrix}<0 \tag{10.61}$$

令 $\boldsymbol{\xi}_2=\begin{bmatrix}\sigma_2\boldsymbol{U}^{\mathrm{T}} & \boldsymbol{0} & \boldsymbol{U}^{\mathrm{T}}\boldsymbol{H}\end{bmatrix}^{\mathrm{T}}$，并将其与 $\boldsymbol{M}_2$、$\boldsymbol{S}_2$ 及 $\boldsymbol{R}_2$ 一同代入式(10.61)，得到线性矩阵不等式如下：

$$\begin{bmatrix}\boldsymbol{\Omega}_{11} & \sigma_2\boldsymbol{U}\boldsymbol{T}_k & \sigma_2\boldsymbol{U}\boldsymbol{T}_k\boldsymbol{L} & -\sigma_2\boldsymbol{U}+\boldsymbol{P}_{\mathrm{f}}-\mathrm{j}\omega_0\boldsymbol{Q}+\boldsymbol{A}^{\mathrm{T}}\boldsymbol{T}_k^{\mathrm{T}}\boldsymbol{U}^{\mathrm{T}}-\boldsymbol{C}^{\mathrm{T}}\boldsymbol{W}^{\mathrm{T}} \\ * & -\gamma_2\boldsymbol{I} & \boldsymbol{T}_k^{\mathrm{T}}\boldsymbol{U}^{\mathrm{T}}\boldsymbol{H} & \boldsymbol{T}_k^{\mathrm{T}}\boldsymbol{U}^{\mathrm{T}} \\ * & * & \beta^2\boldsymbol{I}+\mathrm{He}(\boldsymbol{H}^{\mathrm{T}}\boldsymbol{U}\boldsymbol{T}_k\boldsymbol{L}) & -\boldsymbol{H}^{\mathrm{T}}\boldsymbol{U}+\boldsymbol{L}^{\mathrm{T}}\boldsymbol{T}_k^{\mathrm{T}}\boldsymbol{U}^{\mathrm{T}} \\ * & * & * & -\boldsymbol{Q}-\boldsymbol{U}-\boldsymbol{U}^{\mathrm{T}}\end{bmatrix}<0 \tag{10.62}$$

但是，不等式(10.62)中包含有复数，难以直接用 LMI 工具箱求解。为方便描述，将不等式左边的矩阵记作 $\boldsymbol{\Omega}$，则矩阵 $\boldsymbol{\Omega}$ 可以表示为

$$\boldsymbol{\Omega}=\boldsymbol{\Omega}_{\mathrm{R}}+\mathrm{j}\boldsymbol{\Omega}_{\mathrm{I}} \tag{10.63}$$

式中，$\boldsymbol{\Omega}_{\mathrm{R}}$ 和 $\boldsymbol{\Omega}_{\mathrm{I}}$ 分别表示矩阵 $\boldsymbol{\Omega}$ 的实部和虚部，并且满足如下充分必要条件：

$$\boldsymbol{\Omega}<0\Leftrightarrow\begin{bmatrix}\boldsymbol{\Omega}_{\mathrm{R}} & \boldsymbol{\Omega}_{\mathrm{I}} \\ -\boldsymbol{\Omega}_{\mathrm{I}} & \boldsymbol{\Omega}_{\mathrm{R}}\end{bmatrix}<0 \tag{10.64}$$

因此，可以导出线性矩阵不等式(10.35)，证明结束。

### 10.3.2　故障决策机制

在完成观测器的设计后，便是利用残差的合理特征进行故障检测。这个过程通常由残差生成和残差评估两部分组成。而残差通常会被模型的不确定性，外部干扰及测量噪声所影响，导致对小故障的敏感性差。在观测器设计过程中，已对此问题进行了处理。因此，在故障决策阶段，将通过合理地选择评估函数和相应的阈值进一步优化该问题。由于均方根误差对一组测量中的较大或较小误差反应非常敏感，本节选用均方根(RMS)作为残差评估函数，可以更为敏感地对一个测量区间内较大或是较小的残差值做出反应，具体表示为

$$\|\boldsymbol{r}_k(t)\|_{\mathrm{rms}}=\left[\frac{1}{T_0}\int_{t_1}^{t_2}\boldsymbol{r}_k^{\mathrm{T}}(t)\boldsymbol{r}_k(t)\mathrm{d}t\right]^{1/2} \tag{10.65}$$

式中，$T_0=t_2-t_1$，且$(t_1,t_2)$是一个尽可能快速地检测出系统故障的有限评估窗口。

根据定理 10.1 的证明过程及条件 1，可将阈值设为

$$J_{k\mathrm{th}}^{r}=\alpha\sup_{\Gamma\in L_2}\sqrt{\lambda_{\max}(\boldsymbol{T}_k\boldsymbol{L})^{\mathrm{T}}(\boldsymbol{T}_k\boldsymbol{L})}\,\|\boldsymbol{v}(t)\|_{\mathrm{rms}} \tag{10.66}$$

从而，利用所设计观测器产生残差的故障决策逻辑可以描述为

$$\begin{cases}\|\boldsymbol{r}_k(t)\|_{\mathrm{rms}}>J_{k\mathrm{th}}^{r}\Rightarrow\quad 故障 \\ \|\boldsymbol{r}_k(t)\|_{\mathrm{rms}}<J_{k\mathrm{th}}^{r}\Rightarrow\quad 无故障\end{cases} \tag{10.67}$$

## 10.4 仿真实验

参考航天器刚体旋转动力学方程，可将式（10.2）改写为如下具有执行器故障的非线性动力学方程：

$$\begin{cases}\dot{\boldsymbol{x}}(t)=\boldsymbol{\Phi}(x)+\boldsymbol{B}\boldsymbol{u}(t)+\boldsymbol{L}\boldsymbol{f}(t)+\boldsymbol{\Gamma}(\boldsymbol{x},\boldsymbol{u},t)\\ \boldsymbol{y}(t)=\boldsymbol{C}\boldsymbol{x}(t)+\boldsymbol{d}_y(t)\end{cases} \tag{10.68}$$

式中，$\boldsymbol{x}(t)$ 为角速度，$\boldsymbol{x}(t)=[\omega_x \quad \omega_y \quad \omega_z]^{\mathrm{T}}$，给定初始值为 $[-0.0416 \quad 0.0484 \quad -0.0556]^{\mathrm{T}}$ rad/s；$\boldsymbol{u}(t)$ 为执行器控制力矩；$\boldsymbol{f}(t)$ 为故障矢量，$\boldsymbol{f}(t)=[f_1(t) \quad f_2(t) \quad f_3(t)]^{\mathrm{T}}$，其中 $k=1,2,3$ 分别对应滚动、俯仰及偏航通道。使用 $[2\times10^{-6}\sin 0.1t \quad 3\times10^{-6}\cos 0.3t \quad 5\times10^{-6}\cos 0.2t]^{\mathrm{T}}$ 叠加高斯白噪声用来表示模型的不确定性。其他仿真参数：外部干扰力矩 $\boldsymbol{d}_x(t)$、陀螺测量噪声 $\boldsymbol{d}_y(t)$、转动惯量 $[I_x \quad I_y \quad I_z]$ 由第 2 章软件仿真实例 1 给出。系统非线性项和对应的矩阵参数定义为

$$\boldsymbol{\Phi}(x)=\left[\frac{I_y-I_z}{I_x}\omega_y\omega_z \quad \frac{I_z-I_x}{I_y}\omega_z\omega_x \quad \frac{I_x-I_y}{I_z}\omega_x\omega_y\right]^{\mathrm{T}}$$

$$\boldsymbol{B}=\boldsymbol{L}=\boldsymbol{E}=\mathrm{diag}[1/I_x \quad 1/I_y \quad 1/I_z]$$

$$\boldsymbol{C}=\boldsymbol{I}_{3\times3}$$

仿真中所使用的 MAGRNN 参数设置如下：输入层神经元数量 $n=6$，隐藏层神经元数量 $m(t)$ 初始值为 1，最大值 $M=50$。由于系统的每个通道都已经解耦，可以设置 $p=1$ 来估计每个通道的不确定性和干扰。神经网络的学习率为 $\eta_1=\eta_2=\eta_3=\eta_4=0.1$，$\eta_5=0.4$，高斯函数宽度参数初始值为

$$\boldsymbol{b}_{\mathrm{init}}=[1.5 \quad 1.5 \quad 1.5 \quad 1 \quad 1 \quad 1]$$

由于比较参数 $D_{\mathrm{th}}$ 的选择将影响 MAGRNN 的动态响应性能，因此 $D_{\mathrm{th}}$ 应在 (0,1) 范围内多次取值进行对比实验。假设执行器故障发生在低频域，即 $|\omega|\leqslant 0.1$。在设计观测器时，不同通道未知输入观测器参数见表 10.1。

**表 10.1 不同通道未知输入观测器参数**

| 参数 | $\gamma_1$ | $\gamma_2$ | $\sigma_1$ | $\sigma_2$ | $\alpha$ | $\beta$ |
|---|---|---|---|---|---|---|
| UIO 1 | 0.9 | 0.5 | 0.5 | 1 | 0.3 | 0.2 |
| UIO 2 | 0.5 | 1 | 0.5 | 1 | 0.25 | 0.2 |
| UIO 3 | 1 | 1 | 0.5 | 1 | 0.2 | 0.1 |

根据以下矩阵求解定理 10.1，有

$$T_1=\begin{bmatrix}1&0&0\\0&0&0\\0&0&0\end{bmatrix},\quad T_2=\begin{bmatrix}0&0&0\\0&1&0\\0&0&0\end{bmatrix},\quad T_3=\begin{bmatrix}0&0&0\\0&0&0\\0&0&1\end{bmatrix}$$

$$H_1=-0.5T_1B,\quad H_2=-0.5T_2B,\quad H_3=-0.5T_3B$$

得到三个通道观测器的增益矩阵分别为

$$G_1=\begin{bmatrix}1.240\,8&0&0\\0&1.119\,9&0\\0&0&1.119\,9\end{bmatrix}$$

$$G_2=\begin{bmatrix}1.098\,9&0&0\\0&1.133\,4&0\\0&0&1.098\,9\end{bmatrix}$$

$$G_3=\begin{bmatrix}0.769\,3&0&0\\0&0.769\,3&0\\0&0&2.692\,9\end{bmatrix}$$

在无故障情况下，$\hat{x}(0)=[0\quad 0\quad 0]^{\mathrm{T}}$ rad/s，以滚动通道为例，俯仰和偏航通道的原理相同。选取不同比较参数 $D_{\mathrm{th1}}$，滚动通道的状态估计误差曲线如图10.4所示。图 10.4 中，$m_1(T_{\mathrm{f}})$表示学习过程中 MAGRNN 第三层神经元的最终数量。可以得出结论，当选取较大的阈值时，会产生更多的高斯函数神经元，神经网络的学习性能可得到有效提升，状态估计误差能快速收敛。但是，当 0.5⩽

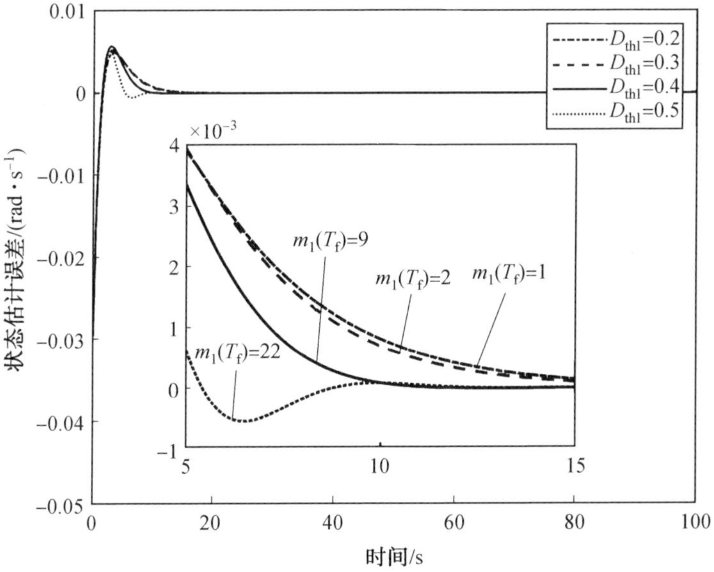


图 10.4　滚动通道的状态估计误差曲线

$D_{th1}<0.7$时，第三层神经元的最终数量为22，神经网络性能达到饱和状态，并且对误差收敛速度提升效果不明显。而当$D_{th1}\geqslant 0.7$时，神经元数量显著增加并超过最大值$M$，网络结构过于复杂。综合实验结果，最终选择$D_{th1}=0.4$。使用同样的方法，俯仰和偏航通道的比较参数选取为$D_{th2}=0.5$和$D_{th3}=0.6$，并且最终的神经元个数分别为$m_2(T_f)=7$和$m_3(T_f)=9$。

为了理解学习过程中神经元数量的调整，滚动通道输出权值$\boldsymbol{W}$的学习曲线如图10.5所示。随着学习的进行，MAGRNN不断增加新的节点，最终第二个隐藏层达到18个神经元。

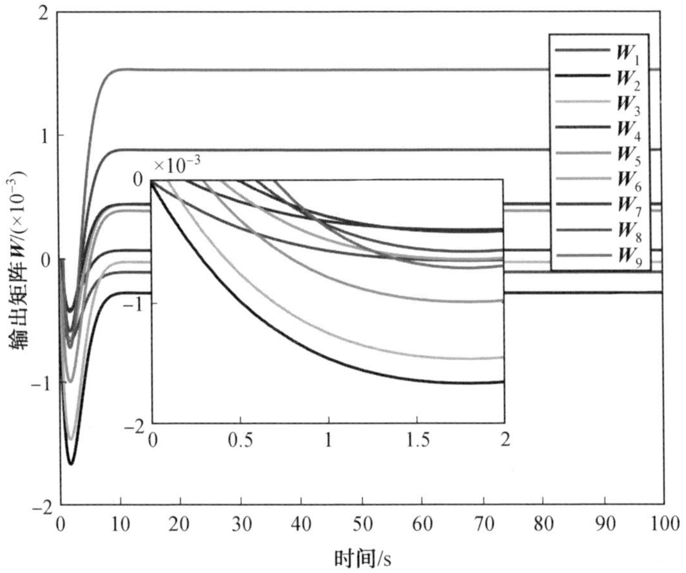


图10.5 滚动通道输出权值$\boldsymbol{W}$的学习曲线(彩图见附录B)

在相同条件下，将所提出的MAGRNN对干扰集总项的逼近性能与传统RNN进行比较。实验中，三个通道的RNN隐藏层神经元数量分别设置为9、7和9，仿真结果如图10.6所示。因为MAGRNN选择高斯函数作为激活函数，并且能够自适应地调整隐藏层神经元数量，所以基于MAGRNN的逼近器相比基于RNN的逼近器能够更快地收敛。同时，鲁棒补偿项$\boldsymbol{u}_{rc}$的辅助也使得前者的逼近误差更小。

为了验证所提出的故障诊断方法的有效性，这里对滚动通道执行器的常值故障和时变故障进行仿真。在零初始条件下，与基于$L_\infty$观测器的方法进行对比实验。

场景1：假设执行器在$t=60$ s时发生突变故障，可以描述为

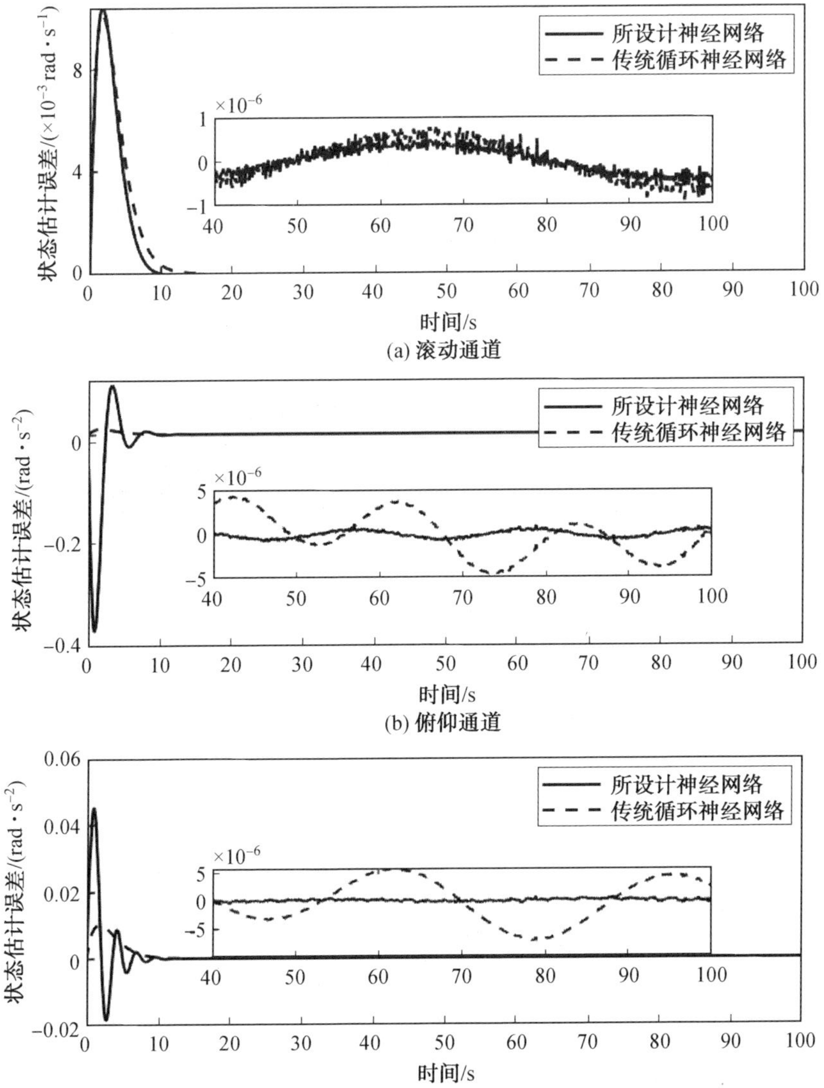


(a) 滚动通道

(b) 俯仰通道

(c) 偏航通道

图 10.6　基于 MAGRNN 的逼近器和基于 RNN 的逼近器对干扰集总项的逼近误差

$$\begin{cases} f_1(t)=\begin{cases}0, & 0<t\leqslant 60\text{ s}\\ 3\times 10^{-5}, & t>60\text{ s}\end{cases}\\ f_2(t)=0\\ f_3(t)=0\end{cases} \tag{10.69}$$

场景 2:假设执行器在 $t=60$ s 时发生时变故障,可以描述为

$$\begin{cases} f_1(t)=\begin{cases} 0, & 0<t\leqslant 60\ \text{s} \\ 4\times 10^{-5}\sin 0.1\pi(t-60), & t>60\ \text{s} \end{cases} \\ f_2(t)=0 \\ f_3(t)=0 \end{cases} \tag{10.70}$$

设置 $T_0=0.5$ s，根据式(10.66)计算得到滚动、俯仰和偏航三通道的阈值分别为 $8.067\,6\times 10^{-8}$、$9.189\,7\times 10^{-8}$ 和 $9.304\,5\times 10^{-8}$。图 10.7 和图 10.8 分别给出了在场景 1 和场景 2 中使用所提方法与基于 $L_\infty$ 观测器方法的故障诊断结果。

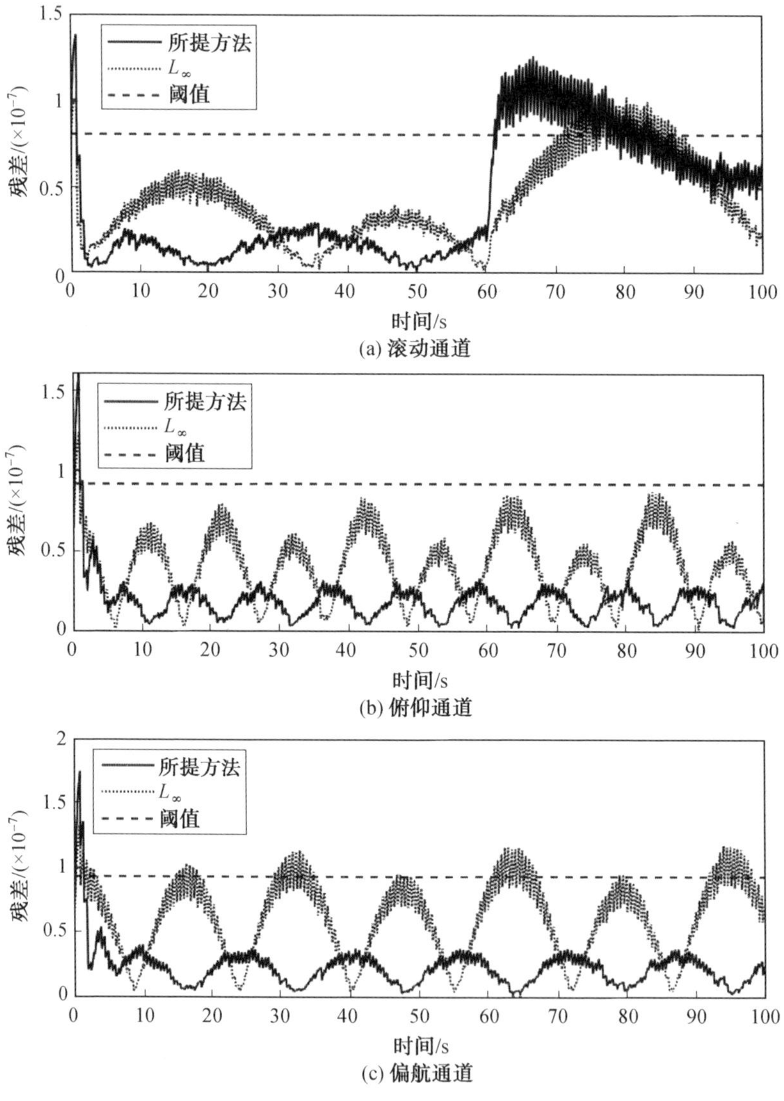


图 10.7　场景 1 中三个通道使用不同方法的故障诊断结果

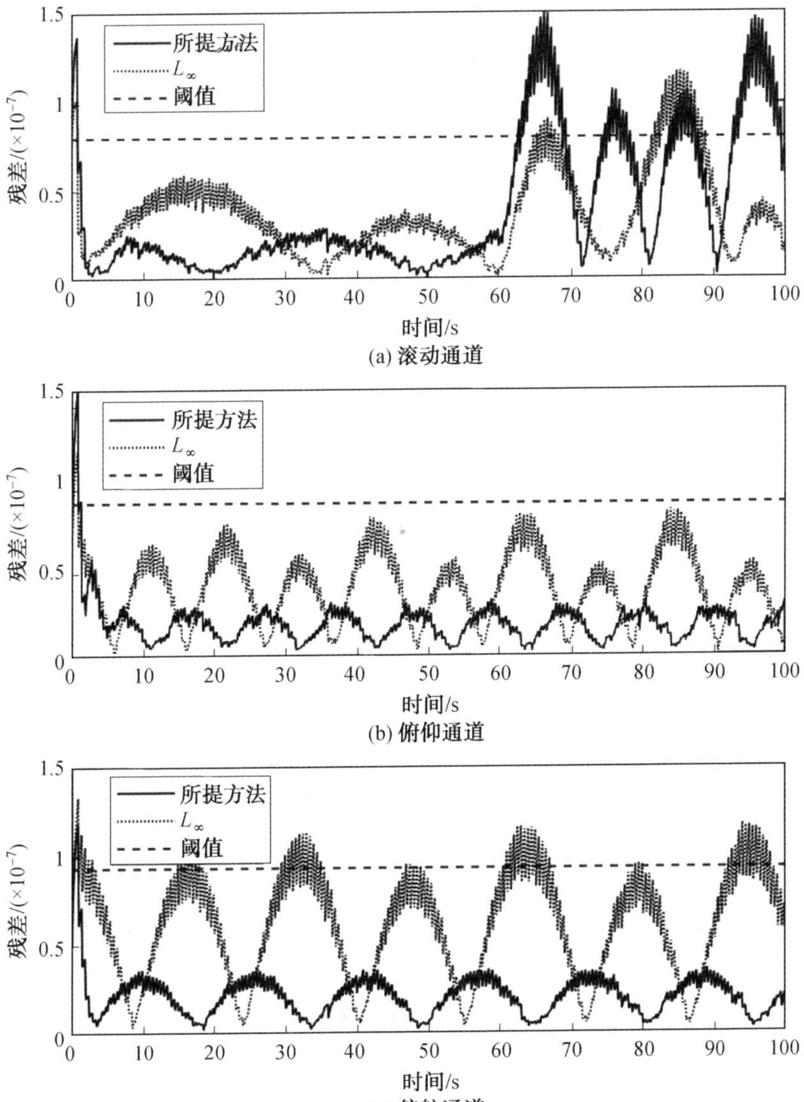

(a) 滚动通道

(b) 俯仰通道

(c) 偏航通道

图 10.8　场景 2 中三个通道使用不同方法的故障诊断结果

综合分析图 10.7 和图 10.8 可以得出结论，所提方法可以有效地检测和隔离与干扰集总项同一数量级的突变故障和时变故障。此外，基于 MAGRNN 的逼近器在抑制干扰集总项对残差影响方面明显优于 $L_\infty$ 观测器。在相同的阈值下，第二种方法产生的残差对微小故障不够敏感，难以快速检测出故障的发生。

为了进一步验证所提方法的诊断性能，假设俯仰通道和偏航通道分别在 $t=60$ s 和 $t=80$ s 发生不同类型的时变故障，可以描述为

$$
\begin{cases}
f_1(t)=0 \\
f_2(t)=\begin{cases}0, & 0<t\leqslant 60\ \text{s} \\ 6\times 10^{-5}\sin 0.1\pi(t-60), & t>60\ \text{s}\end{cases} \\
f_3(t)=\begin{cases}0, & 0<t\leqslant 80\ \text{s} \\ 10^{-5}(t-80), & t>80\ \text{s}\end{cases}
\end{cases}
\tag{10.71}
$$

场景 3 中三个通道的故障诊断结果如图 10.9 所示。可以看出，当俯仰通道和偏航通道同时发生故障时，所提方法仍然可以有效地检测和隔离故障，并且滚动通道没有发生误报。

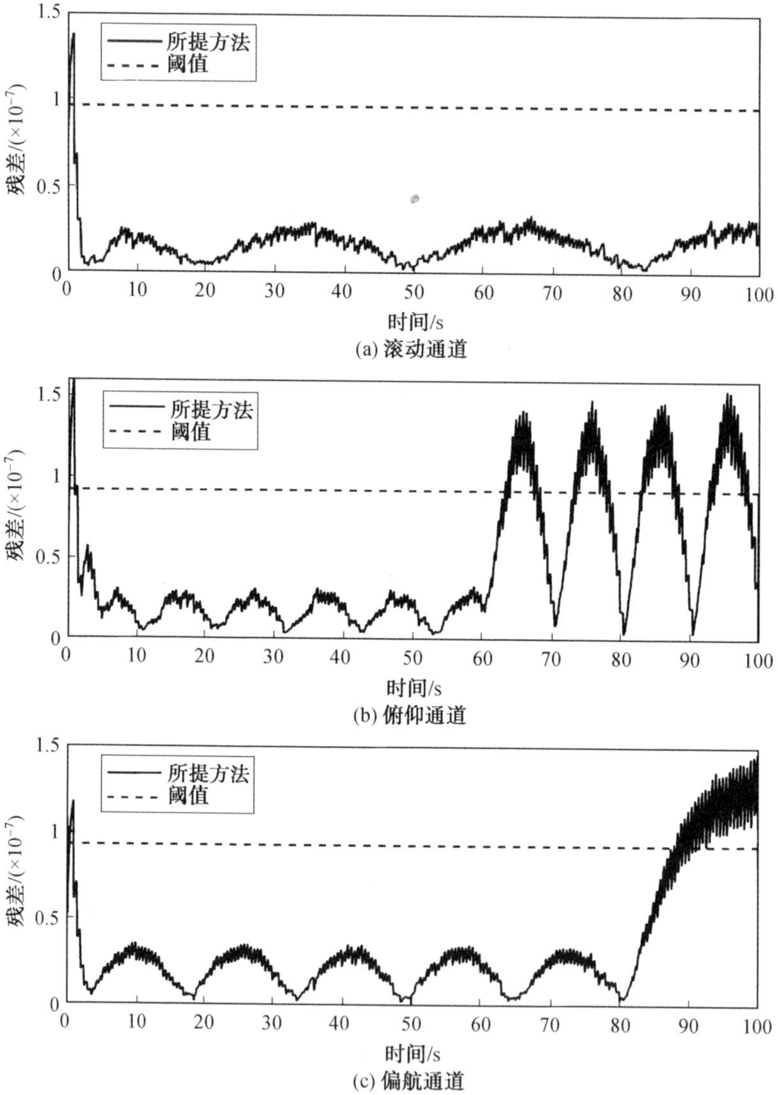


图 10.9　场景 3 中三个通道的故障诊断结果

航天器姿控系统执行器故障诊断程序代码如下：

```
clear
clc
%% 航天器姿控系统参数
Ix = 18.73;
Iy = 20.77;
Iz = 23.63;
B = [1/Ix 0 0;
     0 1/Iy 0;
     0 0 1/Iz];
C = eye(3);
D = C;
E = B;
L = B;
w0 = 0.02;
K = -[10 0 0;
     0 10 0;
     0 0 10];
T = [1 0 0;
      0 0 0;
      0 0 0];
i_CT = inv(C');
N = (eye(3)-T) * inv(C);
T1 = [0 0 0;
      0 1 0;
      0 0 0];
N1 = (eye(3)-T1) * inv(C);
T2 = [0 0 0;
      0 0 0;
      0 0 1];
N2 = (eye(3)-T2) * inv(C);
Q = T * L;
Q1 = T1 * L;
Q2 = T2 * L;
T0 = 0.5;
%% MAGRNN 参数设置
M = 50;
n = 6;
```

```
c0 = (rand(M * n,1) * 2-1);
b0_init = [1.5 1.5 1.5 1 1 1];、
b0 = repmat(b0_init,1,M)';
W0 = zeros(M,1);
Wro0 = zeros(n,1);
Dth = 0.4;
eta1 = 0.1;
eta2 = 0.1;
eta3 = 0.1;
eta4 = 0.1;
eta5 = 0.4;
%%俯仰
c01 = (rand(M * n,1) * 2-1);
b0_init1 = [1.5 1.5 1.5 1 1 1];
b01 = repmat(b0_init1,1,M)';
W01 = zeros(M,1);
Wro01 = zeros(n,1);
Dth1=0.5;
eta11 = 0.1;
eta21 = 0.1;
eta31 = 0.1;
eta41 = 0.1;
eta51 = 0.4;
%%偏航
c02 = (rand(M * n,1) * 2-1);
b0_init2 = [1.5 1.5 1.5 1 1 1];
b02 = repmat(b0_init1,1,M)';
W02 = zeros(M,1);
Wro02 = zeros(n,1);
Dth2 = 0.6;
eta12 = 0.1;
eta22 = 0.1;
eta32 = 0.1;
eta42 = 0.1;
eta52 = 0.4;
```

Simulink 界面：

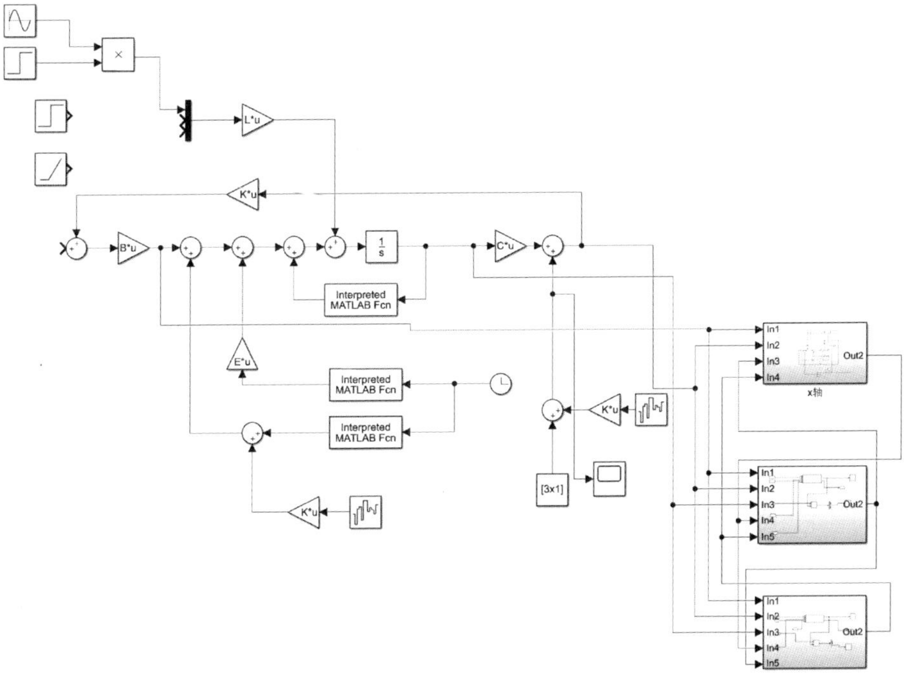


```
function [fx] = nonliear_func(x)
%非线性部分
Ix = 18.73;
Iy = 20.77;
Iz = 23.63;
fx=[((Iy-Iz)/Ix) * x(2) * x(3);
    ((Iz-Ix)/Iy) * x(3) * x(1);
    ((Ix-Iy)/Iz) * x(1) * x(2)];
end
function [y] = Td(t)
%扰动
w0=0.02;
y=1.4e-5 * [1;1;1] * sin(w0 * t);
end
function [y] = delta(t)
%模型不确定性
y=[2e-6 * sin(0.1 * t);
    3e-6 * cos(0.3 * t);% 5
    5e-6 * cos(0.2 * t)];%3
end
```

Subsystem 界面：

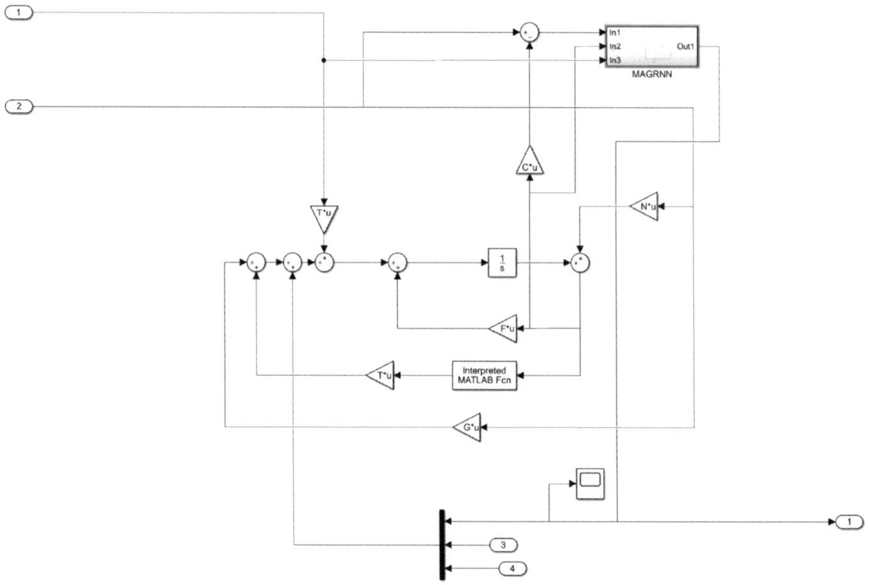


MAGRNN 界面：

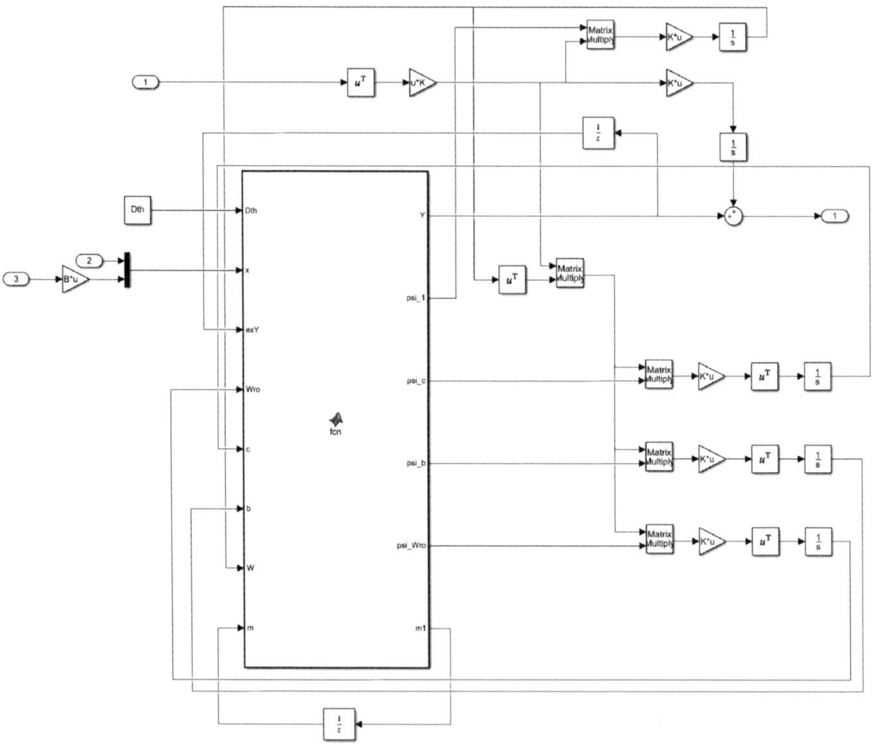

```
%% matlab function 网络前馈和反馈函数
function [Y,psi_1,psi_c,psi_b,psi_Wro,m1] = fcn(Dth,x,exY,Wro,c,b,W,m)
M = 50;
n = 6;
%% First Layer
theta = zeros(n,1);
    for i = 1:1:n
        theta(i) = x(i) * Wro(i) * exY;
    end
%% Second Layer
    psi_1 = zeros(M,1);
    net1 = zeros(m,1);
    for j = 1:1:m
        for i = 1:1:n
            net1(j) = (theta(i)-c(i+(j-1) * n))^2/b(i+(j-1) * n)^2+net1(j);
        end
        psi_1(j,1) = exp(-net1(j));
    end
    if max(psi_1) < Dth && m < M
        m = m+1;
        m1 = m;
        psi_1 = zeros(M,1);
        net1 = zeros(m,1);
        for j = 1:1:m
            for i = 1:1:n
                net1(j) = (theta(i)-c(i+(j-1) * n))^2/b(i+(j-1) * n)^2+net1(j);
            end
            psi_1(j,1) = exp(-net1(j));
        end
%% third Layer
        Y = W' * psi_1;
    else
%% third Layer
        Y=W' * psi_1;
        m1=m;
    end
psi_c = zeros(M,M * n);
psi_b = zeros(M,M * n);
```

```
    for j = 1:1:m
        for i = 1:1:n
            psi_c(j,i+(j-1)*n) = -psi_1(j,1)*2*(theta(i)-c(i+(j-1)*n))/b(i+(j-1)*n)^2;
            psi_b(j,i+(j-1)*n) = -psi_1(j,1)*2*(theta(i)-c(i+(j-1)*n))^2/b(i+(j-1)*n)^3;
        end
    end
    %% psi_Wro
    psi_Wro = zeros(M,n);
    for j = 1:1:m
        for i = 1:1:n
            psi_Wro(j,i) = psi_1(j,1)*(2*(theta(i)-c(i+(j-1)*n))/b(i+(j-1)*n)^2)*x(i)*exY;
        end
    end
    end
    %%求解 LMIs
    %%滚转
    gamma1 = 0.9;
    miu = 0.1;
    sigma1 = 0.5;
    omega1 = -0.1;
    omega2 = 0.1;
    omega0 = 0;
    gamma2 = 0.5;
    alpha = 0.3;
    beta = 0.2;
    tao = 1;
    sigma2 = 1;
    V = -0.5*T*L;
    setlmis([])
    Pdbar = lmivar(1,[3 1]);
    Pfbar = lmivar(1,[3 1]);
    Qbar = lmivar(1,[3 1]);
    Ubar = lmivar(2,[3 3]);
    W1bar = lmivar(2,[3 3]);
    %% lmi1
```

```
lmiterm([1 1 1 W1bar],-sigma1,C,'s')
lmiterm([1 1 1 0],gamma1*miu*miu)
lmiterm([1 1 1 0],C'*C)
lmiterm([1 1 2 Ubar],sigma1,T)
lmiterm([1 1 3 0],C')
lmiterm([1 1 3 W1bar],-sigma1,1)
lmiterm([1 1 4 Ubar],-sigma1,N)
lmiterm([1 1 6 Ubar],-sigma1,1)
lmiterm([1 1 6 Pdbar],1,1)
lmiterm([1 1 6 -W1bar],-C',1)
lmiterm([1 2 2 0],-gamma1)
lmiterm([1 2 6 -Ubar],T',1)
lmiterm([1 3 3 0],1-alpha*alpha)
lmiterm([1 3 5 Pdbar],i_CT,T)
lmiterm([1 3 6 -W1bar],-1,1)
lmiterm([1 4 4 0],-alpha*alpha)
lmiterm([1 4 6 -Ubar],-N',1)
lmiterm([1 5 5 0],-alpha*alpha)
lmiterm([1 6 6 Ubar],-1,1,'S')
%% lmi2
lmiterm([2 1 1 W1bar],-sigma2,C,'s')
lmiterm([2 1 1 Qbar],-omega1*omega2,1)
lmiterm([2 1 1 0],-C'*L'*T'*T*L*C)
lmiterm([2 1 1 0],gamma2*miu*miu)
lmiterm([2 1 2 Ubar],sigma2,T)
lmiterm([2 1 3 Ubar],sigma2,T*L)
lmiterm([2 1 4 Ubar],-sigma2,1)
lmiterm([2 1 4 Pfbar],1,1)
lmiterm([2 1 4 -W1bar],-C',1)
lmiterm([2 1 8 Qbar],-omega0,1)
lmiterm([2 2 2 0],-gamma2)
lmiterm([2 2 3 -Ubar],T',V)
lmiterm([2 2 4 -Ubar],T',1)
lmiterm([2 3 3 0],beta*beta)
lmiterm([2 3 3 Ubar],V',T*L,'s')
lmiterm([2 3 4 Ubar],-V',1)
lmiterm([2 3 4 -Ubar],L'*T',1)
lmiterm([2 4 4 Ubar],-1,1,'s')
```

```
lmiterm([2 4 4 Qbar],-1,1)
lmiterm([2 4 5 Qbar],omega0,1)
lmiterm([2 5 5 W1bar],-sigma2,C,'s')
lmiterm([2 5 5 Qbar],-omega1 * omega2,1)
lmiterm([2 5 5 0],-C' * L' * T' * T * L * C)
lmiterm([2 5 5 0],gamma2 * miu * miu)
lmiterm([2 5 6 Ubar],sigma2,T)
lmiterm([2 5 7 Ubar],sigma2,T * L)
lmiterm([2 5 8 Ubar],-sigma2,1)
lmiterm([2 5 8 Pfbar],1,1)
lmiterm([2 5 8 -W1bar],-C',1)
lmiterm([2 6 6 0],-gamma2)
lmiterm([2 6 7 -Ubar],T',V)
lmiterm([2 6 8 -Ubar],T',1)
lmiterm([2 7 7 0],beta * beta)
lmiterm([2 7 7 Ubar],V',T * L,'s')
lmiterm([2 7 8 Ubar],-V',1)
lmiterm([2 7 8 -Ubar],L' * T',1)
lmiterm([2 8 8 Ubar],-1,1,'s')
lmiterm([2 8 8 Qbar],-1,1)
%% lmi3
lmiterm([3 1 1 Qbar],-tao/2,1)
lmis = getlmis;
[tmin,xfeaps] = feasp(lmis,[0,0,10,0,0],0);
Pd = dec2mat(lmis,xfeaps,Pdbar);
Pf = dec2mat(lmis,xfeaps,Pfbar);
U = dec2mat(lmis,xfeaps,Ubar);
Wbar1 = dec2mat(lmis,xfeaps,W1bar);
G=inv(U) * Wbar1
F = -G * C;
R = T * Pd * inv(C);
%%俯仰
gamma11 = 0.5;
miu1 = 0.1;%
sigma11 = 0.5;
omega1 = -0.1;
omega2 = 0.1;
omega0 = 0;
```

```
gamma21 = 1;
alpha1 = 0.25;
beta1 = 0.2;
tao = 1;
sigma21 = 1;
V1 = -0.5 * T1 * L;
setlmis([])
Pdbar1 = lmivar(1,[3 1]);
Pfbar1 = lmivar(1,[3 1]);
Qbar1 = lmivar(1,[3 1]);
Ubar1 = lmivar(2,[3 3]);
W1bar1 = lmivar(2,[3 3]);
%% lmi1
lmiterm([1 1 1 W1bar1],-sigma11,C,'s')
lmiterm([1 1 1 0],gamma11 * miu1 * miu1)
lmiterm([1 1 1 0],C' * C)
lmiterm([1 1 2 Ubar1],sigma11,T1)
lmiterm([1 1 3 0],C')
lmiterm([1 1 3 W1bar1],-sigma11,1)
lmiterm([1 1 4 Ubar1],-sigma11,N1)
lmiterm([1 1 6 Ubar1],-sigma11,1)
lmiterm([1 1 6 Pdbar1],1,1)
lmiterm([1 1 6 -W1bar1],-C',1)
lmiterm([1 2 2 0],-gamma11)
lmiterm([1 2 6 -Ubar1],T1',1)
lmiterm([1 3 3 0],1-alpha1 * alpha1)
lmiterm([1 3 5 Pdbar1],i_CT,T1)
lmiterm([1 3 6 -W1bar1],-1,1)
lmiterm([1 4 4 0],-alpha1 * alpha1)
lmiterm([1 4 6 -Ubar1],-N1',1)
lmiterm([1 5 5 0],-alpha1 * alpha1)
lmiterm([1 6 6 Ubar1],-1,1,'S')
%% lmi2
lmiterm([2 1 1 W1bar1],-sigma21,C,'s')
lmiterm([2 1 1 Qbar1],-omega1 * omega2,1)
lmiterm([2 1 1 0],-C' * L' * T1' * T1 * L * C) %%%
lmiterm([2 1 1 0],gamma21 * miu1 * miu1)
lmiterm([2 1 2 Ubar1],sigma21,T1)
```

```
lmiterm([2 1 3 Ubar1],sigma21,T1 * L)
lmiterm([2 1 4 Ubar1],-sigma21,1)
lmiterm([2 1 4 Pfbar1],1,1)
%% lmiterm([3 1 4 -Ubar],A' * T',1)
lmiterm([2 1 4 -W1bar1],-C',1)
lmiterm([2 1 8 Qbar1],-omega0,1)
lmiterm([2 2 2 0],-gamma21)
lmiterm([2 2 3 -Ubar1],T1',V1)
lmiterm([2 2 4 -Ubar1],T1',1)
lmiterm([2 3 3 0],beta1 * beta1)
lmiterm([2 3 3 Ubar1],V1',T1 * L,'s')
lmiterm([2 3 4 Ubar1],-V1',1)
lmiterm([2 3 4 -Ubar1],L' * T1',1)
lmiterm([2 4 4 Ubar1],-1,1,'s')
lmiterm([2 4 4 Qbar1],-1,1)
lmiterm([2 4 5 Qbar1],omega0,1)
lmiterm([2 5 5 W1bar1],-sigma21,C,'s')
lmiterm([2 5 5 Qbar1],-omega1 * omega2,1)
lmiterm([2 5 5 0],-C' * L' * T1' * T1 * L * C)
lmiterm([2 5 5 0],gamma21 * miu1 * miu1)
lmiterm([2 5 6 Ubar1],sigma21,T1)
lmiterm([2 5 7 Ubar1],sigma21,T1 * L)
lmiterm([2 5 8 Ubar1],-sigma21,1)
lmiterm([2 5 8 Pfbar1],1,1)
lmiterm([2 5 8 -W1bar1],-C',1)
lmiterm([2 6 6 0],-gamma21)
lmiterm([2 6 7 -Ubar1],T1',V1)
lmiterm([2 6 8 -Ubar1],T1',1)
lmiterm([2 7 7 0],beta1 * beta1)
lmiterm([2 7 7 Ubar1],V1',T1 * L,'s')
lmiterm([2 7 8 Ubar1],-V1',1)
lmiterm([2 7 8 -Ubar1],L' * T1',1)
lmiterm([2 8 8 Ubar1],-1,1,'s')
lmiterm([2 8 8 Qbar1],-1,1)
%% lmi3
lmiterm([3 1 1 Qbar1],-tao/2,1)
lmis = getlmis;
[tmin,xfeaps] = feasp(lmis,[0,0,10,0,0],0);
```

```
Pd1 = dec2mat(lmis,xfeaps,Pdbar1);
Pf1 = dec2mat(lmis,xfeaps,Pfbar1);
U1 = dec2mat(lmis,xfeaps,Ubar1);
Wbar11 = dec2mat(lmis,xfeaps,W1bar1);
G1 = inv(U1) * Wbar11
F1 = -G1 * C;
R1 = T1 * Pd * inv(C);
%%偏航
gamma12 = 1;
miu2 = 0.1;
sigma12 = 0.5;
omega1 = -0.1;
omega2 = 0.1;
omega0 = 0;
gamma22 = 1;
alpha2 = 0.2;
beta2 = 0.1;
tao = 1;
sigma22 = 1;
V2 = -0.5 * T2 * L;
setlmis([])
Pdbar2 = lmivar(1,[3 1]);
Pfbar2 = lmivar(1,[3 1]);
Qbar2 = lmivar(1,[3 1]);
Ubar2 = lmivar(2,[3 3]);
W1bar2 = lmivar(2,[3 3]);
%% lmi1
lmiterm([1 1 1 W1bar2],-sigma12,C,'s')
lmiterm([1 1 1 0],gamma12 * miu2 * miu2)
lmiterm([1 1 1 0],C' * C)
lmiterm([1 1 2 Ubar1],sigma12,T2)
lmiterm([1 1 3 0],C')
lmiterm([1 1 3 W1bar2],-sigma12,1)
lmiterm([1 1 4 Ubar2],-sigma12,N2)
lmiterm([1 1 6 Ubar2],-sigma12,1)
lmiterm([1 1 6 Pdbar2],1,1)
lmiterm([1 1 6 -W1bar2],-C',1)
lmiterm([1 2 2 0],-gamma12)
```

```
lmiterm([1 2 6 -Ubar2],T2',1)
lmiterm([1 3 3 0],1-alpha2 * alpha2)
lmiterm([1 3 5 Pdbar1],i_CT,T2)
lmiterm([1 3 6 -W1bar2],-1,1)
lmiterm([1 4 4 0],-alpha2 * alpha2)
lmiterm([1 4 6 -Ubar2],-N2',1)
lmiterm([1 5 5 0],-alpha2 * alpha2)
lmiterm([1 6 6 Ubar2],-1,1,'S')
%% lmi2
lmiterm([2 1 1 W1bar2],-sigma22,C,'s')
lmiterm([2 1 1 Qbar2],-omega1 * omega2,1)
lmiterm([2 1 1 0],-C' * L' * T2' * T2 * L * C)
lmiterm([2 1 1 0],gamma22 * miu2 * miu2)
lmiterm([2 1 2 Ubar2],sigma22,T2)
lmiterm([2 1 3 Ubar2],sigma22,T2 * L)
lmiterm([2 1 4 Ubar2],-sigma22,1)
lmiterm([2 1 4 Pfbar2],1,1)
lmiterm([2 1 4 -W1bar2],-C',1)
lmiterm([2 1 8 Qbar2],-omega0,1)
lmiterm([2 2 2 0],-gamma22)
lmiterm([2 2 3 -Ubar2],T2',V2)
lmiterm([2 2 4 -Ubar2],T2',1)
lmiterm([2 3 3 0],beta2 * beta2)
lmiterm([2 3 3 Ubar2],V2',T2 * L,'s')
lmiterm([2 3 4 Ubar2],-V2',1)
lmiterm([2 3 4 -Ubar2],L' * T2',1)
lmiterm([2 4 4 Ubar2],-1,1,'s')
lmiterm([2 4 4 Qbar2],-1,1)
lmiterm([2 4 5 Qbar2],omega0,1)
lmiterm([2 5 5 W1bar2],-sigma22,C,'s')
lmiterm([2 5 5 Qbar2],-omega1 * omega2,1)
lmiterm([2 5 5 0],-C' * L' * T2' * T2 * L * C)
lmiterm([2 5 5 0],gamma22 * miu2 * miu2)
lmiterm([2 5 6 Ubar2],sigma22,T2)
lmiterm([2 5 7 Ubar2],sigma22,T2 * L)
lmiterm([2 5 8 Ubar2],-sigma22,1)
lmiterm([2 5 8 Pfbar2],1,1)
lmiterm([2 5 8 -W1bar2],-C',1)
```

```
lmiterm([2 6 6 0],-gamma22)
lmiterm([2 6 7 -Ubar2],T2',V2)
lmiterm([2 6 8 -Ubar2],T2',1)
lmiterm([2 7 7 0],beta2 * beta2)
lmiterm([2 7 7 Ubar2],V2',T2 * L,'s')
lmiterm([2 7 8 Ubar2],-V2',1)
lmiterm([2 7 8 -Ubar2],L' * T2',1)
lmiterm([2 8 8 Ubar2],-1,1,'s')
lmiterm([2 8 8 Qbar2],-1,1)
%% lmi3
lmiterm([3 1 1 Qbar2],-tao/2,1)
lmis = getlmis;
[tmin,xfeaps] = feasp(lmis,[0,0,10,0,0],0);
Pd2 = dec2mat(lmis,xfeaps,Pdbar2);
Pf2 = dec2mat(lmis,xfeaps,Pfbar2);
U2 = dec2mat(lmis,xfeaps,Ubar2);
Wbar12 = dec2mat(lmis,xfeaps,W1bar2);
G2 = inv(U2) * Wbar12
F2 = -G2 * C;
R2 = T2 * Pd * inv(C);
%% L_infinity LMIs 求解
%% 滚动
gamma1 = 0.5;
gamma2 = 0.3;
miu = 0.1;
eta = 0.5;
alpha = 0.5;
setlmis([])
Pdbar = lmivar(1,[3 1]);
Wbar = lmivar(2,[3 3]);
%% lmi1
lmiterm([1 1 1 Wbar],-1,C,'s')
lmiterm([1 1 1 Pdbar],alpha,1)
lmiterm([1 1 1 0],eta * miu * miu)
lmiterm([1 1 2 Pdbar],1,T)
lmiterm([1 1 3 Pdbar],1,T)
lmiterm([1 2 2 0],-eta)
lmiterm([1 3 3 0],-alpha)
```

```
%% lmi2
lmiterm([2 1 1 0],C' * C)
lmiterm([2 1 1 Pdbar],-gamma1 * gamma1,1)
lmiterm([2 2 2 0],-gamma2 * gamma2)
lmis=getlmis;
[tmin,xfeaps] = fcasp(lmis,[0,0,10,0,0],0);
Pd = dec2mat(lmis,xfeaps,Pdbar);
W = dec2mat(lmis,xfeaps,Wbar);
G = inv(Pd) * W
F = -G * C;
%% 俯仰
gamma1 = 0.5 ;
gamma2 = 0.5;
miu = 0.1;
eta = 0.5;
alpha = 0.6;
setlmis([])
Pdbar = lmivar(1,[3 1]);
Wbar = lmivar(2,[3 3]);
%% lmi1
lmiterm([1 1 1 Wbar],-1,C,'s')
lmiterm([1 1 1 Pdbar],alpha,1)
lmiterm([1 1 1 0],eta * miu * miu)
lmiterm([1 1 2 Pdbar],1,T1)
lmiterm([1 1 3 Pdbar],1,T1)
lmiterm([1 2 2 0],-eta)
lmiterm([1 3 3 0],-alpha)
%% lmi2
lmiterm([2 1 1 0],C' * C)
lmiterm([2 1 1 Pdbar],-gamma1 * gamma1,1)
lmiterm([2 2 2 0],-gamma2 * gamma2)
lmis = getlmis;
[tmin,xfeaps] = feasp(lmis,[0,0,10,0,0],0);
Pd = dec2mat(lmis,xfeaps,Pdbar);
W = dec2mat(lmis,xfeaps,Wbar);
G1 = inv(Pd) * W
F1 = -G1 * C;
%% 偏航
```

```
gamma1 = 0.5 ;
gamma2 = 0.5;
miu = 0.1;
eta = 0.5;
alpha = 0.6;
setlmis([])
Pdbar = lmivar(1,[3 1]);
Wbar = lmivar(2,[3 3]);
%% lmi1
lmiterm([1 1 1 Wbar],-1,C,'s')
lmiterm([1 1 1 Pdbar],alpha,1)
lmiterm([1 1 1 0],eta * miu * miu)
lmiterm([1 1 2 Pdbar],1,T2)
lmiterm([1 1 3 Pdbar],1,T2)
lmiterm([1 2 2 0],-eta)
lmiterm([1 3 3 0],-alpha)
%% lmi2
lmiterm([2 1 1 0],C' * C)
lmiterm([2 1 1 Pdbar],-gamma1 * gamma1,1)
lmiterm([2 2 2 0],-gamma2 * gamma2)
lmis = getlmis;
[tmin,xfeaps] = feasp(lmis,[0,0,10,0,0],0);
Pd = dec2mat(lmis,xfeaps,Pdbar);
W = dec2mat(lmis,xfeaps,Wbar);
G2 = inv(Pd) * W
F2 = -G2 * C;
```

## 10.5　本章小结

高斯函数与循环神经网络相结合属于混合神经网络推理范畴的研究领域。本章提出一种 MAGRNN 与 $H_-$ 未知输入观测器相组合的故障诊断方案，将系统解耦成多个独立的通道，使得残差只对应相应通道的执行器故障；还设计了一个由 MAGRNN 和鲁棒项构成的逼近器来估计干扰集总项，并将估计值作为补偿值传递给观测器；并考虑有限频域中的执行器故障和故障敏感指标，设计了一组未知输入观测器用于小故障的检测和隔离。

第 11 章

# 基于 LSTM 和滤波器的故障值预测算法

本章针对航天器姿控系统执行器时变故障的预测问题，提出了一种基于长短期记忆(LSTM)和滤波器的融合预测算法。该算法由神经网络预测器和卡尔曼滤波器构成：首先设计了小批量标准化 LSTM 神经网络，并加入趋势识别模块组成神经网络预测器，有效提高了预测的准确性；其次将得到的预测值作为下一时刻的系统输出传递到卡尔曼滤波器中以更新系统的预测状态，并在经典卡尔曼滤波器算法中引入递归最小二乘参数估计原理用来提高对故障值的预测精度；然后利用 Lyapunov 定理证明了该算法获取的故障预测值的误差期望是最终一致有界的；最后通过仿真实验，验证了该算法对航天器姿控系统执行器时变故障值预测的有效性。

## 11.1 神经网络输出序列预测

### 11.1.1 小批量标准化 LSTM 神经网络

经过前面的叙述已经知道，循环神经网络可以将之前的状态反馈至输入层或中间层，从而对数据序列之间的依赖性进行建模。但是，在长序列训练过程中会面临梯度消失和梯度爆炸的问题。为了克服这两个缺点，Hochreiter 和 Schmidhuber 提出了具有 LSTM 功能的 RNN，通过引入“门”结构来遗忘或是存储信息，以便更好地控制梯度的变化。这一特性使得 LSTM 神经网络广泛应用于序列数据的预测和分类。LSTM 神经网络的神经元通常称为细胞，相较于循环神经网络的神经元其内部只包含一个激活函数，LSTM 神经网络的细胞内部包括三个门控结构，并以一种特殊的方式进行交互。带有窥视功能的 LSTM 神经网络细胞内部结构如图 11.1 所示。

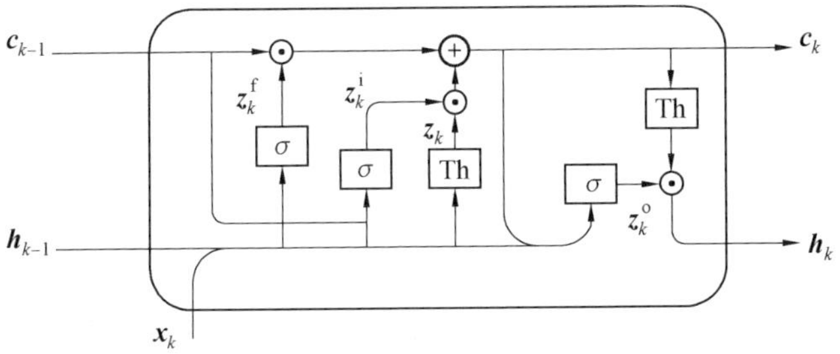


图 11.1　带有窥视功能的 LSTM 神经网络细胞内部结构

图 11.1 中，$\boldsymbol{c}_{k-1}$ 和 $\boldsymbol{h}_{k-1}$ 分别表示前一时刻的细胞状态和输出，而 $\boldsymbol{c}_k$ 和 $\boldsymbol{h}_k$ 分别表示当前的细胞状态和输出。$\boldsymbol{z}_k$、$\boldsymbol{z}_k^{\mathrm{i}}$、$\boldsymbol{z}_k^{\mathrm{f}}$ 和 $\boldsymbol{z}_k^{\mathrm{o}}$ 分别表示细胞门控输入、输入门、遗忘门和输出门。符号 $\sigma$ 和 Th 分别表示 sigmoid 函数和 tanh 函数。以单层 LSTM 神经网络为例，令 $\boldsymbol{x}_k$ 作为 $k$ 时刻的输入，$M$ 和 $N$ 分别为输入矢量的维数和隐藏层细胞数，神经网络前向传播的表达式如下：

$$\begin{cases}\bar{\boldsymbol{z}}_k=\boldsymbol{W}_{\mathrm{z}}\boldsymbol{x}_k+\boldsymbol{R}_{\mathrm{z}}\boldsymbol{h}_{k-1}+\boldsymbol{b}_{\mathrm{z}},\boldsymbol{z}_k=\mathrm{Th}(\bar{\boldsymbol{z}}_k)\\ \bar{\boldsymbol{z}}_k^{\mathrm{i}}=\boldsymbol{W}_{\mathrm{i}}\boldsymbol{x}_k+\boldsymbol{R}_{\mathrm{i}}\boldsymbol{h}_{k-1}+\boldsymbol{p}_{\mathrm{i}}\odot\boldsymbol{c}_{k-1}+\boldsymbol{b}_{\mathrm{i}},\quad \boldsymbol{z}_k^{\mathrm{i}}=\sigma(\bar{\boldsymbol{z}}_k^{\mathrm{i}})\\ \bar{\boldsymbol{z}}_k^{\mathrm{f}}=\boldsymbol{W}_{\mathrm{f}}\boldsymbol{x}_k+\boldsymbol{R}_{\mathrm{f}}\boldsymbol{h}_{k-1}+\boldsymbol{p}_{\mathrm{f}}\odot\boldsymbol{c}_{k-1}+\boldsymbol{b}_{\mathrm{f}},\quad \boldsymbol{z}_k^{\mathrm{f}}=\sigma(\bar{\boldsymbol{z}}_k^{\mathrm{f}})\\ \boldsymbol{c}_k=\boldsymbol{z}_k\odot\boldsymbol{z}_k^{\mathrm{i}}+\boldsymbol{c}_{k-1}\odot\boldsymbol{z}_k^{\mathrm{f}}\\ \bar{\boldsymbol{z}}_k^{\mathrm{o}}=\boldsymbol{W}_{\mathrm{o}}\boldsymbol{x}_k+\boldsymbol{R}_{\mathrm{o}}\boldsymbol{h}_{k-1}+\boldsymbol{p}_{\mathrm{o}}\odot\boldsymbol{c}_k+\boldsymbol{b}_{\mathrm{o}},\quad \boldsymbol{z}_k^{\mathrm{o}}=\sigma(\bar{\boldsymbol{z}}_k^{\mathrm{o}})\\ \boldsymbol{h}_k=\mathrm{Th}(\boldsymbol{c}_k)\odot\boldsymbol{z}_k^{\mathrm{o}}\end{cases}\tag{11.1}$$

式中，$\boldsymbol{W}_{(\cdot)}\in\boldsymbol{R}^{N\times M}$、$\boldsymbol{R}_{(\cdot)}\in\boldsymbol{R}^{N\times N}$、$\boldsymbol{p}_{(\cdot)}\in\boldsymbol{R}^N$ 和 $\boldsymbol{b}_{(\cdot)}\in\boldsymbol{R}^N$ 分别表示各个门结构对应的输入权值矩阵、循环连接权值矩阵、窥视孔连接权值矢量及偏置矢量；符号“$\odot$”表示元素对应相乘运算。

在实际应用中，通过多个 LSTM 网络层或其他类型网络层的堆叠可以构建不同层数的深度神经网络来适应不同的场景。但随着神经网络层数和隐藏层神经元数的增加，在网络训练时会出现协变量漂移现象，即上一层参数的变化会对后续层激活函数输出分布产生影响。目前，较为常用的方法是对输入进行白化处理。但是 LSTM 神经网络结构特殊，一个细胞就含有三个输入，当细胞数量增加时会大大加重运算负荷。因此，采用小批量标准化对输入进行处理，每组小批量训练集对应产生一组均值和方差的估计，使得用于标准化的统计信息便能够参与到梯度反向传播中。假设输入节点的一组小批量训练集为

$$\mathrm{Set}_a=\{\boldsymbol{a}_1,\boldsymbol{a}_2,\cdots,\boldsymbol{a}_m\},\quad \boldsymbol{a}_i\in\mathbf{R}^L\tag{11.2}$$

式中，每组训练集中包括 $m$ 个输入特征序列，每个输入特征序列维度为 $L$，即包括 $L$ 个时间节点数据。标准化对每个维度是并行处理的，以第 $j$ 维输入 $a_i^j$，$(i=1,2,\cdots,m;j=1,2,\cdots,L)$ 为例，标准化过程如下。

首先计算训练集平均值和方差：

$$\mu^j=\frac{1}{m}\sum_{i=1}^{m}a_i^j \tag{11.3}$$

$$\sigma_j^2=\frac{1}{m}\sum_{i=1}^{m}(a_i^j-\mu^j)^2 \tag{11.4}$$

可以得到标准化后的输入为

$$\hat{a}_i^j=\frac{a_i^j-\mu^j}{\sqrt{\sigma_j^2+\varepsilon^j}} \tag{11.5}$$

式中，$\varepsilon^j$ 是为了数值稳定性而添加到小批量方差中的标准化参数。

为确保每层输入的正则化不会改变该层的映射表征内容，引入参数 $\rho^j$ 和 $\eta^j$ 对输入进行缩放和平移处理：

$$\bar{a}_i^j=\rho^j\hat{a}_i^j+\eta^j \tag{11.6}$$

式中，参数 $\rho^j$ 和 $\eta^j$ 在学习过程中将会不断调整。

至此便将原始输入 $a_i^j$ 转变为 $\bar{a}_i^j$，该标准化过程记作 $\mathrm{BN}(\boldsymbol{\rho},\boldsymbol{\eta},\boldsymbol{a}):\boldsymbol{a}_{1,2,\cdots,m}\rightarrow\bar{\boldsymbol{a}}_{1,2,\cdots,m}$。为提高神经网络的学习效率，将小批量标准化应用到 LSTM 神经网络中，分别对细胞的输入 $\boldsymbol{h}_{k-1}$ 和 $\boldsymbol{c}_{k-1}$ 进行处理。由于神经网络的训练集在训练前会经过归一化处理，因此在这里对 $\boldsymbol{x}_k$ 不再进行额外的操作。在训练过程中为了避免不必要的冗余和过拟合，对神经网络进行简化，设置偏置 $\boldsymbol{b}_{(\cdot)}$ 和 $\boldsymbol{\eta}$ 为 0。根据式(11.1)可以得到，基于小批量标准化的 LSTM 神经网络前向传播表达式为

$$\begin{cases}\begin{bmatrix}\bar{\boldsymbol{z}}_{i,k}\\ \bar{\boldsymbol{z}}_{i,k}^{\mathrm{i}}\\ \bar{\boldsymbol{z}}_{i,k}^{\mathrm{f}}\\ \bar{\boldsymbol{z}}_{i,k}^{\mathrm{o}}\end{bmatrix}=\boldsymbol{W}_{\mathrm{x}}\boldsymbol{x}_{i,k}+\mathrm{BN}(\boldsymbol{\rho}_{\mathrm{h}},\boldsymbol{W}_{\mathrm{h}}\cdot\boldsymbol{h}_{i,k-1})+\boldsymbol{W}_{\mathrm{p}}\otimes\boldsymbol{c}_i, & \begin{bmatrix}\boldsymbol{z}_{i,k}\\ \boldsymbol{z}_{i,k}^{\mathrm{i}}\\ \boldsymbol{z}_{i,k}^{\mathrm{f}}\\ \boldsymbol{z}_{i,k}^{\mathrm{o}}\end{bmatrix}=\begin{bmatrix}\mathrm{Th}(\bar{\boldsymbol{z}}_{i,k})\\ \sigma(\bar{\boldsymbol{z}}_{i,k}^{\mathrm{i}})\\ \sigma(\bar{\boldsymbol{z}}_{i,k}^{\mathrm{f}})\\ \sigma(\bar{\boldsymbol{z}}_{i,k}^{\mathrm{o}})\end{bmatrix}\\ \boldsymbol{c}_{i,k}=\boldsymbol{z}_{i,k}\odot\boldsymbol{z}_{i,k}^{\mathrm{i}}+\boldsymbol{c}_{i,k-1}\odot\boldsymbol{z}_{i,k}^{\mathrm{f}}\\ \boldsymbol{h}_{i,k}=\mathrm{Th}(\mathrm{BN}(\boldsymbol{\rho}_{\mathrm{c}},\boldsymbol{c}_{i,k}))\odot\boldsymbol{z}_{i,k}^{\mathrm{o}}\end{cases} \tag{11.7}$$

式中，下标 $i$ 表示小批量数据中的第 $i$ 组训练样本，$i=1,2,\cdots,m$；$\boldsymbol{\rho}_{\mathrm{h}}=[\boldsymbol{\rho}_{\mathrm{h,z}}\quad\boldsymbol{\rho}_{\mathrm{h,i}}\quad\boldsymbol{\rho}_{\mathrm{h,f}}\quad\boldsymbol{\rho}_{\mathrm{h,o}}]$ 和 $\boldsymbol{\rho}_{\mathrm{c}}$ 分别表示对应细胞门控结构和状态的缩放参数，各项权值分别为

$$\begin{cases}\boldsymbol{W}_{\mathrm{x}}=[\boldsymbol{W}_{\mathrm{z}}\quad\boldsymbol{W}_{\mathrm{i}}\quad\boldsymbol{W}_{\mathrm{f}}\quad\boldsymbol{W}_{\mathrm{o}}]^{\mathrm{T}}\in\boldsymbol{R}^{4N\times M}\\ \boldsymbol{W}_{\mathrm{h}}=[\boldsymbol{R}_{\mathrm{z}}\quad\boldsymbol{R}_{\mathrm{i}}\quad\boldsymbol{R}_{\mathrm{f}}\quad\boldsymbol{R}_{\mathrm{o}}]^{\mathrm{T}}\in\boldsymbol{R}^{4N\times N}\\ \boldsymbol{W}_{\mathrm{p}}\otimes\boldsymbol{c}=[0\quad\boldsymbol{p}_{\mathrm{i}}\odot\boldsymbol{c}_{i,k-1}\quad\boldsymbol{p}_{\mathrm{f}}\odot\boldsymbol{c}_{i,k-1}\quad\boldsymbol{p}_{\mathrm{o}}\odot\boldsymbol{c}_{i,k}]^{\mathrm{T}}\in\boldsymbol{R}^{4N}\end{cases}$$

LSTM 神经网络将细胞输出 $\boldsymbol{h}_{i,k}$ 用于分类或回归，根据不同任务选取不同激活函数。用于回归任务时，LSTM 神经网络可进行时序预测，输出为 $\hat{\boldsymbol{y}}_i = g(\boldsymbol{V}_\mathrm{o} \cdot \boldsymbol{h}_{i,k})$，其中 $g(\cdot)$ 为特定激活函数。给定预测期望值 $\boldsymbol{y}_i$，定义误差损失函数为

$$L(\boldsymbol{y}, \hat{\boldsymbol{y}}) = \frac{1}{2m} \sum_{i=1}^{m} (\boldsymbol{y}_i - \hat{\boldsymbol{y}}_i)^2 \tag{11.8}$$

由于 LSTM 神经网络在设计上具有时间关联性，其误差反向传播除了一般的沿神经网络结构的反向传播外，还包括沿时间的反向传播。首先，根据损失函数，计算 $k-1$ 时刻细胞输出、门控输入和三个门控节点对应的误差项分别为

$$\begin{cases} \Delta_{i,k} = \dfrac{\partial L}{\partial \boldsymbol{h}_{i,k}} = -\boldsymbol{V}_\mathrm{o}^\mathrm{T} g'(\boldsymbol{V}_\mathrm{o} \cdot \boldsymbol{h}_{i,k})/m \\ \Delta_{i,k}^\mathrm{o} = \dfrac{\partial L}{\partial \bar{\boldsymbol{z}}_{i,k}^\mathrm{o}} = \Delta_{i,k} \odot \mathrm{Th}(\hat{\boldsymbol{c}}_{i,k}) \odot \sigma'(\bar{\boldsymbol{z}}_{i,k}^\mathrm{o}) \\ \Delta_{i,k}^\mathrm{f} = \dfrac{\partial L}{\partial \bar{\boldsymbol{z}}_{i,k}^\mathrm{f}} = \Delta_{i,k} \odot \boldsymbol{z}_{i,k}^\mathrm{o} \odot \mathrm{Th}'(\hat{\boldsymbol{c}}_{i,k}) \odot \boldsymbol{c}_{i,k-1} \odot \sigma'(\bar{\boldsymbol{z}}_{i,k}^\mathrm{f}) \\ \Delta_{i,k}^\mathrm{i} = \dfrac{\partial L}{\partial \bar{\boldsymbol{z}}_{i,k}^\mathrm{i}} = \Delta_{i,k} \odot \boldsymbol{z}_{i,k}^\mathrm{o} \odot \mathrm{Th}'(\hat{\boldsymbol{c}}_{i,k}) \odot \boldsymbol{z}_{i,k} \odot \sigma'(\bar{\boldsymbol{z}}_{i,k}^\mathrm{i}) \\ \Delta_{i,k}^\mathrm{z} = \dfrac{\partial L}{\partial \bar{\boldsymbol{z}}_{i,k}} = \Delta_{i,k} \odot \boldsymbol{z}_{i,k}^\mathrm{o} \odot \mathrm{Th}'(\hat{\boldsymbol{c}}_{i,k}) \odot \boldsymbol{z}_{i,k}^\mathrm{i} \odot \mathrm{Th}'(\bar{\boldsymbol{z}}_{i,k}) \end{cases} \tag{11.9}$$

式中，$\hat{\boldsymbol{c}}_{i,k} = \mathrm{BN}(\boldsymbol{\rho}_\mathrm{c}, \boldsymbol{c}_{i,k})$ 为标准化后的细胞状态。

进一步沿时间进行反向传播，计算 $k-1$ 时刻的误差项为

$$\Delta_{i,k-1} = \frac{\partial L}{\partial \boldsymbol{h}_{i,k-1}} = \frac{\partial L}{\partial \boldsymbol{h}_{i,k}} \frac{\partial \boldsymbol{h}_{i,k}}{\partial \boldsymbol{h}_{i,k-1}} = \Delta_{i,t} \frac{\partial \boldsymbol{h}_{i,k}}{\partial \boldsymbol{h}_{i,k-1}} \tag{11.10}$$

由 LSTM 细胞内部结构可知，$\boldsymbol{h}_{i,k-1}$ 分别与门控输入和三个门控节点相连，利用全导数公式可得 $\Delta_{i,k-1}$ 为

$$\begin{aligned} \Delta_{i,k-1} &= \Delta_{i,k} \frac{\partial \boldsymbol{h}_{i,k}}{\partial \boldsymbol{z}_{i,k}^\mathrm{o}} \frac{\partial \boldsymbol{z}_{i,k}^\mathrm{o}}{\partial \bar{\boldsymbol{z}}_{i,k}^\mathrm{o}} \frac{\partial \bar{\boldsymbol{z}}_{i,k}^\mathrm{o}}{\partial \boldsymbol{h}_{i,k-1}} + \Delta_{i,k} \frac{\partial \boldsymbol{h}_{i,k}}{\partial \boldsymbol{c}_{i,k}} \frac{\partial \boldsymbol{c}_{i,k}}{\partial \boldsymbol{z}_{i,k}^\mathrm{f}} \frac{\partial \boldsymbol{z}_{i,k}^\mathrm{f}}{\partial \bar{\boldsymbol{z}}_{i,k}^\mathrm{f}} \frac{\partial \bar{\boldsymbol{z}}_{i,k}^\mathrm{f}}{\partial \boldsymbol{h}_{i,k-1}} \\ &\quad + \Delta_{i,k} \frac{\partial \boldsymbol{h}_{i,k}}{\partial \boldsymbol{c}_{i,k}} \frac{\partial \boldsymbol{c}_{i,k}}{\partial \boldsymbol{z}_{i,k}^\mathrm{i}} \frac{\partial \boldsymbol{z}_{i,k}^\mathrm{i}}{\partial \bar{\boldsymbol{z}}_{i,k}^\mathrm{i}} \frac{\partial \bar{\boldsymbol{z}}_{i,k}^\mathrm{i}}{\partial \boldsymbol{h}_{i,k-1}} + \Delta_{i,k} \frac{\partial \boldsymbol{h}_{i,k}}{\partial \boldsymbol{c}_{i,k}} \frac{\partial \boldsymbol{c}_{i,k}}{\partial \boldsymbol{z}_{i,k}} \frac{\partial \boldsymbol{z}_{i,k}}{\partial \bar{\boldsymbol{z}}_{i,k}} \frac{\partial \bar{\boldsymbol{z}}_{i,k}}{\partial \boldsymbol{h}_{i,k-1}} \\ &= \Delta_{i,k}^\mathrm{o} \frac{\partial \bar{\boldsymbol{z}}_{i,k}^\mathrm{o}}{\partial \boldsymbol{h}_{i,k-1}} + \Delta_{i,k}^\mathrm{f} \frac{\partial \bar{\boldsymbol{z}}_{i,k}^\mathrm{f}}{\partial \boldsymbol{h}_{i,k-1}} + \Delta_{i,k}^\mathrm{i} \frac{\partial \bar{\boldsymbol{z}}_{i,k}^\mathrm{i}}{\partial \boldsymbol{h}_{i,k-1}} + \Delta_{i,k}^\mathrm{z} \frac{\partial \bar{\boldsymbol{z}}_{i,k}}{\partial \boldsymbol{h}_{i,k-1}} \end{aligned} \tag{11.11}$$

根据前向传播表达式(11.7)和小批量标准化过程式(11.3)～(11.6)，可以推导得到 $\bar{\boldsymbol{z}}_{i,k}^\mathrm{o}$ 关于 $\boldsymbol{h}_{i,k-1}$ 偏导数的表达式为

$$\frac{\partial \bar{\boldsymbol{z}}_{i,k}^\mathrm{o}}{\partial \boldsymbol{h}_{i,k-1}} = \frac{\partial \bar{\boldsymbol{z}}_{i,k}^\mathrm{o}}{\partial \hat{\boldsymbol{h}}_{i,k-1}} \frac{1}{\sqrt{\boldsymbol{\sigma}_\mathrm{h,o}^2 + \boldsymbol{\varepsilon}_\mathrm{h,o}}} + \frac{\partial \bar{\boldsymbol{z}}_{i,k}^\mathrm{o}}{\partial \boldsymbol{\sigma}_\mathrm{h,o}^2} \frac{2(\boldsymbol{h}_{i,k-1} - \boldsymbol{\mu}_\mathrm{h,o})}{m} + \frac{\partial \bar{\boldsymbol{z}}_{i,k}^\mathrm{o}}{\partial \boldsymbol{\mu}_\mathrm{h,o}} \frac{1}{m} \tag{11.12}$$

式中，$\boldsymbol{\mu}_\mathrm{h,o}$、$\boldsymbol{\sigma}_\mathrm{h,o}^2$ 和 $\boldsymbol{\varepsilon}_\mathrm{h,o}$ 分别对应标准化过程中的平均值、方差和标准化参数，$\hat{\boldsymbol{h}}_{i,k-1}$ 为标准化后的细胞输出。式(11.12)中各项偏导数表达式分别为

$$\begin{cases}\dfrac{\partial \bar{z}_{i,k}^{\mathrm{o}}}{\partial \hat{\boldsymbol{h}}_{i,k-1}}=\dfrac{\partial \bar{z}_{i,k}^{\mathrm{o}}}{\partial BN(\boldsymbol{\rho}_{\mathrm{h,o}},\boldsymbol{R}_{\mathrm{o}}\cdot \boldsymbol{h}_{i,k-1})}\boldsymbol{\rho}_{\mathrm{h,o}}\\ \dfrac{\partial \bar{z}_{i,k}^{\mathrm{o}}}{\partial \sigma_{\mathrm{h,o}}^{2}}=\dfrac{\partial \bar{z}_{i,k}^{\mathrm{o}}}{\partial \hat{\boldsymbol{h}}_{i,k-1}}(\boldsymbol{h}_{i,k-1}-\boldsymbol{\mu}_{\mathrm{h,o}})\dfrac{-1}{2}(\boldsymbol{\sigma}_{\mathrm{h,o}}^{2}+\boldsymbol{\varepsilon}_{\mathrm{h,o}})^{-3/2}\\ \dfrac{\partial \bar{z}_{i,k}^{\mathrm{o}}}{\partial \mu_{\mathrm{h,o}}}=\dfrac{\partial \bar{z}_{i,k}^{\mathrm{o}}}{\partial \hat{\boldsymbol{h}}_{i,k-1}}\dfrac{-1}{\sqrt{\boldsymbol{\sigma}_{\mathrm{h,o}}^{2}+\boldsymbol{\varepsilon}_{\mathrm{h,o}}}}\end{cases} \tag{11.13}$$

同理，可得 $\bar{z}_{i,k}^{\mathrm{f}}$、$\bar{z}_{i,k}^{\mathrm{i}}$ 和 $\bar{z}_{i,k}$ 分别关于 $\boldsymbol{h}_{i,k-1}$ 的偏导数以及式(11.9)中 $\mathrm{Th}(\hat{\boldsymbol{c}}_{i,k})$ 关于 $\hat{\boldsymbol{c}}_{i,k}$ 的偏导数，这里不做过多阐述。至此，得到小批量标准化 LSTM 神经网络预测误差延时间反向传播 $k-1$ 时刻的表达式，那么向前传播到任意 $k_{\mathrm{T}}$ 时刻的误差项为

$$\Delta_{i,k_{\mathrm{T}}}=\prod_{l=k_{\mathrm{T}}}^{k-1}\Delta_{i,l+1}^{\mathrm{o}}\frac{\partial \bar{z}_{i,l+1}^{\mathrm{o}}}{\partial \boldsymbol{h}_{i,l}}+\Delta_{i,l+1}^{\mathrm{f}}\frac{\partial \bar{z}_{i,l+1}^{\mathrm{f}}}{\partial \boldsymbol{h}_{i,l}}+\Delta_{i,l+1}^{i}\frac{\partial \bar{z}_{i,l+1}^{\mathrm{i}}}{\partial \boldsymbol{h}_{i,l}}+\Delta_{i,l+1}^{z}\frac{\partial \bar{z}_{i,l+1}}{\partial \boldsymbol{h}_{i,l}} \tag{11.14}$$

利用误差项求出权值矩阵的梯度，其中循环连接权值矩阵和窥视孔权值矢量需要将各时刻梯度相加得到最终梯度，得到各权值矩阵的反向传播梯度为

$$\begin{cases}\Delta \boldsymbol{W}_{(\cdot)}=\langle \Delta_{i,k}^{(\cdot)},\boldsymbol{x}_{i,k}\rangle,\quad \Delta p_{\mathrm{i}}=\sum\limits_{l=1}^{k}\boldsymbol{c}_{i,l-1}\odot \Delta_{i,l}^{\mathrm{i}}\\ \Delta \boldsymbol{R}_{(\cdot)}=\sum\limits_{l=1}^{k}\langle \Delta_{i,l}^{(\cdot)},\boldsymbol{\rho}_{\mathrm{h}}\hat{\boldsymbol{h}}_{i,l-1}\rangle,\quad \Delta \boldsymbol{p}_{\mathrm{f}}=\sum\limits_{l=1}^{k}\boldsymbol{c}_{i,l-1}\odot \Delta_{i,l}^{\mathrm{f}}\\ \Delta \boldsymbol{p}_{\mathrm{o}}=\sum\limits_{l=1}^{k}\boldsymbol{c}_{i,l-1}\odot \Delta_{i,l}^{\mathrm{o}}\boldsymbol{c}_{i,l}\end{cases} \tag{11.15}$$

式中，( • )表示集合{z　i　f　o}中的任意一个元素；〈 • , • 〉表示两个矢量的外积。

标准化过程所需缩放参数在训练中的更新梯度为

$$\begin{cases}\dfrac{\partial \boldsymbol{L}}{\partial \boldsymbol{\rho}_{\mathrm{c}}}=-\sum\limits_{l=1}^{k}\Delta_{i,l}\odot \boldsymbol{z}_{i,l}^{\mathrm{o}}\cdot \mathrm{Th}'(\mathrm{BN}(\boldsymbol{\rho}_{\mathrm{c}},\boldsymbol{c}_{i,l}))\hat{\boldsymbol{c}}_{i,l}\\ \dfrac{\partial \boldsymbol{L}}{\partial \boldsymbol{\rho}_{\mathrm{h},(\cdot)}}=-\sum\limits_{l=1}^{k}\Delta_{i,l}^{(\cdot)}\cdot \mathrm{Th}'(\mathrm{BN}(\boldsymbol{\rho}_{\mathrm{h},(\cdot)},\boldsymbol{R}_{(\cdot)}\boldsymbol{h}_{i,l-1}))\boldsymbol{R}_{(\cdot)}\hat{\boldsymbol{h}}_{i,l-1}\end{cases} \tag{11.16}$$

### 11.1.2　神经网络预测器设计

所设计的神经网络预测器的功能是给定一组输入序列，根据历史数据预测出之后一个或多个时间点的数值。为实现序列预测功能，设计以小批量标准化 LSTM 为核心的预测神经网络结构如图 11.2 所示，其包括四层网络：输入层、LSTM 细胞层、线性全连接层和预测输出层。

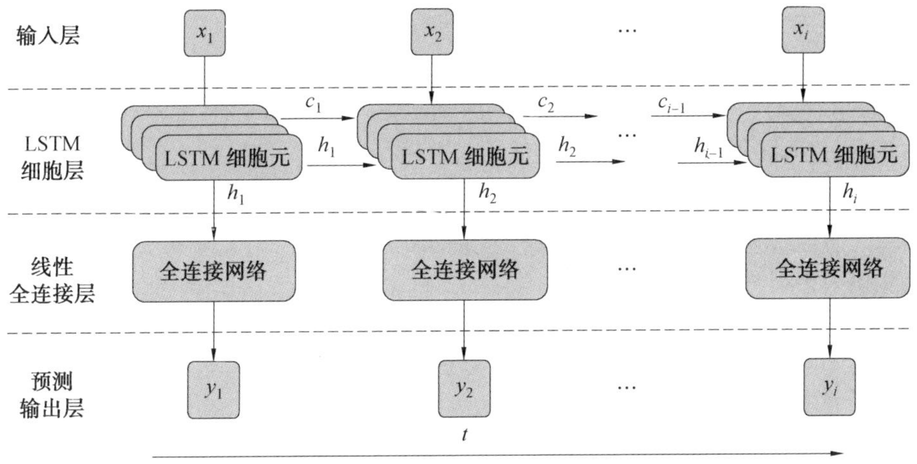


图 11.2　以小批量标准化 LSTM 为核心的具有预测功能的神经网络结构

通常情况下,输入神经网络一组序列的整体变化趋势对判断后续的变化有一定辅助作用,特别是在发生故障情况下。基于该特性,可在序列进入预测神经网络输入层前通过趋势识别模块,将输入序列分为上升趋势、近似平缓趋势和下降趋势。每一类趋势的序列用于训练对应的预测神经网络,则神经网络预测器整体结构如图 11.3 所示。

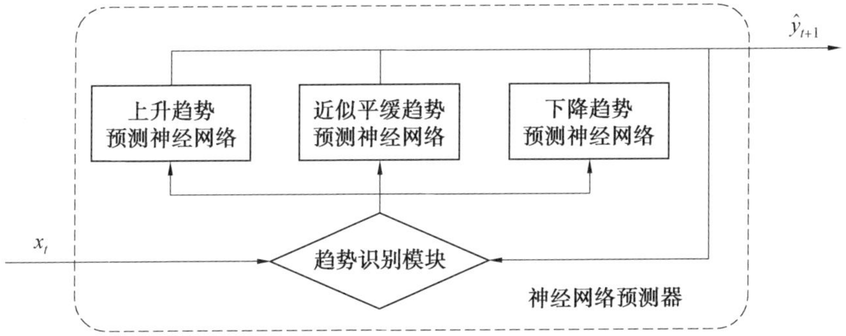


图 11.3　神经网络预测器整体结构

为减小计算量,趋势识别模块采用最小二次线性回归方法实现。假设神经网络预测器输入一组时间序列数据 $x_1,x_2,\cdots,x_L$,将其转化为一组坐标轴上的点 $(t_1,x_1),(t_2,x_2),\cdots,(t_M,x_L)$,然后用线性方程 $x=k_s t+b_s$ 对其进行近似拟合。

二次拟合误差表达式为

$$e(k_s,b_s)=\sum_{i=1}^{L}(k_s i+b_s-x_i)^2$$

为了找出最佳拟合方程,根据微积分求极值的思想,应满足以下条件:

$$\begin{cases}\dfrac{\partial e(k_s,b_s)}{\partial k_s}=0\\ \dfrac{\partial e(k_s,b_s)}{\partial b_s}=0\end{cases}\tag{11.17}$$

通过式(11.17)可以解得线性拟合方程的斜率 $k_s$ 和截距 $b_s$。利用 $k_s$ 即可对输入的时序数据趋势进行识别。设计如下识别机制：如果 $-\pi/2\leqslant\arctan k_s\leqslant\tau_d$，则输入时序数据的趋势识别为下降；如果 $\tau_a\leqslant\arctan k_s\leqslant\pi/2$，则输入时序数据的趋势识别为上升；如果 $\tau_d<\arctan k_s<\tau_a$，则输入时序数据的趋势识别为平缓。其中，$\tau_d<0$ 和 $\tau_a>0$ 是预先设置的常数。

对于航天器姿态控制系统输出序列的预测，可以采用 6 组神经网络预测器并联的方式，分别对三轴通道的角度 $\varphi$、$\theta$、$\psi$ 和角速度 $\omega_\varphi$、$\omega_\theta$、$\omega_\psi$ 进行预测。以俯仰轴通道角度 $\varphi$ 为例，假设当前时刻为 $k$，给定一组输入序列（$\varphi_k,\varphi_{k-1},\cdots,\varphi_{k-L+1}$），$L$ 是序列的长度。为了提前获知故障的信息，进行多步预测，设定预测步长为 $p$，并且 $p\leqslant L$。接下来，采用迭代预测法对俯仰角进行预测，具体步骤如下。

首先通过神经网络预测器多步输入、单步输出生成第一步预测值，即

$$\hat{\varphi}_{k+1}=\Pr(\varphi_k,\varphi_{k-1},\cdots,\varphi_{k+1-L})\tag{11.18}$$

进行下一步预测时，将前一步的输出值作为已知量反馈至输入中，则

$$\hat{\varphi}_{k+2}=\Pr(\hat{\varphi}_{k+1},\varphi_k,\cdots,\varphi_{k+2-L})\tag{11.19}$$

依次迭代可以计算出第 $p$ 步的预测值为

$$\hat{\varphi}_{k+p}=\Pr(\hat{\varphi}_{k+p-1},\hat{\varphi}_{k+p-2},\cdots,\varphi_{k+p-L})\tag{11.20}$$

式中，$\hat{\varphi}_{k+i}$ 表示在当前时刻 $k$，通过神经网络预测器产生的第 $k+i$ 步预测值，$i=1,2,\cdots,p$。

## 11.2 基于数据与模型相融合的故障预测

基于数据驱动的方法，利用 LSTM 神经网络可以训练得到数据内部的内在联系和特征，但其过分依赖于数据集的数量和代表性，鲁棒性较差。而将基于模型的卡尔曼滤波器预测算法与之相结合，可以进行有效互补。利用 11.1.2 节设计的神经网络预测器得到下一时刻的系统输出，使得卡尔曼滤波器在预测过程中能够不断更新系统的预测状态，同时较之单一的数据驱动方法具有更强的鲁棒性，同时也解决了卡尔曼滤波器预测算法依赖于所建立系统模型的问题。

### 11.2.1 经典卡尔曼滤波器故障预测算法

对航天器姿控系统动力学方程进行离散化得到

$$\begin{cases}\boldsymbol{x}(k+1)=\boldsymbol{A}_{\mathrm{d}}\boldsymbol{x}(k)+\boldsymbol{B}_{\mathrm{d}}\boldsymbol{u}(k)+\boldsymbol{D}_{\mathrm{d}}\boldsymbol{T}_{\mathrm{d}}(k)\\ \boldsymbol{y}(k)=\boldsymbol{C}_{\mathrm{d}}\boldsymbol{x}(k)+\boldsymbol{G}_{\mathrm{d}}\boldsymbol{\eta}(k)\end{cases} \tag{11.21}$$

式中，$\boldsymbol{A}_{\mathrm{d}}$、$\boldsymbol{B}_{\mathrm{d}}$ 分别为矩阵 $\boldsymbol{A}$ 和 $\boldsymbol{B}$ 在 $kT$ 时刻的采样值，采样周期为 $T$，则

$$\begin{cases}\boldsymbol{A}_{\mathrm{d}}=\mathrm{e}^{\boldsymbol{A}(kT)T}\\ \boldsymbol{B}_{\mathrm{d}}=\boldsymbol{D}_{\mathrm{d}}=\int_0^T\mathrm{e}^{\boldsymbol{A}(kT)T}\mathrm{d}t\boldsymbol{B}(kT)\\ \boldsymbol{C}_{\mathrm{d}}=\boldsymbol{C}\end{cases} \tag{11.22}$$

将 $\boldsymbol{D}_{\mathrm{d}}\boldsymbol{T}_{\mathrm{d}}(k)$ 和 $\boldsymbol{G}_{\mathrm{d}}\boldsymbol{\eta}(k)$ 视作噪声来处理，假设分别为过程噪声 $\boldsymbol{w}(k)$ 和测量噪声 $\boldsymbol{v}(k)$，且两者是相互独立的均值为 0 的高斯白噪声，协方差矩阵为 $\boldsymbol{Q}(k)$ 和 $\boldsymbol{R}(k)$，并且与初始状态 $\boldsymbol{x}(0)$ 无关。

加入执行器故障，建立离散时间航天器姿态控制系统如下：

$$\begin{cases}\boldsymbol{x}(k+1)=\boldsymbol{A}_{\mathrm{d}}\boldsymbol{x}(k)+\boldsymbol{B}_{\mathrm{d}}\boldsymbol{u}(k)+\boldsymbol{F}\boldsymbol{f}(k)+\boldsymbol{w}(k)\\ \boldsymbol{y}(k)=\boldsymbol{C}_{\mathrm{d}}\boldsymbol{x}(k)+\boldsymbol{v}(k)\end{cases} \tag{11.23}$$

式中，$\boldsymbol{f}(k)$ 表示故障函数；$\boldsymbol{F}=\boldsymbol{B}_{\mathrm{d}}$。

为了实现对故障值的预测，将系统原状态量 $\boldsymbol{x}(k)$ 和故障函数 $\boldsymbol{f}(k)$ 作为状态量，重新构建增广系统为

$$\begin{cases}\boldsymbol{X}(k+1)=\bar{\boldsymbol{A}}\boldsymbol{X}(k)+\bar{\boldsymbol{B}}\boldsymbol{u}(k)+\bar{\boldsymbol{w}}(k)\\ \boldsymbol{y}(k)=\bar{\boldsymbol{C}}\boldsymbol{X}(k)+\boldsymbol{v}(k)\end{cases} \tag{11.24}$$

式中，$\bar{\boldsymbol{A}}=\begin{bmatrix}\boldsymbol{A}_{\mathrm{d}} & \boldsymbol{F}\\ \boldsymbol{0} & \boldsymbol{I}_p\end{bmatrix}$，$\bar{\boldsymbol{B}}=\begin{bmatrix}\boldsymbol{B}_{\mathrm{d}}\\ \boldsymbol{0}\end{bmatrix}$，$\bar{\boldsymbol{C}}=[\boldsymbol{C}_{\mathrm{d}}\quad \boldsymbol{0}]$，$\bar{\boldsymbol{w}}(k)=\begin{bmatrix}\boldsymbol{w}(k)\\ \boldsymbol{0}\end{bmatrix}$。

如图 11.4 所示，卡尔曼滤波算法的计算过程一般由两部分组成：预测步和更新步。首先根据系统状态方程得到测量值的先验估计 $\hat{\boldsymbol{y}}(k|k-1)$，当传感器获得新的测量值 $\boldsymbol{y}(k)$ 时，利用 $\boldsymbol{y}(k)$ 与先验估计 $\hat{\boldsymbol{y}}(k|k-1)$ 的残差 $\boldsymbol{e}(k)$ 对先验状态估计 $\hat{\boldsymbol{X}}(k|k-1)$ 进行更新得到 $\hat{\boldsymbol{X}}(k|k)$，进而再计算下一刻的预测值 $\hat{\boldsymbol{y}}(k+1|k)$。

针对增广系统式(11.24)，将图 11.4 的过程转化为数学表达，其中预测步为

$$\begin{cases}\hat{\boldsymbol{X}}(k|k-1)=\bar{\boldsymbol{A}}\hat{\boldsymbol{X}}(k-1|k-1)+\bar{\boldsymbol{B}}\boldsymbol{u}(k-1)\\ \boldsymbol{P}(k|k-1)=\bar{\boldsymbol{A}}\boldsymbol{P}(k-1|k-1)\bar{\boldsymbol{A}}^{\mathrm{T}}+\boldsymbol{Q}(k-1)\end{cases} \tag{11.25}$$

根据测量数据 $\boldsymbol{y}(k)$，更新步为

$$\begin{cases}\boldsymbol{\Sigma}(k)=\bar{\boldsymbol{C}}\boldsymbol{P}(k|k-1)\bar{\boldsymbol{C}}^{\mathrm{T}}+\boldsymbol{R}(k-1)\\ \boldsymbol{K}(k)=\boldsymbol{P}(k|k-1)\bar{\boldsymbol{C}}^{\mathrm{T}}\boldsymbol{\Sigma}^{-1}(k)\\ \boldsymbol{P}(k|k)=[\boldsymbol{I}_{\mathrm{n}}-\boldsymbol{K}(k)\bar{\boldsymbol{C}}]\boldsymbol{P}(k|k-1)\\ \tilde{\boldsymbol{y}}(k)=\boldsymbol{y}(k)-\bar{\boldsymbol{C}}\hat{\boldsymbol{X}}(k|k-1)\\ \hat{\boldsymbol{X}}(k|k)=\hat{\boldsymbol{X}}(k|k-1)+\boldsymbol{K}(k)\tilde{\boldsymbol{y}}(k)\end{cases} \tag{11.26}$$

式中，$\hat{\boldsymbol{X}}(k|k)$ 表示卡尔曼滤波器状态估计；$\boldsymbol{K}(k)$ 表示增益。

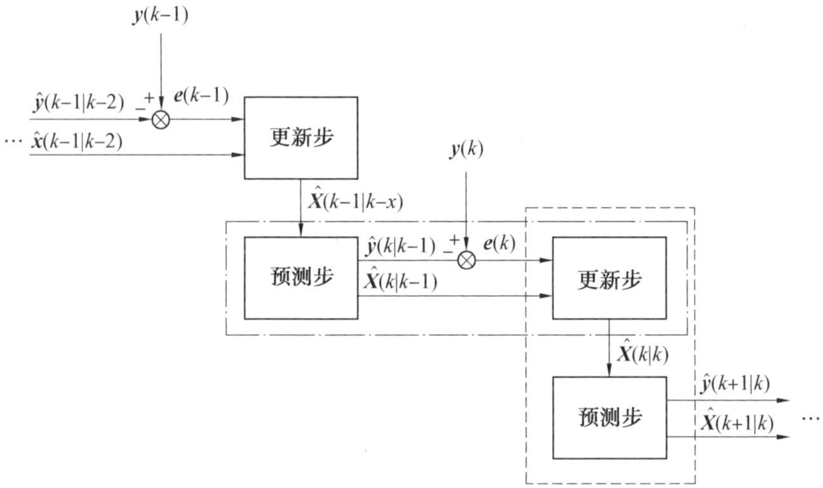


图 11.4　卡尔曼滤波算法的计算过程

卡尔曼滤波器预测原理，是以状态估计为基础，利用系统状态方程预测下一时刻的输出。如图 11.4 所示，当滤波器以点画线框作为一次滤波计算时，则在更新步可以输出对当前状态的估计值；当以虚线作为一次滤波计算时，则在预测步可以输出对下一时刻的预测值。假设当前时刻为 $k$，需要的预测步长为 $p$，基于卡尔曼滤波器的多步预测过程如下：

$$\begin{cases}\hat{\boldsymbol{X}}_{k+1}=\bar{\boldsymbol{A}}\boldsymbol{X}(k)+\bar{\boldsymbol{B}}\boldsymbol{u}(k)+\bar{\boldsymbol{w}}(k)\\ \hat{\boldsymbol{X}}_{k+2}=\bar{\boldsymbol{A}}\hat{\boldsymbol{X}}(k+1)+\bar{\boldsymbol{B}}\hat{\boldsymbol{u}}(k+1)+\bar{\boldsymbol{w}}(k+1)\\ \vdots\\ \hat{\boldsymbol{X}}_{k+p}=\bar{\boldsymbol{A}}\hat{\boldsymbol{X}}(k+p-1)+\bar{\boldsymbol{B}}\hat{\boldsymbol{u}}(k+p-1)+\bar{\boldsymbol{w}}(k+p-1)\end{cases} \tag{11.27}$$

式中，$\hat{\boldsymbol{u}}(k)=-\mathrm{diag}[K_{\mathrm{p}}\quad K_{\mathrm{d}}]\cdot\boldsymbol{C}\hat{\boldsymbol{X}}(k)$；$K_{\mathrm{p}}$、$K_{\mathrm{d}}$ 为航天器姿态控制系统输出反馈 PD 控制参数。显然，该方法在多步预测的过程中存在一个致命的缺点：由于无法获得未来时刻的测量值，残差项不能被更新，因此卡尔曼滤波器失去了更新能力，随着预测步长的增加会出现较大的预测误差。所以需要结合额外的方法辅助进行更新。

## 11.2.2　融合预测算法与可行性分析

融合预测算法由神经网络预测器和卡尔曼滤波器构成，所以其预测精度很大程度上取决于预测得到的测量值以及滤波算法的鲁棒性。对所设计神经网络预测器的准确性，通过小批量标准化处理，加入趋势识别模块，以及后续实验部分超参数选择等一系列操作，可以有效提高预测准确度。为解决第二个关键问题，本节在经典卡尔曼滤波器算法内部引入递归最小二乘(recursive least squares, RLS)参数估计原理来提高对故障值预测的精度。

首先，考虑一类线性回归问题：

$$\boldsymbol{z}_{\mathrm{r}}(k)=\boldsymbol{\Omega}(k)\boldsymbol{h}_{\mathrm{r}}(k)+\boldsymbol{b}_{\mathrm{r}} \tag{11.28}$$

RLS 参数估计器算法为

$$\begin{cases}\boldsymbol{\Lambda}(k)=[\lambda+\boldsymbol{\Omega}^{\mathrm{T}}(k)\boldsymbol{S}(k-1)\boldsymbol{\Omega}(k)]^{-1}\\ \boldsymbol{\Gamma}(k)=\boldsymbol{S}(k-1)\boldsymbol{\Omega}(k)\boldsymbol{\Lambda}(k)\\ \boldsymbol{S}(k)=\dfrac{1}{\lambda}\boldsymbol{S}(k-1)-\dfrac{1}{\lambda}\boldsymbol{\Gamma}(k)\boldsymbol{\Omega}^{\mathrm{T}}(k)\boldsymbol{S}(k-1)\\ \hat{\boldsymbol{h}}_{\mathrm{r}}(k)=\hat{\boldsymbol{h}}_{\mathrm{r}}(k-1)+\boldsymbol{\Gamma}(k)[\boldsymbol{z}_{\mathrm{r}}(k)-\boldsymbol{\Omega}^{\mathrm{T}}(k)\hat{\boldsymbol{h}}_{\mathrm{r}}(k-1)]\end{cases} \tag{11.29}$$

式中，$\boldsymbol{\Lambda}(k)$、$\boldsymbol{\Gamma}(k)$、$\boldsymbol{S}(k)$为更新过程中加入的辅助变量；$\lambda$ 为遗忘因子。

将式(11.28)中的 $\boldsymbol{h}_{\mathrm{r}}(k)$和 $\boldsymbol{b}_{\mathrm{r}}$ 分别看作故障函数 $\boldsymbol{f}(k)$和更新残差 $\tilde{\boldsymbol{y}}$，其他辅助变量和遗忘因子类似地转换到滤波器的更新步中，并在更新步中分别更新系统原状态量 $\boldsymbol{x}(k)$和故障函数 $\boldsymbol{f}(k)$。假设当前时刻为 $k$，则改进后的卡尔曼滤波器算法与神经网络预测器的融合预测算法的预测步为

$$\hat{\boldsymbol{x}}(k+1|k)=\boldsymbol{A}_{\mathrm{d}}\hat{\boldsymbol{x}}(k|k)+\boldsymbol{B}_{\mathrm{d}}\hat{\boldsymbol{u}}(k)+\boldsymbol{F}\hat{\boldsymbol{f}}(k) \tag{11.30}$$

$$\boldsymbol{P}(k+1|k)=\boldsymbol{A}_{\mathrm{d}}\boldsymbol{P}(k|k)\boldsymbol{A}_{\mathrm{d}}^{\mathrm{T}}+\boldsymbol{Q}(k) \tag{11.31}$$

根据神经网络预测器的输出 $\boldsymbol{y}_{\mathrm{lstm}}(k+1)$，更新步为

$$\boldsymbol{\Sigma}(k+1)=\boldsymbol{C}\boldsymbol{P}(k+1|k)\boldsymbol{C}^{\mathrm{T}}+\boldsymbol{R}(k) \tag{11.32}$$

$$\boldsymbol{K}(k+1)=\boldsymbol{P}(k+1|k)\boldsymbol{C}^{\mathrm{T}}\boldsymbol{\Sigma}^{-1}(k+1) \tag{11.33}$$

$$\boldsymbol{P}(k+1|k+1)=[\boldsymbol{I}_{\mathrm{n}}-\boldsymbol{K}(k+1)\boldsymbol{C}]\boldsymbol{P}(k+1|k) \tag{11.34}$$

$$\boldsymbol{\gamma}(k+1)=[\boldsymbol{I}_{\mathrm{n}}-\boldsymbol{K}(k+1)\boldsymbol{C}]\boldsymbol{A}_{\mathrm{d}}\boldsymbol{\gamma}(k)+[\boldsymbol{I}_{\mathrm{n}}-\boldsymbol{K}(k+1)\boldsymbol{C}]\boldsymbol{F} \tag{11.35}$$

$$\boldsymbol{\Omega}(k+1)=(\boldsymbol{C}\boldsymbol{A}_{\mathrm{d}}\boldsymbol{\gamma}(k)+\boldsymbol{C}\boldsymbol{F})^{\mathrm{T}} \tag{11.36}$$

$$\boldsymbol{\Lambda}(k+1)=[\lambda\boldsymbol{I}+\boldsymbol{\Omega}^{\mathrm{T}}(k+1)\boldsymbol{S}(k)\boldsymbol{\Omega}(k+1)]^{-1} \tag{11.37}$$

$$\boldsymbol{\Gamma}(k+1)=\boldsymbol{S}(k)\boldsymbol{\Omega}(k+1)\boldsymbol{\Lambda}(k+1) \tag{11.38}$$

$$\boldsymbol{S}(k+1)=\frac{1}{\lambda}\boldsymbol{S}(k)-\frac{1}{\lambda}\boldsymbol{\Gamma}(k+1)\boldsymbol{\Omega}^{\mathrm{T}}(k+1)\boldsymbol{S}(k) \tag{11.39}$$

$$\tilde{\boldsymbol{y}}(k+1)=\boldsymbol{y}_{\mathrm{lstm}}(k+1)-\boldsymbol{C}\hat{\boldsymbol{x}}(k+1|k) \tag{11.40}$$

$$\hat{\boldsymbol{f}}(k+1)=\hat{\boldsymbol{f}}(k)+\boldsymbol{\Gamma}(k+1)\tilde{\boldsymbol{y}}(k+1) \tag{11.41}$$

$$\hat{\boldsymbol{x}}(k+1|k+1)=\hat{\boldsymbol{x}}(k+1|k)+\boldsymbol{K}(k+1)\tilde{\boldsymbol{y}}(k+1)+\boldsymbol{\gamma}(k+1)[\hat{\boldsymbol{f}}(k+1)-\hat{\boldsymbol{f}}(k)] \tag{11.42}$$

式中，$\boldsymbol{\Omega}(k)$、$\boldsymbol{\Lambda}(k)$、$\boldsymbol{\Gamma}(k)$、$\boldsymbol{S}(k)$与 RLS 算法中的辅助变量一致；$\boldsymbol{\gamma}(k)$是额外添加的辅助变量。除去以上五个辅助变量更新方程，剩下的与经典卡尔曼滤波器更新方程类似。因此，根据卡尔曼滤波器的性质可知，$\boldsymbol{P}(k|k)$、$\boldsymbol{\Sigma}(k)$、$\boldsymbol{K}(k)$是有界的，且 $\boldsymbol{\Sigma}(k)>\boldsymbol{R}(k)>0$。

用 $\boldsymbol{y}_{\mathrm{lstm}}(k+1)$表示神经网络预测器的输出，系统真实值为 $\boldsymbol{y}^{*}(k+1)$，

$\boldsymbol{\varepsilon}_{\mathrm{L}}(k+1)$表示预测误差，$\boldsymbol{\varepsilon}_{\mathrm{L}}(k+1)=\boldsymbol{y}^{*}(k+1)-\boldsymbol{y}_{\mathrm{lstm}}(k+1)$。有如下结论：当预测误差的均值有界时，通过融合预测算法得到的故障值预测误差的期望是基于标准 Lyapunov 扩展定理的最终一致有界。

**证明**

根据离散系统状态方程式(11.23)、式(11.31)和式(11.42)，计算状态量预测误差为

$$
\begin{aligned}
&\tilde{\boldsymbol{x}}(k+1|k+1)=\boldsymbol{x}(k+1)-\hat{\boldsymbol{x}}(k+1|k+1)\\
&=\boldsymbol{A}_{\mathrm{d}}\boldsymbol{x}(k)+\boldsymbol{B}_{\mathrm{d}}\boldsymbol{u}(k)+\boldsymbol{F}\boldsymbol{f}(k)+\boldsymbol{w}(k)-\boldsymbol{A}_{\mathrm{d}}\hat{\boldsymbol{x}}(k|k)-\boldsymbol{B}_{\mathrm{d}}\hat{\boldsymbol{u}}(k)-\boldsymbol{F}\hat{\boldsymbol{f}}(k)\\
&\quad-\boldsymbol{K}(k+1)[\boldsymbol{y}_{\mathrm{lstm}}(k+1)-\boldsymbol{C}\hat{\boldsymbol{x}}(k+1|k)]-\boldsymbol{\gamma}(k+1)[\hat{\boldsymbol{f}}(k+1)-\hat{\boldsymbol{f}}(k)]\\
&=\boldsymbol{A}_{\mathrm{d}}\tilde{\boldsymbol{x}}(k|k)-\boldsymbol{K}(k+1)\{\boldsymbol{C}[\boldsymbol{A}_{\mathrm{d}}\boldsymbol{x}(k)+\boldsymbol{B}_{\mathrm{d}}\boldsymbol{u}(k)+\boldsymbol{F}\boldsymbol{f}(k)+\boldsymbol{w}(k)]+\boldsymbol{v}(k+1)\\
&\quad-\boldsymbol{C}[\boldsymbol{A}_{\mathrm{d}}\hat{\boldsymbol{x}}(k|k)-\boldsymbol{B}_{\mathrm{d}}\mathrm{diag}[K_{\mathrm{p}}\quad K_{\mathrm{d}}]\cdot\boldsymbol{y}_{\mathrm{lstm}}(k)+\boldsymbol{F}\hat{\boldsymbol{f}}(k)]\}+\boldsymbol{F}(k)\tilde{\boldsymbol{f}}(k)+\boldsymbol{w}(k)\\
&\quad-\boldsymbol{\gamma}(k+1)[\hat{\boldsymbol{f}}(k+1)-\boldsymbol{f}(k+1)+\boldsymbol{f}(k+1)-\hat{\boldsymbol{f}}(k)]\\
&\quad-\boldsymbol{B}_{\mathrm{d}}\mathrm{diag}[K_{\mathrm{p}}\quad K_{\mathrm{d}}]\cdot\boldsymbol{\varepsilon}_{\mathrm{L}}(k)+\boldsymbol{K}(k+1)\boldsymbol{\varepsilon}_{\mathrm{L}}(k+1)\\
&=[\boldsymbol{I}-\boldsymbol{K}(k+1)\boldsymbol{C}][\boldsymbol{A}_{\mathrm{d}}\tilde{\boldsymbol{x}}(k|k)+\boldsymbol{F}(k)\tilde{\boldsymbol{f}}(k)]+\boldsymbol{\gamma}(k+1)[\tilde{\boldsymbol{f}}(k+1)-\tilde{\boldsymbol{f}}(k)]\\
&\quad+[\boldsymbol{I}-\boldsymbol{K}(k+1)\boldsymbol{C}]\boldsymbol{w}(k)-\boldsymbol{K}(k+1)\boldsymbol{v}(k+1)\\
&\quad-[\boldsymbol{I}-\boldsymbol{K}(k+1)\boldsymbol{C}]\boldsymbol{B}_{\mathrm{d}}\mathrm{diag}[K_{\mathrm{p}}\quad K_{\mathrm{d}}]\cdot\boldsymbol{\varepsilon}_{\mathrm{L}}(k)+\boldsymbol{K}(k+1)\boldsymbol{\varepsilon}_{\mathrm{L}}(k+1)
\end{aligned}
\tag{11.43}
$$

式中，$\hat{\boldsymbol{u}}(k)=-\mathrm{diag}[K_{\mathrm{p}}\quad K_{\mathrm{d}}]\boldsymbol{y}_{\mathrm{lstm}}(k)$；$\tilde{\boldsymbol{f}}(k+1)$为故障预测误差。

考虑执行器发生缓变故障，有 $\boldsymbol{f}(k+1)\approx\boldsymbol{f}(k)$。根据式(11.40)和式(11.41)，$\tilde{\boldsymbol{f}}(k+1)$具体表达式为

$$
\begin{aligned}
\tilde{\boldsymbol{f}}(k+1)=\;&\tilde{\boldsymbol{f}}(k)-\boldsymbol{\Gamma}(k+1)\boldsymbol{C}[\boldsymbol{A}_{\mathrm{d}}\tilde{\boldsymbol{x}}(k|k)+\boldsymbol{F}\tilde{\boldsymbol{f}}(k)]\\
&-\boldsymbol{\Gamma}(k+1)\boldsymbol{C}\boldsymbol{w}(k)-\boldsymbol{\Gamma}(k+1)\boldsymbol{v}(k+1)\\
&+\boldsymbol{\Gamma}(k+1)\boldsymbol{C}\boldsymbol{B}_{\mathrm{d}}\mathrm{diag}[K_{\mathrm{p}}\quad K_{\mathrm{d}}]\boldsymbol{\varepsilon}_{\mathrm{L}}(k)+\boldsymbol{\Gamma}(k+1)\boldsymbol{\varepsilon}_{\mathrm{L}}(k+1)
\end{aligned}
\tag{11.44}
$$

定义一个与状态预测误差 $\tilde{\boldsymbol{x}}(k+1)$和故障预测误差 $\tilde{\boldsymbol{f}}(k+1)$相关的辅助变量 $\boldsymbol{\xi}(k+1)=\tilde{\boldsymbol{x}}(k+1|k+1)-\boldsymbol{\gamma}(k+1)\tilde{\boldsymbol{f}}(k+1)$，并将式(11.43)代入，可得

$$
\begin{aligned}
\boldsymbol{\xi}(k+1)=\;&[\boldsymbol{I}-\boldsymbol{K}(k+1)\boldsymbol{C}][\boldsymbol{A}_{\mathrm{d}}\tilde{\boldsymbol{x}}(k|k)+\boldsymbol{F}\tilde{\boldsymbol{f}}(k)]+\boldsymbol{\gamma}(k+1)\tilde{\boldsymbol{f}}(k)\\
&+[\boldsymbol{I}-\boldsymbol{K}(k+1)\boldsymbol{C}]\boldsymbol{w}(k)-\boldsymbol{K}(k+1)\boldsymbol{v}(k+1)\\
&-[\boldsymbol{I}-\boldsymbol{K}(k+1)\boldsymbol{C}]\boldsymbol{B}_{\mathrm{d}}\mathrm{diag}[K_{\mathrm{p}}\quad K_{\mathrm{d}}]\cdot\boldsymbol{\varepsilon}_{\mathrm{L}}(k)+\boldsymbol{K}(k+1)\boldsymbol{\varepsilon}_{\mathrm{L}}(k+1)
\end{aligned}
\tag{11.45}
$$

根据 $\boldsymbol{\xi}(k+1)$的表达式可知，$\tilde{\boldsymbol{x}}(k|k)=\boldsymbol{\xi}(k)+\boldsymbol{\gamma}(k)\tilde{\boldsymbol{f}}(k)$，将其与式(11.35)共同代入式(11.45)，进一步处理为

$$
\begin{aligned}
\boldsymbol{\xi}(k+1)=\;&[\boldsymbol{I}-\boldsymbol{K}(k+1)\boldsymbol{C}]\boldsymbol{A}_{\mathrm{d}}\boldsymbol{\xi}(k)\\
&+\{[\boldsymbol{I}-\boldsymbol{K}(k+1)\boldsymbol{C}]\boldsymbol{A}_{\mathrm{d}}\boldsymbol{\gamma}(k)+[\boldsymbol{I}-\boldsymbol{K}(k+1)\boldsymbol{C}]\boldsymbol{F}-\boldsymbol{\gamma}(k+1)\}\tilde{\boldsymbol{f}}(k)\\
&+[\boldsymbol{I}-\boldsymbol{K}(k+1)\boldsymbol{C}]\boldsymbol{w}(k)-\boldsymbol{K}(k+1)\boldsymbol{v}(k+1)\\
&-[\boldsymbol{I}-\boldsymbol{K}(k+1)\boldsymbol{C}]\boldsymbol{B}_{\mathrm{d}}\mathrm{diag}[K_{\mathrm{p}}\quad K_{\mathrm{d}}]\cdot\boldsymbol{\varepsilon}_{\mathrm{L}}(k)+\boldsymbol{K}(k+1)\boldsymbol{\varepsilon}_{\mathrm{L}}(k+1)\\
=\;&[\boldsymbol{I}-\boldsymbol{K}(k+1)\boldsymbol{C}]\boldsymbol{A}_{\mathrm{d}}\boldsymbol{\xi}(k)+[\boldsymbol{I}-\boldsymbol{K}(k+1)\boldsymbol{C}]\boldsymbol{w}(k)-\boldsymbol{K}(k+1)\boldsymbol{v}(k+1)
\end{aligned}
$$

$$-[\boldsymbol{I}-\boldsymbol{K}(k+1)\boldsymbol{C}]\boldsymbol{B}_{\mathrm{d}}\mathrm{diag}[K_{\mathrm{p}} \quad K_{\mathrm{d}}]\cdot\boldsymbol{\varepsilon}_{\mathrm{L}}(k)+\boldsymbol{K}(k+1)\boldsymbol{\varepsilon}_{\mathrm{L}}(k+1) \tag{11.46}$$

系统过程噪声 $\boldsymbol{w}(k+1)$ 和测量噪声 $\boldsymbol{v}(k+1)$ 的均值分别为零，对式(11.46)两边同时取期望可得

$$\begin{aligned}E\boldsymbol{\xi}(k+1)=&[\boldsymbol{I}-\boldsymbol{K}(k+1)\boldsymbol{C}]\boldsymbol{A}_{\mathrm{d}}E\boldsymbol{\xi}(k)\\&-[\boldsymbol{I}-\boldsymbol{K}(k+1)\boldsymbol{C}]\boldsymbol{B}_{\mathrm{d}}\mathrm{diag}[K_{\mathrm{p}} \quad K_{\mathrm{d}}]\cdot E\boldsymbol{\varepsilon}_{\mathrm{L}}(k)+\boldsymbol{K}(k+1)E\boldsymbol{\varepsilon}_{\mathrm{L}}(k+1)\end{aligned} \tag{11.47}$$

已知系统在可观和可控条件下，对应卡尔曼滤波器的齐次部分为

$$\boldsymbol{x}(k+1)=[\boldsymbol{I}-\boldsymbol{K}(k+1)\boldsymbol{C}]\boldsymbol{A}_{\mathrm{d}}\boldsymbol{x}(k) \tag{11.48}$$

满足稳定条件。因此，当 $E\boldsymbol{\varepsilon}_{\mathrm{L}}(k)$ 有界时，$E\boldsymbol{\xi}(k)$ 也是有界的，并且满足 $E\boldsymbol{\xi}(k)\leqslant\delta$。同理，矩阵 $\boldsymbol{F}$ 为一常值，根据式(11.35)可以得到 $\boldsymbol{\gamma}(k+1)$ 有界，进而根据式(11.36)可得 $\boldsymbol{\Omega}(k+1)$ 为有界。

继续将 $\tilde{\boldsymbol{x}}(k|k)=\boldsymbol{\xi}(k)+\boldsymbol{\gamma}(k)\tilde{\boldsymbol{f}}(k)$ 和式(11.36)代入式(11.44)中，可得

$$\begin{aligned}\tilde{\boldsymbol{f}}(k+1)=&\tilde{\boldsymbol{f}}(k)-\boldsymbol{\Gamma}(k+1)\boldsymbol{C}\{\boldsymbol{A}_{\mathrm{d}}[\boldsymbol{\xi}(k)+\boldsymbol{\gamma}(k)\tilde{\boldsymbol{f}}(k)]+\boldsymbol{F}\tilde{\boldsymbol{f}}(k)\}\\&-\boldsymbol{\Gamma}(k+1)\boldsymbol{C}\boldsymbol{w}(k)-\boldsymbol{\Gamma}(k+1)\boldsymbol{v}(k+1)\\&+\boldsymbol{\Gamma}(k+1)\boldsymbol{C}\boldsymbol{B}_{\mathrm{d}}\mathrm{diag}[K_{\mathrm{p}} \quad K_{\mathrm{d}}]\boldsymbol{\varepsilon}_{\mathrm{L}}(k)+\boldsymbol{\Gamma}(k+1)\boldsymbol{\varepsilon}_{\mathrm{L}}(k+1)\\=&[\boldsymbol{I}-\boldsymbol{\Gamma}(k+1)\boldsymbol{C}\boldsymbol{A}_{\mathrm{d}}\boldsymbol{\gamma}(k)-\boldsymbol{\Gamma}(k+1)\boldsymbol{C}\boldsymbol{F}]\tilde{\boldsymbol{f}}(k)-\boldsymbol{\Gamma}(k+1)\boldsymbol{C}\boldsymbol{A}_{\mathrm{d}}\boldsymbol{\xi}(k)\\&-\boldsymbol{\Gamma}(k+1)\boldsymbol{C}\boldsymbol{w}(k)-\boldsymbol{\Gamma}(k+1)\boldsymbol{v}(k+1)\\&+\boldsymbol{\Gamma}(k+1)\boldsymbol{C}\boldsymbol{B}_{\mathrm{d}}\mathrm{diag}[K_{\mathrm{p}} \quad K_{\mathrm{d}}]\boldsymbol{\varepsilon}_{\mathrm{L}}(k)+\boldsymbol{\Gamma}(k+1)\boldsymbol{\varepsilon}_{\mathrm{L}}(k+1)\\=&[\boldsymbol{I}-\boldsymbol{\Gamma}(k+1)\boldsymbol{\Omega}(k+1)]\tilde{\boldsymbol{f}}(k)-\boldsymbol{\Gamma}(k+1)\boldsymbol{d}(k)\\&+\boldsymbol{\Gamma}(k+1)\boldsymbol{C}\boldsymbol{B}_{\mathrm{d}}\mathrm{diag}[K_{\mathrm{p}} \quad K_{\mathrm{d}}]\boldsymbol{\varepsilon}_{\mathrm{L}}(k)+\boldsymbol{\Gamma}(k+1)\boldsymbol{\varepsilon}_{\mathrm{L}}(k+1)\end{aligned} \tag{11.49}$$

式中，$\boldsymbol{d}(k)=\boldsymbol{C}\boldsymbol{A}_{\mathrm{d}}\boldsymbol{\xi}(k)+\boldsymbol{C}\boldsymbol{w}(k)+\boldsymbol{v}(k+1)$；$E\boldsymbol{d}(k)=\boldsymbol{C}\boldsymbol{A}_{\mathrm{d}}E\boldsymbol{\xi}(k)\leqslant\boldsymbol{C}\boldsymbol{A}_{\mathrm{d}}\boldsymbol{\delta}=\boldsymbol{\delta}_1$。

对式(11.49)两边同时取期望，得到表达式如下：

$$E\tilde{\boldsymbol{f}}(k+1)=[\boldsymbol{I}-\boldsymbol{\Gamma}(k+1)\boldsymbol{\Omega}^{\mathrm{T}}(k+1)]E\tilde{\boldsymbol{f}}(k)-\boldsymbol{\Gamma}(k+1)\boldsymbol{L}_{\mathrm{p}}(k) \tag{11.50}$$

令

$$\begin{aligned}\boldsymbol{M}(k+1)&=\boldsymbol{S}^{-1}(k+1)\\&=\lambda\boldsymbol{M}(k)[\boldsymbol{I}-\boldsymbol{\Gamma}(k+1)\boldsymbol{\Omega}^{\mathrm{T}}(k+1)]^{-1}\end{aligned} \tag{11.51}$$

为方便表述，用 $\boldsymbol{f}_{\mathrm{e}}(k)$ 表示故障预测误差的期望 $E\tilde{\boldsymbol{f}}(k)$，定义 Lyapunov 函数为

$$\boldsymbol{V}(k+1)=\boldsymbol{f}_{\mathrm{e}}^{\mathrm{T}}(k+1)\boldsymbol{M}(k)\boldsymbol{f}_{\mathrm{e}}(k+1) \tag{11.52}$$

将式(11.50)和式(11.51)代入 Lyapunov 函数中，可得

$$\begin{aligned}\boldsymbol{V}(k+1)=&\lambda\boldsymbol{f}_{\mathrm{e}}^{\mathrm{T}}(k)[\boldsymbol{I}-\boldsymbol{\Gamma}(k+1)\boldsymbol{\Omega}^{\mathrm{T}}(k+1)]^{\mathrm{T}}\boldsymbol{M}(k)\boldsymbol{f}_{\mathrm{e}}(k)-2\boldsymbol{L}_{\mathrm{p}}^{\mathrm{T}}(k)\boldsymbol{\Gamma}^{\mathrm{T}}(k+1)\lambda\cdot\\&\boldsymbol{M}(k)[\boldsymbol{I}-\boldsymbol{\Gamma}(k+1)\boldsymbol{\Omega}^{\mathrm{T}}(k+1)]^{-1}[\boldsymbol{I}-\boldsymbol{\Gamma}(k+1)\boldsymbol{\Omega}^{\mathrm{T}}(k+1)]\boldsymbol{f}_{\mathrm{e}}(k)\\&+\boldsymbol{L}_{\mathrm{p}}^{\mathrm{T}}(k)\boldsymbol{\Gamma}^{\mathrm{T}}(k+1)\lambda\boldsymbol{M}(k)[\boldsymbol{I}-\boldsymbol{\Gamma}(k+1)\boldsymbol{\Omega}^{\mathrm{T}}(k+1)]^{-1}\boldsymbol{\Gamma}(k+1)\boldsymbol{L}_{\mathrm{p}}(k)\\=&\lambda\boldsymbol{V}(k)-\lambda\boldsymbol{f}_{\mathrm{e}}^{\mathrm{T}}(k)\boldsymbol{\Omega}(k+1)\boldsymbol{\Gamma}^{\mathrm{T}}(k+1)\boldsymbol{M}(k)\boldsymbol{f}_{\mathrm{e}}(k)\end{aligned}$$

$$-2\boldsymbol{L}_{\mathrm{p}}^{\mathrm{T}}(k)\boldsymbol{\Gamma}^{\mathrm{T}}(k+1)\lambda\boldsymbol{M}(k)\boldsymbol{f}_{\mathrm{e}}(k)$$
$$+\boldsymbol{L}_{\mathrm{p}}^{\mathrm{T}}(k)\boldsymbol{\Gamma}^{\mathrm{T}}(k+1)\lambda\boldsymbol{M}(k)[\boldsymbol{I}-\boldsymbol{\Gamma}(k+1)\boldsymbol{\Omega}^{\mathrm{T}}(k+1)]^{-1}\boldsymbol{\Gamma}(k+1)\boldsymbol{L}_{\mathrm{p}}(k) \tag{11.53}$$

因为遗忘因子 $\lambda\in(0,1)$，则 $\boldsymbol{V}(k+1)<\boldsymbol{V}(k+1)/\lambda$，将式(11.53)代入可以得到如下不等式：

$$\begin{aligned}\boldsymbol{V}(k+1)-\boldsymbol{V}(k)<&-\boldsymbol{f}_{\mathrm{e}}^{\mathrm{T}}(k)\boldsymbol{\Omega}(k+1)\boldsymbol{\Gamma}^{\mathrm{T}}(k+1)\boldsymbol{M}(k)\boldsymbol{f}_{\mathrm{e}}(k)\\&-2\boldsymbol{L}_{\mathrm{p}}^{\mathrm{T}}(k)\boldsymbol{\Gamma}^{\mathrm{T}}(k+1)\boldsymbol{M}(k)\boldsymbol{f}_{\mathrm{e}}(k)\\&+\boldsymbol{L}_{\mathrm{p}}^{\mathrm{T}}(k)\boldsymbol{\Gamma}^{\mathrm{T}}(k+1)\boldsymbol{M}(k)\cdot\\&[\boldsymbol{I}-\boldsymbol{\Gamma}(k+1)\boldsymbol{\Omega}^{\mathrm{T}}(k+1)]^{-1}\boldsymbol{\Gamma}(k+1)\boldsymbol{L}_{\mathrm{p}}(k)\\=&-\boldsymbol{f}_{\mathrm{e}}^{\mathrm{T}}(k)\boldsymbol{\Xi}_1\boldsymbol{f}_{\mathrm{e}}(k)+\boldsymbol{\Xi}_2\boldsymbol{f}_{\mathrm{e}}(k)+\boldsymbol{D}_{\mathrm{p}}\end{aligned} \tag{11.54}$$

式中

$$\boldsymbol{\Xi}_1=\boldsymbol{\Omega}(k+1)\boldsymbol{\Gamma}^{\mathrm{T}}(k+1)\boldsymbol{M}(k)$$
$$\boldsymbol{\Xi}_2=-2\boldsymbol{L}_{\mathrm{p}}^{\mathrm{T}}(k)\boldsymbol{\Gamma}^{\mathrm{T}}(k+1)\boldsymbol{M}(k)$$
$$\boldsymbol{D}_{\mathrm{p}}=\boldsymbol{L}_{\mathrm{p}}^{\mathrm{T}}(k)\boldsymbol{\Gamma}^{\mathrm{T}}(k+1)\boldsymbol{M}(k)[\boldsymbol{I}-\boldsymbol{\Gamma}(k+1)\boldsymbol{\Omega}(k+1)]^{-1}\boldsymbol{\Gamma}(k+1)\boldsymbol{L}_{\mathrm{p}}(k)$$

针对 $\boldsymbol{\Xi}_1$ 进一步分析，有

$$\begin{aligned}\boldsymbol{\Xi}_1&=\boldsymbol{\Omega}(k+1)\boldsymbol{\Lambda}(k+1)\boldsymbol{\Omega}^{\mathrm{T}}(k+1)\\&=\boldsymbol{\Omega}(k+1)[\lambda\boldsymbol{I}+\boldsymbol{\Omega}^{\mathrm{T}}(k+1)\boldsymbol{S}(k)\boldsymbol{\Omega}(k+1)]^{-1}\boldsymbol{\Omega}(k+1)\end{aligned} \tag{11.55}$$

已知 $\boldsymbol{\Sigma}(k)>0$，$\boldsymbol{M}(k+1)=\boldsymbol{S}^{-1}(k+1)$，根据式(11.39)矩阵逆的性质有

$$\begin{aligned}\boldsymbol{S}(k+1)=&[\lambda\boldsymbol{M}(k)]^{-1}-[\lambda\boldsymbol{M}(k)]^{-1}[\boldsymbol{\Omega}^{\mathrm{T}}(k+1)]^{\mathrm{T}}\cdot\\&\{\mathrm{I}+\boldsymbol{\Omega}^{\mathrm{T}}(k+1)[\lambda\boldsymbol{M}(k)]^{-1}[\boldsymbol{\Omega}^{\mathrm{T}}(k+1)]^{\mathrm{T}}\}^{-1}\boldsymbol{\Omega}^{\mathrm{T}}(k+1)[\lambda\boldsymbol{M}(k)]^{-1}\\=&[\lambda\boldsymbol{M}(k)+\boldsymbol{\Omega}(k+1)\boldsymbol{\Omega}^{\mathrm{T}}(k+1)]^{-1}\end{aligned} \tag{11.56}$$

则 $\boldsymbol{M}(k+1)=\lambda\boldsymbol{M}(k)+\boldsymbol{\Omega}(k+1)\boldsymbol{\Omega}^{\mathrm{T}}(k+1)$，可以改写为如下形式：

$$\boldsymbol{M}(k+1)=\lambda^{k+1}\boldsymbol{M}(0)+\sum_{i=0}^{k}\lambda^{i}\boldsymbol{\Omega}(k+1-i)\boldsymbol{\Omega}^{\mathrm{T}}(k+1-i) \tag{11.57}$$

当 $\boldsymbol{M}(0)=\boldsymbol{S}^{-1}(0)>0$ 时，$\boldsymbol{M}(k+1)>0$，可以得到 $\boldsymbol{S}(k+1)>0$，从而 $\boldsymbol{\Xi}_1$ 是一个正定矩阵。因此，当满足不等式 $\boldsymbol{V}(k+1)-\boldsymbol{V}(k)<0$ 时，有

$$\|\boldsymbol{f}_{\mathrm{e}}(k+1)\|>\frac{\|\boldsymbol{\Xi}_2\|}{2\lambda_{\min}(\boldsymbol{\Xi}_1)}+\sqrt{\frac{\|\boldsymbol{\Xi}_2\|^2}{4\lambda^2{}_{\min}(\boldsymbol{\Xi}_1)}+\frac{\|\boldsymbol{d}_\delta\|}{\lambda_{\min}(\boldsymbol{\Xi}_1)}} \tag{11.58}$$

式中，$\lambda_{\min}(\boldsymbol{\Xi}_1)$表示 $\boldsymbol{\Xi}_1$ 的最小特征值。综上可得，故障预测值的误差期望是基于标准 Lyapunov 扩展定理的最终一致有界。证毕。

## 11.3 仿真实验

为了验证上述融合故障预测算法的有效性和准确性，本节对航天器姿控系

统执行器故障模型进行仿真分析。实验分为两部分：第一部分对所设计的神经网络预测器性能进行分析，为了有更好的实验效果，在实验中采用了传统的循环神经网络和单一小批量标准化 LSTM 神经网络分别设计了预测器与本章所提出的神经网络预测器进行对比；第二部分通过引入两种不同类型的时变故障，验证了融合预测算法能够提取历史数据特征，在故障初期难以确定故障发生时可以有效预测未来故障变化和获取更多故障信息，辅助地面人员进行判断并提前采取相应措施。

### 11.3.1　神经网络预测器性能分析

**1. 数据集**

神经网络的数据集来自于第 2 章软件仿真实例 1 中航天器姿控系统方程的输出，设置仿真时间 $T_f=200$ s，采样步长 $T=0.1$ s。控制系统在大约 30 s 后进入稳定状态，为保证数据集的代表性选择在平稳运行 10 s 后，即 40 s 的时刻作为采样起点。假设预测的起始时刻为 $T_p$，则采集 40 s 至 $T_p$ 时间段内的系统输出数据。此时，采集到的数据序列经过归一化处理后表示为 $y_{T_s/T}, y_{T_s/T+1}, \cdots, y_{T_p/T}$，其中 $T_s=40$ s 为采样开始的时刻。将获取的数据序列分别构建输入数据集和对应的期望输出数据集，表示如下：

$$\begin{cases}\boldsymbol{P}_1=[y_{T_s/T} \quad y_{T_s/T+1} \quad \cdots \quad y_{T_s/T+L-1}]\rightarrow \boldsymbol{T}_1=y_{T_s/T+L}\\ \boldsymbol{P}_2=[y_{T_s/T+1} \quad y_{T_s/T+2} \quad \cdots \quad y_{T_s/T+L}]\rightarrow \boldsymbol{T}_2=y_{T_s/T+L+1}\\ \vdots\\ \boldsymbol{P}_n=[y_{T_s/T+n-1} \quad y_{T_s/T+n} \quad \cdots \quad y_{T_s/T+n+L-2}]\rightarrow \boldsymbol{T}_n=y_{T_s/T+n+L-1}\end{cases} \tag{11.59}$$

式中，$\boldsymbol{P}_n$ 表示输入样本；$\boldsymbol{T}_n$ 表示对应的期望输出样本；$L$ 表示序列长度；$n$ 表示所采集数据产生的样本数。输入数据集和对应的期望输出数据集需要依次输入神经网络预测器，设置趋势识别模块的斜率阈值为 0.8°，然后通过趋势识别模块分别训练对应的 LSTM 神经网络。

**2. 收敛性分析**

LSTM 神经网络的训练收敛性主要受以下三个超参数影响。

(1)学习率。学习率用以控制神经网络权值更新的步长。如果学习率设置得太小，容易陷入局部最优且需要更多的迭代训练时间。但太大的学习率会导致训练不稳定，丢失最优参数。本节考虑可变学习率，设置初始学习率为0.005，每进行 50 次迭代训练后乘衰减因子 0.2 来降低学习率，使得网络具备更出色的收敛性。

(2)LSTM 细胞元数。从神经网络的规模来看，隐藏层 LSTM 细胞元数量除了对网络结构复杂度有很大影响外，对网络性能也有很大的影响。本节设置

50、100、150 的细胞元数并进行了对比实验，最终选取 50 作为上升趋势和下降趋势对应的两个 LSTM 神经网络的细胞元数，100 作为平缓趋势对应 LSTM 神经网络的细胞元数。

(3)小批量样本数量。小批量样本数量即进行一次训练所使用的样本数量，通常设置为 $2^n$。当选择样本数量较少时，能够缩短训练时间，但不利于神经网络的收敛，训练误差较大；当选择样本数量过多时，会消耗更多的训练时间。本节考虑神经网络的结构复杂度和训练样本数，上升趋势和下降趋势对应的两个 LSTM 神经网络的小批量样本数量设置为 8，平缓趋势对应 LSTM 神经网络的小批量样本数量为 16。

设置好网络超参数，以俯仰轴通道角度输出信号 $\varphi$ 为例，在无故障情况下，传统 LSTM 神经网络预测器和小批量标准化 LSTM 神经网络预测器损失函数曲线如图 11.5 所示。可以看出，对应不同趋势的三个预测神经网络，在采用小批量标准化后的收敛性得到了明显的改善。

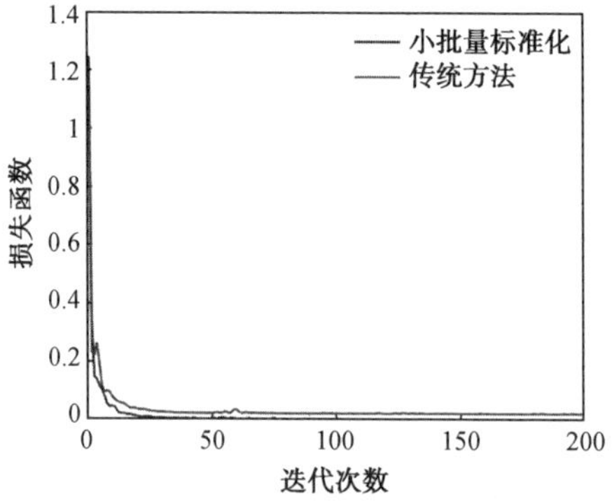

(a) 上升趋势预测神经网络

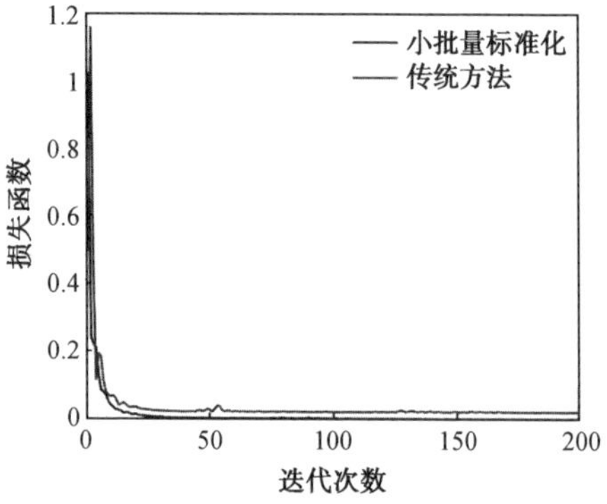

(b) 下降趋势预测神经网络

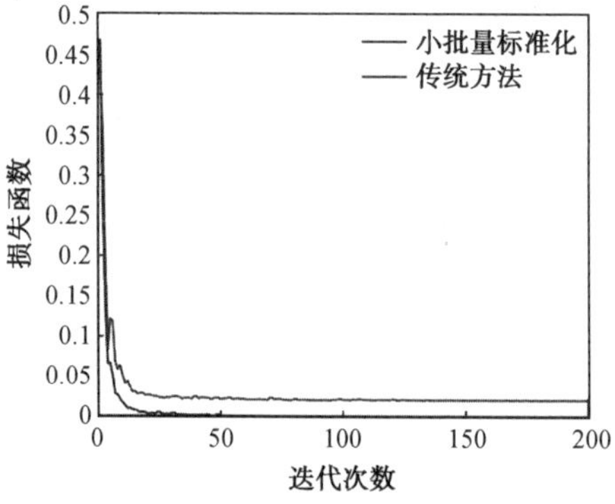

(c) 平缓趋势预测神经网络

图 11.5　传统 LSTM 神经网络预测器和小批量标准化 LSTM 神经网络预测器损失函数曲线（彩图见附录 B）

### 3. 序列预测结果

设置输入序列维度为 200，预测步长为 200，预测起始时刻 $T_p = 150$ s。在无故障情况下，分别使用传统 RNN 预测器、单一小批量标准化 LSTM 预测器和所提出的带有趋势识别模块的神经网络预测器对俯仰轴通道角度 $\varphi$ 预测的结果如图 11.6 所示。

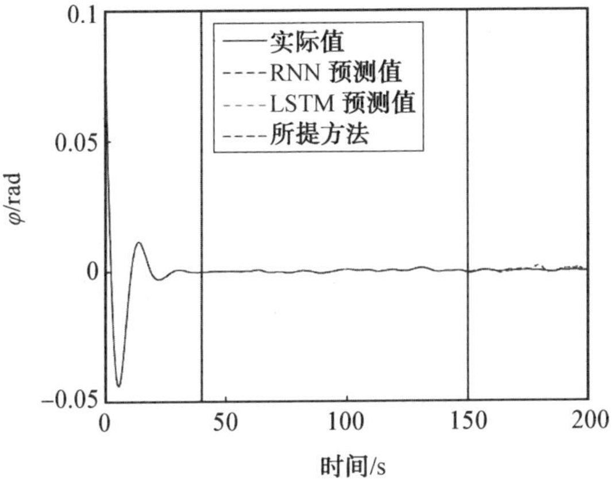


图 11.6　俯仰轴通道角度 $\varphi$ 预测结果图(彩图见附录 B)

三种方法在预测段的局部放大图和残差曲线分别如图 11.7～11.9 所示。

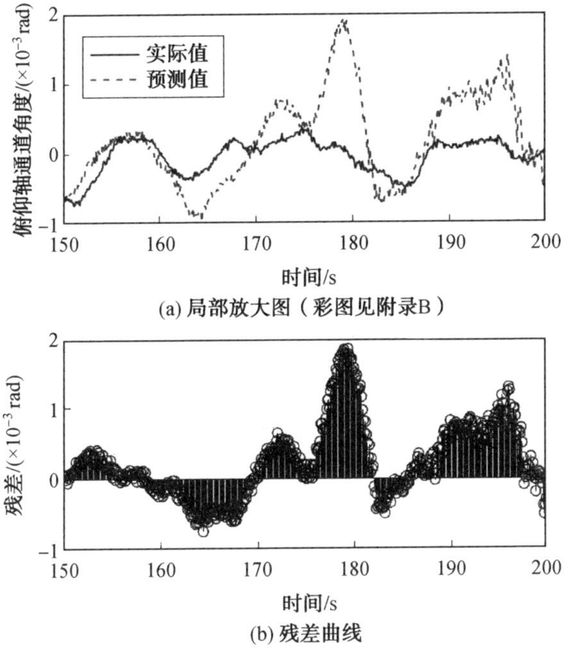


图 11.7　传统 RNN 预测器预测结果

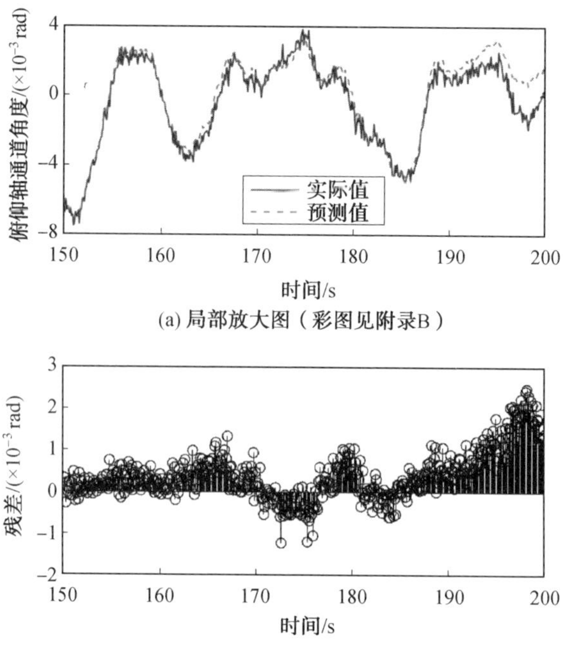


(b) 残差曲线

图 11.8 单一小批量标准化 LSTM 预测器预测结果

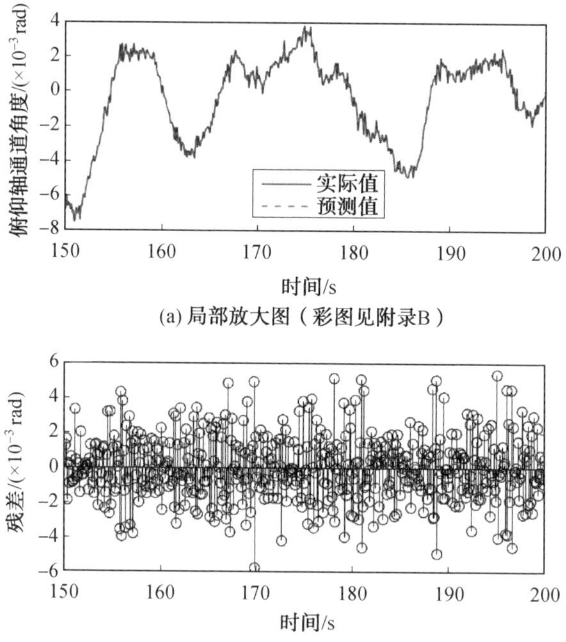


(b) 残差曲线

图 11.9 带有趋势识别模块的 LSTM 神经网络预测器预测结果

通过对比可以看出，传统 RNN 预测器和单一小批量标准化 LSTM 预测器所预测的结果随着预测步长的增加，误差逐渐增大，而所提出的带有趋势识别模块的 LSTM 神经网络预测器的误差分布较为均匀，能够持续保证良好的预测精度。根据预测误差计算传统 RNN 预测器、单一小批量标准化 LSTM 预测器和所提出的带有趋势识别模块的 LSTM 神经网络预测器输出结果的 RMSE 分别为 $5.9889\times10^{-4}$、$9.1366\times10^{-5}$ 和 $1.8566\times10^{-5}$，很明显采用 LSTM 神经网络的两种预测方法比传统 RNN 的方法小一个量级。并且，相比于单一小批量标准化 LSTM 神经网络预测器，本节所提出的带有趋势识别模块的 LSTM 神经网络预测器的 RMSE 缩小了 1/5。综合以上实验结果可以得出结论，利用所提出的神经网络预测器可以获得更为持续和精确的预测值，更有利于下一步融合算法预测故障值。

## 11.3.2 故障值预测实验

故障预测的目标主要是针对时变故障，根据系统当前或历史数据特征对系统故障未来的发展趋势进行预测、分析和判断，以便及时消除故障隐患。本节为了验证融合预测算法的有效性，设计了两种时变故障场景。分别为缓慢变化的斜坡故障信号和周期性变化的三角函数故障信号。

场景 1：120 s 时在俯仰轴通道注入斜率为 0.000 1 的斜坡故障，表达式为

$$\begin{cases} f_\varphi(t)=\begin{cases}0, & t\leqslant 120 \\ 0.0001(t-120), & t>120\end{cases} \\ f_\theta(t)=0 \\ f_\psi(t)=0 \end{cases} \tag{11.60}$$

设置实验参数为 $\boldsymbol{P}(0)=0.001\boldsymbol{I}_n$，$\boldsymbol{Q}=0.0001\boldsymbol{I}_n$，$\boldsymbol{R}=0.0005\boldsymbol{I}_n$，$\gamma(0)=0$，$\lambda=0.95$，$\boldsymbol{S}(0)=0.001\boldsymbol{I}_n$。初值选取分别为 $\hat{\boldsymbol{x}}(0)=0$，$\hat{\boldsymbol{f}}(0)=0$。假设预测算法在 150 s 后介入，在此之前采用 11.2 节的滤波器算法进行状态的更新和估计。150 s 后，使用融合预测算法对故障值进行预测，整个过程的结果如图 11.10 所示。

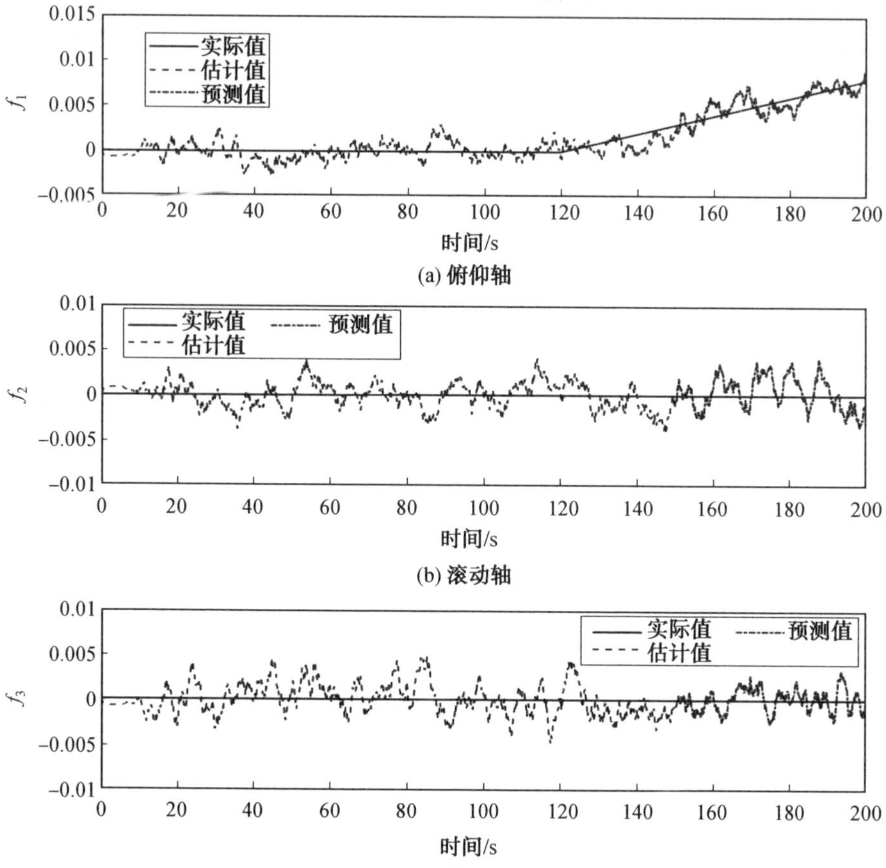


(a) 俯仰轴

(b) 滚动轴

(c) 偏航轴

图 11.10　斜坡故障情况下航天器三轴通道的故障值估计和预测(彩图见附录 B)

从图 11.10 中可以看出,在估计段和预测段,所采用的算法都能够有效地逼近实际故障值。但在斜坡故障发生的初期,即便可以根据已知的输出对故障的预测值进行更新,由于系统存在噪声和干扰会影响故障值的估计,因此仅从幅值上难以判断故障是否发生。而利用融合预测算法,可以有效地预测未来故障值的变化趋势,从而提前判断故障的发生,在故障进一步恶化前采取措施。

场景 2: 100 s 时在滚转轴注入周期性故障,表达式为

$$\begin{cases} f_1 = 0 \\ f_2 = \begin{cases} 0, & t \leqslant 100 \\ 0.003\sin 0.2(t-100), & t > 100 \end{cases} \\ f_3 = 0 \end{cases} \tag{11.61}$$

根据前面的参数对实验进行设置,仿真结果如图 11.11 所示。

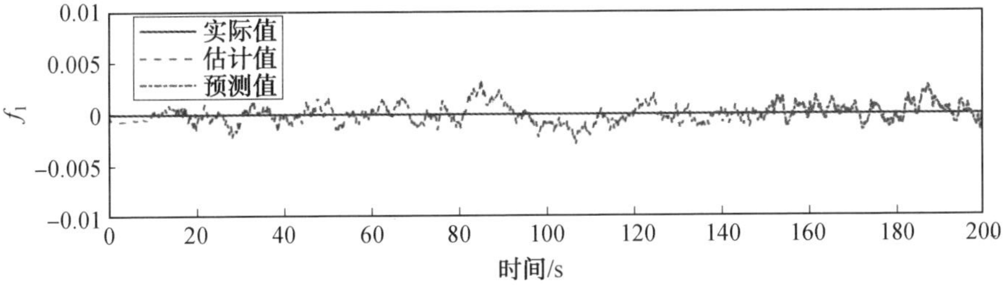

(a) 俯仰轴

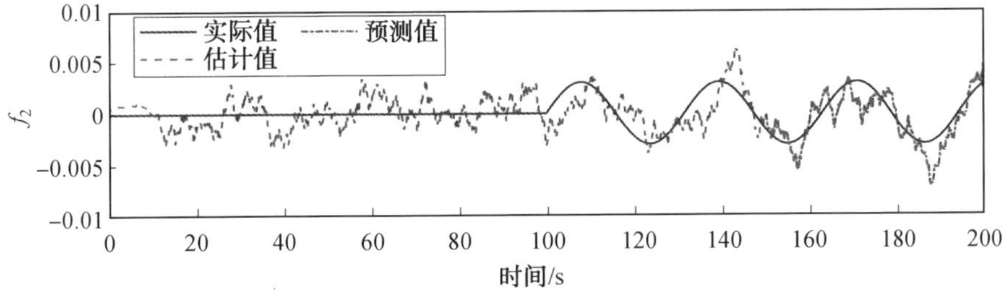

(b) 滚动轴

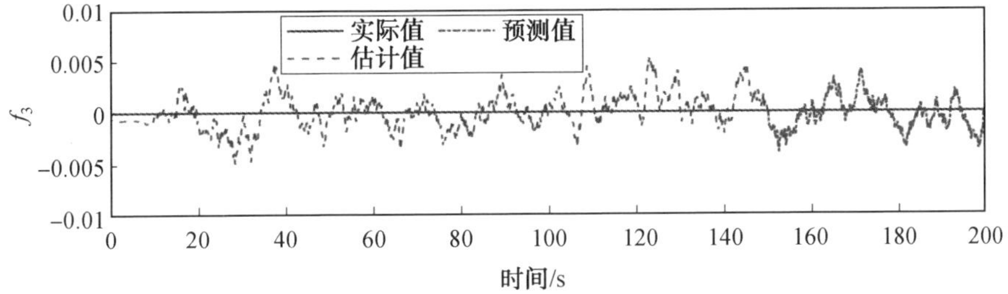

(c) 偏航轴

图 11.11　周期性故障情况下航天器三轴通道的故障值估计和预测(彩图见附录 B)

从图 11.11 中可以看出，在故障发生后，神经网络预测器能够通过前期有限的故障信息获取故障特征，并利用融合预测算法有效预测之后的故障值变化，从而得到更多的故障信息，有利于提前对故障类型进行判断，以采取相应的措施。

基于 LSTM 和滤波器的故障值预测算法程序代码如下：

```
收集数据：
num_in = 200;
num_out = 1;
X_h = y(1,401:end); % 无故障数据
%%归一化
mu = mean(X_h);
sig = std(X_h );
P_data_X_P = (X_h - mu) / sig;
```

```
%% X 轴角度数据
data_X_h_P = [];          %% 输入
data_X_h_T = [];          %% 网络期望输出
fori=1:1:(1601-num_in-num_out+1)
    data_X_h_P(:,i) = P_data_X_P(1,i:(i+num_in-1))';
    data_X_h_T(:,i) = P_data_X_P(1,num_in+i:(num_in+i+num_out-1));
end
data_X_P = data_X_h_P;
data_X_T = data_X_h_T;
L= length(data_X_T);
tt = 1:1:num_in;
data_desc_P = [];
data_desc_T = [];
data_asce_P = [];
data_asce_T = [];
data_stat_P = [];
data_stat_T = [];
lammda = -0.8 * pi/180; %%角度 0.8,角速度 0.5
miu = 0.5 * pi/180;
for l=1:1:L
    h=polyfit(tt,data_X_P(:,l)',1);
    index_r = atan(h(1));
      ifindex_r>=-pi/2 && index_r<=lammda
          data_desc_P = [data_desc_P data_X_P(:,l)];
          data_desc_T = [data_desc_T data_X_T(:,l)];
      else ifindex_r>=miu && index_r<=pi/2
          data_asce_P = [data_asce_P data_X_P(:,l)];
          data_asce_T = [data_asce_T data_X_T(:,l)];
        else
          data_stat_P = [data_stat_P data_X_P(:,l)];
          data_stat_T = [data_stat_T data_X_T(:,l)];
        end
      end
end
```

训练：

```
XTrain_asce = data_asce_P;
YTrain_asce = data_asce_T;
%%
```

```
numFeatures = num_in;
numResponses = num_out;
numHiddenUnits = 50;          %%节点数
layers = [ ...
    sequenceInputLayer(numFeatures)
    lstmLayer(numHiddenUnits)
    fullyConnectedLayer(numResponses)
    regressionLayer];
options =trainingOptions('adam', ...
    'MaxEpochs',200, ...
    'GradientThreshold',1, ...
    'MiniBatchSize',8, ...
    'InitialLearnRate',0.005, ...
    'LearnRateSchedule','piecewise', ...
    'LearnRateDropPeriod',50, ...
    'LearnRateDropFactor',0.2, ...
    'Verbose',0, ...
    'Plots','training-progress');
[net_asce, info]= trainNetwork(XTrain_asce,YTrain_asce,layers,options);
L_asce_ba=info.('TrainingLoss');
R_asce_ba=info.('TrainingRMSE');
%% desc LSTM
XTrain_desc = data_desc_P;
YTrain_desc = data_desc_T;
numFeatures = num_in;
numResponses = num_out;
numHiddenUnits = 50;
layers = [ ...
    sequenceInputLayer(numFeatures)
    lstmLayer(numHiddenUnits)
    fullyConnectedLayer(numResponses)
    regressionLayer];
options =trainingOptions('adam', ...
    'MaxEpochs',200, ...
    'GradientThreshold',1, ...
    'MiniBatchSize',8, ...
    'InitialLearnRate',0.005, ...
    'LearnRateSchedule','piecewise', ...
```

```
        'LearnRateDropPeriod',50, ...
        'LearnRateDropFactor',0.2, ...
        'Verbose',0, ...
        'Plots','training-progress');
[net_desc, info1]= trainNetwork(XTrain_desc,YTrain_desc,layers,options);
L1_desc_ba=info1.('TrainingLoss');
R1_desc_ba=info1.('TrainingRMSE');
%% stat LSTM
XTrain_stat = data_stat_P;
YTrain_stat = data_stat_T;
numFeatures = num_in;
numResponses = num_out;
numHiddenUnits = 100;
layers = [ ...
        sequenceInputLayer(numFeatures)
        lstmLayer(numHiddenUnits)
        fullyConnectedLayer(numResponses)
        regressionLayer];
options =trainingOptions('adam', ...
        'MaxEpochs',200, ...
        'GradientThreshold',1, ...
        'MiniBatchSize',16, ...
        'InitialLearnRate',0.005, ...
        'LearnRateSchedule','piecewise', ...
        'LearnRateDropPeriod',50, ...
        'LearnRateDropFactor',0.2, ...
        'Verbose',0, ...
        'Plots','training-progress');
[net_stat,info2] =trainNetwork(XTrain_stat,YTrain_stat,layers,options);
%%dataTestStandardized = (dataTest - mu) / sig;
L_stat_ba=info2.('TrainingLoss');
R_stat_ba=info2.('TrainingRMSE');
for j = 1:1:300
        p_in = [data_X_h_P(end,902+j);TL_YPred(:,(1+j):end)'];
        h=polyfit(tt,p_in',1);
        index_r = atan(h(1));
        ifindex_r >= -pi/2 && index_r <= lammda
                [net_desc,TL_YPred(:,j+200)] = predictAndUpdateState(net_desc,p_
```

```
in,'ExecutionEnvironment','cpu');
            else
                ifindex_r >= miu && index_r <= pi/2
                 [net_asce,TL_YPred(:,j+200)] = predictAndUpdateState(net_asce,p_
in,'ExecutionEnvironment','cpu');
                else
                    [net_stat,TL_YPred(:,j+200)]=predictAndUpdateState(net_stat,p_
in,'ExecutionEnvironment','cpu');
                end
        end
    end
    预测:
    In = eye(6);
    xbar_k = [];
    fbar = [];
    xbar_k(:,1) = zeros(1,6);
    fbar(:,1) = zeros(1,3);
    p_k = 0.001 * eye(6);
    Q = 0.0001 * eye(6);
    R = 0.0005 * eye(6);
    gamma = zeros(6,3);
    lambda = 0.95;
    S = 0.001 * eye(3);
    for k = 1:1:2000
        if k < 1501
            y_pred(:,k+1) = y(:,k+1);
            ubar(:,k) = u(:,k);
        else
            y_pred(:,k+1) = YPred(:,k-1500);
            ubar(:,k) = -[kp kd] * y_pred(:,k);
        end
    %%预测步
    xbar_k1(:,k) = Ad * xbar_k(:,k)+Bd * ubar(:,k)+F * fbar(:,k);
    p_k1 = Ad * p_k * Ad'+Q;
    %%更新步
    sigma = C * p_k1 * C'+R;
    K = p_k1 * C'/sigma;
    p_k = (In-K * C) * p_k1;        %% 更新 p(k+1,k+1)
```

```
omega = C * Ad * gamma+C * F;
gamma = (In-K * C) * Ad * gamma+(In-K * C) * F;      %% gamma 初值
corn = inv(lambda * sigma+omega * S * omega'); %% S 初值
Gam = S * omega' * corn;
S = S/lambda-(S * omega' * corn * omega * S)/lambda; %%更新 S(k+1)
y_e = y_pred(:,k+1)-C * xbar_k1(:,k);
fbar(:,k+1) = fbar(:,k)+Gam * y_e;
xbar_k(:,k+1) = xbar_k1(:,k)+K * y_e+gamma * (fbar(:,k+1)-fbar(:,k));
end
```

## 11.4 本章小结

LSTM 是一种时间循环神经网络，于 1997 年首次被提出。由于独特的设计结构，因此 LSTM 适合处理和预测时间序列中间隔和延迟非常长的重要事件。LSTM 的表现通常比时间循环神经网络及隐马尔可夫模型更好，因而普遍用于自主语音识别。针对非线性系统，LSTM 可作为复杂的非线性单元，用于构造更大型的深度神经网络。

本章面向卫星姿控系统执行器时变故障的预测问题，给出了一种基于 LSTM 和滤波器的融合预测算法，构成一种神经网络预测器，在经典卡尔曼滤波器算法中引入递归最小二乘参数估计原理来提高对故障值的预测精度，可应用于航天器姿控系统执行器时变故障值预测。

# 参考文献


[1] 孔祥玉，马红光，韩崇昭. 非线性系统建模与故障诊断应用[M]. 北京：科学出版社，2014.

[2] 德黑兰尼，霍拉桑尼. 非线性系统故障诊断的混合方法[M]. 胡茑庆，胡雷，秦国军，等译. 北京：国防工业出版社，2014.

[3] WITCZAK M. Fault diagnosis and fault-tolerant control strategies for non-linear systems[M]. Heidelberg: Springer International Publishing, 2014.

[4] 钟麦英，邢琰. 鲁棒故障检测方法及其在卫星姿态控制系统中的应用[M]. 北京：国防工业出版社，2017.

[5] DAVOODI M, MESKIN N, KHORASANI K. Integrated fault diagnosis and control design of linear complex systems[M]. Stevenage: Institution of Engineering and Technology, 2018.

[6] 陈复扬，姜斌. 动态系统的故障估计与先进控制[M]. 北京：化学工业出版社，2022.

[7] 魏秀业，潘宏侠. 粒子群优化及智能故障诊断[M]. 北京：国防工业出版社，2010.

[8] 闻新. 智能故障诊断技术：MATLAB 应用[M]. 北京：北京航空航天大学出版社，2015.

[9] 吕琛，栾家辉，王立梅，等. 故障诊断与预测：原理、技术及应用[M]. 北京：北京航空航天大学出版社，2012.

[10] 张金玉，张炜. 装备智能故障诊断与预测[M]. 北京：国防工业出版社，2013.

[11] 瓦克塞万诺斯，刘易斯，罗默，等. 工程系统中的智能故障诊断与预测[M]. 袁海文，王秋生，译. 北京：国防工业出版社，2013.

[12] 金南镐，黎明，崔如镐. 工程系统的健康管理和预测技术[M]. 夏虹，王航，

译. 哈尔滨:哈尔滨工程大学出版社,2021.
[13] 闻新,张洪钺,周露. 控制系统的故障诊断和容错控制[M]. 北京:机械工业出版社,1998.
[14] 王占山,刘磊. 复杂非线性系统的故障诊断与智能自适应容错控制[M]. 北京:科学出版社,2018.
[15] 曹承志,王楠. 智能技术[M]. 北京:清华大学出版社,2004.
[16] 颜军,龚永红,吴昊. 模糊神经网络理论与实践[M]. 哈尔滨:哈尔滨工业大学出版社,2021.
[17] 郑永煌,樊忠泽. 基于免疫机理和神经网络的智能故障诊断方法[M]. 北京:科学出版社,2021.
[18] SRIVASTAVA N P, SRIVASTAVA R K. Fault detection and isolation (FDI) via neural networks[M]. Berlin: Springer, 2014.
[19] 胡良谋. 支持向量机故障诊断及控制技术[M]. 北京:国防工业出版社,2011.
[20] BLANKE M, KINNAERT M, LUNZE J, et al. Diagnosis and fault-tolerant control[M]. Berlin: Springer, 2003.
[21] 高运广. 组合导航智能容错与故障检测方法[M]. 西安:西安电子科技大学出版社,2019.
[22] 安晶,周临震,安鹏. 基于人工智能的故障诊断方法[M]. 北京:高等教育出版社,2022.
[23] 黄文虎,夏松波,刘瑞岩. 设备故障诊断原理、技术及应用[M]. 北京:科学出版社,1996.
[24] 肇刚. 卫星在轨故障诊断技术与应用[M]. 北京:国防工业出版社,2019.
[25] JOHRI P, ANAND A, VAIN J, et al. System assurances: modeling and management[M]. New York: Academic Press, 2022.

# 名词索引

## H



## J



## K



## L



## M



## N



## O



## Q



## R



## S



## T



## W



## X

# 附录A 影响航天飞机自主着陆的因素

表A 影响航天飞机自主着陆的因素

| 稳定性（稳定为1，不稳定为2） | 误差大小（超大为1，较大为2，中为3，小为4） | 信号（正为1，负为2） | 风向（头为1，尾为2） | 风力（低为1，中为2，强为3，超出范围为4） | 着陆决策（半自主为1，自主为2） |
|---|---|---|---|---|---|
| 2 | 1 | 1 | 1 | 1 | 1 |
| 2 | 1 | 1 | 1 | 2 | 1 |
| 2 | 1 | 1 | 1 | 3 | 1 |
| 2 | 1 | 1 | 1 | 4 | 1 |
| 2 | 1 | 1 | 2 | 1 | 1 |
| 2 | 1 | 1 | 2 | 2 | 1 |
| 2 | 1 | 1 | 2 | 3 | 1 |
| 2 | 1 | 1 | 2 | 4 | 1 |
| 2 | 1 | 2 | 1 | 1 | 1 |
| 2 | 1 | 2 | 1 | 2 | 1 |
| 2 | 1 | 2 | 1 | 3 | 1 |
| 2 | 1 | 2 | 1 | 4 | 1 |
| 2 | 1 | 2 | 2 | 1 | 1 |
| 2 | 1 | 2 | 2 | 2 | 1 |
| 2 | 1 | 2 | 2 | 3 | 1 |
| 2 | 1 | 2 | 2 | 4 | 1 |

续表 A

| 稳定性（稳定为 1，不稳定为 2） | 误差大小（超大为 1，较大为 2，中为 3，小为 4） | 信号（正为 1，负为 2） | 风向（头为 1，尾为 2） | 风力（低为 1，中为 2，强为 3，超出范围为 4） | 着陆决策（半自主为 1，自主为 2） |
|---|---|---|---|---|---|
| 2 | 2 | 1 | 1 | 1 | 1 |
| 2 | 2 | 1 | 1 | 2 | 1 |
| 2 | 2 | 1 | 1 | 3 | 1 |
| 2 | 2 | 1 | 1 | 4 | 1 |
| 2 | 2 | 1 | 2 | 1 | 1 |
| 2 | 2 | 1 | 2 | 2 | 1 |
| 2 | 2 | 1 | 2 | 3 | 1 |
| 2 | 2 | 1 | 2 | 4 | 1 |
| 2 | 2 | 2 | 1 | 1 | 1 |
| 2 | 2 | 2 | 1 | 2 | 1 |
| 2 | 2 | 2 | 1 | 3 | 1 |
| 2 | 2 | 2 | 1 | 4 | 1 |
| 2 | 2 | 2 | 2 | 1 | 1 |
| 2 | 2 | 2 | 2 | 2 | 1 |
| 2 | 2 | 2 | 2 | 3 | 1 |
| 2 | 2 | 2 | 2 | 4 | 1 |
| 2 | 3 | 1 | 1 | 1 | 1 |
| 2 | 3 | 1 | 1 | 2 | 1 |
| 2 | 3 | 1 | 1 | 3 | 1 |
| 2 | 3 | 1 | 1 | 4 | 1 |
| 2 | 3 | 1 | 2 | 1 | 1 |
| 2 | 3 | 1 | 2 | 2 | 1 |
| 2 | 3 | 1 | 2 | 3 | 1 |
| 2 | 3 | 1 | 2 | 4 | 1 |
| 2 | 3 | 2 | 1 | 1 | 1 |
| 2 | 3 | 2 | 1 | 2 | 1 |
| 2 | 3 | 2 | 1 | 3 | 1 |
| 2 | 3 | 2 | 1 | 4 | 1 |

续表A

| 稳定性（稳定为1，不稳定为2） | 误差大小（超大为1，较大为2，中为3，小为4） | 信号（正为1，负为2） | 风向（头为1，尾为2） | 风力（低为1，中为2，强为3，超出范围为4） | 着陆决策（半自主为1，自主为2） |
|---|---|---|---|---|---|
| 2 | 3 | 2 | 2 | 1 | 1 |
| 2 | 3 | 2 | 2 | 2 | 1 |
| 2 | 3 | 2 | 2 | 3 | 1 |
| 2 | 3 | 2 | 2 | 4 | 1 |
| 2 | 4 | 1 | 1 | 1 | 1 |
| 2 | 4 | 1 | 1 | 2 | 1 |
| 2 | 4 | 1 | 1 | 3 | 1 |
| 2 | 4 | 1 | 1 | 4 | 1 |
| 2 | 4 | 1 | 2 | 1 | 1 |
| 2 | 4 | 1 | 2 | 2 | 1 |
| 2 | 4 | 1 | 2 | 3 | 1 |
| 2 | 4 | 1 | 2 | 4 | 1 |
| 2 | 4 | 2 | 1 | 1 | 1 |
| 2 | 4 | 2 | 1 | 2 | 1 |
| 2 | 4 | 2 | 1 | 3 | 1 |
| 2 | 4 | 2 | 1 | 4 | 1 |
| 2 | 4 | 2 | 2 | 1 | 1 |
| 2 | 4 | 2 | 2 | 2 | 1 |
| 2 | 4 | 2 | 2 | 3 | 1 |
| 2 | 4 | 2 | 2 | 4 | 1 |
| 1 | 2 | 1 | 1 | 1 | 1 |
| 1 | 2 | 1 | 1 | 2 | 1 |
| 1 | 2 | 1 | 1 | 3 | 1 |
| 1 | 2 | 1 | 1 | 4 | 1 |
| 1 | 2 | 1 | 2 | 1 | 1 |
| 1 | 2 | 1 | 2 | 2 | 1 |
| 1 | 2 | 1 | 2 | 3 | 1 |

续表A

| 稳定性（稳定为1，不稳定为2） | 误差大小（超大为1，较大为2，中为3，小为4） | 信号（正为1，负为2） | 风向（头为1，尾为2） | 风力（低为1，中为2，强为3，超出范围为4） | 着陆决策（半自主为1，自主为2） |
|---|---|---|---|---|---|
| 1 | 2 | 1 | 2 | 4 | 1 |
| 1 | 2 | 2 | 1 | 1 | 1 |
| 1 | 2 | 2 | 1 | 2 | 1 |
| 1 | 2 | 2 | 1 | 3 | 1 |
| 1 | 2 | 2 | 1 | 4 | 1 |
| 1 | 2 | 2 | 2 | 1 | 1 |
| 1 | 2 | 2 | 2 | 2 | 1 |
| 1 | 2 | 2 | 2 | 3 | 1 |
| 1 | 2 | 2 | 2 | 4 | 1 |
| 1 | 1 | 1 | 1 | 1 | 1 |
| 1 | 1 | 1 | 1 | 2 | 1 |
| 1 | 1 | 1 | 1 | 3 | 1 |
| 1 | 1 | 1 | 1 | 4 | 1 |
| 1 | 1 | 1 | 2 | 1 | 1 |
| 1 | 1 | 1 | 2 | 2 | 1 |
| 1 | 1 | 1 | 2 | 3 | 1 |
| 1 | 1 | 1 | 2 | 4 | 1 |
| 1 | 1 | 2 | 1 | 1 | 1 |
| 1 | 1 | 2 | 1 | 2 | 1 |
| 1 | 1 | 2 | 1 | 3 | 1 |
| 1 | 1 | 2 | 1 | 4 | 1 |
| 1 | 1 | 2 | 2 | 1 | 1 |
| 1 | 1 | 2 | 2 | 2 | 1 |
| 1 | 1 | 2 | 2 | 3 | 1 |
| 1 | 1 | 2 | 2 | 4 | 1 |
| 1 | 3 | 2 | 2 | 1 | 1 |
| 1 | 3 | 2 | 2 | 2 | 1 |

续表A

| 稳定性（稳定为1，不稳定为2） | 误差大小（超大为1，较大为2，中为3，小为4） | 信号（正为1，负为2） | 风向（头为1，尾为2） | 风力（低为1，中为2，强为3，超出范围为4） | 着陆决策（半自主为1，自主为2） |
|---|---|---|---|---|---|
| 1 | 3 | 2 | 2 | 3 | 1 |
| 1 | 3 | 2 | 2 | 4 | 1 |
| 1 | 3 | 1 | 1 | 4 | 1 |
| 1 | 3 | 1 | 2 | 4 | 1 |
| 1 | 3 | 2 | 1 | 4 | 1 |
| 1 | 4 | 1 | 1 | 4 | 1 |
| 1 | 4 | 1 | 2 | 4 | 1 |
| 1 | 4 | 2 | 1 | 4 | 1 |
| 1 | 4 | 2 | 2 | 4 | 1 |
| 1 | 4 | 1 | 1 | 1 | 2 |
| 1 | 4 | 1 | 2 | 1 | 2 |
| 1 | 4 | 2 | 1 | 1 | 2 |
| 1 | 4 | 2 | 2 | 1 | 2 |
| 1 | 4 | 1 | 1 | 2 | 2 |
| 1 | 4 | 1 | 2 | 2 | 2 |
| 1 | 4 | 2 | 1 | 2 | 2 |
| 1 | 4 | 2 | 2 | 2 | 2 |
| 1 | 4 | 1 | 1 | 3 | 2 |
| 1 | 4 | 1 | 2 | 3 | 2 |
| 1 | 4 | 2 | 1 | 3 | 2 |
| 1 | 4 | 2 | 2 | 3 | 2 |
| 1 | 3 | 1 | 1 | 1 | 2 |
| 1 | 3 | 1 | 1 | 2 | 2 |
| 1 | 3 | 1 | 2 | 1 | 2 |
| 1 | 3 | 1 | 2 | 2 | 2 |
| 1 | 3 | 1 | 1 | 3 | 1 |
| 1 | 3 | 1 | 2 | 3 | 2 |

# 附录 B　部分彩图

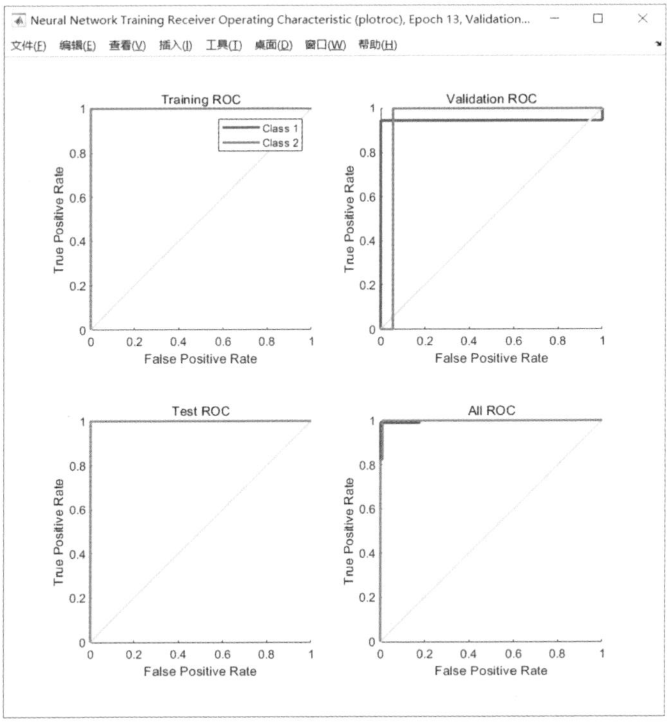


图 5.41

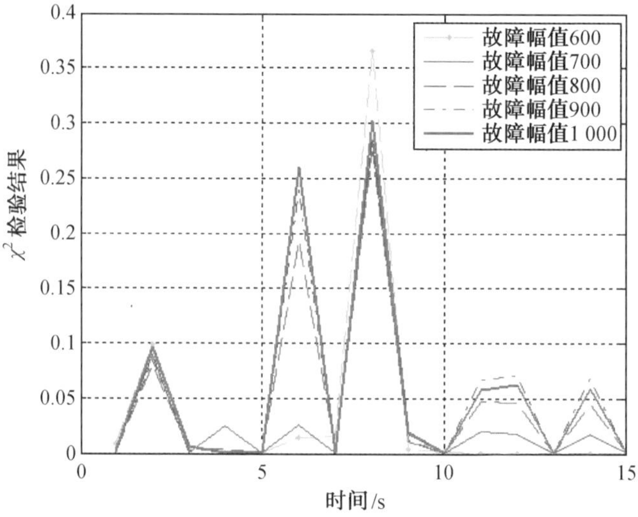

0.4
0.35
0.3
0.25
0.2
0.15
0.1
0.05
0
0
5
10
15
故障幅值600
故障幅值700
故障幅值800
故障幅值900
故障幅值1 000
$\chi^2$检验结果
时间/s


图 6.19

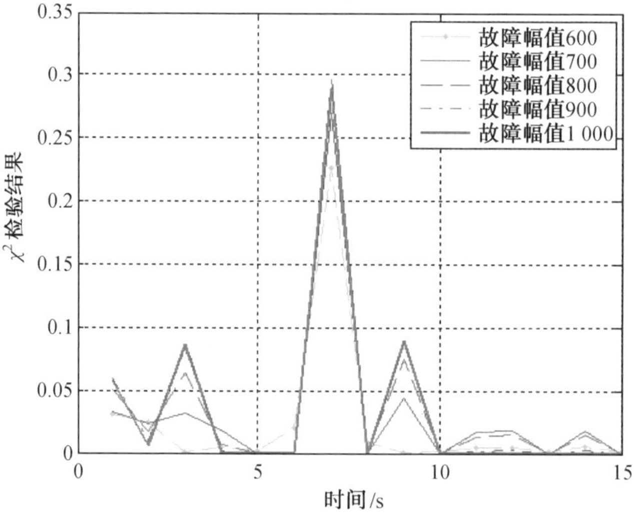

0.35
0.3
0.25
0.2
0.15
0.1
0.05
0
0
5
10
15
故障幅值600
故障幅值700
故障幅值800
故障幅值900
故障幅值1 000
$\chi^2$检验结果
时间/s


图 6.20

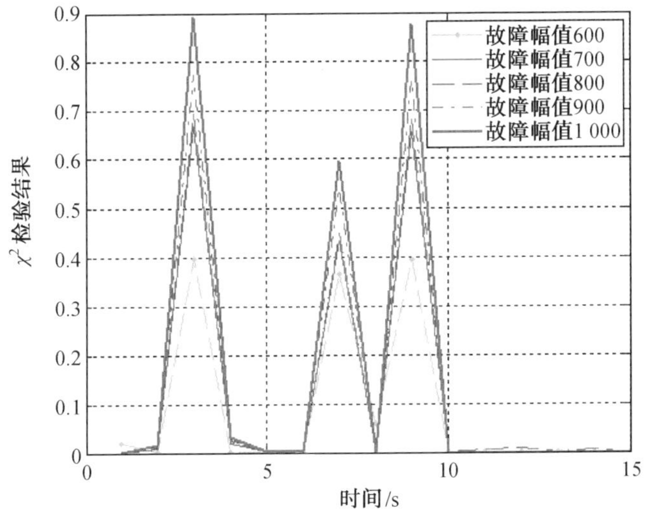
故障幅值600
故障幅值700
故障幅值800
故障幅值900
故障幅值1 000
$\chi^2$检验结果
时间/s

图 6.21

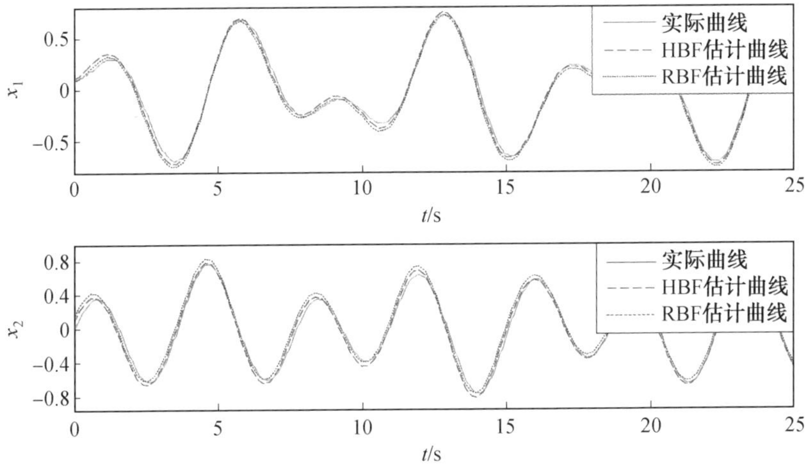
实际曲线
HBF估计曲线
RBF估计曲线
$x_1$
$t$/s
$x_2$

图 7.13

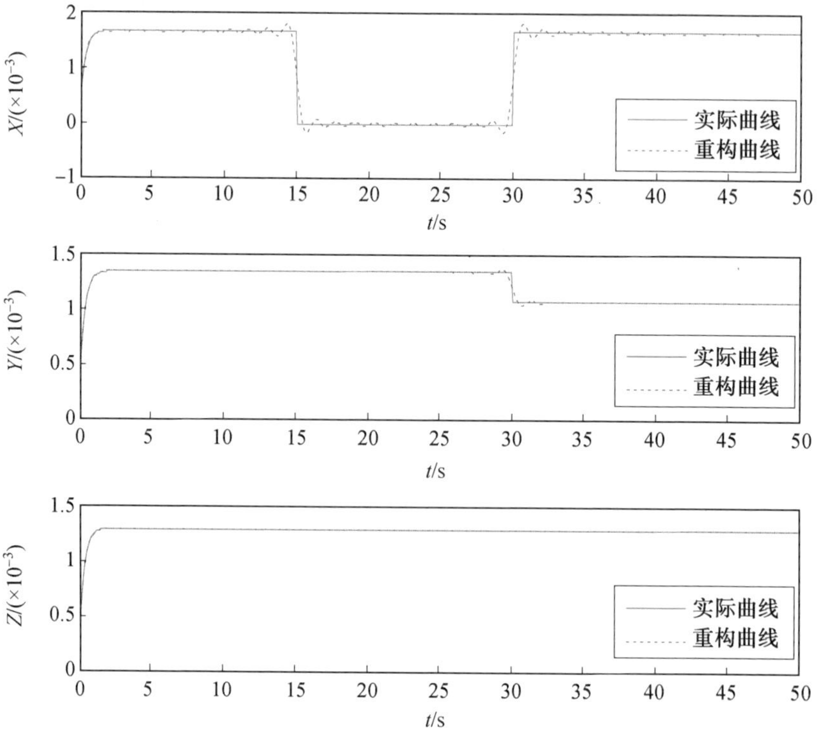


图 7.15

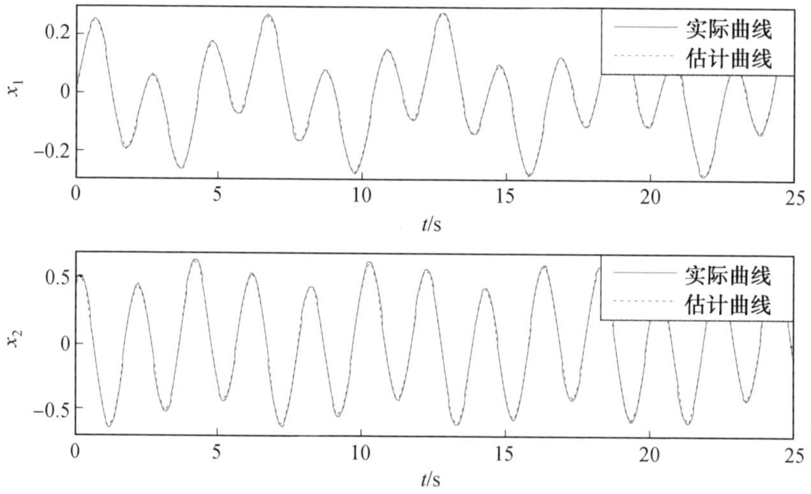


图 7.17

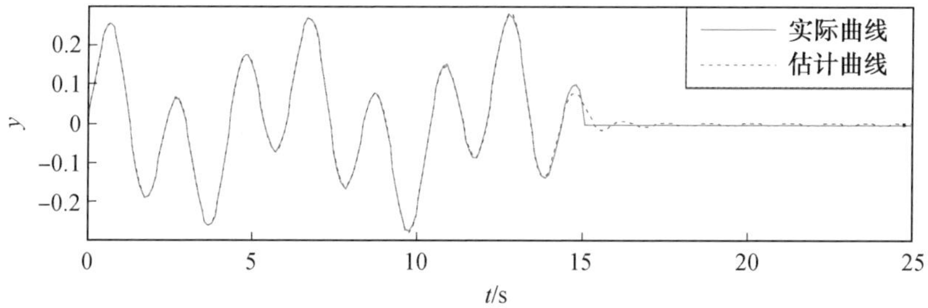

实际曲线
估计曲线
y
0.2
0.1
0
−0.1
−0.2
0
5
10
15
20
25
t/s


图 7.18

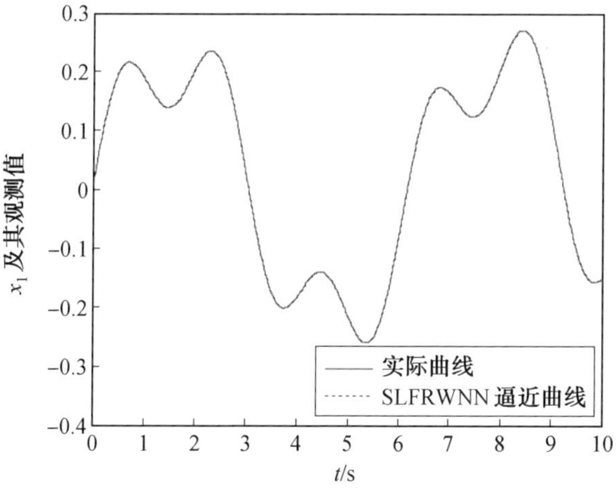

0.3
0.2
0.1
0
−0.1
−0.2
−0.3
−0.4
x1 及其观测值
实际曲线
SLFRWNN 逼近曲线
0
1
2
3
4
5
6
7
8
9
10
t/s


图 8.8

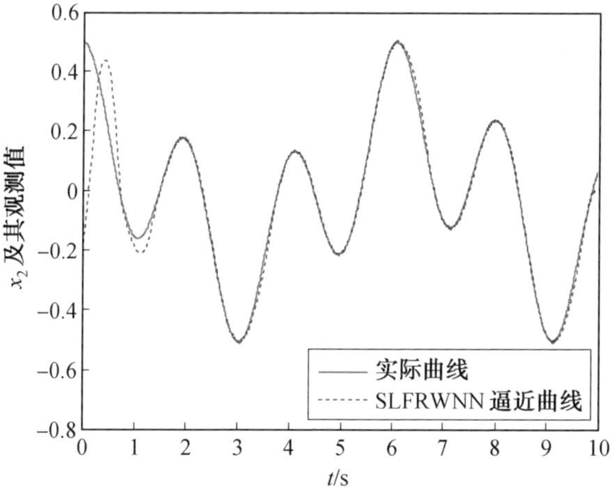

0.6
0.4
0.2
0
−0.2
−0.4
−0.6
−0.8
x2 及其观测值
实际曲线
SLFRWNN 逼近曲线
0
1
2
3
4
5
6
7
8
9
10
t/s


图 8.9

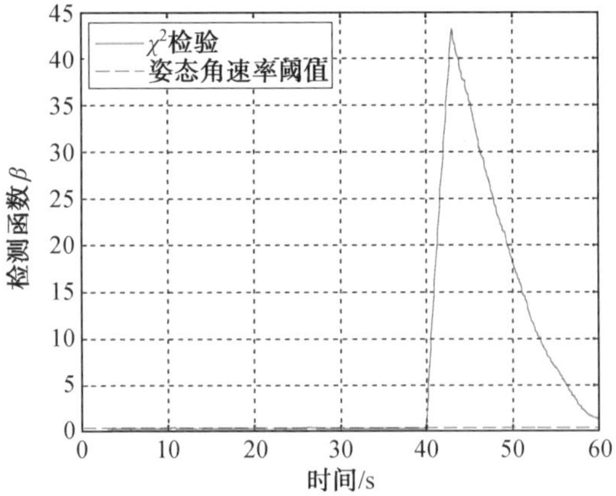


(a) 故障幅值为0.3(°)/s和0.5(°)/s时$\chi^2$检验

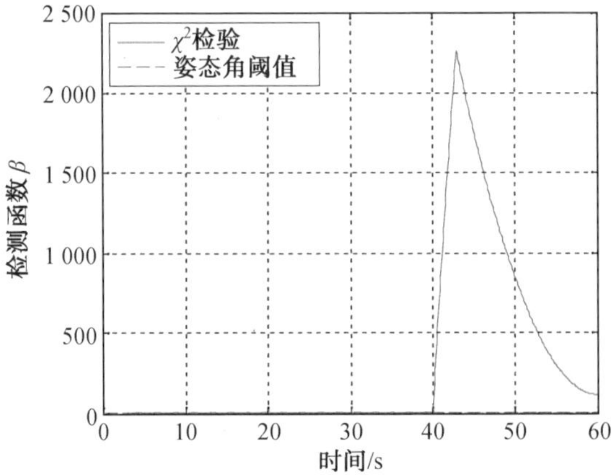


(c) 故障幅值为4(°)/s和2(°)/s时$\chi^2$检验

图 9.23

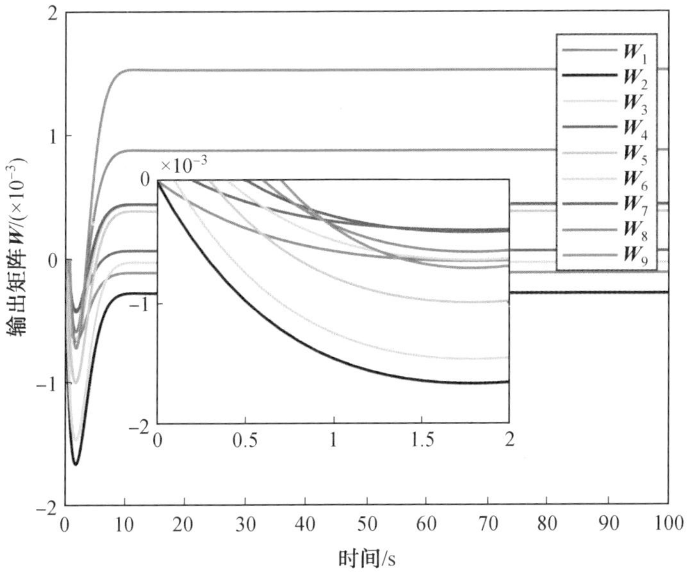


图 10.5

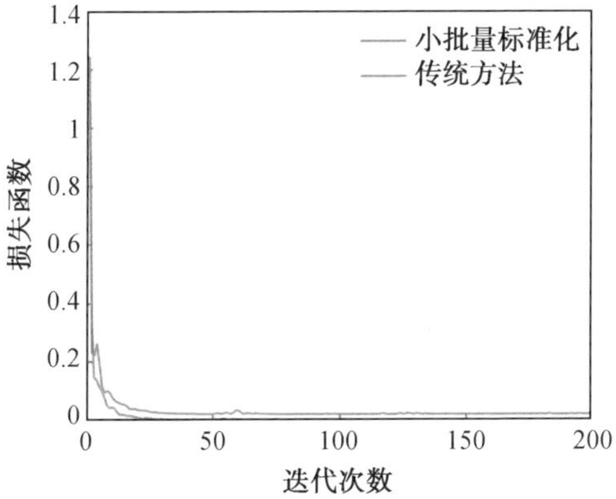


(a) 上升趋势预测神经网络

图 11.5

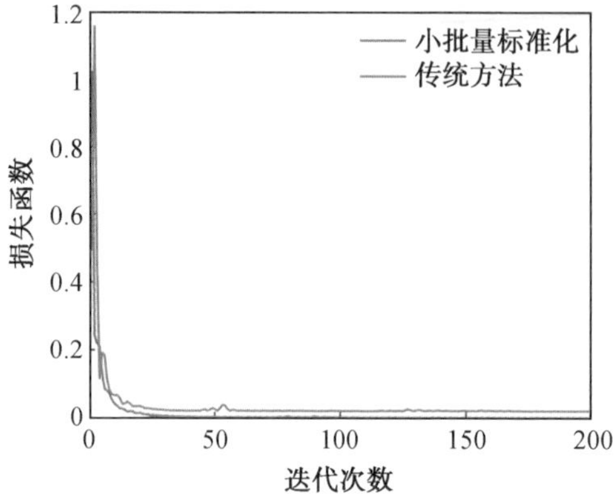


(b) 下降趋势预测神经网络

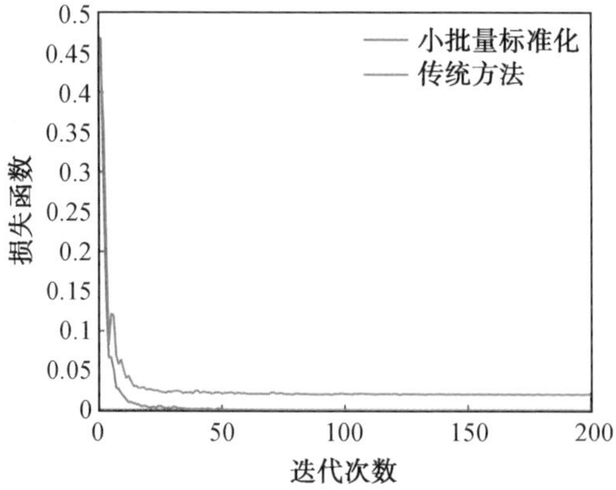


(c) 平缓趋势预测神经网络

续图 11.5

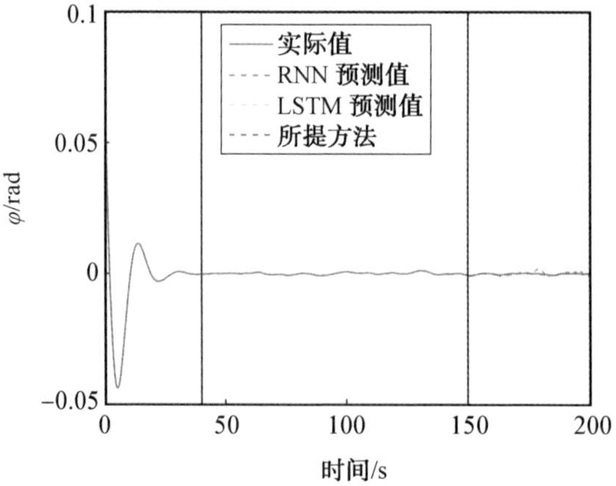


图 11.6

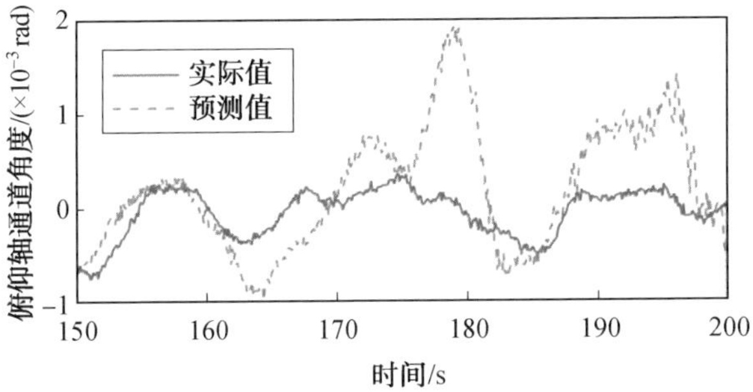


(a) 局部放大图

图 11.7

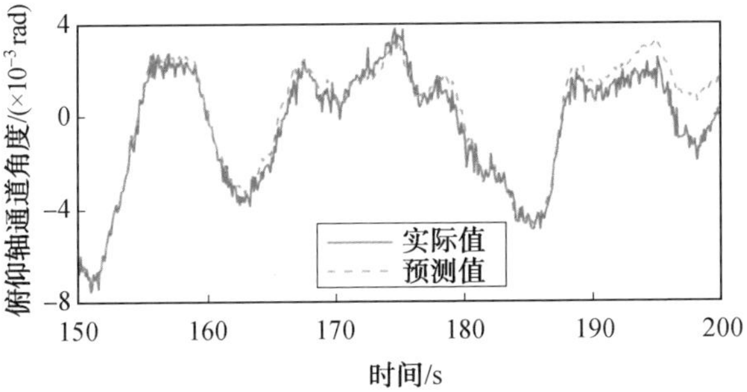


(a) 局部放大图

图 11.8

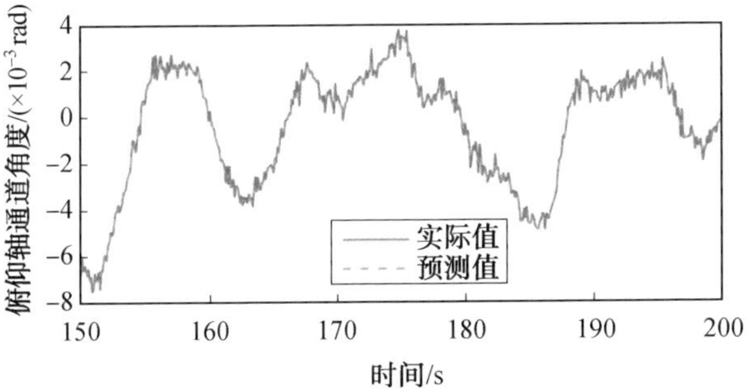


(a) 局部放大图

图 11.9

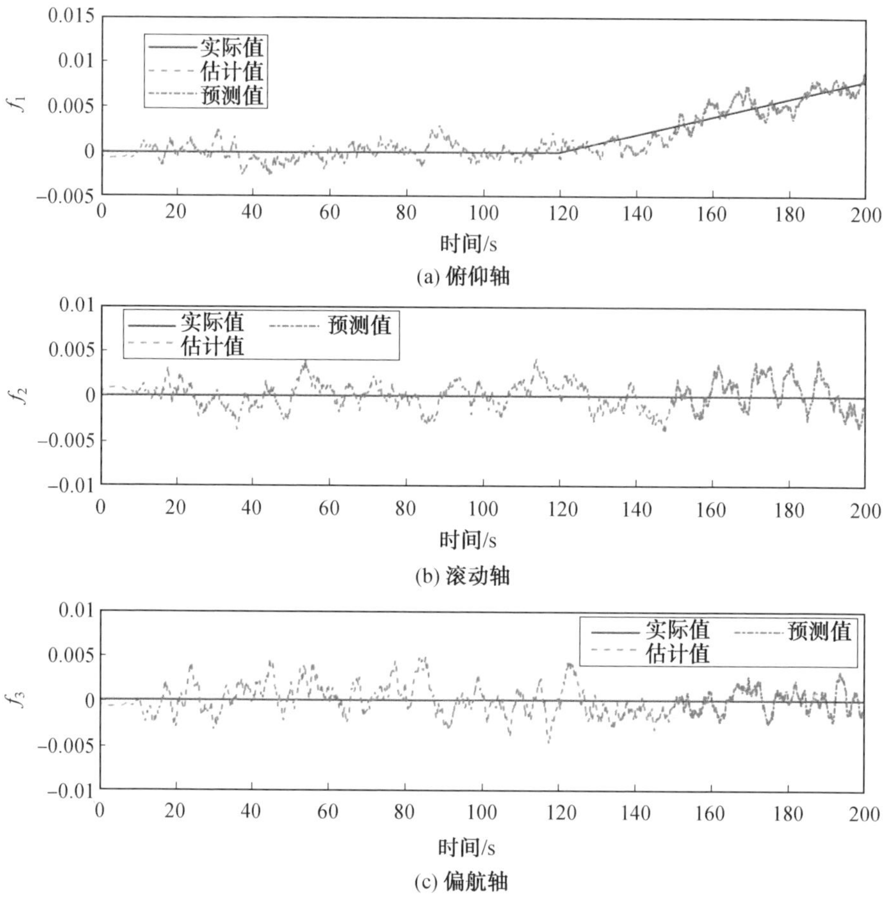

0.015
0.01
0.005
0
−0.005
$f_1$
实际值
估计值
预测值
0
20
40
60
80
100
120
140
160
180
200
时间/s
(a) 俯仰轴
0.01
0.005
0
−0.005
−0.01
$f_2$
实际值
预测值
估计值
时间/s
(b) 滚动轴
0.01
0.005
0
−0.005
−0.01
$f_3$
实际值
预测值
估计值
时间/s
(c) 偏航轴


图 11.10

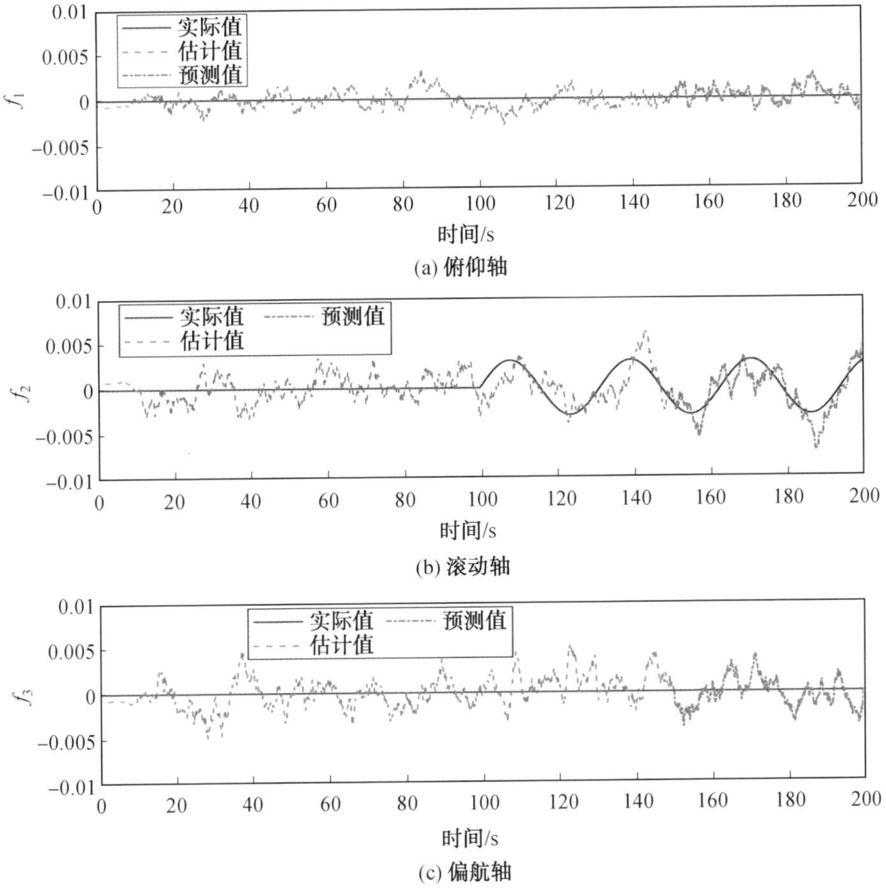
0.01
0.005
0
-0.005
-0.01
$f_1$
实际值
估计值
预测值
0
20
40
60
80
100
120
140
160
180
200
时间/s
(a) 俯仰轴
0.01
0.005
0
-0.005
-0.01
$f_2$
实际值
预测值
估计值
时间/s
(b) 滚动轴
0.01
0.005
0
-0.005
-0.01
$f_3$
实际值
预测值
估计值
时间/s
(c) 偏航轴

图 11.11